养猪实战

上 册

赵 浩 | 编著

U0339552

CTS K 湖南科学技术出版社

图书在版编目（CIP）数据

养猪实战. 上册 / 赵浩编著. — 长沙 ：湖南科学技术出版社，2021.7
ISBN 978-7-5710-1045-4

Ⅰ．①养… Ⅱ．①赵… Ⅲ．①养猪学 Ⅳ．①S828

中国版本图书馆 CIP 数据核字(2021)第 124893 号

YANGZHU SHIZHAN SHANGCE

养猪实战 上册

编　　著：赵　浩
责任编辑：欧阳建文
出版发行：湖南科学技术出版社
社　　址：长沙市芙蓉中路一段 416 号泊富国际金融中心
网　　址：http://www.hnstp.com
湖南科学技术出版社天猫旗舰店网址：
　　　　http://hnkjcbs.tmall.com
邮购联系：本社直销科 0731-84375808
印　　刷：湖南省汇昌印务有限公司
　　　　（印装质量问题请直接与本厂联系）
厂　　址：长沙市开福区东风路福乐巷 45 号
邮　　编：410003
版　　次：2021 年 7 月第 1 版
印　　次：2021 年 7 月第 1 次印刷
开　　本：710mm×1000mm　1/16
印　　张：23
字　　数：390 千字
书　　号：ISBN 978-7-5710-1045-4
定　　价：45.00 元

作者简介

赵浩，河南南阳人，毕业于河南科技大学，本科学历。

1991 年在河南省淅川县香花职业高中畜牧兽医专业学习。

1998 年毕业于河南科技大学（原洛阳农专）动物科学专业。

2004 年，获得劳动和社会保障部颁发的"高级职业技能鉴定"证书。

2011 年，获得农业部颁发的"执业兽医师"资格证书。

1996 年大学就读期间，开始专注于养猪内容的学习，20 余年来在多家畜牧兽医杂志发表多篇养猪或猪病防治等专业性文章，出版了《饲料兽药行业基层从业人员营销智慧》《学习中兽医》等书籍。

曾在 3 万头规模猪场历任种猪饲养员、车间主任、生产科长、生产场长；在饲料企业历任业务员、猪料开发部经理、技术部经理、猪料部销售经理；在兽药企业历任水针部经理、技术部经理、猪药事业部总经理等职务。

近年来，随着网络的普及，借助各大网络平台，长期从事网络直播间猪病讲师工作，获得全国听众的一致好评。

自序　我是一个兽医，我为我的职业而自豪

我祖籍是伏牛山腹地一个贫寒的小村，1987年我刚读初一，家里喂了一头大肥猪，这头猪在当时几乎是我们家全部的财产；可是有一天，那头猪病了，我的父母好几天茶饭不进，到处找兽医治病，但最后那头猪还是死了。

一转眼事情过去30多年了，养猪业发展逐渐规模化，然而，正如俗语所说："家有万贯，带毛的不算。"近年来疾病肆虐，使很多养猪人即便是面对健康的猪群，每天心里也似在钢丝绳上行走一般惶恐。

当年，到处都是乡村兽医，但我家的那头大肥猪最终还是死了；而今，到处都是养猪"专家"，铺天盖地都是新药、高档药、品牌药，但猪群一旦发病，您仍然是六神无主，无人可求、无药可用！您还是只能望"病"兴叹！

我出身农民家庭，1998年大学毕业后，不管我情不情愿，就被社会洪流卷入到千百万人的营销大军之中。

我曾羡慕早一辈营销人员成功后的西装革履，更羡慕他们的从容自若、侃侃而谈。

由于我性格内向和社会经验不足，我只能默默无闻地在普通养猪人的猪圈里给猪看病、打针。

几十年来，为了治好猪病，我不得不用心处理每一例病情，潜心钻研每一个病例；日积月累，就形成了一套属于自己的养猪技术心得，现整理出版，分享给大家，恳请批评指正。

赵　浩

2021年1月

目　　录

引　言
养猪几十年了，为什么至今还是个"小散"

当前，以散养户和家庭农场为主流的农村养猪生产，存在着显著的四大矛盾，这四大矛盾造成了大部分农村养猪人"风风雨雨几十年，几次跌回解放前，倾家荡产求发展，至今却还是小散"的生存现状。

第一大矛盾：规模化发展趋势与自愿投入、自给自足、自生自灭发展现状之间的矛盾——造成养猪"时赚时赔小户多"

（1）农村主要养猪群体（农民）的经济基础普遍薄弱，大部分养猪人无法跨越现代养猪的高门槛

全国农村居民年人均可支配收入

年份	2010	2011	2012	2013	2014	2015	2016
收入/元	5919	6997	7917	8896	9892	11422	12363

截至 2016 年，农村居民年人均可支配收入是 12363 元，平均每月 1000 元，尚无力支撑现代化养猪的高门槛、高投入。

（2）两千年根深蒂固的"农耕"意识，使养猪人从根本上没有脱离"副业"的思维

一方面，一般的农民家庭，谁也不敢把养猪作为唯一的收入来源。地还是得种，庄稼还是得收，如果忙得过来，还得让家庭的主要劳动力外出打工挣钱；另一方面，部分养猪人存在着"小富即安"的心理，即使冒出几个敢想敢干的养猪人，有魄力砸钱扩张，但资金、资源、管理等因素都跟不上，几年风光下来，基本上也是亏得一塌糊涂。

（3）资金扶持流向的限制，使当前养猪人基本都是依靠缓慢滚动的自我发展模式

在过去二三十年经济飞速发展期，GDP 数据是考核一个地方政绩的主要依据，资金流自然倾向于能够快速有数字回报的大集团，农村养猪人基数大、风险大，自然难以获得大量资金支持。

第二大矛盾："集约化"饲喂模式与简陋饲养条件之间的矛盾——造成猪群"病多体弱效益差"

1. 客观层面的原因

（1）相对完好的"设施设备"是养好猪的"基础条件"。真正的集约化饲喂要求圈舍内有温度、湿度、通风等基本生存环境的控制系统；而当前农村养猪采用先进的集约化饲喂技术，圈舍条件却粗糙简陋，设施设备也几乎是一无所有。现代养猪应该具备的基础设施、设备和条件。

1）必备的基础设备：农村有些自繁自养的猪场竟然连产床、保育床都没有，更别说防寒保暖和通风设备。

2）当前农村简易猪舍的温控通风系统简单的改造方案：升温可采用地暖或电热板＋热风炉的模式；降温可采用遮阳网或隔热板＋喷淋管线或水帘的模式；通风可采用动力风机（除湿）＋无动力风机（除氨）模式。为避免使用全价颗粒饲料加药的麻烦，每栋圈舍还可设置一个与主供水管线并联的小型投药水桶。

（2）形同虚设的兽医卫生防疫制度，使各种疫情年年暴发。兽医卫生防疫制度包括以下六点。

1）卫生制度：包括厂区、圈舍卫生，工作服、用具管理，设置非露天储粪场以及防鸟、杀虫、灭鼠等设施。

2）免疫、用药制度：要有完善的免疫程序表，疫苗、药品采购记录，防疫记录，用药记录等。

3）引种管理制度：最好定点引种，回来后必须隔离观察。

4）废弃物、污水处理制度：深埋场地，粪水三级沉淀。

5）档案管理制度：记录要全面、规范（以疫苗为例，要详细记录生产厂家、毒株、接种日期、接种剂量等内容）。

6）消毒制度：消毒是一种意识，不消毒暂时没发病是运气，发病是早晚的事情。

2. 主观层面的原因

（1）宁愿安于现状，而不愿去钻研一些技术问题。

中国生产的猪肉贵，不仅仅是粮食贵，更重要的是思维意识太落后，长期的"买方"市场，造就了个别养猪人的"大爷心态"。

当别人在讲PSY（断奶仔猪成活数）的时候，他在讲用的哪个厂家的饲料便宜，哪个业务员会事儿、不抠门；当别人在谈母猪保健的时候，他在讲："我都喂几十年猪了，啥事我不知道？"

当前养猪人关注的是：走私肉、猪价、母猪数量、啥药最好。

被养猪人忽略的四个关键词：PSY（断奶仔猪成活数）、非生产天数、断奶窝重、养猪总效益。

（2）舍本求末重"表象"，而不追根求源找"本质"。

1）重个体"不死"，而不顾群体"安全"：因一头猪发热、不食或拉稀，而搁置整群的免疫计划。

2）重"表面健康"，而不讲"生产性能"：怕仔猪拉稀，而去选择一些药物型饲料或长时间限料。

（3）"随时逃离"的投机心态，大于"以猪为生"的职业信念。

自20世纪90年代初期开始，现代养猪业总共经历了七个完整的"猪周期"，在第六周期养猪人就已经完成了"职业化"。完成职业化以后理应做好"经营"工作。但现实是很多完成职业化的养猪人依然是随时开溜的心态。近几年，有些原本自繁自养的猪场也卖掉母猪改成了投机抓猪喂养；有的猪场虽没把母猪卖掉，但宁愿空置圈舍也要把仔猪卖掉。喂猪喂了几十年，离规模化进程却越走越远。

（4）讲"虚荣"，为面子而盲目扩大规模；不讲"科学"，不为发展积淀实力。

近几年，某些养猪人热衷于饲料兽药厂家促销组织的国外游，为了"体面"而盲目追求母猪数量，只在意养多少头母猪，而不管这些母猪发不发情、产下的仔猪能不能活？

第三大矛盾：技术上"一穷二白"与"无底线营销"之间的矛盾——造成养猪人"砧板鱼肉随便割"

某些养猪相关企业和群体"价值观"偏移，不仅拖慢了规模化的进程，也助推着养猪行业正常秩序的整体"崩盘"。

（1）混乱的疫苗推广和防疫制度，使整个防疫体系濒临崩溃

某些疫苗厂家不负责任地推广和诱导造成的"疫苗污染"，以及养猪户大小猪同舍、不同来源的猪混圈喂养等造成的"交叉污染"，是当前猪病多、病难治的根源。

（2）某些兽药企业立体轰炸＋无底线诱导，使养猪人晕头转向

无处不在的电话营销、微信营销，花样翻新的会议营销、体验销售，不讲底线的关系营销等，使很多不用抗生素"保健"的养猪人反而成了另类；农牧行业的实质是服务性行业，养猪人的需求需要引导但更需要指导，任何抛弃了行业本质的商业模式，最终都会被抛弃。

（3）恶性竞争的饲料企业，基本走向价格定制式作坊

某些小型饲料企业营销的口号就是：任何时候不能因为价格因素而不成交。所以，当前电商、直供、招商会、招用会、圆桌会，工厂参观，做所谓的"对比实验"数据等销售手段层出不穷。只有少数人在用心关注"赖氨酸在不同生理阶段的最佳添加量""应激对猪生产性能的影响"等最基础的技术问题。

（4）失去管理的兽医队伍，更加搅浑了养猪业这摊浑水

当前在农村流动最多的不是真正的兽医，而是庞大的根本没有接触过专业学习的业务员，他们拿着与自己产品相关的一点知识指导整个养猪生产，然后靠忽悠、恐吓、欺骗、承诺获取利益。

个人认为：当今饲料、兽药行业的销售不是一个创新的年代，而是一个"坚持"的年代。

养猪人最缺乏的是技术，唯有坚持做好产品和技术服务，实实在在做好实例验证，才是可持续发展的正道。

第四大矛盾：经济规律与利益最大化之间的矛盾——造成"喂猪更像做商人"

（1）养猪发展不看"供需比例"，看"猪价"

猪价贵，一哄而上；猪价便宜，一哄而散。

会"经营"的养猪人需要修炼的内功：广泛联络、信息互通；协会运作、销售联盟；市场预判、智慧养猪；仁者无敌、渠道广泛。

（2）选择饲料不看饲料品质，看"猪价"

猪价高，用贵料，不讲品质，不说代价，价格贵就是好料；猪价低，用差料，不讲品质，只说价格，饿不死就是好料。其实，猪的生产性能前期长肉、后期长膘，应该按"阶段"需求提供适宜营养。

（3）猪群喂养不管"生理特点"，看"猪价"

瘦肉增重1千克需要3583千卡能量；脂肪增重1千克需要11946千卡能量。每千克蛋白质所含的能量为4.95兆卡，每千克脂肪所含的能量

为 9.9 兆卡。每千克饲料（大约 3.3 兆卡/千克能量）转化成蛋白质及脂肪的转化率约为 0.60%。1 千克饲料可转化为 0.95 千克瘦肉或 0.25 千克肥肉。长肥肉所需要的营养是长瘦肉的 3.8 倍。理论上，瘦肉型猪一般 90～100 千克以前出栏料肉比最低。

赚钱＝最短的饲养时间＋最低的料肉比。

（4）猪场效益不看造肉成本，看"猪价"

猪价高，用好药、新药、"特效"药，没事儿就"保健"。猪价低，母猪精料都不想喂，只喂玉米和麸皮。其实，PSY（断奶仔猪成活数）决定母猪饲养成本；猪场运营各项支出决定造肉成本，造肉成本才是评价猪场总效益的根本要素。

第一章 关于饲养管理的理念

第一节 猪场日常饲管工作的三大基本内容

一、不同猪群饲养管理的核心

一个猪场的猪群管理与一个企业各个部门管理有相通之处。企业发展需要企业文化，有文化企业才有核心竞争力；养猪赚钱需要养猪理念，有理念猪场才能有钱可赚。

1. 母猪管理重"规范"

母猪群的管理相当于一个企业对中层经理群体的管理。一个企业内中层经理做事不规范，行为混乱，下面业务人员将会是一盘散沙；一个猪场，母猪群管理不规范，将出现无仔猪可养或生下来的仔猪陆续死亡的尴尬局面。

2. 仔猪管理重"程序"

仔猪群的管理相当于一个企业对销售队伍群体的管理。一个企业内销售队伍工作杂乱无章，业绩将一塌糊涂，人员流失严重，在职人员也会人浮于事；一个猪场仔猪管理混乱，死淘率必将增加，生长潜能将受到压制，养猪利润白白打水漂。

3. 肥猪管理重"细节"

肥猪群的管理相当于一个企业对生产和后勤人员的管理。一个企业内生产和后勤保障人员做事粗枝大叶、马马虎虎，产品品质将无法保证，企业形象会面目全非；一个猪场肥猪群管理粗放，疫病就不请自来，生产性能也下降，料肉比增加，遇到行情稍差，即使喂大也赔钱。

定规范、讲程序、重细节是保证一个自繁自养猪场健康发展的基本保证。

二、环境卫生决定猪群的健康度

（一）环境重在"认识"上的"主动控制"

我国目前农村养殖户的现状是：厂房相对简陋——凑合风吹不倒就行；设备相对简单——只有料瓢粪车铁锹；技术相对低下——农忙种地农闲喂猪；观念相对落后——赚钱就上亏钱就跑。

因为这种非职业化养猪的现状，造成很多养殖户都有"宁愿花大钱买药治病，也不愿出小钱改造猪舍"的消极思想。其实，养猪重要的是小环境控制，即使资金不足，无能力构建宽敞明亮的现代化猪舍，只要能有"主动控制"圈舍温度、湿度和通风的认识，养猪安全性和效益也会大幅提高。

1. 夏季防暑降温重局部，看个体是否凉快

（1）夏季气温高，但只要让个体猪凉快，就不会中暑伤猪。

（2）常用降温方式有自然通风降温、机械通风降温、冷风机通风降温，以及滴水降温、淋水降温、喷雾降温、湿帘降温等。

（3）用水降温时，圈舍必须安装排气扇，只有把圈舍内水汽抽走，才能带走热量。

（4）饮水中适量添加维生素 C，增加猪群对热应激的耐受性。

（5）饲料中适量添加小苏打，小苏打到胃内与胃酸反应生成氯化钠、水和二氧化碳，一方面健胃增食，另一方面呼出的二氧化碳可带走体内部分热量，同时还可增加赖氨酸利用率。

（6）绿化不好，屋顶无隔热层，房屋又比较低矮的圈舍，可考虑在屋顶架设遮阳网。

2. 冬季防寒保暖重整体，看整个圈舍是否温暖

（1）冬季重圈舍整体温暖，而不必过于追求个别猪暖和。

（2）加大保温箱内保温灯的瓦数对产房整体保温效果不佳，一方面容易造成仔猪热射病，甚至引发火灾；另一方面，箱内箱外温差过大，仔猪更易感冒。

（3）堵塞风洞，特别是出粪口，防止患风湿病。

（4）不可用明火提高舍温，明火中的粉尘和有害气体会直接诱发猪群发生呼吸系统疾病。有的猪场圈舍内铺设有电热板，但如果产房温度过低，电热板的效果就相当于一个人在冬天睡觉时，下面铺一床电热毯而上面盖一床夏凉被。冬季最好使用暖气、地暖或热风炉整体提高产房温度。

（5）育肥圈舍可适当增加猪群密度以提高圈舍温度。

3. 湿度控制不看地面看空气

（1）无论是高温高湿还是阴冷潮湿，猪群都容易生病，所以湿度相对于温度而言对猪群的负面影响更大。

（2）圈舍以刮粪为主，减少冲圈次数，不能认为只冲后半圈，保持前半圈干燥就不会加大圈舍湿度。圈舍湿度是指空气中的湿度，是由干湿计指示的，而不是简单的肉眼所见圈舍地面的干湿。

（3）很多养殖户平时不消毒，猪群一旦发病就天天消毒，其实发病期间频繁消毒会增加圈舍湿度，反而不利于疾病控制。

4. 有害气体控制讲究空间分布

（1）氨气是呼吸道病多发的诱因，圈舍房顶必须安装无动力风机，氨气相对分子质量为 17 而空气相对分子质量为 29，所以无动力风机可有效去除圈舍内氨气。

（2）及时清粪，每天早、晚各清粪一次，要以刮粪为主，切忌频繁用水冲圈。粪便在细菌作用下会产生硫化氢气体，硫化氢的相对分子质量为34；如果频繁冲圈，空气中富含水分子，水汽的相对分子质量为 47（空气相对分子质量 29＋水的相对分子质量 18），硫化氢气体和水汽都比空气重，这些气体沉在圈舍底部，就只有依靠动力风机。

（3）晴朗无风天气，要确保每天有 2～4 小时开窗通风时间，可以帮助去除有害气体和粉尘，并保持空气清新。

（二）卫生重在"行动"上的"多做一点"

粪便几乎是所有疾病的传染源头，氨气和硫化氢等有害气体是呼吸道病多发的罪魁祸首。养猪挣的是一份勤劳＋细心钱，每一天强迫自己多做一点，多清一次猪粪，中午多开一会儿窗户，久而久之形成习惯，你的猪群就有可能会少生一次大病，生产性能也会有所提高。

当前，农村养猪业存在的现状是各用各的饲料、各打各的疫苗。即使在隔壁喂猪，我也不关心你接不接种某种疫苗，你也不关心我接种的是什么毒株，就是这种各自为政才导致各种传染病年年发生。

环境卫生直接决定着猪群的发病率，你的环境卫生做得好，养猪效益好，别人就会听你的话，按你的免疫程序走。你周围的养猪人都不瞎打疫苗乱用药，没有了疫苗污染和耐药性，反过来对你养猪也有好处。

（三）应激是一切疾病的诱发因素之一

尽可能减少生人进圈，进圈不穿鲜艳衣服，以免惊群；发病后，能饮水给药就不拌料喂药，能喂药就不打针；大风大雨等恶劣天气突变前，提前添加多维等抗应激；免疫注射、阉割、断奶、换料等操作不能同时进行，防止双重或多重应激。

（四）病媒是疫情暴发的罪魁祸首之一

消灭蚊蝇，饲料中添加环丙胺嗪，粪便堆积发酵，及时清理厂区附近垃圾、杂草及污水坑；安装窗纱，杜绝飞鸟入舍；清理蜘蛛网，蜘蛛网丝是蛋白质，是病原微生物和寄生虫卵黏附、滋生的温床；灭鼠，最好用鼠夹或粘鼠板物理性灭鼠，不宜用鼠药灭鼠，防止猪误食中毒；禁止犬、猫、禽类等动物出入圈舍。

三、常规消毒决定猪场疾病的发生率

（一）消毒三原则

1. 要有消毒的意识

细菌、病毒虽看不见摸不着但又无处不在。加强消毒意识一定有好处，尽管好处一时半会儿看不出来、感觉不到，但总比压根儿就没有消毒观念要好很多。

2. 要有消毒程序和标准

消毒不是为了寻求心理安慰，而是重要的、必需的基础工作。非疫情高发期，夏季每周一次，冬季每半个月一次，使用火碱全场环境大消毒，以圈舍周围至少1米范围内寸草不生为标准。疫情高发期，要选择对疫情病原敏感的消毒药，每3天一次。猪场门口火碱池要保持火碱水至少7天一换，雨雪天后马上更换；各栋猪舍门口还要铺设消毒麻袋，并经常保持湿润。

3. 要有针对性消毒

病毒性疾病暴发期，要选择碱性或酸性等对病毒有效的消毒药，不能家里有什么消毒药就用什么，不管过期不过期一喷了事。

（二）消毒药的分类及作用机制

1. 对病毒有效的消毒剂

（1）碱类：常见的有火碱、生石灰水、草木灰水等。

（2）酸类：常见的有过氧乙酸、白醋等。

作用机制：改变渗透压和胞浆膜通透性，使胞内重要物质外渗而杀菌，多用于环境和饮水消毒。

2. 用于空气熏蒸的消毒剂

（1）醛类：常见的有甲醛、戊二醛（可用于带猪消毒）等。

（2）氧化剂：常见的有高锰酸钾等。

作用机制：两者联合使用，通过化学反应，放出臭氧杀菌。

注意：市场上流通的艾叶等中草药熏蒸消毒剂大多都是炒作概念，实际消毒效果有待验证，不过有改善圈舍异味的作用。

3. 用于器械及伤口消毒的消毒剂

（1）醇类：常见的有75％酒精等（95％酒精用于蛋白质固定）。

（2）重金属盐类：常见的有红汞等。

（3）染料类：常见的有紫药水等。

作用机制：干扰病原微生物的酶系统而引起死亡。

4. 用于"带猪消毒"的消毒剂

（1）酚类：常见的有甲酚皂、农福等。

（2）表面活性剂：常见的有新洁尔灭、季铵盐等。

（3）卤素类：常见的有聚维酮碘、漂白粉、优氯净等。

作用机制：使蛋白质凝固变性而导致病原体死亡。

（三）使用消毒药的十大注意事项

（1）要熟知消毒药的性质：做到对人畜安全，不腐蚀设备。

（2）消毒药要经常调换使用：防止长期使用某种消毒药，使病原体不敏感。

（3）注意消毒药是否失效：不能一瓶消毒药放了几年还在使用；也不能用后随意扔到角落，任凭风吹雨淋、阳光暴晒，消毒药应在遮光阴凉处保存。

（4）每次使用的消毒药必须重新配制：防止和空气中的氧发生反应失效或受到各种污染。

（5）消毒药坚决不能合并使用：防止产生酸碱中和（或）氧化还原等化学反应，甚至产生有毒气体（如84消毒液和洁厕净合用，产生有毒的氯气）。

（6）水中有机物含量显著影响消毒药的效果：必须使用清洁的水稀释消毒药。

（7）温度的影响：水的温度越高，消毒效果越好。

（8）浓度的影响：浓度越高，消毒效果越好，但75％酒精用来消毒，而95％酒精则用于固定菌体蛋白质。

（9）湿度的影响：圈舍空气中湿度越大，消毒效果越差。

（10）冬季火碱池内水要适当加盐，以防结冰。

第二节　养猪成败在于用水、用料是否安全

一、"用水"安全是猪场赖以生存的最基本条件

（一）日常用水安全看水质和水压

（1）生命体的 90% 以上都是由水组成，水为生命之源，居几大营养元素之首。猪两三天不吃饲料饿不死，但两天不喝水就会渴死，所以用水安全是猪场管理的重中之重。《绿色农业动物卫生准则（NY/T473—2001）》中规定畜禽饮用水水质微生物的标准分别是：细菌总数＜100 个/毫升；总大肠杆菌群＜3 个/升。

（2）猪场一般地处偏远，绝大部分猪场不能使用自来水，在实际生产中，多数猪场因使用地表水，水质均受到不同程度的污染，可采用持续氯消毒法：将漂白粉等消毒剂用空饮料瓶装好，然后在瓶上打几个 0.2～0.4 毫米的小孔，悬挂到入水口内，在水流的作用下消毒剂缓慢地从瓶中释出。

（3）一个猪场饮水量占总供水量的 30% 左右，冲洗、消毒用水和降温用水一般占到供水总量的 65% 左右。

（4）断奶仔猪饮水充足有利于排泄出高蛋白日粮代谢所形成的多余的氮，平均一天饮水量为 1.5～2.5 升。哺乳母猪只有保证充足的饮水，才能保证每天的泌乳量。一头哺乳母猪一天平均饮水量为 20～25 升，夏季需要 30～45 升。

（5）每一次雨雪天后，都要彻底更换露天水塔内的存水，雨水污染，极易传播疾病。

（6）水塔要加盖子，防止落叶堵塞管道及飞禽粪便落入水中，传播禽流感等疾病。

（7）饮水器不可设置过高或过低，喝水时不舒服会使猪群日常饮水量大幅减少，进而使采食量总体下降。

（8）控制水压水量，按压饮水器以水柱不喷射为宜，防止水压过高，在猪只喝水时水柱刺激咽喉，造成猪群畏惧喝水而导致长期饮水不足，进

而造成拉干粪和影响总体采食量及猪群健康。猪在冬季的饮水量一般为干饲料的 2～3 倍，春秋季为 4 倍，夏季为 5 倍。

（9）最好每一栋猪舍前设置一小水罐，有利于发病时分舍、分顿饮水给药。饮水给药时，每一种药物都要在小容器（如塑料盆）内将药物完全溶解后，再逐个加入饮水罐中，防止不同药物在溶解过程中发生化学反应而失效或未完全溶解的药物堵塞饮水器。同时，某些药物（如酒石酸泰乐菌素）不能用铁、铝类容器溶解，以免结块；每次加药后必须彻底清洗水罐，以免药物污染。

（二）夏季用水安全要严防污染

（1）夏季冲圈不可太勤，最多 3 天一次，以免圈舍湿度过大。圈舍高湿高温比单纯高温更容易使猪群中暑和感染大肠杆菌、附红细胞体等疾病。

（2）猪群降温时，不可先从猪只头部冲水，以防脑部毛细血管急剧收缩而导致猝死。

（3）新进圈猪群不宜用水降温，猪有在湿的地方便溺的习性，此时洒水会严重干扰猪群的三点定位。

（4）夏季水温过高，易引起大猪热应激、母猪流产。

（三）冬季用水安全要防结冰断水或水过凉

（1）鸭嘴式饮水器内密封垫很容易老化漏水，要及时检修漏水饮水器，以防猪群冬季淋水受凉或滑倒受伤。

（2）冬季要严防供水管道冻结，每天早晨按压饮水器，检查是否出水。

（3）大水塔供水时，塔内的水要少抽勤抽，防止一次抽水过多，水面结冰而造成无水。

（4）冬季水温过低，会对猪群造成冷应激，引起小猪腹泻甚至母猪流产，猪饮用水最适宜的温度应控制在 20℃～25℃。

二、用料安全是猪场效益的根本命脉

（一）日常用料安全要重品质、保存条件和保质期

（1）饲料占养猪总成本的 70%，把好饲料关是养猪赚钱的根本，既不能不看效果只看价位，也不能只看品牌不计成本。

（2）五步法简单鉴别饲料好坏

1）看：看料的形状、色泽，有无发霉、结块、掺假等，每一批饲料用密封袋采集一个样本，便于多批次饲料间对比。

2）闻：从嗅觉上检查有无腐臭、霉味、氨臭、焦臭等。

3）摸：从触觉上检查饲料颗粒大小、硬度、黏稠度、粉末粗细、有无杂质等。

4）尝：从味觉检查，优质饲料一般口感较好，能咬成团，劣质饲料口感差、感觉出粗纤维和杂质等。

5）泡水鉴别：两只玻璃杯装清水泡同等数量的两种饲料，优质饲料表现为颗粒泡胀成形，外观清晰，用手一捏，手感好，无杂质；劣质饲料要么泡不开，要么不清晰，手捏时手感差，明显有粗糙感，看得见糠、粗纤维等。

以全价颗粒料为例，一般饲料成品颜色变化基本不影响饲料的品质，但气味异常则提示饲料变质；手感不一样或粉末大一般水分超标，硬度不一样提示机器压缩比不同，会影响猪的适口性；口感不一样一般调动了大原料（如次粉添加量增大）的配方。

（3）每次进料，都要记录生产日期及料型、料味变化。猪群一旦出现采食量下降或拒食，诊疗时这些记录将是一个极其重要的参考依据。

（4）不要经常换料，每一次换料对猪群就是一次中度应激。

（二）夏季用料安全要防霉变

（1）夏季白天热，宜在晚上10时左右增加一次投料，达到少喂多餐的目的。

（2）用水降温要远离料槽，防止溅起的细小水滴污染槽内饲料，造成饲料在饲槽内变质。

（3）夏季宜改自动料槽为分顿饲喂，既可有效利用其抢食性，达到多吃饲料的目的，又可有效防止饲料高温变质。

（4）夏季每顿必须清理料槽，猪吃料是上下颌吞进饲料，部分吞进肚内、部分掉落料槽内。及时清理料槽，可防止已受唾液污染的饲料腐败变质。

（5）维生素在高温下极易破坏，夏季必须关注饲料生产日期（注意某些电商饲料设有中转库窝点，有时候饲料标签标注的日期不是生产日期，而是出库日期），要做到一次少报料、勤报料。使用自配料的猪场一次粉碎，最好在1周内用完。

（6）使用预混料的猪场夏季不但要关注玉米霉变率（随机抓一把玉

米，100 颗玉米粒中超过 6 颗霉变籽粒，玉米就不能使用），更要关注麸皮发热，一般面粉厂磨面前都要用水打湿小麦，所以麸皮含水量高更容易霉变，一般麸皮发热就不能再使用。

（7）饲料原料霉变后，添加脱霉剂效果很微弱，何况脱霉剂只对黄曲霉菌等仓储霉菌毒素有一定吸附作用，而对玉米赤霉烯酮、呕吐毒素等田间霉菌几乎不起作用。

（三）冬季用料安全要看采食量

（1）每天早晨检查饮水器出水情况，保证充足饮水，猪只有把水喝足了才能有正常食欲。

（2）适当添加食用油，增加能量，对抗寒冷。

（3）冬季虽然疾病较多，但猪群也不宜长期拌药。长期大剂量使用药物，不但会破坏肠道正常菌群而造成有害菌大量繁殖，出现腹胀或顽固性腹泻，而且还会因为耐药性和二重感染，使猪病更加难以治疗。

特别提醒：新玉米收获后，因含抗性淀粉（又叫抗酶解淀粉，在小肠不能被酶解，还在结肠与挥发性脂肪酸发生发酵反应），必须储存一段时间才能二次熟化。如果新玉米直接喂猪，一方面会引起猪群腹泻率增加，另一方面也因淀粉不消化而降低了玉米的营养价值。

第三节　怎么做才是一个合格的养猪老板

在当今农村养猪，要想做好一个猪场老板，自身必须神通广大：资金链断裂时能弄来饲料，行情疲软时能把成猪高价格卖掉；得能让甚至智力有障碍的人卖力干活，还得能随时掌握哪一圈哪一头猪不吃发热。

仅仅神通广大还不行，还得手眼通天有主见，猪有病能随时弄来高效药，但也不是哪一个厂家任何一个业务员都能够随意把产品忽悠进猪场。

在实际养猪生产中，虽然要求猪场老板要懂得多、会得多，但还是很忌讳眉毛胡子一把抓。

有很多猪场老板，天天纠缠于这头猪喘气了，到底是胸膜肺炎还是支原体肺炎？是用氟苯尼考打针还是接种喘气疫苗？其实，没必要这么做。

让专业的人做专业的事，疾病诊断交给执业兽医师去做就行了；而做好一个猪场老板，最重要的是做好下面 4 件事：

（1）关注母猪的抗体检测水平：把握猪群"健康"安全，做好猪场

"防"的工作。

一个猪场只有母猪群稳定，整个猪场安全才有保障。隐性感染母猪，是整个猪场不稳定的源头，每年两次针对母猪群随机采样，检测猪瘟、伪狂犬、蓝耳病、圆环病毒等常见病毒性疾病的抗体水平，依据检测数据，在合理调整免疫程序的同时，加大隐性感染母猪淘汰力度，就会让整个母猪群生产力上升一个台阶，猪场也会更加安全。

（2）关注行情波动及价格规律：把握猪场"效益"，做好"舵手"工作。

近几年，生猪行情如过山车般一波三折，合理控制母猪群数量，不盲目扩张，提高现有能繁母猪生产性能，缩短母猪非生产天数，提高 PSY 数据，才能在市场疲软时，不至于出现资金链断裂的惨痛处境。

（3）关注猪群整体营养状况：严控猪群营养安全，做好猪场"养"的工作。

饲料成本占养猪总成本的 70%，一个猪场"亏不亏钱看猪病，赚不赚钱看饲料"。

当前，各个饲料企业基本处于短兵相接、肉搏厮杀的混乱状态；猪场老板不理性选择饲料，还像以前一样仅仅关注饲料价格和品牌，甚至还会因为某个业务员为你设了高档饭局、请你旅游了，你就选择了人家的饲料，那么你的猪群一定无效益可谈。

任何一个品牌的饲料，都要经过严谨的饲养试验，才能真正验证饲料的优劣，如果爱面子趋小利而选择饲料，很可能会造成商品猪群光吃不长或性价比太低的被动局面，白白增加养猪成本。

（4）活到老学到老：认清行业发展趋势，把握猪场发展正确方向。

这几年，特色养殖、绿色养猪、互联网＋、产业一体化等理念一股脑儿涌现出来，再加上环境保护、药物残留等检查也越来越严格，养猪确实不易。

当前养猪行业处于"变革"期，迷茫时多沟通多交流，多接受新思维，也许会给猪场经营选择一个更好的方向。所以，尽管当前行业混乱，业务员漫山遍野，但也不能一律屏蔽闭关自守。实践证明很多防业务员如防洪水猛兽的猪场早就倒闭不干了，毕竟这二三十年来，就是这些业务员普及了养猪新技术。

（5）辩证思维，"动态"掌控：把握猪群整体"动态平衡"。

既不能死抓"疫苗"这根最后的救命稻草，也不能迷信"保健"这个动保业最后的噱头。如果不具备最基本的兽医卫生防疫条件，前者会让您疫苗种类接种越多，死猪越多、用药越多；后者会让您的猪场猪病越来越难治。同时，适度规模动态发展，不能盲目扩张不量力而行，最后资金链断裂而倒闭。

第二章　种猪的饲养管理

第一节　当前母猪饲养管理存在的四个突出问题

一、三大因素导致三大恶果

1. "营养不全"导致发情异常

农村某些养殖户认为母猪抗病力相对较强，选择饲料时就没有选择商品猪料那么用心，更有甚者在行情低谷时，只饲喂玉米、麸皮或其他糟粕类产品。

殊不知母猪对营养的要求远高于育肥猪，性激素的合成需要多种维生素、微量元素和酶的参与，如果长期只饲喂能量和粗纤维原料，会导致母猪不发情或即使发情也配不上种。

生产上最常见导致营养不全的因素是：饲喂实质已经过期或保存不当而变质的劣质饲料，以及为降低饲养成本而盲目添加当地的酒糟、豆腐渣或小作坊榨油的饼粕。

2. "单体栏"喂养导致趾蹄病增加

当前采用的集约化饲喂模式，严重剥夺了母猪的生存福利，进入繁殖周期的母猪一生就是一个生猪娃的机器。除了在空怀期1～2周可在大圈自由活动外，其余时间全关在禁闭栏内，一年四季缺乏阳光，缺少运动。这种工厂化生产流程对母猪来说不但没有降低成本，反而因为淘汰率高而大大增加了母猪的培育成本。因此，母猪在空怀期一定要加强运动，气温适宜时，每天早晚驱赶运动1小时。

3. "不科学护产"导致子宫炎症多发

因猪是经济动物，当前农村养猪普遍存在的情况是：仔猪生不下来就打催产素，打催产素无效就伸手掏猪。人工助产时手臂和器械几乎不消毒，造成母猪产后严重子宫炎症，往往一胎产完母猪就报废。慢性子宫内膜炎在疫情多发的今天几乎不算一个疾病，但造成的屡配不孕却是当今母猪大量淘汰的罪魁祸首。

二、不关心母猪"保健"

（1）母猪不是几个月就可以出栏，而是要一喂好几年，母猪没有"保健"就相当于一辆从不保养的汽车

母猪饿了喂饱＝车没油了加汽油；母猪病了打针＝车坏了换零件；母猪整个喂养流程不注重保健，就好像一辆汽车只知道使用而不知道保养一样会很快报废。

（2）母猪的保健，不是喂"抗生素"

农村常说一句话："是药三分毒"，有些地方使用氟苯尼考、阿莫西林等抗生素保健母猪，除了增加母猪肝肾负担，致使体内毒素蓄积外，没有其他任何积极意义。

母猪最佳的保健是喂营养全面的优质饲料，母猪不喂全价日粮，就等于慢性宰杀！

现在的母猪不同于以前喂泔水的母猪，以前一家一户喂一两头母猪，喂泔水可以获得能量和蛋白，到处乱跑啃食青草可补充一点维生素，拱土啃泥可以得到部分微量元素。

而现在的母猪全是圈养，在单体栏内只能接触一片水泥地面；再加上这十几年母猪品种飞速改良，对营养的需求本来就高，如果不喂全价日粮，母猪就会因为严重缺乏维生素和微量元素而不发情或配不上种。

特别提醒：育肥猪全价饲料不能长期饲喂进入繁殖期的生产母猪，育肥猪料为了发挥最大的生长潜能，饲料中虽然富含能量蛋白，但是这种营养物质配比不适宜于母猪的营养需求；育肥料中的高能量、高蛋白，会使母猪过肥而导致卵巢脂肪化，临床表现久不发情；育肥料中维生素和矿物元素的配比，不适宜于母猪的营养需求，会造成卵巢功能不全或激素分泌失调，临床表现不发情、发情不让配种或屡配不孕。

（3）母猪的保养除营养全面外，还要合理运动、多晒太阳、多刷拭、多护理

运动增强体质，晒太阳利于钙的吸收，刷拭培养人畜感情，修剪趾蹄可减少淘汰率。母猪福利将是未来几年越来越热门的话题，也是降低母猪培育成本，减少繁殖障碍疾病的最有效手段。

（4）母猪的季节性保健

在做好母猪营养，改善母猪生存条件的前提下，可以考虑使用中药和枯草芽孢杆菌等微生态制剂保健。

春季：清瘟败毒散＋微生态制剂，清瘟败毒、调理肠胃；

夏季：黄连解毒散＋微生态制剂，清热除湿、调理肠胃；

秋季：麻杏石甘散＋微生态制剂，清除肺热、调理肠胃；

冬季：六味地黄散＋微生态制剂，补气固元、调理肠胃。

三、母猪疾病诊疗就病论病，无群体观念

母猪的营养状况是一个猪场经济效益的指示牌；母猪的健康状况是一个猪场是否安全的风向标。

母猪是一个猪场效益的发动机，针对一个自繁自养的家庭农场来说，母猪群健康则整个猪场就安全。所以，母猪群一旦发病率上升，诊疗时坚决不能就病论病，而要考虑整批次母猪群免疫接种是否有疏漏？程序安排是否合理？疫苗厂家、剂型、毒株选择是否对路？因此，对一个猪场来说，给母猪治病的过程，实质上就是对猪场免疫程序调整的过程。

四、不重视母猪群整体生产力的构建

虽然说"养重于防、防重于治"，但是母猪高生产性能不单单是"养"出来的，更是"淘"出来的。不断出现母猪长期不发情、屡配不孕、所产仔猪成活率低等状况都舍不得淘汰，3 年之后即使喂再好的饲料，整个母猪群也基本全是老弱病残。

1. 种猪淘汰的原则

（1）后备母猪超过 8 月龄仍未发过情的。

（2）断奶母猪两个情期（42 天）以上或 2 个月不发情的。

（3）母猪连续二次、累计三次妊娠期习惯性流产的。

（4）母猪配种后复发情连续两次以上的。

（5）青年母猪第一、二胎活产仔猪窝均 7 头以下的。

（6）经产母猪累计三产次活产仔猪窝均 7 头以下的。

（7）经产母猪连续二产次、累计三产次哺乳仔猪成活率低于 60%，以及泌乳能力差、咬仔、经常难产的。

（8）经产母猪 7 胎次以上且累计胎均活产仔数低于 9 头的。

（9）后备公猪超过 10 月龄不能使用的。

（10）公猪连续两个月精液检查不合格（已有发热、不食等明显临床症状的猪每周检查 1 次）的。

（11）后备猪有先天性生殖器官疾病的。

（12）发生普通病连续治疗两个疗程而不能康复的种猪。

（13）发生严重传染病的种猪。

（14）由于其他原因而失去使用价值的种猪。

注意：长期的、详细的母猪生产档案（如是否按期生产？产程多长？阵缩是否有力？是否人工助产？产仔数？仔猪活力等），是净化母猪群的参考依据之一。

2. 高生产力母猪群构建计划

（1）母猪年淘汰率 25%～33%，公猪年淘汰率 40%～50%。

（2）后备猪使用前淘汰率：母猪淘汰率 10%，公猪淘汰率 20%。

（3）后备猪引入计划：老场后备猪年引入数＝基础成年猪数×年淘汰率÷后备猪合格率。新场后备猪引入数＝基础成年猪数÷后备猪合格率；或后备母猪引入数＝满负荷生产每周计划配种母猪数×20 周。

第二节　母猪七个阶段的饲养程序

一、空怀期（待配期）

（一）经产母猪空怀期

1. 饲养目标

恢复母猪体况，促进母猪排卵。

2. 饲喂日粮及喂料量

饲喂空怀母猪料或哺乳母猪料，喂料量 2～3 千克/天；配种前 3 天，突然增加料量至自由采食，以刺激母猪增加排卵数。

备注：空怀母猪营养需要：消化能 11.7～12.1 兆焦/千克。蛋白质12%～13%，赖氨酸 0.7%，钙 0.95%，磷 0.8%，维生素和矿物质均高于同体重育肥猪。

（二）后备母猪待配期

1. 饲养目标

调整膘情，促进发情。

2. 饲喂日粮及喂料量

（1）后备母猪体重 60 千克以前，生殖系统尚未快速发育，饲喂商品猪料，自由采食，按育肥猪标准饲喂。

（2）60～80 千克（75 千克为宜）体重后，生殖系统进入快速发育期，饲料更换为后备母猪专用料或哺乳母猪料，自由采食。

（3）80～100 千克体重后，进入膘情调整期，饲喂哺乳母猪料，2～4 千克/天，依膘情和营养状况，动态调整料量。

（4）100 千克体重以后，进入初配适重期，饲喂哺乳母猪料，严格控制每天 2 千克的料量，以免母猪过肥而发情延迟或不发情。

备注：后备母猪营养需要：粗蛋白 16%，消化能 3200 千卡/千克，赖氨酸 0.75%～1.2%，钙 0.7%～0.8%，总磷 ≥ 0.6%（有效磷 0.35%～0.4%）。

二、配种后观察期（配种后至妊娠 30 天）

1. 饲养目标

促进受精卵着床。

2. 饲喂日粮及喂料量

饲喂哺乳母猪料，喂料量平均 2.2 千克/天；偏瘦的母猪配后 4～30 天，饲喂量可控制在 2.5～3.5 千克。

三、怀孕中期（妊娠 31～75 天）

1. 饲养目标

调节体形。

2. 饲喂日粮及喂料量

饲喂妊娠母猪料，喂料量平均 2.5 千克/天，此期为调整膘情的最佳时期，饲喂量一般控制在 2～4 千克/天。

备注：妊娠母猪料营养需要：消化能 2900～3000 千卡/千克，粗蛋白 13.5%～14.0%，赖氨酸 0.55%～0.60%，粗纤维 6%～8%，钙 0.85%～0.9%，有效磷 0.45%。

四、怀孕后期（妊娠 76～95 天）

1. 饲养目标

促进乳腺发育。

2. 饲喂日粮及喂料量

饲喂妊娠母猪料，喂料量平均 2.8 千克/天。

五、攻胎期（妊娠 96～110 天）

1. 饲养目标

促进胎儿体重增加；正常护理情况下，初生重小于 1 千克的仔猪，哺乳期死亡率达 40%；初生重在 1.3～1.5 千克，哺乳期死亡率仅为 5%～8%。

2. 饲喂日粮及喂料量

饲喂哺乳母猪料，喂料量平均 3.5 千克/天；如果采用的是 4% 小比例预混料，冬季最好加食用大豆油，一方面给母猪增加能量，另一方面给胎儿生长提供必需脂肪酸。

备注：哺乳母猪料营养需要：消化能 12.55 兆焦，粗蛋白质 16.5%～20%，赖氨酸 0.8%～1.2%，盐 0.6%，钙 0.9%～1%，磷 0.7%～0.8%，粗纤维 3.8%～4.2%。

关于攻胎：

（1）攻胎时间不能过早：母猪乳腺在怀孕 75～95 天高速发育，攻胎过早乳腺里面脂肪沉积过多，导致产后乳腺虽大但奶水不足。

（2）攻胎不仅仅是要考虑仔猪的初生重和均匀度，更要考虑仔猪的活力、免疫力和抗病力，所以攻胎料要考虑添加亚油酸、甘露寡糖、植物提取物（如 5% 香芹酚、3% 肉桂醛、2% 辣椒素）等功能性添加剂，以求提高乳糖含量、初乳总脂含量和免疫球蛋白数量，以免出现初生仔猪个体虽大，但活动无力，不会抢奶、吃奶的"傻大个"现象。

（3）第一胎母猪不必刻意攻胎，以免胎儿初生体重过大，增加难产及滞产的比率。

六、围产期（妊娠 111 天至产后 5 天）

1. 饲养目标

促进顺利生产、恢复母猪体质。

2. 饲喂日粮及喂料量

饲喂哺乳母猪料。

（1）分娩前 3 天，每天减料 0.5 千克，至生产当天可以不喂料，以免生产时胃肠道蠕动缓慢而造成产后不食症。但有养殖户反映体况优良的经产母猪，产前不减料，也不会造成产后不食。

（2）母猪产仔过程中可及时提供温麸皮红糖水，提供能量。

（3）产后按 1 千克/天逐日增加料量，增至哺乳期标准喂料量。

注意：母猪围产期便秘和乳房水肿是近年来困扰部分规模猪场的顽疾，直接影响母猪的产程和母猪产后三联征的发生率。所以围产期要重视膳食纤维的摄入量和控制霉菌毒素含量。

七、哺乳期（产后 5 天至断奶当天）

1. 饲养目标

保证正常产奶量和奶的质量。

2. 饲喂日粮及喂料量

饲喂哺乳母猪料。

（1）哺乳期母猪标准喂料量＝2 千克＋0.25×活仔猪头数，达 6 千克以上时，自由采食。

1 千克母猪料能产生 1.5 千克奶，4 千克奶能使仔猪增重 1 千克，因为奶的 80% 是水，所以要保证奶水充足，母猪每天至少需要 45 升水，水流量为 2 升/分。

（2）断奶前减料：哺乳第 25 天开始按 1 千克/天减料，减至 2 千克/天，可减少乳腺炎发病率。

有养猪人反映：断奶前不减料不但不会引起乳腺炎增加，而且断奶后再突然减料，强烈的饥饿感还有利于刺激母猪发情。

第三节　母猪五个时期的管理规范

一、后备母猪管理规范

（一）后备母猪管理要点

1. 合圈喂养

后备母猪体重 60 千克以后应合圈喂养，每圈 6～8 头为宜，相互适度追咬，既可增加母猪运动量而防止过肥，又可利用早发情母猪的气味刺激提高母猪发情率。

2.增加运动

体重 100 千克以后,晴朗天气,每天早晚要各运动 1 小时,自由散步,不能驱赶。

3.刷拭母猪

每天用铁刷或扫帚刷拭母猪,既能增加人畜亲近度,又能增加皮肤血液循环,增强体质。

4.初配适龄

年龄和体重两指标相结合,体重指标优先。良种猪 8～10 月龄,体重达 110～120 千克时配种为宜;良杂猪 6～8 月龄,体重达 80～100 千克时配种为宜。

5.诱导后备母猪初次发情

(1)用公猪诱导发情:160 日龄(或 105 千克体重)以后将没发过情的后备母猪每星期调一次栏,让不同的公猪进栏追逐 10～20 分钟,使母猪经常处于一种应激状态,可促进发情的启动与排卵。

(2)将精液涂抹在后备母猪的鼻盘上,用气味诱导其发情。

(3)采用输死精处理:按 100 毫升 40 亿精子杀死后,加入 20 单位的缩宫素输精,输完死精后前 3 天放定位栏饲养,按 2 千克/天限饲;3 天后放入运动场充分运动或放入 1 头公猪追赶;运动后在大圈自由采食并添加维生素 E 粉或催情散,一般于输完死精后 5～15 天开始发情。

(二)后备母猪的挑选标准

1.不贪便宜

不宜从半年内发生过大疫病的猪场购买种猪,疫情过后有很多貌似自然痊愈,实则转为慢性或隐性感染的带毒猪;也不能贪便宜、捡现成,购买规模猪场的淘汰(带肚)母猪,这类母猪的显著特点一般是"带肚"出售,若用这种母猪构建自己的母猪群,当窝可能会得到一批仔猪,但以后不发情、炎症等繁殖障碍性疾病会呈暴发式增长。

究其原因,主要是引入场的免疫程序、饲料营养和环境条件与原引进场都不相同,引入后因相对条件变差,种猪生产性能就会一落千丈;何况这些母猪原本就是规模场要淘汰的对象。

2.体形

符合品种特征。当前农村主流的二元母猪主要是长大和大长两种。

猪价行情好转时,有些养殖户会挑选一些体形与二元母猪接近的育肥猪留作种用,这种方法不可取。当商品猪留作种用时,因商品猪的选育方向不一样，这类母猪虽然臀部也大，但它不是骨盆大而是臀肌大，外观看后腿间距太小，体形明显不一样。这类母猪留作种用，不发情、长发情等异常情况较多，即使正常发情后配种成功，分娩时难产概率也大幅增加。还有一些养殖户会用二元母猪或在肉猪群里挑选一些母猪，用长白或大约克公猪回交，然后把下一代的母猪留作种用，这种情况也不可取。

遗传育种是一项复杂的工程，回交的后代不但会丢失正常二元母猪很多的优良性状，同时会把亲本抗病力差、难以喂养等弊端给暴露出来。

3. 背腰

要平直，不能要塌腰或弓腰的，塌腰的体质差，弓腰的患有病。

4. 四肢

四肢健壮是挑选种母猪的重要条件，种母猪趾蹄纤弱，本交时就无法承受种公猪的重量，并且这类母猪体质也相对较差。

5. 乳头

排列整齐、分布均匀，数目够 7 对，并且脐带前够 4 对，不能有瞎乳头和内翻乳头。但乳头数也不是越多越好，如果一窝小母猪中乳头多数超 8 对，说明品种不纯。

6. 阴门尖

要自然下垂，不能上翘。阴门过大的母猪坚决不能要，这种母猪在发育期可能受到玉米赤霉烯酮污染。

7. 颜面部

不能有黄褐色脏污，不能有泪斑和黑斑。前者曾遭受霉菌毒素污染，后者属亚健康或有萎鼻等慢性疾病隐性感染。

8. 被毛

要光顺，皮肤苍白、褪皮、被毛粗乱的猪，不是营养不良，就是隐性感染有圆环病毒或寄生虫疾病。

9. 目前国内流行的品系

美系（占 $50\% \sim 60\%$）、加系（占 $20\% \sim 30\%$）、丹系、法系、台系、英系，另有 PIC、斯格配套系。

原种猪场需求体形好的种猪，参考美系、加系和台系杜洛克；二元母猪场需求体形和繁殖性能好的种猪，考虑美系、英系配合丹系长白；商品仔猪场需求产仔数多的猪，考虑法系、丹系或配套系；商品育肥场需求生长速度、料肉比好的猪，考虑美系、加系。

各品系种猪生产性能比较（以下引自同信养猪社 孙晓超）

品系	产仔数	生长速度	瘦肉率	料肉比	体形	适应性
美系	中	优	优	优	优	优
加系	中	优	优	优	优	优
丹系	优	中	中	中	中	差
法系	优	差	中	差	差	中
台系	差	中	优	中	优	中
英系	中	中	中	优	中	中
配套系	中	中	中	中	中	优

二、配种期母猪管理规范

母猪配种期分为后备母猪初配期和经产母猪空怀期。

（一）一般管理

（1）6～8头合圈喂养，某一头母猪发情后，所分泌的特殊气味和爬跨别的母猪，有利于刺激其他母猪发情。

（2）每天用成熟公猪在圈前转悠1小时，利于气味诱情。

（3）规模猪场应设置专门的配种间，地面铺上细沙。

（4）应尽量在风和日丽的天气配种，并尽可能创造安静的环境。

（二）配种时机

（1）一头成年母猪在一个发情期内排卵20～40个，初产母猪在一个发情期内排卵10～20个，但因部分的卵子或受精卵在中途死亡，每次母猪实际产仔仅10头左右。

（2）发情时间规律：母猪发情周期18～23天，平均21天；每次发情持续时间2～5天，平均2.5天；仔猪断奶后，多数母猪在3～10天内发情，平均为7天。

（3）母猪排卵规律：母猪排卵时间一般在发情开始后的24～36小时，国外品种为36～42小时，排卵持续时间为16～24小时，卵子的存活时间为8～12小时。

（4）后备母猪在第三个情期配种，第一窝的产仔数最高。

（5）配种分两次进行，下午初配，第二天上午复配，受胎率高。

（6）俗语说："老配早，少配晚，不老不少配中间"，即多胎经产母猪在发情早期配，初配母猪在发情后期配，壮年母猪在发情中期配效果最佳。

（三）发情鉴定

（1）行为变化：发情母猪喜欢接近人，并且不时爬跨其他母猪。

（2）外阴变化：发情母猪外阴会由苍白变为红肿，然后红肿逐渐减轻并再次变皱；配种时机在外阴由红肿开始减退并发皱时。

（3）阴道黏膜变化：发情母猪阴道黏膜由苍白变红肿，然后再变苍白；配种时机在黏膜由红肿变苍白阶段。

（4）黏液变化：发情母猪黏液由稀变稠，然后再由稠变稀；配种时机在黏液由稠变稀阶段。

注意：患慢性子宫内膜炎的母猪也分泌黏液，但黏液无上述稀稠度变化，并且所流出的黏液黏性也差，是一滴一滴向下滴，用小木棍不能拉成丝状；仔细观察黏液滴较浑浊发黄，不像正常母猪黏液的半透明状。

（5）静立反射：在非采食时间按压母猪腰部，母猪静立不动。

注意：生产上有配种员配完种后踹母猪一脚的习惯，这样做并不能促使母猪子宫收缩，减少精液流出，反而会使母猪应激产生肾上腺素，干扰生殖激素的正常分泌。

（四）检测是否受孕

（1）一般辨别：配种后 18～21 天不返情即判定为受孕。

（2）行为辨别：性情温驯喜睡。

（3）外观辨别：两个月后腹部有肉眼能分辨的增大。

（4）听诊：能听到比母猪心音快的"嗒、嗒、嗒"胎儿心音。

（5）激素诊断：有人采用在待检母猪耳背部皮下注射少量雌激素的鉴别方法，原理是孕激素能够抵消雌激素的作用，若待检猪受孕，注射雌激素后不出现阴门发红现象，反之阴门会出现红肿。但此法危险，易导致孕猪流产，不建议采用。

（6）仪器检测：一种是超声波诊断仪（俗称 A 超），另一种是 B 超诊断仪，目前使用最多的是兽用 B 超诊断仪。

（五）配种期免疫保健

（1）妊娠期不宜接种的能突破胎盘屏障的猪瘟等疫苗。

（2）有资料介绍，断奶后第 3 天起，母猪饲料中每天添加 200 毫克维生素 E 和 400 毫克胡萝卜素直到母猪发情，配种后两种添加剂剂量减半，再喂至第 21 天，可使产仔数增加 22%。

（3）也可添加纯中药催情散、女贞子类制剂，促使母猪早发情。

三、妊娠期母猪管理规范

（一）预产期的推算

当前最常用的方法是：配种日期＋三个月三个星期零三天，即平均 114 天。

（二）控制妊娠母猪的膘情和体况

猪是可以边怀孕边自身生长的动物，以"抓两头、带中间"的原则饲喂：怀孕早期（0~40 天），受精卵尚未着床，应提供高营养日粮，可增加受胎率；怀孕中期（40~80 天）胎盘已经形成，胎儿处于分化期，所需营养适当粗放，疫苗接种也可在此期进行；怀孕后期（80 天至产仔），胎儿体重处于旺盛的生长期，母猪也要储备能量，以备日后哺乳，需大量营养。

（三）妊娠期突发状况保胎方案

（1）因母体有病（如母猪感冒发热）以致胎动不安者——应治疗母病，母安则胎自安。

（2）若胎气不固（如霉菌毒素中毒）以致母病者——应安胎为主（肌内注射黄体酮），安胎则母自愈。

（3）无明显临床症状的亚健康母猪保健

1）母猪精神不佳、被毛粗乱、苍白，以肾虚和脾肾两虚较为常见，宜采用六味地黄散保健。

2）母猪泪斑、尿黄或被毛黄染、粪干，以阴虚或阳盛致内热较为常见，宜采用黄连解毒散保健。

（四）妊娠期免疫保健

（1）妊娠前期：不宜接种疫苗，某些疫苗可造成体温略升高，体内白细胞数量增加，配种后 16~18 天，因受精卵尚未着床，巨噬细胞会把受精卵当作细菌等异物吞噬掉而造成假怀孕。此期也不可使用影响胚胎发育的磺胺类或能引起胎儿畸形的阿司匹林等药物。

（2）妊娠中期可安排接种不能透过胎盘屏障的疫苗，如口蹄疫等，因猪瘟病毒可全期透过胎盘屏障，蓝耳病毒在临产前一个月可透过胎盘屏障，所以怀孕全期不宜接种猪瘟疫苗，临产前一个月不宜接种蓝耳疫苗。

现在很多养殖场采用普防，普防要慎重：一方面普防能使透过胎盘屏障的疫苗在孕期污染胎儿，使仔猪出生后就携带相关病毒；另一方面初次普防时，因母猪群体抗体水平参差不齐，普防反而会中和部分母猪体内的保护抗体，造成检测无抗体的现象。

一般初次采用普防的猪场，两年内都要经历一次甚至几次相关疫情，不断地淘汰被中和而无抗体母猪，两年后整个猪场才能稳定下来，从而达到可以普防的条件。

（3）妊娠后期不宜接种疫苗，因某些疫苗可造成体温升高，如口蹄疫疫苗等有引起流产的可能性。

（4）妊娠后期添加青绿饲料或块根块茎类饲料，增加日粮粗纤维含量，以防产前便秘。产前便秘由生理性、营养性、病理性及环境条件等综合因素引起，但不管诱发的因素是什么，加喂青绿饲料或块根块茎类饲料，都能使便秘现象得到一定程度的缓解。也可适当添加枯草芽孢杆菌、乳酸菌等微生态制剂，调理肠道菌群而防止产前便秘。

四、围产期母猪管理规范

（一）临产诊断

（1）看乳房："奶头炸、不久下"，产前 15 天左右乳腺隆起。

（2）看外阴：产前 3～5 天，外阴红肿下垂。

（3）看行为：产前 6～12 小时，母猪起卧不安、来回走动。

（4）看呼吸：正常 10～20 次/分，产前 4 小时呼吸明显加快。

（二）产前准备

（1）产前 1 周待产母猪全身清洗消毒后转入产房，核对母猪档案卡，做到卡随猪行。

（2）母猪因产前便秘、受到某些应激或隐性感染附红细胞体等慢性病，临近产期却没有产仔迹象时，宜适时肌内注射氯前列烯醇，以免产期延长过久，造成胎死腹中。

（3）夏季热应激导致临产前母猪突然张口喘气，坐立不宁时，千万不能用大盆凉水直接喷淋，以免头颈部血管突然收缩，引起脑部缺血而死亡；应马上针刺暴涨的耳静脉适当放血，然后再用酒精擦洗四个腿窝，同时用一个矿泉水瓶扎几个小孔，往母猪身上淋水并用电风扇吹猪体。妊娠母猪适宜温度 15℃～18℃，临界高温 27℃，临界低温 10℃；适宜湿度 60%～80%。

（4）预备接产：当最后一对乳头能挤出乳汁，离产仔仅剩 2 小时，预备温消毒水，擦洗母猪乳头区和后躯待产。

（三）接产

密切注意母猪生产动作及产程，只接产而不随意人工助产。

1. 接产程序

干净毛巾掏出初产仔猪口鼻黏液、断脐、消毒、剪牙、断尾、庆大霉素滴口；遇到不出声的猪应立即倒提并拍打背部，令其发出叫声，活力差、不会站立的仔猪要特殊照顾。

2. 补初乳

产出三四头仔猪时，可放仔猪出来吃奶，此时母猪放乳有利于加快产程，并且能够有效避免仔猪相互吮吸脐带而造成仔猪严重的失血性贫血。

（四）助产

（1）不到万不得已，不要使用催产素（造成日后发情紊乱和胎儿窒息死亡）或器械助产（消毒不严会造成顽固性子宫炎症）。

（2）助产时，首先分清是何种难产，如果产道开张良好（临床判断是已经产下一头仔猪表明产道已开张），胎位、胎势正常，仅因母猪虚弱而阵缩无力时，才可肌内注射催产素。

（3）若产道开张不良（临床判断是已表现明显产仔征兆，但超过 4 小时，但无仔猪产出），可肌内注射氯前列烯醇。

（4）若胎位异常不能产出时，切忌强拉和使用催产素，应按阵缩的节律将胎儿送还子宫内，将胎位矫正后借助产科钩或直接向外拉，对无法矫正的胎儿可用指甲或产科刀将胎儿肢解后取出。

（5）人工助产的注意事项

1）先按肥皂水—碘酊—酒精脱碘—液状石蜡润滑等程序消毒。

2）无论怎样强壮的助产者，当手臂伸入产道后都将感觉无力，因此手臂上方不可有横杠，防止母猪突然站立扭伤胳膊。

3）助产主要利用手指力量操作，而不是用胳膊力量硬撬。

（6）母猪产程过长，体力消耗较大，可饮温麸皮红糖水或直接输液，补充水分和提供能量。

（7）产完仔后，检查胎衣脐带数并立即清走，防止母猪吞食后造成食仔恶癖。

（8）产后母猪因生殖器官损伤和体力消耗，抵抗力明显下降，肌内注射头孢类、林可霉素、磺胺类或喹诺酮类等消炎药物。

（五）抢救假死猪

（1）初生仔猪对体温调节能力较差，冻死并不是指极低温度造成仔猪死亡，而是指仔猪产出后处理不及时，外界温度把仔猪的体温降了下来或造成低血糖。抢救方法：口鼻朝上、温水热浴，并适当补充葡萄糖。

（2）产程长造成窒息的假死猪。倒提后腿拍打背部，直到仔猪发出叫声；也可用双手有节律按压仔猪胸部，人工呼吸。配合肌内注射尼可刹米或肾上腺素。

（六）仔猪寄养

母猪体况差或内分泌障碍造成无奶，或高产母猪所产仔猪过多、乳头数不够时，仔猪就要寄养。仔猪寄养时要遵循以下几个原则。

（1）仔猪寄养前，最好能够吃足几次原母猪的初乳，有利于寄养后的成活。

（2）较晚出生的仔猪寄养到较早产仔的母猪身边，会因乳汁成分不一样造成被寄养仔猪拉稀，所以仔猪寄养的母猪产期最好不超过 3 天。

当前有些散养户因为母猪产仔数少或所产仔猪死亡，就收购其他养殖户产的多的仔猪喂养，这种方法极不可取。一方面跨场寄养会造成极大的疾病传播的风险；另一方面也不利于寄养母猪的体质恢复，还不如及时找出寄养母猪产仔数少或原产仔猪死亡的原因，积极治疗和调理母猪，使其尽快进入下一轮生产。

（3）不能将病猪、拉稀仔猪寄养到健康母猪的身边，以免造成原产仔猪发病。

（4）为防止寄养母猪咬伤被寄养仔猪，需要让被寄养仔猪与寄养母猪原产仔猪互拱半小时以上，或直接用寄养母猪的尿液涂抹被寄养仔猪身上，干扰气味。

（七）围产期免疫保健

围产期不宜接种任何疫苗。产前 3 天，料中添加伊维菌素和芬苯达唑等驱虫药物驱虫；产后 5 天内，饲料中可考虑添加阿莫西林或林可大观霉素等药物防止产后感染，但最好不用饲料中拌药的方式，而采用肌内注射的方式消炎。

五、哺乳期母猪的管理规范

(一) 产后体质恢复

产房要阳光充足、空气新鲜，如果不是单体栏喂养，产后第三天要让母猪到运动场自由活动，增加福利措施，有利于产后母猪的体质恢复和增加利用年限。实践中，很多养殖户因圈舍条件限制，把母猪关在不朝阳的单体栏内喂养，会人为增加母猪淘汰率。比如：豆粕等植物性原料所含的维生素 D_2 和鱼粉等动物性原料所含的 7-脱氢胆固醇（维生素 D_3 前体），都需要受阳光（紫外线）照射后，才能最终转变为维生素 D。如果母猪所处环境阴暗，一年四季见不到阳光，饲料中即使添加再多此类营养物，也会出现相关营养物质的缺乏症。

(二) 合适的温度

产房温度分为大环境温度和小环境温度。大环境（即产房）温度要控制在 $20℃\sim25℃$（母猪最适宜温度是 $16℃\sim18℃$）。温度过高，母猪不适，母猪不吃料或者料量减少，进而引起母猪哺乳期失重过大、断奶后无效生产天数延长；温度过低，仔猪出保温箱吃奶，会因温差过大而感冒或拉稀，甚至直接导致低血糖而死亡。小环境（即保温箱）温度要根据仔猪的出生日龄适时调整，基本保持在 $26℃\sim35℃$。

(三) 保持干燥

圈舍潮湿是造成仔猪腹泻的主要因素，产房应多刮粪、少冲水，保持温暖干燥，防黄白痢。

(四) 经常刷拭母猪

刷拭可促进母猪血液循环，增强体质，有利于断奶后发情和抵御感冒等疾病，还能够培养人畜感情，增强母猪母性行为。

(五) 至关重要的产房母猪生产记录

应详细记录母猪是否按产期生产？产程多长时间？是否有难产、死胎等？总产仔数，成活数量，乳猪的初生窝重，仔猪是否有腹泻或死亡？何时补料？断奶窝重等数据。产房母猪的生产记录是决定该母猪是否更新的重要依据之一，也是猪场生产成绩的晴雨表。

(六) 母猪拒绝哺乳怎么办

初产母猪不习惯哺乳，让其与正哺乳母猪邻圈，并经常抚摩母猪腹部调教；母猪有乳腺炎时，应及时用鱼腥草＋青霉素或林可霉素＋庆大霉素治疗乳腺炎；仔猪未剪牙会剐痛乳头，应及时剪牙；必要时，可谨慎使用氯丙嗪肌内注射。

（七）减轻哺乳期母猪失重

哺乳母猪失重控制在 15 千克之内，若失重过大，一方面造成仔猪营养性腹泻，另一方面造成母猪发情间隔时间长或不发情，甚至下一胎次的产仔数也会下降，母猪将失去高产性能。为减轻母猪失重过大，在保证饲料品质的基础之上，日饲喂次数可增至 4 次，母猪的日进食量则增加约 1 千克。建议喂料时间安排在早晨 6:00、上午 10:00、下午 4:00 和晚上 10:00。另外，采用湿拌料也可增加日采食量。

（八）哺乳期免疫保健

哺乳前期的 20 天内，尽可能不接种疫苗，如果接种疫苗，对母猪无多大影响，但某些疫苗可造成仔猪拉稀；母猪日粮中可连续添加 10 天纯中药白头翁散等制剂，防止仔猪黄白痢的发生。

（九）现代猪场关于母猪生产性能的术语

1. PSY

是指每头母猪每年所能提供的断奶仔猪头数。

（1）计算公式：PSY＝母猪年产胎次×母猪平均窝产活仔数×哺乳仔猪成活率。

（2）影响 PSY 的因素：①胎次；②遗传因素；③排卵率和胚胎死亡率；④营养因素；⑤配种管理；⑥公猪效应；⑦管理水平；⑧繁殖疾病。

2. MSY

是指每头母猪每年出栏肥猪数。MSY＝PSY×育肥猪成活率。目前国内 MSY 的平均水平为 14.4，优秀的可以达到 20，而国外可以达到 25。

3. 单头母猪年投资回报率（RSY）

是指锁定所有生产成本后母猪产能和效益的数据模型，是猪场生产经营的核心和本质。RSY 是评估猪场生产经营、种猪品质、营养标准、兽药疫苗质量、设备投资等各个指标更实效的标准。

4. 每年每头母猪产仔窝数（LFY，胎指数）

每年每头母猪产仔窝数胎指数＝（365－非生产天数）/（妊娠期＋泌乳期）。

5. 母猪非生产天数（NPD）

任何一头生产母猪和超过适配年龄（一般设定在 230 日龄）的后备

猪，没有怀孕、没有哺乳的天数，称为非生产天数。其中有 3～6 天断奶至配种间隔是必需的，在此期间母猪要准备发情，叫作必需非生产天数。一些怀孕母猪发生流产或死胎也等于什么也没做，从配种到流产、死胎时的天数也被视作非生产天数。

第四节　种公猪的饲养程序与管理规范

一、饲养程序

公猪 60 千克以前喂育肥猪料，自由采食；60 千克以后换为公猪专用料或哺乳母猪料，仍自由采食；当体重达 120 千克以后，每天只喂 3 千克，不可多喂，以防止体重快速增长，缩短利用年限（体重过大无法本交使用）。为增强公猪体质和提高精液质量，料中可间断添加维生素 A、维生素 D_3、维生素 E 粉。

二、额外奖赏

配种期公猪每次配种后，喂食 2 个带壳生鸡蛋，既增加了营养又有利于形成条件反射，保持旺盛性欲。

三、规避麻烦

公猪配完种后最少 2 小时之内，不能和其他公猪接触，防止发生几乎是生死之战的激烈咬斗或群殴。

四、初配适应

后备公猪：应每天例行巡视待配母猪，一方面用于试情，能够准确找出隐性发情母猪；另一方面用于诱情，特殊气味可刺激待配母猪发情；再一方面有利于培养后备公猪的性欲。

注意：培养后备公猪形成条件反射至关重要。

初配公猪应先和性情温驯的经产母猪交配，配种时严禁惊吓，以免造成阳痿或丧失性欲。

五、安静环境

设立幽暗安静铺细沙的配种间，人工辅助配种。人工辅助时应戴消毒的橡胶手套，不可强拉阴茎，只是轻柔地将阴茎送到母猪阴门口就可以了。

六、强身健体

公猪每天早晚必须运动两小时，自由散步，不可驱赶，可手拿编织袋，以遮眼的方法改变行进路线。

注意：公猪运动时，人不可迎头或在侧前方行走，应在侧后方或正后方跟随，防止公猪摆头时，被无意咬伤。

七、培养人畜感情

配种员经常刷拭抚摸公猪，培养人畜感情，防止攻击性或戒备心过强的公猪咬伤人畜；四肢健壮，特别是后肢强壮是本交公猪的第二生命，配种员要及时检查修理趾蹄，减少趾蹄病的发生。

八、利用频率

初配公猪每周利用一次，壮年公猪每周利用 3～5 次。

九、保证精液品质

体温升高的公猪治愈后 1 周内禁止使用。

十、公猪性欲不强怎么办

（一）防止自淫

公猪多为单圈喂养，性成熟后喜欢在墙壁上自淫，针对此类猪应经常让其和发情母猪接触，甚至同圈喂养。切忌在发现自淫时鞭打而造成无性欲的后果。

（二）加强运动

加大运动量是提高公猪性欲的最佳良药，同时饲料中可添加多维和糖钙片。

（三）临床上偶见公猪以前性欲正常，某段时间突然性欲差，甚至公猪身上特有的"骚味"也逐渐消失的状况

（1）如果睾丸体积正常，可用激素或中药治疗。

1）肌内注射丙酸睾酮，100 毫克/次，隔 3 天用 1 次，连用 2～3 周；

或口服甲睾酮片，0.3克/次，1次/天，连用7天。

2）中药验方：淫羊藿90克，补骨脂30克，熟附子10克，钟乳石30克，五味子15克，菟丝子30克，煎汁加黄酒200毫升灌服。

（2）若睾丸肿胀或萎缩，镜检无精、死精，多是感染了流行性乙型脑炎等传染性疾病。这种公猪一个睾丸正常，虽然也能保持性欲和精子活力，但为确保猪群整体安全，最好还是淘汰处理。

第三章　仔猪的饲养管理

第一节　哺乳仔猪的生理特点及两个关键指标

一、哺乳仔猪的生理特点

（一）生长发育快、代谢功能旺盛、利用养分能力强

初生仔猪体重为 1 千克左右，仅为成年猪的 1％，10 日龄时体重达出生重的 2 倍以上，30 日龄达 5～6 倍，60 日龄达 10～13 倍。生后 20 日龄时，每千克体重沉积的蛋白质，相当于成年猪的 30～35 倍，每千克体重所需代谢净能为成年猪的 3 倍。

依据此特点，要求必须给仔猪提供高蛋白、高能量的高品质全价饲料，才能满足仔猪快速生长的需要。

（二）仔猪消化器官不发达、容积小、功能不完善

1. 胃肠重量及容积

胃重初生时 4～8 克，为成年重的 10％，能容纳乳汁 25～50 克；20 日龄时达到 35 克，容积扩大 2～3 倍；60 日龄时达到 150 克，容积扩大 19～20 倍，到 50 千克体重后接近成年猪的胃重。

小肠重初生时 20 克左右，仅为成年猪的 1.5％，4 周龄时重量为出生时的 10 倍。

大肠容积初生时每千克体重为 30～40 毫升，断奶后迅速增加至 90～100 毫升。

依据此特点，仔猪要早期补料（7 日龄）来刺激胃肠道发育。早期补料不仅仅是为了利用饲料中的营养，更是为了锻炼胃肠，防治断奶后营养性腹泻。

2. 消化酶

仔猪初生时胃内仅有凝乳酶，胃蛋白酶很少，没有活性，到 35～40 日龄，胃蛋白酶才表现出消化能力；而盐酸浓度直到 2.5～3 月龄才接近成年猪水平。

依据此特点，饲料额外添加酸化剂（如柠檬酸、富马酸）和酶制剂（如蛋白酶）是无抗时代防治断奶腹泻的首选措施。

（三）缺乏先天免疫力

胚胎期由于母体血管与胎儿脐带血管之间被 6～7 层组织隔开，限制了母体抗体（大分子 γ-球蛋白）通过血液向胎儿转移，因而仔猪出生时没有先天免疫力，新生仔猪的死亡中 60％发生在出生后 3 天内。

分娩开始时每 100 毫升初乳含有免疫球蛋白 20 克，分娩后 4 小时下降到 10 克；免疫球蛋白数量最多的是 IgG，可提高仔猪对细菌的抵抗力；其次是 IgA，可保护消化管壁，IgA 和 IgM 可共同抵抗病毒侵入仔猪体内。

仔猪出生后 24～36 小时，小肠有吸收大分子蛋白质的能力，当小肠内通过一定的乳汁后，这种吸收能力就会减弱消失。因此，仔猪生后若吃到 40～60 克初乳，就能获得足够抵抗病原微生物的免疫球蛋白数量。

依据此特点，仔猪初生 2 小时内尽可能让其吃足初乳。

（四）调节体温的能力差，怕冷

一方面猪的怀孕期短，仅为 114 天，仔猪出生时对体温的调节机制发育尚不完善；另一方面仔猪出生时体内储存的能量和脂肪含量很低，所以保温功能很差。若初生仔猪暴露于低温环境，轻则低血糖，影响生长发育和抗病力，重则体温下降；研究表明初生仔猪若裸露在 1℃环境中 2 小时，可因体温降低而死亡。

初生仔猪正常体温 39℃，如处于 13℃～24℃的环境中，体温在生后第一小时可降 1.7℃～7.2℃，尤其 20 分钟内，由于羊水的蒸发而降低更快。

有资料表明，吃上初乳的健壮仔猪，在 18℃～24℃的环境中，约 2 天后可恢复到正常体温；在 0℃（-4℃～2℃）左右的环境条件下，经 10 天尚难达到正常体温。

依据此特点，初生仔猪必须设置保温箱，前 3 天箱内温度要维持在 30℃～32℃；前 15 天不低于 26℃；但因仔猪要频繁吃奶，产房温度前 7

天也要保持在 22℃以上，全期不低于 16℃。

二、喂养哺乳仔猪的两个关键指标

（一）提高仔猪成活率

成活率决定你的猪场能否有赚钱机会。

（二）提高断奶窝重

断奶窝重决定你的猪场赚钱的多少。

为什么要强调断奶窝重？

——断奶窝重与出栏重呈强正相关。

俗语说："初生重一两、断奶重一斤、出栏重十斤。"实践证明仔猪断奶体重相差 1 千克，出栏时间将相差 7～10 天，因此最大限度地提高仔猪断奶窝重，是提高养猪经济效益的重点。

举例说明：如果断奶时某一窝 8 头仔猪的总重量与另一窝 10 头仔猪的总重量相当，那么，同等重量出栏，前者的生长期明显缩短；而同等时间出栏时，前者出栏总重也与后者出栏总重基本相当。所以猪喂得多不代表挣钱就多。

第二节　提高仔猪成活率的四项关键工作

一、要命的保温工作，到底该怎么做

保温工作的好坏，决定仔猪能不能活下来。

（一）初生仔猪部分组织、器官发育还不成熟

如前文所述，仔猪体温随环境温度上升而上升、随环境温度的下降而下降；初生仔猪被"冻死"并不是想象中的在酷寒条件下冻死，而是在人有可能还感觉到温暖的温度下，把仔猪体温降低或造成低血糖而昏迷死亡。

（二）生产上常见的猪舍保温措施

（1）厚垫料法：仔猪趴卧区铺上 20 厘米厚的垫草，垫料要干净柔软、防潮防霉、及时更换。

（2）火炉取暖法：有直接放置火炉（有易失火、空气污浊、粉尘刺激、受热不均等缺点）、地上烟道（易损毁）和地下烟道 3 种。

（3）暖气取暖法：有地上暖气片（需用锅炉，污染环境、易损坏）和地下水暖（需专用水暖设备、环保安全造价高）两种。

（4）热风炉取暖：用鼓风机沿管道把炉火加热的空气吹入舍内。

（5）电热板取暖：将电热丝埋藏在绝缘而导热的质料中，制成垫板，放在仔猪保温箱内或直接埋在圈舍地面下层。

（6）悬挂红外线灯取暖：保育箱内上方 40～50 厘米处，吊挂 100～250 瓦的红外线灯。

（7）远红外加热箱：专用设备，由远红外线加热板、铅板反射罩、温控仪和保温箱体构成。

（三）保温分保温箱温度和产房温度

1. 保温箱温度要求

前 3 天 33℃～35℃，3～7 天 28℃～30℃，7～15 天不低于 26℃，出生 15 天以后可根据外界温度的实际情况，决定是否撤去保温箱。

2. 使用保温箱的注意事项

（1）保温箱盖不可用塑料类等不透气的物品封严，防止仔猪寒冷季节发生中暑（热射病）。

（2）加热灯泡与仔猪头顶应保持距离，防止仔猪损坏灯泡触电，甚至引起火灾。

（3）保温箱内最好设置温度计，及时科学地调整箱内温度。

3. 产房温度要求

采用水暖、地暖、热风炉供热均可，前 7 天 22℃～26℃，前 15 天 18℃～22℃，整个哺乳期不低于 16℃～18℃。

4. 产房不可以用"明火"提高温度

产房内点燃木柴火或使用不带烟囱的煤炉等明火，对仔猪最大的危害不是造成煤气中毒，而是这类明火会产生大量肉眼看不见的粉尘微粒；哺乳仔猪长期处于这种粉尘微粒的包围之中，支气管假复层柱状纤毛上皮会化生为复层鳞状上皮，呼吸道黏膜就会因轻微发炎而增厚。

仔猪在哺乳时，因有免疫球蛋白保护而可能不表现任何临床症状；但断奶后在强烈应激下，仔猪抵抗力迅速下降，仔猪就会因为呼吸道黏膜慢性炎症而表现顽固性咳嗽，用药就减轻，药停就复发。

5. 产房不能只追求温度而忽视湿度和通风

冬季某些产房几乎不能进入，氨味和粪便的腥臭味令人窒息。打扫产房内的卫生不能用水冲，湿度大乳猪发生疾病的概率就大，产房干燥温暖不利于大肠杆菌等常在菌的繁殖。加强通风可保证空气质量，也有利于降低舍内微生物含量。

二、决定命运的前几口奶有啥不一样

是否吃足初乳是决定仔猪能否活得健康。母猪 7 天内产生的乳汁称为初乳，营养成分浓缩，高蛋白低脂肪，富含铁和镁离子并且含有大量的免疫球蛋白（母源抗体）。

（一）母猪初乳和常乳成分比较

表 3 - 1　　　　　　　　　母猪初乳和常乳成分比较

营养成分	初乳	常乳
干物质/%	25.76	19.89
脂肪/%	4.43	8.25
蛋白质/%	17.77	5.79
乳糖/%	3.46	4.81
灰分/%	0.63	0.94
钙/%	0.053	0.25
磷/%	0.082	0.166
铁/（微克/100 毫升）	265	179
铜/（微克/100 毫升）	—	20～134

（1）母猪产仔后 7 天内生产的奶叫初乳，初乳含有大量的免疫球蛋白，特别是分泌型 IgA，可分布在消化道、呼吸道、泌尿道黏膜表面，有效保护机体免受病原微生物侵袭。

平常我们接种各种疫苗，也会产生抗体（即免疫球蛋白），但这种疫苗抗体一般具有一对一的特异性。而母猪初乳中的免疫球蛋白通俗地说是广谱性的，能增强仔猪对所有常见传染病的抵抗力。

（2）但初乳中的免疫球蛋白是一种大分子物质，几天后仔猪肠道封闭就无法吸收；而刚出生的仔猪肠道通透性较高，它能有效吸收。所以，仔猪出生 2 小时内，必须让其吃足初乳。

（二）为什么仔猪的肠道分子通道会自然关闭

猪的进化过程是自然选择的结果，分子通道关闭是为了阻止病原体侵入体内的机会。

（1）最早出生吮吸力强的仔猪，能使血液中的免疫原物质浓度迅速达到 30 毫克/毫升的保护水平；出生晚的、瘦弱的、能量储备耗尽的仔猪只能达到 4～6 毫克/毫升，会使断奶前死亡率增加 12%～18%。

（2）人工干扰（把吮吸力差的仔猪放置前侧乳头，前侧乳头分泌的乳汁含更高水平的 IgG，足以对抗地板和垫料中可能存在的病原体），每头母猪每年可多生产出 12 千克肉产品。

（3）但如果仔猪超前免疫，出生后 2 小时内坚决不可让仔猪吃初乳，吃足初乳和超前免疫二者不可兼得。

（三）关于超前免疫

即仔猪出生后吃奶前就接种疫苗，多用于某种疫病高发场区。

（1）非高发场区，不提倡超前免疫，盲目地超前免疫，使仔猪获得了某一种病的高抵抗力，但却丧失了仔猪获得初乳中免疫球蛋白的最佳机会是不值得的。

（2）超前免疫对实践的操作要求较高，极易因为外界温度较高，或母猪产仔时间过长而造成免疫失败。因此，超前免疫在理论上是优秀的免疫方式，但在生产实践中需要慎重考虑而为之。

（3）为了超前免疫而不让仔猪吮吸乳头，会明显延长母猪产程。

注意：当前普遍采用的 3 日龄伪狂犬疫苗滴鼻，不属于超前免疫，甚至不属于伪狂犬常规免疫。

一方面，疫苗滴入鼻腔黏膜作用的是 T 细胞，属于细胞免疫，产生的不是抗体，而是白介素、干扰素、聚落因子、转移因子、趋化因子等细胞因子，对抗的不仅仅是伪狂犬病毒，还有蓝耳、圆环、温和型猪瘟及轮状病毒等其他病毒性疾病。另一方面，伪狂犬疫苗滴鼻是为了让毒力缺失的伪狂犬疫苗提前占领伪狂犬病毒易感的靶组织，即三叉神经和嗅神经。

因为 3 日龄伪狂犬疫苗滴鼻属细胞免疫和起占位作用抗原不进入血液，所以母源抗体不影响免疫效果，但有些养殖户采取肌内注射 1 毫升再滴鼻 1 毫升，或直接肌内注射 2 毫升不滴鼻，这些都是错误的做法。进入血液的疫苗消耗了母源抗体，反而可能导致仔猪在十七八日龄发生伪狂犬病。

三、及时补铁

(一) 铁和造血到底是什么关系

红细胞主要在骨髓内生成（特别是红骨髓），它靠红细胞生成素与铁离子产生。

1. 红细胞生成素 (EPO)

红细胞生成素主要产生于肾脏毛细血管上皮，肝脏也可少量分泌。当肾脏含氧量下降而以化学方式发出警告时，就会制造出较多量的红细胞生成激素。红细胞生成素进入血液后刺激骨髓，促使红细胞前物质的生成及分化，以增加红细胞的数量。人体每小时要制造5亿新红细胞。

2. 铁离子

铁到了仔猪体内需要特定载体主动运输，先合成珠蛋白，进而形成血红蛋白，然后才合成红细胞。

饲料中的铁以三价形式存在，在肠道中几乎不被吸收；三价铁只有经胃酸作用变为二价铁后，再与维生素C和氨基酸形成络合物；这种络合物在十二指肠及空肠的碱性环境中呈溶解状态，在小肠上皮刷状缘与特异性结合受体结合，通过主动运输进入细胞内，再被运送到血管基底膜；进入血管内的铁，再与铁传递蛋白结合，在血液中运输；血浆中的铁需经铜蓝蛋白氧化为高价后，再与运铁蛋白结合，最终输送到骨髓造血。

3. 造血过程中铁、钴、铜均参与造血

铁和钴是造血的原料；铁（缺铜时在肝脏沉积）存在于正铁血红素中，血红素是血红蛋白的铁卟啉核；钴矫正铜和铁的利用率；铜（钼拮抗铜，高锌诱发铜缺乏）是造血的催化剂，促进铁进入骨髓；因泥土中含有钴和铜，造血过程中仅铁需要补充。

(二) 乳猪什么时候补铁

仔猪出生时体内铁的储量为40~50毫克，生长过程中每天需7~16毫克的铁，乳猪通过母乳每天仅能获得约1毫克的铁。所以，新生仔猪体内铁的储量仅能维持机体3天的需求量，最迟应在4日龄内对新生仔猪补铁，否则就会出现缺铁症。

缺铁症的临床表现：仔猪精神不振，喜卧，毛扎，皮肤苍白，生长缓慢；耳郭迎光时黄白色透亮；食欲减退，有的仔猪腹泻；甚至有些生长较快的仔猪会因缺氧而突然死亡。

（三）补铁一次补多大量

补铁时不宜盲目加量，补铁剂中的 Fe^{2+} 需经铜蓝蛋白氧化为 Fe^{3+}，再与血浆中的转铁蛋白结合，才被转运到骨髓。每一分子的转铁蛋白可与两分子的 Fe^{3+} 结合，转铁蛋白的饱和率只有 33%。

一次补铁剂量应在 150～200 毫克，用量太小不能满足需要，用量过大不吸收并造成注射部位肌肉坏死，而且还有较强的毒副作用。

1. 一次过量补铁除造成肌肉坏死外，还有什么坏处？

（1）过量补铁会抑制肠内其他微量元素如锌、镁等的吸收。

1）造成缺锌症：降低免疫功能，增强对细菌、病毒的易感性。

2）致维生素 C 和硒缺乏：引起消化不良、便秘，降低饲料消化率。

3）脏器功能失调：铁过量吸收可沉积在心脏、肝脏或胰脏中，引起严重的血色素沉着或导致胰腺功能失调。

（2）一次大量补铁，严重的还会导致仔猪过敏性休克，荨麻疹，关节、肌肉痛等。

铁制剂在体外或体内经阳光暴晒或高温后，可使 Fe^{2+} 转变为有毒性的 Fe^{3+}；所以，注射完补铁制剂后，若仔猪接受阳光直射或高温，可增加过敏或中毒事件。冬季宜在上午 10 时到 14 时之间，夏季宜在下午 5 时以后。

2. 超量补铁临床表现

注射部位肌肉黑色坏死；腿部肌内注射时，腹股沟淋巴结发黑；还可造成出血性胃肠炎、腹泻、呕吐；严重的休克及急性肝坏死等。

（四）仔猪总共补几次铁

饲料中含铁丰富，乳猪一旦学会吃料就不用担心缺铁；成年猪除肠道分泌、消化道和尿道上皮细胞脱落可使铁每天损失大约 1 毫克外，无其他途径损失。铁在代谢过程中可被反复利用。所以，乳猪仅需在不会吃料之前补铁，建议在 3 日龄、10 日龄分别补一次为宜。

（五）怎么补铁

1. 注射法

3 日龄肌内注射右旋糖酐铁钴合剂或铁硒注射液 1 毫升，10 日龄再注射 2 毫升即可。

2. 铁铜合剂补饲法

用 2.5 克硫酸亚铁和 1 克硫酸铜溶于 1 升水中，装在瓶里，仔猪 3 日龄时开始补饲；或吮乳时将合剂滴在乳头上，或装在奶瓶喂给，每天每头10 毫升。

3. 制成矿物质舔剂

为满足对多种矿物的需要，5 日龄时可在补饲栏内放置骨粉、食盐、木炭等。

（六）补铁注意事项

1. 补铁剂最好不与饲料同用

（1）饲料中钙元素过多影响铁元素的吸收，因此仔猪补铁时，应暂时减少或停喂钙质饲料，如骨粉、贝壳粉、碳酸钙等。

（2）含鞣酸的饲料可使铁制剂变性不能吸收，如麦麸中钙、磷比例不当，含磷量约为含钙量的 10 倍，可降低铁的吸收。所以，仔猪口服硫酸亚铁时，应避免与高粱、麸皮之类的饲料同喂。

2. 补铁剂不能与药物同用

（1）有些含铅、镁、钙的制剂，遇铁可在胃肠道内形成难以溶解的复合物或沉淀，如土霉素钙粉遇铁后可形成络合物。

（2）酰胺醇类（如氯霉素）可使铁制剂减效或失效。

（3）止酸类和抗胆碱类药物可降低胃液酸度，口服补铁时可影响铁元素的吸收。

（4）碳酸盐、碘化钾、鞣酸蛋白等遇铁可发生沉淀。

（5）维生素 E 能结合铁，从而使其失效。

四、母乳能满足 20 日龄前仔猪生长需要，为什么非要 7 日龄补料

（一）四个因素要求仔猪在 7 日龄补料最好

1. 仔猪分泌消化饲料消化酶的能力，需要补料刺激

"教槽料"并不是教会仔猪吃料，饿了就吃是所有动物的天性，不需要"教"，20 日龄后，当母乳营养不能满足仔猪生长需要时，它会主动去吃母猪料。

7 日龄补料仔猪其实并不需要饲料提供营养，只是利用其"长牙有咀嚼欲望""好奇心"和"探索行为"，让仔猪熟悉饲料。7 日龄时仔猪胃肠道内消化乳汁的消化酶（以凝乳酶、乳糖酶为代表）含量，是消化饲料消化酶（以蛋白酶、淀粉水解酶、纤维素酶为代表）含量的七八倍，如果此

时大量吃进去饲料，仔猪会因消化不良而拉稀。所以7日龄补料的核心是仔猪在"玩料"过程中，多少主动吃一点，实现刺激胃肠道多产生消化饲料的消化酶的目的。

2. 7日龄仔猪有咀嚼的欲望

仔猪7日龄时开始长牙，长牙时牙龈痒而产生咀嚼硬东西的欲望，7日龄时应提供适量优质颗粒料让其咀嚼。

3. 7日龄补料，可提高断奶窝重

母乳在第20天以后数量和质量都大幅度下降，此时仔猪体格已经长大，生长速度也加快，需要大量的营养物质供其生长。如果不早期补料，20日龄后还不会吃料，就会造成营养短缺。如果仔猪7日龄开始诱食，12日龄左右部分仔猪将适应咀嚼颗粒饲料，15日龄以后几乎所有仔猪就学会采食饲料。那么到20日龄母乳产量和质量下降后，仔猪就能够从饲料中获得生长所需的营养。

4. 7日龄补料，可防止断奶后生理性腹泻

哺乳仔猪消化道内本身就缺酸少酶，消化乳汁的消化酶是以凝乳酶、乳糖酶为代表的消化酶；而消化饲料的消化酶是以淀粉酶、蛋白酶、纤维素等为代表的消化酶。两者根本不属于同一个消化酶系统，仔猪能够很好消化乳汁并不代表它能够很好地消化饲料。所以，必须给仔猪早期补料，让饲料刺激仔猪消化道产生更多的消化饲料的消化酶，杜绝仔猪断奶后马上掉膘和增加一点点饲料量就发生腹泻的饲养难题。

（二）7日龄应该怎样补料

（1）猪采食时不是依靠视觉和听觉，而是依靠嗅觉，所以诱食是让仔猪熟悉饲料的气味，而不是非要让它大量吃进去。7日补料的关键不仅仅是让猪"闻料"，也不是"随意吃"，而是"量"的控制。

（2）仔猪刚吃过奶时，山珍海味也引不起它的兴趣，所以诱食料一定要在仔猪吃奶前让它接触到。

（3）常用补饲的方法有351教槽法、悬挂吊瓶法和鹅卵石法。

1）351教槽法（适宜于规模化养猪场）（表3-2）

2）悬挂吊瓶法（适宜于散养户）：弄一个塑料水瓶，在底部钻几个小洞，悬挂在保温箱门口，仔猪出来吃奶时碰到水瓶，就会落下部分颗粒，饥饿的仔猪会顺便嚼上几粒饲料才去吃奶。

表 3 - 2　　　　　　　　　　　　　　　351 教槽法

日龄	说明（1）	说明（2）	给饲次数
10～14	3 个指头捏料	一点点	4～6 次
15～20	5 个指头捏料	一小撮	6～7 次
21～28	1 巴掌抓料	一大把	6～7 次

3）鹅卵石法：仔猪补料槽中放几块洗干净的彩色鹅卵石，让仔猪去拱，玩耍过程中不知不觉会吃进饲料。

（三）7 日龄补料时的注意事项

（1）仔猪学会采食饲料并不同步，大部分仔猪已经学会采食饲料后，有可能个别猪并不适应饲料，对此类仔猪应仔细观察，挑出不会吃料的仔猪适当延长诱食时间。

（2）不赞成把教槽料用温水化开，逐个往猪嘴内涂抹。一是补料不等于必须吃料，吃进去也消化不了；二是频繁抓猪，人为制造应激，不利于猪的生长。

（3）因为刚开始补料时仔猪并不吃料，只是熟悉饲料的气味，所以必须保证饲料新鲜，严防饲料污染后被个别猪采食而腹泻。

（4）不能只重视饲料的口味，也要重视风味。

（5）补料与补水相结合，压缩饼干不好吃。

（6）正确认识"撑吃不拉稀"的药物型饲料，此种饲料虽能使仔猪吃后不拉稀，但药物的毒副作用会造成仔猪生长抑制，到育肥期，饲喂再高档的育肥料，生长速度也缓慢，严重时仔猪整个肠道变成黑色。当前药物型饲料主要有添加药物型（杆菌肽锌、恩拉霉素、痢菌净等）和高锌型两种类型。

（7）正确认识"限料"，有些养殖户怕仔猪吃多拉稀，每天都只喂六七成饱，但仔猪的营养需要分为维持需要和生长需要，只有满足维持需要以后的额外营养才用于生长。所以，过度限料会使仔猪吃的饲料仅用于保命，会造成仔猪生长抑制，严重时直接造成"料僵"。

第三节　提高仔猪断奶窝重的四项重要措施

一、苗子好

断奶窝重与窝产活仔数呈 0.62 的强正相关：窝产活仔 11～13 头时，能达到最好的断奶窝重和最佳的经济效益。断奶窝重也与初生窝重呈 0.59 的正相关。而窝产活仔数与初生窝重是母猪的重要繁殖性状，与母猪的品种、胎次（3～5 胎最好）、母猪的营养状况和体质密切相关。所以，要想苗子红，必须根儿正——妈好娃才好！

（一）母猪品种要好

引入品种优良和体格大的种母猪进行繁殖可提高仔猪初生重，初生重每增加 100 克，断奶重就增加 0.35～1.07 千克。另有研究表明：平均初生重大还可以刺激母猪多产奶。在选配过程中要进行合理异质交配，即用体形有一定差别的公母猪进行交配，能充分利用杂交优势。

（二）母猪奶水要好

28 天断奶时母乳对仔猪断奶体重的影响高达 90%。要保证母猪奶水数量多，就要保证母猪有充足的饮水。母猪每天采食的饲料总量影响产奶量的多少，而母猪饮水量不足会直接导致采食量下降。并且母猪长期饮水不足会导致便秘，粪便中的毒素吸收后会进入奶中，使奶的品质也下降。乳猪采食品质差的乳汁（俗称奶热）后会立即发生腹泻。当然，要保证母猪奶水充足、品质好，除了要求饮水量充足之外，还要求母猪一定要饲喂优质的全价营养饲料。

（1）选择优质的蛋白性原料会提升母乳的品质。生产上给哺乳母猪添加一定量的优质蒸汽鱼粉，要比饲喂纯玉米豆粕型日粮的母猪奶水好。

（2）日粮中能量不足会导致饲料中的粗蛋白质不能充分利用。

（3）七毒（霉菌毒素、自身代谢毒素、细菌内毒素、药物毒副作用、农药残留、水土污染、环境污浊等）会使母猪免疫力下降，毒素蓄积并进入奶中，直接影响乳汁品质。

注意：仔猪前腿关节处有暗红色硬茧，提示母猪奶水不足。

（三）母猪保"养"要好

母猪产后气血两亏，可喂服 10 天补中益气散补气养血，有利于体质恢复。同时，喂服枯草芽孢杆菌或乳酸菌，调理肠道正常菌群。母猪抗病力相对较强，只要母猪肠道好，就吃得好、拉得好，一般不会有多大毛病。

（四）母猪要真正健康

要做好母猪防疫及抗体检测，净化猪群。当前，母猪亚健康和隐性感染支原体、链球菌、附红细胞体、萎缩性鼻炎，甚至蓝耳病等疾病；以及猪瘟、伪狂犬抗体水平参差不齐，甚至无抗体，是造成哺乳期仔猪死亡率增加的重要因素。

母猪感染这些疾病后，自身基本无典型临床症状出现，所以实际生产中难发现，也无从下手治疗，往往都是产下仔猪后，仔猪一头一头死完了，才能明确这头母猪有病不能留。

养猪讲究把握动态平衡，每年两次随机抽取样本，检测猪瘟、伪狂犬、蓝耳病、圆环病毒四大疾病，当某一种疾病感染率高时，应立即调整免疫程序，这个对猪场整体安全至关重要。

（五）母猪要高产

要适时更新母猪，培养高生产力母猪群。尽管我们常说"防重于治、养重于防"，但是防疫好只能让猪场少发生疫情，喂得好也只能让母猪体质好、抗病力强一点。母猪群的整体生产力不是养出来的，而是淘汰出来的。生产过程中要用心调理母猪，不必刻意去治疗母猪自身顽固性疾病，即使能够治好不是残猪也是头低产猪。

二、个头大

有研究表明：在相同的饲养条件下，同窝仔猪断奶体重相差 0.5 千克，肥育结束时体重相差 5 千克；若达到相同体重出栏，则时间相差 7～10 天。因此，要想仔猪断奶个体重大，除了母猪奶水要好之外，还必须早期补料。

（一）早期补料

再好的母猪奶水只能满足 20 日龄前仔猪的生长需要，20 日龄以后，如果仔猪还不会吃料，就会造成断奶前乳、料更换时期营养断档而生长迟缓。

集约化饲喂要求仔猪 7 日龄开始熟悉饲料气味，并利用仔猪的好奇心采取各种方法诱导仔猪能吃进去些许饲料，一般在 15 天左右仔猪即学会采食饲料。

（二）料再好不如奶好

21 日龄或 28 日龄一刀切的断奶方式，是建立在集约化饲喂模式下，为了保证产房全进全出才执行的流程。但是农村养猪本身就是大小混群、连续生产，因为没有保育床、仔猪还不会吃料、季节寒冷或哺乳期间发生黄白痢等各种因素，导致仔猪预先设定断奶日龄体重过小，就完全可以让仔猪再多吃几天奶，以确保仔猪离乳前，能够真正通过采食饲料获得足够的生长需要。

（三）何时断奶最合理

1. 机械地按日龄——28 日龄断奶？错误！

规模化猪场大多采用 4 周龄断奶是因为：一方面仔猪断奶后生活小环境比较优越；另一方面猪场大多采用周转群制度，部分仔猪断奶时实际大于 28 日龄。

2. 盲目地按体重——8 千克或 8.5 千克断奶？错误！

有些仔猪所占的乳头产奶量较丰富，形成水膘，断奶后极易掉膘，进而严重影响育肥后期生长速度。

3. 正确的方法应该是按哺乳期总采食量决定何时断奶

执行 3 周龄断奶的规模猪场，每头仔猪断奶之前最好补饲 250 克优质教槽料；执行 4 周龄断奶的规模猪场，每头仔猪断奶之前最好补饲 400 克优质教槽料；农村散养户或家庭农场，因圈舍条件不达标，每头仔猪断奶之前最好补饲 600 克优质教槽料。只有按此标准才保证仔猪断奶后能够有效消化饲料，减少料僵仔猪的出现。断奶后第 1 周，每头仔猪目标采食量为 150 克/天；第 2 周每头仔猪目标采食量为 250～300 克/天。

三、群体均匀

仔猪断奶个体重大、群体均匀度又高，相同仔猪数量时断奶窝重自然就大。为提高哺乳期仔猪群体均匀度，生产上常采取以下措施。

1. 固定乳头

一般靠前的 3 对乳头的泌乳量较高，而后 2 对乳头的泌乳量最少。仔猪第一次吃乳时，就把弱小猪放到靠前排的乳头，以后每 2 小时放一次奶，仍人工照料辅助固定乳头，3 天时间所有小猪基本上都能够固定下来。

2. 淘汰弱小猪、僵猪和患慢性消耗性疾病的猪

目前养猪必须强调经济效益，并且强调的是每一头猪创造了多少效益，而不是这一群猪总共卖了多少钱。针对胎僵、奶僵及病僵的仔猪必须狠心淘汰，争取每一头猪创造最高利润，避免失去经济价值的病弱残猪拉低其他健康猪所创造的利润率。

3. 改善产房条件

保持圈舍干燥温暖，防止仔猪吃饱受凉、积食，甚至发生黄白痢及其他疾病，病僵是猪场弃之可惜、喂之亏本的顽疾。

四、头数多

断奶个体重再大，也没有一窝仔猪头数多对断奶窝重的贡献大，所以断奶仔猪成活率是断奶窝重大小的决定因素。

造成哺乳仔猪死亡的原因除了母猪因素之外，仔猪自身因素主要是各种各样原因导致的拉稀，及各种各样意想不到的应激。

1. 严防哺乳仔猪拉稀

哺乳仔猪拉稀不是一种单一的疾病，而是由环境因素（阴冷潮湿）、营养因素（饲料原料霉变）、管理因素（补料太迟）等多种原因引起，应从环境、营养、管理模式、疫病防治等方面综合考虑。

（1）保持产房温暖干燥，引起黄白痢的致病性大肠杆菌是一种条件致病菌，环境好就见不到它，环境差它就让你头大。

（2）做好母猪产前传染性胃肠炎、流行性腹泻、轮状病毒腹泻三大病毒性腹泻病的免疫。

（3）哺乳期不胡乱接种疫苗，白白糟蹋了珍贵的母源抗体。

（4）添加酸化剂或蛋白酶，改善仔猪消化系统。

（5）教槽料必须优质全价，采用湿拌料不要存放时间过长，因为舍内温度高且饲料营养浓度高，湿料易酸败。

（6）产房消毒工作至关重要，大肠杆菌是一个常在菌，一般消毒药即可轻松杀灭；一般每周至少消毒 1~2 次，消毒药还要定期更换交替使用。

（7）监控猪群健康状况，早上 6 时、晚上 9 时加料时，观察每头猪的精神、毛色、食欲情况。发现食欲差的仔猪打上标记，加完料后首先量体温，看外观有什么变化，若发现有病应及时挑出隔离，加强护理，对症治疗。

2. 减少应激，就是减少猪群发病率

（1）阉割要在 10 日龄，防疫要在风和日丽的天气。

（2）经常在水中添加葡萄糖、维生素 C 等抗应激。

（3）断奶前后 3 天，管理上做到六不：不换圈（赶母留仔）、不换人、不免疫、不驱虫、不阉割、不换料。

第四章 育肥猪的饲养管理

第一节 装猪前的准备工作

一、严格净圈，是育肥猪少生病的关键

（一）净圈的内容

包括执行"全进全出"制度；圈舍内彻底"清洗消毒"两项内容。

（二）净圈的意义

净圈可解决连续生产圈舍经常出现的多批次、相同体重阶段的猪群、发生同种疾病的问题。

（三）当前，猪群两种类型重复发病的规律性

（1）按季节月份重复发病，常见原因是消毒跟不上。比如：某个猪场去年八九月份，育肥猪群发生了副猪嗜血杆菌疫情，今年八九月份猪群又出现了副猪嗜血杆菌病例，遇此状况就要检查猪场的消毒程序及卫生死角。每一种病原微生物的繁殖，都有自己适宜的环境温度、湿度和传播条件。季节的气候特点有一定的规律性，造成病原体繁殖的旺盛期也有一定的规律性，那么特定疾病的发生率也就表现一定的规律性。

（2）按体重阶段重复发病，常见原因是"防疫"混乱了。比如：每批猪在哺乳期很正常，但每长到 15～20 千克，都会出现咳嗽、气喘症状，死淘率明显增加，遇此状况就要修改整个猪场，特别是母猪群的免疫程序。母猪的免疫和仔猪的免疫密切相关，很多猪场把母猪和仔猪的免疫程序割裂开来，是造成猪群每到某个体重段，就会发生某个特定疾病的内在因素。仔猪的免疫要考虑母猪免疫的疫苗种类，母源抗体的消长规律（决定首免时间）、相关疫苗的保护率、刺激性、免疫反应大小，猪场历史免

疫情况，当地疫病流行情况等因素。

（四）关于全进全出

全进全出是指在同一时间内将同一生长发育或繁殖阶段的猪群，全部从一个阶段猪舍转至另一个阶段猪舍或出栏。是集约化饲喂模式下，猪场管理、控制疾病的核心。

非全进全出制，大小猪混群和不同来源购进的仔猪不隔离直接并圈喂养，是造成猪场混合感染多发的根本原因。

（五）非全进全出养猪模式的危害

1. 造成病原体的循环感染

因为穿透力低，目前还没有任何一种消毒剂可以完全杀灭粪便中的病原体；在猪舍内有猪的情况下，空出来的圈舍即使采用火焰消毒，隐性带毒猪也会通过呼吸道、消化道再次排出病原体，很快污染刚刚彻底清洗消毒的猪圈。

2. 造成疫苗的交叉污染

非全进全出圈舍，疫苗免疫的种类尽可能简单化，做好猪瘟、伪狂犬免疫就可以了，其他如蓝耳病、圆环病毒、副猪嗜血杆菌、链球菌等疫苗的免疫要慎之又慎，防止疫苗的交叉污染。

以链球菌为例，假设一栋舍内有150头快出栏猪，50头保育猪，若给保育猪接种链球菌菌苗，就有可能污染抗体已达不到足够保护的快出栏猪，造成给小猪打疫苗大猪发病率增加的后果。众所周知，免疫接种后3天内圈舍不能消毒、不能使用抗生素，就说明疫苗接种后圈舍内弥漫着所接种的疫苗毒病原。所以，唯有全进全出，避免大小混群，才是减少疫苗毒交叉污染的主要措施。

3. 造成设施设备的浪费

同批猪大部分已出售，而个别生长缓慢、体重较小的猪占据整栋育肥舍不能清洗消毒的情况，在农村司空见惯。

4. 生产计划混乱、生产效率降低

全进全出实质是集约化饲喂的工艺流程，需要合理安排母猪产期、断奶日龄等，否则会出现按标准配置的产床等设备不够用的情况。

（六）关于清洗消毒

1. 清洗消毒的细节

（1）清洗消毒要提前1周按程序进行。

（2）彻底清洗圈舍：①墙壁黑痂是病菌藏身的窝点，所以是清洗的重点，黑痂清洗不干净时就用喷灯烧；②窗台、顶棚灰尘是病菌藏身的第二个窝点；③蜘蛛网是蜘蛛吐出的丝，不但是蛋白质而且还有黏性，正好是病菌的培养基，能使病菌最大限度存活。

（3）散养户每两年用麦草彻底烧圈一次，可大幅降低猪群发病率。

2. 生产上常用的消毒药物选择

（1）氢氧化钠（俗称烧碱、火碱）：加水配成 1%～3% 烧碱水。因有较强的腐蚀性，不宜使用喷雾器喷雾，而是直接用水瓢泼洒。

（2）氢氧化钾（草木灰）：取草木灰 30 份，加水 100 份，煮沸 1 小时，过滤后取澄清液使用，草木灰应新鲜、干燥效果才好。

（3）氢氧化钙（石灰乳）：鲜石灰 10 份配成 20%～25% 石灰乳，然后澄清，澄清后的上清液里含有溶于水的氢氧化钙，将上清液全圈喷洒。

注意：传染病流行时，某些养殖户喜欢在圈门口倒一堆石灰消毒。其实，生石灰是氧化钙，必须和水反应后，形成氢氧化钙（溶于水）才称为碱性消毒药。

（4）漂白粉：常用于饮水消毒，将漂白粉配制成 5%～10% 的混悬液，能快速杀死常见传染病的病原体；用 20% 的混悬液能杀死炭疽等抵抗力较强的芽孢杆菌。

3. 常用消毒程序

第 1 天：用 20% 石灰或 3% 火碱（氢氧化钠）全圈泼洒。

第 3 天：务必要用清水冲洗干净，防止地面残留有强腐蚀性的火碱，装猪后火碱刺激口鼻，使猪群不断拱地，越拱越刺激，甚至造成口鼻损伤流血。

第 4 天：用酸性或卤素类消毒药再次全圈喷雾。一方面可中和地面残留火碱，另一方面这类消毒药对流行性腹泻等病毒也有较强的杀灭作用。

第 7 天：新猪进圈时，采用市售消毒药如聚维酮碘带猪消毒，消毒时宜全身喷洒，而不能只喷洒猪的背部。

以后每 3 天用不同成分消毒药消毒，直至 1 个月后进入常规消毒。常规消毒：夏季 1 周 1 次，冬季 2 周 1 次。

4. 已经发生过疫情的猪场怎么清洗消毒

（1）彻底将病畜舍内的粪便、垫草、垫料、剩草、剩料等各种污物清理干净，对清理出来的污物进行无害化处理。

（2）将可移动的设备和用具搬出畜舍，集中堆放到指定的地点进行清洗和消毒。

（3）病畜舍经清扫后，用火焰喷射器对畜舍的墙裙、地面、用具等非易燃物品进行火焰消毒。

（4）病畜舍经火焰消毒后，对其墙壁、地面、用具，特别是屋顶木梁、桁架等，用高压水枪进行冲刷，冲洗后的污水要收集到一起做无害化处理。

（5）待病畜舍地面水干后，用消毒液对地面和墙壁等进行均匀、足量的喷雾或喷洒消毒。为使消毒更加彻底，首次消毒冲洗后间隔一定时间，进行第二次甚至第三次消毒。

（6）最后熏蒸消毒，病畜舍经喷洒消毒后，关闭门窗和风机，用甲醛、高锰酸钾密闭熏蒸消毒 24 小时以上。

（7）熏蒸后需通风 1 天以上才能装猪。

二、完好的设施设备，是养好猪的基础条件

（一）检查饲槽、饮水器、线路、管路等

（1）育肥舍要保证有足够的饲槽槽位，每头猪至少要有 30 厘米的饲槽宽度，杜绝因槽位不足而引起咬尾的发生。

（2）在装猪前，必须将饮水器逐个放水，一定要放出饮水器中的铁锈，同时检查是否有饮水器漏水或不出水。

（3）检查水压是否适中。水柱以流线型为宜，不可呈喷射状，否则喝水时刺激咽喉，会因恐水而减少喝水次数，长期缺水是造成夏季粪干、采食量上不去的后果。

（二）创造满足仔猪生长基本需求的"内环境"

（1）活动场地和采光要充足。

（2）温度、湿度、通风控制：每栋舍必须配备干湿温度计，依据温度计数据指示，决定采取秋冬季封圈时间，及晴朗天气通风换气时间等管理工作。

（3）减少冲圈次数，湿度不是指圈舍地面的干湿，而是指圈舍内空气中的湿度。

（4）堵塞风洞至关重要，防止风湿和感冒。

（三）设置隔离圈

（1）在下风向，距离大圈 50 米处设病猪隔离圈。

（2）隔离圈喂料、清粪要用专用工具。

（3）新进猪群必须隔离至少15天。

（4）每次喂料、清粪等要先喂原猪群，后喂隔离观察猪群。

注意：新引进猪群隔离仅仅是解决"疾病的潜伏期"问题，而不能解决"病原的驯化"问题。大部分疾病的潜伏期一般不会超过15天，如果抓猪时，某头猪处于潜伏期感染，在这15天内就要表现症状而发病。

而一般疫苗的免疫保护期都在半年左右，所以免疫程序不同造成的疫苗污染，则需要8～10个月才能够同化。

（四）配备基本消毒防疫及防鸟、防鼠、防火、发电设备

（1）消毒设备：环境消毒用空压机；圈舍消毒用电动喷雾器，或手压式、肩扛式、脚踏式喷雾器等；圈舍门口配备手压式小喷壶。

（2）防鼠设备：料房要设置挡鼠板、鼠夹子或使用老鼠追踪膏等对人畜无毒害的化学灭鼠药。

（3）防火设备：配备泡沫灭火器、防火沙桶等。

（4）其他设备：干湿温度计（料房必须配备）、应急发电机等。

三、挑选外购仔猪时，要看什么

在农村还有很大比例抓仔猪喂养的散养户不会"挑猪"，抓回来一些病猪、残猪、隐性感染猪，净圈再彻底、设施设备再完好，对疾病的防控也无济于事。因此，引入仔猪时要看以下四点。

（一）看眼神——反映体质状况

体质好的猪：眼角无分泌物、眼睛清亮有神不迷离。

体质差的猪：眼神无光、有泪斑，一般由内热、毒素污染等引起；眼角被分泌物黏合，一般有附红体、链球菌等病原潜伏感染；眼角有带血的分泌物，一般是因为猪瘟免疫不好。

（二）看表观——反映健康状况

除检查是否拉稀、喘气外，不活跃的猪一定要检查乳头是否发黑及腹下是否有蓝紫点（疑似蓝耳感染）；腹股沟淋巴结是否发黑（疑似猪瘟感染）；耳朵是否一个朝前一个朝后或紧贴脑后（疑似伪狂犬感染）；毛孔是否渗血或是否有黄疸或苍白（疑似附红体或钩端螺旋体感染）。

（三）看精神——反映营养状况

毛色是否粗乱苍白（可能是拉稀康复猪或生长受抑制的僵猪）；活动

是否活泼、自如（防止链球菌感染等）。

（四）看免疫——反映防疫情况

原厂免疫记录：包括疫苗种类、疫苗毒株、接种时间、接种剂量、疫苗厂家详细检查等信息。原猪场的免疫状况直接决定着引入这批猪的发病率和死亡率。就当前实际情况而言，从免疫程序相对简单的猪场引入的仔猪反而好养活。

第二节　装猪后的管理细节

一、新猪初进圈的管理细节

（一）合理分群

1. 按大小分群

无论是外购仔猪还是自繁自养转群而来的仔猪，转入育肥舍时必须大小分群，同一群猪体重相差不宜过大，小猪体重相差不超过 5 千克为宜，体重越接近效果越好。

某些养殖户认为某圈猪来自同一窝，不分群可避免猪群咬架，这是错误的认识。因为尽管是同窝猪，如果不分群，俗话说"大猪带火"，会因大猪过度抢食而出现大猪更大、小猪更小的情况。

实际上，猪并圈后咬架是重新排序的正常生理反应，应采取适当的方法（如在圈内吊一个废弃轮胎或啤酒瓶，也可以用气味浓烈的消毒药喷洒消毒）来减缓咬架态势，而不是刻意去阻止，因怕仔猪咬架而不敢分群，是典型的因噎废食做法。

2. 合适的密度

一般每头断奶仔猪占圈栏面积 0.7 平方米，育肥猪每头 1.2 平方米，每群以 10～15 头为宜，以防咬尾。生产实践中，往往出现不是因为猪活动面积不够而密度过大，一般都是因为槽位不足而咬架。

3. 并群的方法

（1）留弱不留强：把较弱猪留在原圈不动，较强的猪调出。

（2）拆多不拆少：把猪少的留原圈，把头数较多而拆散出来的猪并入。

（3）夜间并圈，白天不并圈。

（4）刚引进仔猪时，可先同时放入一个大圈让其熟悉，3～7天后再分群。

（5）并群前饿两餐，并群后立即喂食，会因只顾抢食而减少咬架。

4. 并群后采取的措施

（1）用酒精或有较大气味的消毒药喷洒，扰乱猪的味觉。

（2）饮水中连续添加1周维生素C抗应激。

（3）分群后3天内不能长时间离人，要做好三点定位工作。

（二）进圈饲喂

1. 进圈后2小时内只可饮水，不可喂料

因为仔猪经过转群、运输等强烈应激，虽然胃已排空，饥饿感强烈，但消化道实际蠕动明显缓慢。如果进圈后马上饲喂，仔猪往往抢食，结果造成饲料在消化道内发酵变质，很快引起拉稀及其他病症。

2. 采用"料量倍增法"

以15千克小猪为例：仔猪进圈头一天喂少许饲料，平均每头投喂100克；第2天，平均200克/头；第3天，平均400克/头；第4天以后就可以自由采食了。

3. 强体质、防拉稀

仔猪进圈后5天内，在不喂药物型饲料的前提下，若无拉稀病例，饲料中可添加酸化剂、蛋白酶补酸补酶助消化，也可以添加乳酸菌或枯草芽孢杆菌等微生态制剂调理肠道菌群。

（1）若腹泻率在5%以内，要检查圈舍温度和湿度是否适宜，并在饲料中添加白头翁散或乌梅散等中药抗拉稀药物。

（2）若腹泻率在5%～10%，猪精神好，要考虑饲料选择是否正确，并在饲料中添加新霉素或安普霉素等西药治疗拉稀。

（3）若腹泻率在10%～20%，个别猪精神不好，要检查伪狂犬、猪瘟等免疫，及时接种疫苗，并拌硫酸新霉素＋白头翁散等中西结合抗拉稀药物。

（4）若腹泻率超过20%，猪群已发生某种传染病，要找专业兽医诊断病情并采取相应措施。

4. 防多重应激

进圈5天内不宜免疫接种、阉割、驱虫。

5. 及时发现并挑出"厌食"仔猪

"窥一斑而知全豹",通过个别仔猪发病情况,预判大群可能出现的"疫病动向",动态把握猪群健康状况。不能纠缠于个别病猪的治疗而耽搁整群猪的免疫计划。

（三）三点定位

三点定位是指仔猪采食、睡觉、排便三点分开并定位。

（1）三点定位的方法:在装猪前,先放一小堆健康猪粪便在预定排粪地点,并且一定要将预定排粪点用水泼湿。

1）预先放猪粪的原理:因为猪是靠嗅觉生活,哪里有猪粪,猪粪的气味告诉仔猪哪里是排粪点。

2）用水把排粪点泼湿的原理:猪并不喜欢卧潮湿的地方,把排粪点泼湿就是告诉仔猪,这里是厕所,是排粪尿的地方,而不是睡觉的地方。

注意:实际操作过程中,一定要防止某些猪在定位前,意外卧到预先放置的猪粪上,粪便黏附身上后乱跑而使满圈都是粪渣,其他猪就不能准确分辨出预定排粪点。另外,三点定位期间千万不可用水冲圈。

（2）有的仔猪刚装圈就将粪便拉到预定排粪点以外怎么办?事先要准备足够的干燥锯末或花生糠,定位过程中要随时清理散落在预定排粪点之处的粪便,把散落的粪便撒上锯末或花生糠清走后,立即用气味浓烈的消毒药擦洗地面,确保满圈只有预定排粪点有猪粪气味。

（3）有的仔猪尽管能够分辨出预定排粪点,但其他仔猪不断咬它,使其无法安心在预定点排便怎么办?抽打乱排粪的仔猪强迫形成条件反射。仔猪排粪时间一般集中在采食前,仔猪装圈后的前3天,每次喂料前提前十几分钟把猪群赶起来,但不投料,哪一头仔猪不在预定点排便就抽打一下,3天时间完全可形成条件反射而都在预定点排粪。

（4）新进圈仔猪喜在圈门口排尿,是因为只有门口能看到亮光,并且空气新鲜,可用木板遮挡住圈门口。

二、育肥猪饲喂过程中的五项必做工作

（一）选择适合自己的饲喂模式

1. 自繁自养猪场——采用五阶段饲喂法

五阶段饲喂法是依据猪的阶段营养理念和当前集约化饲喂模式存在的明显弊端,提出的相对科学的一种饲喂模式,也是当前家庭农场采用最多的饲喂模式（表 4 - 1）。

表 4 - 1　　　　　　　　　五阶段饲喂法

阶段	使用日龄	阶段体重	使用量	料肉比	使用目的
教槽料	7～45 日龄 使用 38 天	7.5～10 千克 长肉 2.5 千克	4 千克料 诱食 1 千克（吃奶）	1.15：1	刺激消化饲料消化酶，断奶不拉稀；原料膨化增加吸收率，断奶不掉膘
小保育料	46～75 日龄 使用 30 天	5～25 千克 长肉 15 千克	20 千克料	1.35：1	乳清粉代乳、酶制剂抗病、促生长、体质好、生病少
大保育料	76～105 日龄 使用 30 天	25～50 千克 长肉 25 千克	40 千克料	1.65：1	解决乳猪料与育肥料的营养落差，满足"阶段"营养需求
育肥前期料	106～135 日龄 使用 30 天	50～80 千克 长肉 30 千克	60 千克料	2.0：1	解决架子猪旺长期对高蛋白质、高能量的需求
育肥后期料	136～185 日龄 使用 50 天	80～125 千克 长肉 45 千克	160 千克料	3.5：1	原料品质要稳定，降低成本，性价比要高
合计	185 天	125 千克 长肉 117.5 千克	284 千克料	2.4：1	投入成本相对低，增强体质生病少；营养适宜长速快，操作方便效益好

2. 外购仔猪全程饲喂饲料的育肥猪场——采用二阶段或三阶段饲喂法

多使用全价配合饲料、4% 或 8% 预混料及 12% 浓缩料；551 乳猪配合饲料或四六比仔猪前期料喂到 25 千克体重，大保育料喂到 50 千克体重，552 或自配料一直喂到 120～130 千克体重出栏；也有 551 乳猪配合饲料一直喂到 40 千克体重，然后用 4% 或 8% 预混料及 12% 浓缩料自配全价料，喂至出栏。

3. 泔水猪——采用一餐饲料+两餐泔水饲喂法

前期使用 551 乳猪料或四六比仔猪前期料喂到 25 千克体重后，换成 12% 或 20% 浓缩料配制的全价粉料，1 天 1 餐精料 2 餐泔水，喂到 130～140 千克出栏。

4. 喂母猪卖仔猪——采用七阶段饲喂法

母猪喂全价配合料或预混料；仔猪喂教槽料，规模稍大一点的猪场大多在 15 千克体重左右，按每头多少钱出售，均重每多 0.5 千克再加多少钱；散户多断奶即出售。

（二）料槽每餐清理

猪采食是依靠上下颌吞食，而不是嚼食。猪在吞食饲料过程中，唾液会污染饲料而使饲料很快变味，此时剩料虽未变质，但猪嗅觉灵敏已不喜采食，剩料很快就由变味变为变质。某些处于疾病潜伏期的猪当次采食不能按时吃完，但下次添料时也能把料槽料吃干净。遇到这种情况一定要及时把剩料清走，如果每一餐都及时清走剩料，到下次投料前，疑似患病猪因长时间处于饥饿状态，再次投料时必将抢食，有时会达到不用药而病愈的效果。

（三）经常检查设备、水源

保证饮水清洁、充足，水压适中。不但要防止水管结冰或药物沉淀堵塞水管，而且酷暑严冬还要关注水温。

（四）例行巡视猪群

观察猪群的水平，决定着饲养管理的水平。观察猪群的认真和细致程度，也是检验饲养管理人员责任心强弱的一个重要标志。

1. 巡视猪群的内容

（1）通过听、看、闻初步判断猪群是否有各种疾病的征兆。

如果精神、食欲不正常立即测量体温并检查免疫状况。细心观察并记录猪群精神状态及体温、食欲、粪便、体表等变化，是一个猪场减少死亡率的决定因素。

实际生产中，某些饲养员加完料后就离开圈舍，根本不观察猪群采食情况，就会造成同样一个地方进的猪，饲喂同一种饲料，发生同一种病，使用同一个药物治疗，有的猪群恢复很快，而有的猪群则迁延不愈甚至死亡。

猪群投料后，有的仔猪也围拢到食槽边，但别的猪在吃，而它在发呆，或者别的猪采食30分钟，而它仅吃五六分钟。毫无疑问，后者已经处于疾病潜伏期，如果早期用药，不管什么病肌内注射一般消炎药，往往就会因为其抵抗力增强而把潜伏病抵抗过去。

如果不仔细观察，下次喂料时才发现某头猪不吃料了，再去用药就必须是什么病用什么药了。

如果猪已经不吃料了，甚至身上某部位已经发紫，此时即使疾病诊断无误，单用一种药物，已经不可能很快治愈了。所以，治病不仅仅在于诊断准确和用的药物好，更重要的是治疗要早。

（2）饲料是否存在问题，营养是否合理，成分是否安全？

（3）猪群生存环境的温度、湿度、有害气体浓度是否合理？

（4）日常饲养管理操作规程是否存在问题？比如：喂料次数、时间，卫生清理时间等方面存在的问题，得以及时调整，使之合理，更接近猪生长、生产所需要的条件。

（5）规模猪场一定要当日当次检查并纠正饲养员的档案记录；一个猪场档案的完善程度体现着这个猪场的实际管理水平。

（6）规模场还要检查工作人员是否遵守兽医卫生管理制度。

2. 猪群巡视后需要做的工作

（1）首例感染患畜"隔离"意识：猪一旦发生体温升高、食欲减退或咳嗽、喘气等发病症状，及时隔离病猪是降低发病率最简单最有实效的措施。很多猪场猪发病后就在原圈打针治疗，往往是治好了一头，倒下了一片。

（2）绘制体温曲线：体温变动是一个猪场健康状况的风向标，是动态把控猪群整体安全的最主要指标。当猪群不稳定时，要每一天每一圈随机测量 2 头猪的体温，形成体温曲线。一方面可以为兽医诊断提供依据，另一方面也可以动态把握疾病的发展趋势和疾病的转归方向，实施调整治疗方案。

（3）规模猪场巡查记录档案汇集制度：规模较大的猪场要设置猪群巡查表格，详细记录当日巡查情况并归纳整理后归档。有规范的巡查表格一方面有利于新手快速掌握工作要点；另一方面通过与以往巡查记录的比较，能够及时发现人、财、物等方面潜在的风险和失误。

（4）规模猪场责任共担制度：很多规模猪场各岗位工作人员看似兢兢业业、各司其职，其实很多人员是自扫门前雪。但养猪生产是一个系统工程，如果饲养员只管喂猪清粪、兽医人员只管看病打针，势必会造成猪病越治越多、基层人员越来越忙、生产效益越来越差的被动局面。规模猪场的人员管理不能只做到干好本职工作那么简单，因当前基层饲养员的整体素质相对较差，实质上也不存在谁管谁的问题。饲养员、技术人员和管理人员形式上要开晨会、晚会，充分适时沟通；经济上也要做到利益共享、责任共担。

三、阉割——新进仔猪最头痛的事情

规模化猪场一般在仔猪 10 日龄即阉割，对仔猪的伤害相对较小；但卖仔猪的散养户一般在出售前很少阉割。因此，外购仔猪阉割时一般体重较大，阉割时抓猪应激大、操作难度大，感染概率大，影响生长时间较长。

1. 阉割操作

创口消毒要严格、手术动作要轻柔、操作手势要熟练、伤口缝合要齐整，最好有专用于仔猪阉割的阉割架，如图所示。

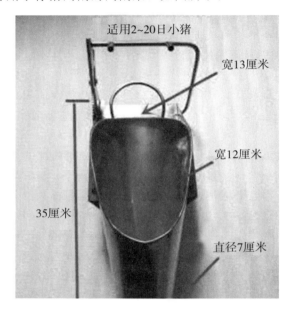

适用2~20日小猪

宽13厘米

宽12厘米

35厘米

直径7厘米

阉割架

2. 严格消炎

阉割后要用青霉素或消炎粉（对氨基苯磺酰胺）撒布伤口，阉割前后各3天料中添加阿莫西林或林可大观霉素，阉割前后各喂三天，防止伤口积水、化脓，甚至诱发败血症死亡。

3. 熟练工操作

阉割对猪的伤害很大，熟练工操作应激很小，基本不影响食欲；而新手操作几乎要半条命，即使不死不感染，也得十几天生长缓慢或诱发其他疾病。

4. 抗应激

饮水中添加葡萄糖和维生素C，并且阉割不能与免疫同时进行，也不能换料、并圈、换人饲喂等，以免造成双重或多重应激而诱发附红细胞体或猪副嗜血杆菌病等疾病。

第三节　育肥猪的免疫与保健

一、新猪购进后的免疫接种

新猪进圈 5 天后，猪群无明显的异常状况，就要按免疫程序接种疫苗，并做好免疫记录。

（一）哪些猪不能接种疫苗

1. 腹泻能否接种疫苗

猪群精神状态、食欲、体温正常，个别猪吃多拉黑色稀粪（属营养性拉稀），可接种猪瘟、伪狂犬等常规疫苗。

（1）水样腹泻，发生率超过 20％，脱水症状严重，或明显酸中毒，不可接种疫苗，一般有传染性胃肠炎等病毒性疾病感染。但整群就一两头水样腹泻，有脱水但酸中毒迹象不明显，大多是环境或营养等因素引起的急性胃肠炎，不影响疫苗接种。

（2）稀粪变颜色，拉绿色稀粪或便血，拉稀猪精神较差，不可接种疫苗，一般有沙门菌等细菌或密螺旋体感染。但拉土黄色或灰色稀粪，拉稀猪精神较好、脱水不明显，一般是大肠杆菌感染，可接种疫苗。

（3）有腹泻有便秘，反反复复间断性发热，眼角有泪斑，一般是慢性猪瘟等慢性病感染，不宜接种疫苗。但有腹泻有便秘，猪群体温、精神变化不大，饮欲增加，有可能是霉菌毒素污染，及时更换日粮后，可接种疫苗。

2. 发热能否接种疫苗

任何因素引起的体温升高，均不可接种疫苗，否则疫苗反应会导致发热猪死亡率增加。有些养殖户在接种疫苗前，使用安乃近等退热药物使体温恢复，这是一种掩耳盗铃的假象。

注意：千万不可因个别猪发病而耽搁整群猪的免疫，但准备接种疫苗时有拉稀、发热怎么办？把发病猪放入隔离圈，其他猪照常免疫。

（二）应该接种哪些疫苗

新购进仔猪的免疫，要尽可能与原购进猪场免疫程序相衔接，一方面可以避免需要多次接种的疫苗出现免疫空白期；另一方面也好避免原场过于复杂的免疫，对自己猪场原来的猪群造成疫苗污染。因此购进仔猪之前，必须清楚原场的免疫程序。

1. 总体上仔猪购进后的免疫要遵循以下原则

外购仔猪疫苗的选择不是种类越全越好，毒株越新越好，剂量越大越好。

（1）饲养外购仔猪的养殖户，圈舍往往比较简陋，一般做不到全进全出和每栋猪舍的相对封闭，接种疫苗的种类过于复杂，易造成疫苗交叉污染。一般情况下，外购仔猪重点接种好猪瘟、伪狂犬就可以了，口蹄疫仅越冬的猪群接种；其他像喘气、蓝耳、圆环、副猪、链球菌等疫苗的选择要慎之又慎。

（2）外购仔猪不要轻易选择新疫苗或新毒株疫苗。一方面这些新毒株疫苗未经过常年生产实践检验，盲目选择不一定能达到期望的效果；另一方面购进仔猪喂养的猪场一般没有定期做血清学检测的习惯，比如：即使猪场确认出现了蓝耳病例，你能判定它是天津株的变异蓝耳还是经典株蓝耳感染？如果选择的毒株不对路就造成了疫苗污染，会严重加大疾病的感染风险。

（3）疫苗不是细菌就是病毒，如果接种时间不恰当，会中和原场接种的疫苗产生的抗体；如果剂量过大，会人为造成免疫麻痹或直接感染相关疾病。所以，仔猪购进后尽管疫苗种类选择简单，但确定免疫的疫苗接种程序不能简单，最好和原猪场衔接。

2. 原购进猪场免疫程序太复杂怎么办

隔离观察是最简单、最有效的办法！药物有半衰期，疫苗尽管是细菌或病毒，但不是灭活的就是致弱的，或者是切除有毒基因的，经一段时间适应，对猪场的污染也有限，毕竟是外购仔猪喂养，不可能像自繁自养一样完美，要辩证思维、理性看待。

（三）外购仔猪推荐的免疫、用药方案（以15千克体重为例）

1. 外购仔猪在疾病方面有3个危险阶段

（1）进圈5天内：怕拉稀，怕应激引起发热，所以此期要重点在环境上、营养上、饲养管理上全方位控制拉稀和抗应激。

（2）体重达30千克以前：此期体内抗体处于青黄不接期，易暴发传染病，所以此期要以抗病毒、防继发感染为主。

（3）13~15周龄：此期生长速度很快，抗病力相对较差，易发生流感、呼吸道综合征等疾病，所以此期以防治咳喘疾病为主。

2. 外购仔猪要强化两种疫苗的免疫

（1）即使在规模猪场购进仔猪，因仔猪出售时尚达不到猪瘟、伪狂犬二次免疫的时间，所以仔猪不管购自哪里，买回来后都要重新接种猪瘟和伪狂犬疫苗。

（2）疫苗毒株的选择和接种剂量的大小尽可能与原场相匹配，若不明确原场采用的毒株，尽可能选择经典株。

推荐外购仔猪免疫及用药方案（以 15 千克体重为例）（表 4 - 2）：

表 4 - 2　　　　　　　　外购仔猪免疫及用药方案

进圈时间	采取措施	实现目的
进圈第 1 天	控料，维生素 C＋葡萄糖饮水 10 天	补能量，抗应激
进圈第 2 天	双黄连可溶粉＋新霉素拌料	清热解毒，防拉稀
进圈第 5 天	猪瘟细胞苗，5 头份	不考虑原场免疫
进圈第 10 天	扶正解毒散＋替米考星＋磺胺间甲氧嘧啶钠	防咳喘和附红体
进圈第 12 天	伪狂犬，2 头份 （参考原猪场免疫程序选择相应毒株）	干扰潜伏病毒病
进圈第 20 天	口蹄疫 O 型苗，2 毫升	秋冬季引猪选做
进圈第 35 天	猪瘟细胞苗，10 头份	强化猪瘟免疫
进圈第 42 天	伪狂犬，2 头份	防呼吸道综合征
进圈第 60 天	口蹄疫 O 型苗，3 毫升	强化口蹄疫免疫
进圈第 90 天	板青颗粒＋替米考星＋多西环素	秋冬季选用防咳喘

二、新猪购进后的驱虫、保健用药方案

（一）正常育肥过程的驱虫保健

1. 定期驱虫

内寄生虫：猪场内是全面硬化的水泥地面，断奶后驱虫一次即可；若有土地面，则要每月驱虫一次。

外寄生虫：阿维菌素断奶后驱除一次，如果疥螨比较严重，每月再用敌百虫＋来苏儿喷洒一次，喷洒时要包括猪体耳后、后档，地面角落，墙壁墙缝和圈舍顶棚。

2. 分季节保健

药物选择依据当地实际自行选择，以下药物仅作为常规药物组合示

例，不作为处方使用。

以北方季节多发病例举例：

（1）春季气温乍暖还寒、干燥少雨、多风，很适合流感病毒、春季腹泻等一系列病毒的传播。

针对流感病毒性疾病：扶正解毒散＋替米考星＋多西环素

针对春季腹泻：白头翁散＋安普霉素＋阿莫西林

（2）夏季圈舍高温高湿，适合大肠杆菌、链球菌、附红细胞体的繁殖，那么，夏季这些疾病发生率就相对较高。

针对附红细胞体：黄连解毒散＋磺胺间甲氧嘧啶钠＋小苏打

针对母猪繁殖障碍：六味地黄散＋枯草芽孢杆菌等

（3）秋季温差大，封圈后通风不良氨味刺激，加上圈舍空气中病原体密度较大，容易发生咳喘。

强咳为主：麻杏石甘散＋氟苯尼考＋多西环素

弱咳为主：清肺散＋替米考星＋磺胺间甲氧嘧啶钠

喘气为主：扶正解毒散＋支原净＋多西环素

（4）冬季外界环境不利于细菌繁殖，但病毒可潜伏于猪体内，消毒也不可能杀灭藏在猪体内的病毒。所以，冬季口蹄疫、流行性腹泻、蓝耳病、圆环病毒等病毒性疾病发生率就高。

针对口蹄疫：板青颗粒＋卡巴匹林钙＋阿莫西林

针对传染性胃肠炎：白头翁散＋抗病毒药物（如糖萜素、植物血凝素等）＋硫酸新霉素

除以上传染病的发生有一定的季节规律之外，南方梅雨季节适宜霉菌滋生，夏季湿热适宜寄生虫繁殖等，所以霉菌毒素蓄积中毒和寄生虫病也表现一定的季节性。

3. 分阶段保健

断奶阶段：用酸化剂＋葡萄糖氧化酶等防断奶拉稀；

20～50 千克体重：用扶正解毒散等防蓝耳病等病毒性传染病；

50～80 千克体重：用青蒿散防附红体病；

80 千克体重以上：用甜菜碱或疏乙胺等改良体形。

（二）受疫病威胁时，保健药物的选择

1. 养猪要把握动态平衡

猪群相对稳定，只需要加强消毒、搞好卫生、提供适宜的环境条件及适当的营养就可以了，不宜"未病先治"滥用药物，否则会增加养殖成

本，并且还培养细菌的耐药性和造成部分猪发生二重感染。

2. 养猪生产的习惯

一般用中药和添加剂（如枯草芽孢杆菌）保健，用抗生素等西药和部分经典中药方剂（如小柴胡散）治疗。

3. 市场上常见用于保健的中药类产品

（1）用于病毒性疾病的有：清瘟败毒散、荆防败毒散、扶正解毒散、板青颗粒、七清败毒颗粒、小柴胡散等。

（2）用于细菌性疾病的有：黄连解毒散、龙胆泻肝散等。

（3）用于类菌体性疾病的有：青蒿散等。

（4）用于咳喘的有：麻杏石甘散、清肺散、金华平喘散等。

（5）用于消化系统疾病的有：①腹泻常用白头翁散、乌梅散、四磨汤等；②便秘常用清热散、健胃散等。

（6）用于繁殖障碍性疾病的有：催情散、益母生化散、补中益气散、六味地黄散、泰山磐石散等。

附 2014 年农业部印发《常见动物疫病免疫推荐方案（试行）》

农业部办公厅 2014 年 3 月 13 日印发

为认真贯彻落实《国家中长期动物疫病防治规划（2012—2020 年）》，我部根据《中华人民共和国动物防疫法》等法律法规，组织制定了《常见动物疫病免疫推荐方案（试行）》，现印发给你们，请结合实际贯彻实施。（本文节选常见猪病部分）

（一）猪伪狂犬病

对疫病流行地区的猪进行免疫。商品猪：55 日龄左右时进行一次免疫。种母猪：55 日龄左右时进行初免；初产母猪配种前、怀孕母猪产前 4～6 周再进行一次免疫。种公猪：55 日龄左右时进行初免，以后每隔 6 个月进行一次免疫。使用疫苗：猪伪狂犬病活疫苗或灭活疫苗。

（二）猪繁殖与呼吸综合征（经典猪蓝耳病）

对疫病流行地区的猪进行免疫。商品猪：使用活疫苗于断奶前后进行免疫，可根据实际情况 4 个月后加强免疫一次。种母猪：150 日龄前免疫程序同商品猪，可根据实际情况，配种前使用灭活疫苗进行免疫。种公猪：使用灭活疫苗进行免疫。70 日龄前免疫程序同商品猪，以后每隔 4～6 个月加强免疫一次。使用疫苗：猪繁殖与呼吸综合征活疫苗或灭活疫苗。

（三）猪乙型脑炎

对疫病流行地区的猪进行免疫。每年在蚊虫出现前 1～2 个月，根据具体情况确定免疫时间，对猪等易感家畜进行两次免疫，间隔 1～2 个月。使用疫苗：猪乙型脑炎灭活疫苗或活疫苗。

（四）猪丹毒

对疫病流行地区的猪进行免疫。28～35 日龄时进行初免，70 日龄左右时进行二免。使用疫苗：猪丹毒灭活疫苗。

（五）猪圆环病毒病

对疫病流行地区的猪进行免疫。可按各种猪圆环病毒疫苗的推荐程序进行免疫。使用疫苗：猪圆环病毒灭活疫苗。

第五章　药物的合理应用及中毒解救

第一节　正确认识药物的使用

1. 任何抗生素都严禁与具有吸附功能的"脱霉剂"类产品同时拌料

抗生素本身就是霉菌毒素，并且相对于黄曲霉毒素、赤霉烯酮等有害的霉菌毒素而言，日粮中添加的抗生素处于游离状态，更容易被"脱霉剂"吸附而随粪便排出体外。

2. 抗生素是用来治病的，不是疫苗不能防病

任何一种抗生素，即使在药效学上抗菌作用再优秀，但一般3～5天内都会在体内通过代谢而失去抗菌作用。没病乱用药不但起不到保健作用，反而增加细菌的耐药性或机体的耐受性。

3. 抗生素是否有效，不单纯在于药物的含量，而在于药物使用是否符合抗菌谱和不同类型药物能否合理搭配？

（1）作用于核糖体50S亚基的抗生素应配合作用于核糖体30S亚基的抗生素，如氟苯尼考配合多西环素等。

（2）静止期杀菌剂要配合繁殖期杀菌剂，如青霉素、链霉素配伍。

（3）抑菌剂配合要静止期杀菌剂，不能配合繁殖期杀菌剂，如林可霉素可配合大观霉素，但不能配合阿莫西林使用。

4. 抗生素都有半衰期和毒副作用，一般连续使用5～7天，不宜长期使用

（1）抗生素使用时间过短，不能有效保证畜体内药物的浓度，就达不到理想的杀菌效果。

（2）不能病急乱投药，不断换药会导致猪体内什么药都有残留，但哪一种也不起治疗作用，只会增加药物的毒害作用。

（3）长期大剂量使用抗生素，不但会增加细菌耐药性，造成二重感染；而且会增加肝、肾等解毒器官的负担，造成脏器硬化甚至衰竭；更有甚者某些抗生素的毒副作用，会造成患猪中毒死亡。

5. 药物的耐药性≠药物的耐受性

（1）耐药性是指：如果某类细菌、寄生虫等病原体对某个特定的抗菌或抗寄生虫药物不敏感，则这类耐药菌株或寄生虫繁殖的后代，均对这种药物不敏感；对多种常见药物不敏感的细菌即称为"超级细菌"；病原体一旦对某种药物产生耐药性，一般不可逆。

细菌产生耐药性的 5 种机制：

1）使抗生素分解或失去活性：细菌产生一种或多种水解酶或钝化酶来水解或修饰进入细菌内的抗生素使之失去生物活性。如：细菌产生的 β-内酰胺酶能使含 β-内酰胺环的抗生素分解；细菌产生的钝化酶（磷酸转移酶、核酸转移酶、乙酰转移酶）使氨基糖苷类抗生素失去抗菌活性。

2）使抗菌药物作用的靶点发生改变：由于细菌自身发生突变或细菌产生某种酶的修饰使抗生素的作用靶点（如核酸或核蛋白）的结构发生变化，使抗菌药物无法发挥作用。如：耐甲氧西林的金黄色葡萄球菌是通过对青霉素的蛋白结合部位进行修饰，使细菌对药物不敏感所致。

3）细胞特性的改变：细菌细胞膜渗透性的改变或其他特性的改变使抗菌药物无法进入细胞内。

4）细菌产生药泵将进入细胞的抗生素泵出细胞：细菌产生一种主动运输方式，将进入细胞内的药物泵出胞外。

5）改变代谢途径：如磺胺药与对氨基苯甲苯酸（PABA）竞争二氢叶酸合成酶而产生抑菌作用。金黄色葡萄球菌多次接触磺胺药后，其自身的 PABA 产量增加，可达原敏感菌产量的 20～100 倍，后者与磺胺药竞争二氢叶酸合成酶，使磺胺药的作用减弱甚至消失。

（2）耐受性是指：药物连续多次或大剂量使用，使药物疗效减弱。停药一段时间以后，对药物的敏感性仍可恢复。一般消炎药会导致畜体对药物的耐受性。

（3）举例说明耐药性和耐受性的区别：一个人感冒后一般不怎么吃药，某一次感冒相对严重，吃一粒速效感冒胶囊就可痊愈；而有的人一感冒就大量吃药，久而久之再次感冒就得住院输液才能痊愈，这就是患者对药物的耐受性增加了。

6. 用药量换算公式

用药量换算公式：$R = D \times T / W$

R：为饲料中添加药物的比例；D：为猪每千克体重内服药物的毫克数（由药理书查询）；T：为每日内服药次数；W：为每日饲料消耗量。

育肥猪采食量约占体重的 5%，仔猪一般占体重的 $6\%\sim8\%$，种母猪一般占体重的 $2\%\sim4\%$，哺乳期一般按体重的 $3\%\sim5\%$。

举例：查询药物手册，猪内服痢菌净剂量为 5 毫克/千克体重（D），育肥猪 1 天饲喂 2 次（T），则饲料添加剂量为多少？

$W=1000$ 克体重$\times5\%=50$ 克$=50000$ 毫克；

$R=D\times T/W=5$ 毫克$\times2/5$ 万毫克$=10$ 毫克/5 万毫克$=0.0002$。

R 是一个比例值，则 1 克饲料添加 0.0002 克痢菌净；1 千克添加 0.2 克，1 吨饲料添加痢菌净 200 克。

注意：中药散剂一般用量是猪 $30\sim60$ 克/天，50 千克体重的猪 1 天按吃 2.5 千克料计算，大致是 2.5 千克饲料需加药 50 克，那么 1 千克包装的中药散剂也就是能拌 50 千克饲料，厂家宣传的一千克包装中药散剂动辄拌料一吨，有点不切实际。

第二节　抗生素类药物的合理使用及中毒解救

一、认识抗生素

（一）抗菌药、抗生素、抗菌素、消炎药的区别

1. 抗菌药

抗菌药是指具有杀菌或抑菌活性的抗生素或化学合成药物。国家食品药品监督管理局药品评价中心孙忠实教授表示：抗菌药和抗生素是大概念和小概念的关系，抗菌药包含抗生素。抗菌药除了抗生素能抑杀细菌外，还能作用于心血管等疾病的治疗，如他汀类药物等。

2. 抗生素

抗生素是指在低浓度下就能选择性地抑制某些生物生命活动的微生物次级代谢产物，及其化学半合成或全合成的衍生物。抗生素不仅有抗菌作用，还包括抗肿瘤、抗病毒、抑制免疫、杀虫作用和除草作用等。英国人弗莱明在 1928 年发现青霉素，成为人类发展抗生素历史上的一个里程碑。兽医临床上，抗生素依据来源分为：生物发酵抗生素、半合成抗生素和化学合成抗生素。

（1）生物发酵抗生素：如青霉菌产生的青霉素，灰色链霉菌产生的链霉素等。

（2）半合成抗生素：是将生物发酵法制得的抗生素用化学、生物或生化方法进行分子结构改造而制成的各种衍生物。如氨苄西林、苯唑西林等。

（3）化学合成抗生素：如磺胺类、喹诺酮类。

3. 抗菌素

由于最初发现的一些抗生素主要对细菌有杀灭作用，所以将抗生素称为抗菌素。但是随着抗生素的不断发展，陆续出现了抗病毒、抗衣原体、抗支原体、甚至抗肿瘤的抗生素，显然称为抗菌素就不够全面。"抗菌素"这一名词在 1982 年就被取消，已经不复存在了。

4. 消炎药

消炎药是指能抑制机体炎症反应如"红、肿、热、痛"的药物。如：阿司匹林、对乙酰氨基酚等非甾体类解热镇痛药，多数还具有镇痛、解热、抗风湿作用。消炎药能缓解、抑制炎症症状，但不能根除引起炎症的病因。消炎药，一般多用于非感染性的炎症，抗菌药多用于感染性炎症。

（二）触目惊心的抗生素的滥用

1. 抗生素滥用的现状

21 世纪人类将面临三大病原微生物的威胁，即耐多药结核菌、艾滋病病毒、医院感染的耐药菌株（超级细菌）。

20 世纪 20 年代，医院感染的主要病原菌是链球菌。而到了 20 世纪 90 年代，产生了耐甲氧西林的金黄色葡萄球菌（MRSA）、肠球菌、耐青霉素的肺炎链球菌、真菌等多种耐药菌。喹诺酮类抗生素进入我国仅仅 20 多年，但耐药率已经达到 60％～70％。20 世纪 50 年代在欧美首先发生了耐甲氧西林金黄色葡萄球菌的感染，这种感染很快席卷全球，形成世界大流行，有 5000 万人被感染，死亡达 50 多万人。据统计，当前常见致病菌的耐药率已达 30％～50％，且以每年 5％的速度增长。开发一种新的抗生素一般需要 10 年左右的时间，而一代耐药菌的产生只要 2 年的时间，目前临床上很多严重感染者死亡，多是因为耐药菌感染，抗生素无效而死亡。

2. 临床常见滥用抗生素的现象

病毒感染滥用抗生素，如用替米考星或泰万菌素治疗蓝耳；预防性应用抗生素过滥，如把氟苯尼考用于母猪保健；选用抗生素求新、求贵、求广谱：如用头孢喹肟常规消炎；联用抗生素，如用氟苯尼考＋替米考星＋多西环素治咳喘；全凭经验治疗，如不管什么原因引起的咳喘都是用氟苯尼考等。

（三）常用抗生素药物抗菌谱和配伍禁忌简易记忆法

1. 常见药物的抗菌谱

（1）习惯用于治疗拉稀的药物，大多对革兰阴性菌效果较好，如喹诺酮类、氨基糖苷类、多肽类等。

（2）习惯用于消炎的药物，大多对革兰阳性菌效果较好，如β-内酰胺类、林可霉素、某些磺胺类（如消炎粉）等。

2. 常见药物药效分类

（1）第一类：繁殖期杀菌剂，包括青霉素类、头孢菌素类。

（2）第二类：静止期杀菌剂，包括氨基糖苷类、多肽类。

（3）第三类：速效抑菌剂，包括四环素类、大环内酯类、酰胺醇类、林可胺类等。

（4）第四类：慢效抑菌剂，包括磺胺类。

3. 常见药物的配伍效果

（1）第一类和第二类合用有协同作用。

（2）第一类和第三类合用有拮抗作用，双方效果同时降低。

（3）第一类和第四类合用无明显影响。

（4）第二类和第三类合用有协同作用。

（5）第三类和第四类合用有相加作用。

4. 常见药物使用的注意事项

（1）肾功能损害时慎用氨基糖苷类、多肽类等药物。

（2）肝功能损害时慎用氯霉素、四环素、大环内酯类等。

（3）孕畜安全的有β-内酰胺类、大环内酯类（除酯化物外）和林可霉素类等。孕畜慎用的有四环素、红霉素酯化物、氨基糖苷类等。妊娠早期禁用甲硝唑、利福平、TMP、酮康唑、喹诺酮类等。妊娠后期禁用氨基糖苷类、磺胺类、氯霉素等。

（4）有下列情况时不宜用抗生素：①病毒感染；②发热原因不明；③对休克、昏迷、心力衰竭或外科手术前后预防感染。

二、七类常用抗生素的分类、作用机制、中毒及解救详解

（一）β-内酰胺类药物

β-内酰胺类药物指化学结构中具有β-内酰胺环（青霉噻唑环）的一大类抗生素，是现有的抗生素中使用最广泛的一类，具有杀菌活性强、毒性低、适应证广及临床疗效好的优点。

1. β-内酰胺类药物的分类

β-内酰胺类药物包括青霉素类和头孢菌素类。青霉素的母核是6-氨基青霉烷酸，而头孢菌素类的母核是7-氨基头孢烷酸，这一结构上的差异使头孢菌素能耐受青霉素酶。

（1）青霉素类

1）天然青霉素类：常用药物有青霉素G钾、青霉素G钠、苄星青霉素等。

2）耐酶青霉素类：属异噁唑类青霉素，侧链为苯基异噁唑，耐酸、耐酶，可口服。常用药物有甲氧西林、苯唑西林（新青霉素Ⅱ）、氯唑西林、双氯西林与氟氯西林。

3）耐酸青霉素：属苯氧青霉素，抗菌活性不及青霉素，耐酸，口服吸收好，但不耐酶，不宜用于严重感染。常用药物有青霉素Ⅴ、苯氧乙基青霉素。

4）广谱青霉素类：常用药物有氨苄西林、阿莫西林、匹氨西林。

5）抗绿脓杆菌青霉素类：常用药物有羧苄西林、磺苄西林、替卡西林、呋布西林、阿洛西林、哌拉西林。

6）抗革兰氏阴性杆菌青霉素类：常用药物有美西林、替莫西林。

（2）头孢菌素类

1）第一代头孢：主要抗革兰氏阳性菌。注射用的代表药品有头孢噻吩（先锋霉素Ⅰ）、头孢噻啶、头孢唑林、头孢匹林；内服用的代表药品有头孢氨苄（先锋霉素Ⅳ）、头孢拉定（先锋霉素Ⅵ）、头孢羟氨苄等。

2）第二代头孢：耐β-内酰胺酶，抗革兰氏阴性菌活力增强。代表药品有头孢美唑、头孢西丁、头孢丙烯、头孢尼西、头孢替唑、头孢孟多、头孢替安、头孢呋辛、头孢克洛等。

3）第三代头孢：与第一、二代相比，对革兰氏阴性菌的抗菌谱广、作用强。有些品种对绿脓杆菌或脆弱拟杆菌亦有很好的抗菌作用。代表药

品有头孢曲松钠、头孢甲肟、头孢匹胺、头孢替坦、头孢克肟、头孢泊肟酯、头孢他美酯、头孢布烯、头孢地尼、头孢特仑、头孢拉奈、拉氧头孢、头孢米诺、头孢罗齐、头孢哌酮（先锋必素）、头孢噻肟钠、头孢他啶、头孢唑肟等。

4）第四代头孢菌素：与第三代头孢菌素相比，对革兰氏阳性菌的抗菌作用有了相当大的提高（但仍不及第一、第二代头孢菌素强），对革兰氏阴性菌的作用也不比第三代头孢菌素差。代表药品有头孢吡肟、头孢匹罗、头孢唑南等。

未来的新型头孢菌素：头孢吡普与细菌细胞膜上的青霉素结合蛋白有极高的亲和力，对各种革兰氏阳性菌和革兰氏阴性菌均有相当惊人的抗菌作用。国外文献报道该药对万古霉素中介的金黄色葡萄球菌（VISA）也全部有效，是值得期待的广谱高效抗生素之一。

2. β-内酰胺酶抑制剂

（1）克拉维酸（棒酸）：为氧青霉烷类广谱 β-内酰胺酶抑制剂。临床使用的奥格门汀（氨菌灵）与泰门汀，为克拉维酸分别和阿莫西林与替卡西林配伍的制剂。

（2）舒巴坦（青霉烷砜）：为半合成 β-内酰胺酶抑制剂。临床使用的优立新为舒巴坦和氨苄西林（1：2）的混合物；舒巴哌酮为舒巴坦和头孢哌酮（1：1）的混合物。

3. β-内酰胺类药物的作用机制

（1）能抑制细菌细胞壁黏肽合成酶（即青霉素结合蛋白），从而阻碍细胞壁黏肽合成，使细菌胞壁缺损，菌体膨胀裂解。因为哺乳动物的细胞没有细胞壁，所以 β-内酰胺类对人畜安全。

（2）属细菌繁殖期杀菌剂。

4. β-内酰胺类药物的配伍禁忌及注意事项

与喹诺酮类、多肽类配伍增效；与四环素、大环内酯类、酰胺醇类等抑菌剂疗效降低；与氨茶碱沉淀；与磺胺类增强毒性；与维生素 C 失效。

5. β-内酰胺类药物的中毒及解救

（1）毒理作用及中毒反应：①犬对第一、二代头孢菌素最敏感，易产生过敏，肌内注射后轻者局部刺激疼痛，重者肌肉损伤，静脉注射引起静脉炎；②长期大量内服，引起厌食、呕吐、便秘、腹胀、疹块、荨麻疹、重叠感染（包括念珠菌），血管性水肿和假膜性肠炎。

（2）中毒后解救：过敏性休克、血栓性静脉炎用 6% 右旋糖酐葡萄糖注射液或右旋糖酐氯化钠注射液，猪250～500毫升，犬、猫20毫升静脉滴注。

（二）氨基糖苷类药物

氨基糖苷类药物是由氨基糖与氨基环醇通过氧桥连接而成的苷类抗生素，以抗需氧革兰氏阴性杆菌、假单胞菌属、结核菌属和葡萄球菌属为特点，由于抗菌时必须有氧参加，所以对厌氧菌无效。

1. 氨基糖苷类代表药物

氨基糖苷类抗生素按其来源可分为两大类，一类是由链霉菌产生的，另一类是由小单胞菌产生的。

（1）源自链霉菌的氨基糖苷类代表药物：链霉素（1943年发现）、新霉素（1949年）、卡那霉素（1957年）、巴龙霉素（1965年，治疗原虫感染）、妥布霉素（1970年，治疗绿脓杆菌）、兽用的安普霉素（1970年）、核糖霉素（1970年）、大观霉素（1971年，治疗淋病）、利维霉素（1972年）、阿米卡星（1972年，卡那霉素A的衍生物，首个半合成氨基糖苷类药物）等。另有潮霉素B、越霉素A，因具有驱虫作用而常归入驱虫保健类。紫霉素用于对链霉素、异烟肼耐药的结核病。

（2）源自小单胞菌的氨基糖苷类代表药物：庆大霉素C（1963年）、西索米星（1970年，毒性大）、奈替米星（1974年）、异帕米星（1977年）、依替米星（1997年）。

2. 氨基糖苷类药物的作用机制

（1）作用于细菌核糖体30S亚基（转运RNA），抑制细菌蛋白质的合成。

（2）干扰细菌胞浆膜通透性，破坏细菌体屏障保护作用，使细菌细胞质等重要物质外流。

（3）属静止期杀菌剂。

（4）氨基糖苷类药物杀菌作用呈浓度依赖性，仅对需氧菌有效，尤其对需氧革兰氏阴性杆菌的抗菌作用最强；具有明显的抗生素后效应（细菌接触药物后，血清浓度降至最低或消失，对细菌的抑制作用依然维持一段时间的效应）；具有首次接触效应。

3. 氨基糖苷类药物的配伍禁忌及注意事项

（1）与繁殖期杀菌剂配伍增效，可与抑菌剂配合。

（2）在碱性环境中的抗菌活性增强。

（3）犬、幼龄动物（雏鸡、仔猪）、妊娠动物、牛等易发生过敏反应，表现发热、药疹、口舌炎，有的颜面、乳房、阴唇水肿，有的不安、气喘、黏膜发紫，甚至昏迷。

（4）孕畜及分娩后、生产瘫痪、麻醉肌肉松弛期最好不用，否则引起新生幼畜耳聋及肾毒性。必要时可先使用苯海拉明，稍后再使用氨基糖苷类较稳妥。

（5）庆大霉素与右旋糖酐或利尿药同用，增强肾毒性。

（6）与维生素 C 合用药效减低。

（7）不宜同类混用，以免增加对第八对脑神经和肾的损害。

4. 氨基糖苷类药物的中毒与解救

（1）毒理作用

1）耳毒性：药物与内耳毛细胞核糖体 RNA 结合，引起 mRNA 错译，生成有毒的超氧自由基，导致毛细胞坏死。

2）肾毒性：药物与肾皮质细胞内溶酶体结合，引起溶酶体磷脂质病，导致肾小管上皮坏死、凋亡。

3）神经肌肉阻滞作用，导致肌肉无力、呼吸困难。

（2）中毒反应

常用的氨基糖苷类药物中新霉素毒性最大，其次是庆大霉素和链霉素，卡那霉素毒性最小。

1）急性中毒：阵发性惊厥、后躯瘫痪，呼吸麻痹、死亡。剖检：肾出现坏死和间质水肿，肾小管不规则增生。

2）慢性中毒：眩晕、耳聋，后躯软弱步态不稳，共济失调。

（3）中毒后解救

1）10％葡萄糖酸钙缓慢静脉注射。

2）肌肉软弱无力、呼吸困难时，用新斯的明皮下注射解救。

3）中毒时禁用氯丙嗪、巴比妥类等中枢抑制药。

（三）四环素类药物

四环素类药物是由放线菌产生的一类结构中含氢化并四苯母核的碱性广谱抗生素；对革兰氏阳性菌优于革兰氏阴性菌，并对螺旋体、衣原体、立克次体、支原体、放线菌和阿米巴原虫都有较强的作用，但对变形杆菌、绿脓杆菌无效。此类抗生素的耐药状况很严重，其耐药机制主要是细菌外排药物和核糖体保护。

1. 四环素类代表药物

（1）天然的有四环素、土霉素（氧四环素）、金霉素（氯四环素）、地霉环素（去甲金霉素，中国不生产，已淘汰）。

（2）半合成品有美他环素（甲烯土霉素）、多西环素（脱氧土霉素）、米诺环素（二甲胺四环素）、赖氨四环素、甲氯环素、氢吡四环素（吡咯烷甲基四环素）、替加环素等。

（3）抗菌作用强度依次为米诺环素＞多西环素＞美他环素＞地美环素＞四环素＞土霉素。

2. 四环素类药物的作用机制

（1）作用于细菌核糖体 30S 亚基，抑制菌体蛋白质的合成。

（2）属碱性广谱快速抑菌药。

3. 四环素类药物的配伍禁忌及注意事项

（1）宜与作用于细菌核糖体 50S 亚基的药物配合使用，但与泰乐菌素、枝原净配合减低效果。

（2）同类药物之间存在密切的交叉耐药性。

（3）静脉滴注可降低血浆凝血酶原活性，有引起出血倾向。

（4）与碳酸氢钠合用，使本类药物的吸收减少和活性降低。

（5）与复合维生素 B 合用可使本类药物逐渐失效，长时间使用应补充维生素 B 制剂。

（6）与强利尿剂如呋塞米等合用，将加重肾功能损害。

（7）与硫酸亚铁及含有钙、镁、铝等二、三价金属离子的药物合用，将使药效减弱，降低疗效。

（8）与青霉素类、两性霉素 B、巴比妥类、氯霉素、氢化可的松、肝素、多黏菌素 B、磺胺嘧啶钠、乳酸钠、碳酸氢钠、维生素 C 等药物混合静脉滴注，将发生混浊、沉淀或效价降低。

4. 四环素类药物的中毒与解救

（1）毒理作用

1）土霉素中毒以马、牛、羊、兔多发；四环素中毒以马、猪多发；多西环素毒性最小。

2）沉积于牙齿和骨骼中，影响幼畜骨骼正常发育。

3）药物易透过胎盘和进入乳汁，因此孕期及哺乳期禁用。

4）菌群失调较多见，引起白色念珠菌和耐药菌二重感染。

5）注射给药可造成局部刺激，静脉注射要稀释（＜1%），缓慢给药。

（2）中毒反应

1）内服中毒者：呕吐、腹泻、结膜黄染（肝肾损害）。

2）注射中毒者：心跳急速、呼吸浅表急速；结膜重度潮红，瞳孔散大，反射消失；狂躁不安，肌肉震颤，全身痉挛，躺卧不起，昏迷。

3）剖检：胃底部、盲肠、结肠黏膜出血、坏死；肝淤血、肿大、质地脆弱；脾被膜下血肿；血液暗红色，不易凝固。

（3）中毒后解救

1）内服中毒：立即用1%～2%碳酸氢钠（200～500毫升）灌服＋5%碳酸氢钠注射液（50～80毫升）静脉注射；也可配合10%氯化钙或葡萄糖酸钙静脉注射。

2）为促进药物尽快排出，用10%葡萄糖注射液或5%葡萄糖氯化钠注射液静脉注射。

3）过敏反应者：可用苯海拉明（0.08～0.12克）内服；还可用0.1%盐酸肾上腺素1毫升皮下注射＋20%安钠咖2～5毫升肌内注射。

4）严重者应用ATP、辅酶A、细胞色素C等能量合剂药物。

（四）酰胺醇类药物

由委内瑞拉链霉菌中分离提取的广谱抗生素，化学结构含有对硝基苯基、丙二醇与二氯乙酰胺三个部分，其抗菌活性主要与丙二醇有关。

对革兰氏阴性菌抗菌活性优于革兰氏阳性菌，尤其对沙门菌属、流感杆菌和拟杆菌属等有良好的抗菌能力，对呼吸系统感染和肠道感染疗效显著，但对绿脓杆菌、结核杆菌、真菌无效。

1. 酰胺醇类代表药物

包括氯霉素（1947年分离成功，因引起再生障碍性贫血，1982年禁止人用，2002年食用动物禁用）、甲砜霉素和氟苯尼考等。

关于氟苯尼考：又称氟洛芬、氟甲砜霉素，动物专用，美国先灵葆雅公司研制。1990年在日本首次用于治疗海鱼疾病，在日本和墨西哥还批准用作猪的饲料添加剂。氟苯尼考在水中微溶，目前我国氟苯尼考水溶性的技术基本上都是物理方法，包括助溶剂微粉化、β-环糊精包合、羟丙基β-环糊精包合、PVPK（聚维酮）分散体、PEG6000（聚乙二醇）分散体、超微、研磨等方法。但助溶效果普遍不理想，溶解速度慢、溶出度小、难以满足制剂和浓配使用的需求。

2. 酰胺醇类药物的作用机制

（1）可逆地与细菌核糖体50S亚基结合，阻断转肽酰酶的作用，干扰带有氨基酸的氨基酰-tRNA终端与50S亚基结合，从而使新肽链的形成受阻，抑制蛋白质合成。由于氯霉素还可与人体线粒体的70S结合，因而也可抑制人体线粒体的蛋白合成，对人体产生毒性。

（2）属广谱快效抑菌剂（因与细菌核糖体 50S 亚基是可逆的结合，故属抑菌剂）。

3. 酰胺醇类药物的配伍禁忌及注意事项

（1）犬、孕畜、早产和新生仔畜，以及成年反刍动物敏感。

（2）可延长巴比妥类药物的麻醉时间。

（3）宜与作用于细菌核糖体 30S 亚基的药物配伍，如多西环素、新霉素、硫酸黏杆菌素配合使用，可增强杀菌效率。

（4）和部分中药一起使用，例如大黄、黄连、黄芩、黄柏等，都可以协同增效。

（5）但和青霉素类、卡那霉素、链霉素、磺胺类、恩诺沙星等喹诺酮类一起使用毒性增强。

（6）和维生素 B_{12} 配伍，会抑制红细胞生成。

（7）遇金属阳离子，会形成不溶性络合物。

（8）与其他作用于细菌核糖体 50S 亚基的抗生素如林可霉素等合用，疗效降低。

4. 酰胺醇类药物的中毒与解救

（1）毒理作用：氯霉素除引起再生障碍性贫血外，还引起新生儿灰婴综合征。

1）再生障碍性贫血：骨髓造血干细胞缺陷、造血微环境损伤以及免疫机制改变，导致骨髓造血功能衰竭，出现以全血细胞减少为主要表现的疾病。

2）灰婴综合征：新生儿肝脏缺乏葡萄糖醛酸转移酶，肾排泄功能不完善，对氯霉素解毒能力差，药物剂量过大可致中毒，循环衰竭、呼吸困难、进行性血压下降，临床表现呕吐、呼吸急促或不规则、皮肤发灰、低体温、软弱无力等症状。

（2）中毒反应：轻者表现厌食、呕吐、腹泻、消瘦、贫血；重症者出现血小板性紫癜；剖检尸体消瘦，血液稀薄；内脏严重贫血。

（3）中毒后解救：有出血或紫癜症时，用凝血质（5～10 毫升）皮下或肌内注射；贫血时，用葡聚糖铁注射液（100～200 毫克）深部肌内注射。

（五）大环内酯类

大环内酯类指由红链丝菌产生的一类分子结构中具有 14～16 碳内酯

环的抗菌药物的总称，对革兰氏阳性菌活性高，对支原体、衣原体、立克次体、厌氧菌有效。

1. 大环内酯类代表药物

（1）属于 14 碳大环内酯类的抗生素：包括红霉素（1952 年）、竹桃霉素、交沙霉素等，属第一代大环内酯类；罗红霉素、克拉霉素等，属第二代大环内酯类。国外新上市的酮内酯类泰利霉素，是目前仅有的第三代产品。

（2）属于 15 元大环内酯类（氮杂内酯类）的抗生素：阿奇霉素属第二代大环内酯类抗生素。

（3）属于 16 元大环内酯类的抗生素：①乙酰螺旋霉素、麦迪霉素（米卡霉素、麦加霉素）、吉他霉素（北里霉素、柱晶白霉素）属第一代大环内酯类抗生素；②纳他霉素只抗真菌，用于食品防腐；③伊维菌素驱除体内外寄生虫。

（4）动物专用类

1）泰乐菌素（泰农）：对支原体有特效，美国于 1959 年从弗氏链霉菌提取，微溶于水，呈碱性，但酒石酸盐、磷酸盐、盐酸盐、硫酸盐及乳酸盐易溶于水，但水溶液遇铁、铜等离子时失效。

2）替米考星：是泰乐菌素水解产物半合成的畜禽专用药。内服和皮下注射吸收快但不完全；禁止静脉注射，牛一次静脉注射 5 毫克/千克即可致死，其毒性作用的靶器官是心脏，可引起负性心力效应。

3）泰万菌素：是泰乐菌素经乙酰化、异戊酰化、醇解反应合成，常用其酒石酸盐。无胚胎毒性，具有增加动物非特异性免疫，免疫水平整体提高的功效，对妊娠母猪安全。

2. 大环内酯类药物的作用机制

（1）能不可逆地结合到细菌核糖体 50S 亚基上，通过阻断转肽作用及 mRNA 位移，选择性抑制细菌蛋白质的合成。

（2）属弱碱性、生长期抑菌剂，高浓度杀菌。

3. 大环内酯类药物的配伍禁忌及注意事项

（1）对胃酸稳定，酯化衍生物可提高口服生物利用度。

（2）在碱性环境中抗菌活性较强，治疗尿路感染时需碱化尿液。但可抑制茶碱的正常代谢，两者联合应用可致茶碱血浓度异常升高而致中毒，甚至死亡。

（3）与喹诺酮类药物联用有协同杀菌作用。

（4）与氯化钠沉淀，静脉注射时浓度不宜过高，输入速度宜慢。

（5）泰乐菌素为畜禽专用，产蛋鸡、奶牛禁用。

（6）不能与聚醚类抗生素（如莫能菌素、盐霉素、马杜霉素、拉沙洛菌素）合用，毒性增强。

（7）红霉素、克拉霉素禁与特非那丁合用，引起心脏损害。

（8）长期用药导致肝损害，妊娠期不宜使用红霉素酯化物。

4. 大环内酯类药物的中毒与解救

（1）毒理作用及中毒反应

1）肌内注射时引起局部疼痛，药物持续几天不吸收。

2）消化道毒性为腹痛、腹胀、恶心、呕吐及腹泻等。

3）肝毒性为胆汁淤积、肝功能异常等，一般停药后可恢复。

4）可出现昏迷和猝死，以红霉素诱发为多，其发生机制是延长心肌动作电位时间，诱发心脏浦肯野纤维的早期后除极。

5）犬出现药疹等过敏反应，剧烈抽搐、反复阵发性痉挛。

6）鸡皮下注射易发生颜面肿胀，产蛋率下降。

7）猪皮肤出现红斑、瘙痒、直肠水肿、脱肛等。

（2）中毒后解救

1）尽早排泄，如大剂量输液、多饮水等（或洗胃）。

2）给予保肝和营养神经的药物。

（六）林可酰胺类药物

由链霉菌产生的具有强效、窄谱的抑菌药物，抗革兰氏阳性菌和厌氧菌；最大特点是能渗透到骨组织和胆汁中，常作为治疗急、慢性骨髓炎和肝脓肿的首选药物。

1. 林可酰胺类的代表药物

包括林可霉素（洁霉素）和克林霉素（氯林可霉素，1966 年合成，由林可霉素 7 -位上的羟基被氯取代后的半合成衍生物）。

2. 林可酰胺类药物的作用机制

（1）作用于细菌核糖体 50S 亚基，抑制菌体蛋白质的合成。

（2）属快效抑菌剂，高浓度杀菌。

3. 林可酰胺类药物的配伍禁忌及注意事项

（1）氯霉素或红霉素在靶位上均可置换本品，故不宜合用。

（2）在胃肠道迅速吸收，不被胃酸破坏，但吸收率仅 20％～30％，与含白陶土等止泻药合用时，吸收更是显著减少。

（3）迅速透过胎盘屏障，浓度可达母体血药浓度约 25%。

（4）与甲硝唑合用增效。

（5）与磺胺类、氨茶碱混合失效。

4. 林可酰胺类药物的中毒与解救

（1）毒理作用及毒性反应

1）胃肠道反应主要表现为腹痛、气胀，水样或血样腹泻，异常口渴，显著体重减轻（假膜性肠炎）。

2）呼吸系统损害主要表现为喉头水肿、呼吸困难等。

3）泌尿系统损害主要表现为血尿、急性肾功能损害等。

4）皮肤及其附件损害主要表现为皮疹、剥脱性皮炎等。

（2）中毒后解救

1）无特效解毒药，以洗胃、催吐、补液等支持治疗为主。

2）发生假膜性肠炎时，轻者停药可恢复；中、重度者口服万古霉素 125～500 毫克/次，每 6 小时 1 次，疗程 5～10 天；或口服甲硝唑 250～500 毫克/次，每天 3 次。

（七）多肽类药物

多肽类药物是一类广泛存在于生物体内，具有抗细菌、真菌、病毒、结核，抑杀癌细胞，调节免疫、促生长等生物活性的药物。迄今在生物体内发现的多肽已达数万种，其广泛参与和调节机体内各系统、器官、组织和细胞的功能活动。

目前全球批准上市的多肽类药物已达到 80 余种，药物治疗方向主要分布于肿瘤、糖尿病、感染、免疫、心血管、泌尿等方面。随着无抗养殖的来临，多肽类药物将是未来二三十年研究的热点，当前有 200～300 种多肽类药物在临床试验中，有 500～600 种正在临床前试验中，更多的多肽类药物在实验室研究阶段。

1. 多肽类药物与蛋白质药物的区别

一般将 50 或 50 个以下氨基酸残基组成的化合物列入多肽。习惯上将胰岛素（51 个氨基酸残基，相对分子质量 5733）视为多肽和蛋白质的界限。例如：临床上把谷胱甘肽（3 肽），脑啡肽（5 肽），催产素、加压素（9 肽），P 物质（10 肽），β-内啡肽（31 肽）等称为多肽类药物；而把干扰素（150～160 个氨基酸组成）、白介素等细胞因子称为蛋白质药物，此类药物相对分子质量大、制备困难、存在抗原性、体内易降解等特点。

表 5 - 1　多肽类药物与传统化药和蛋白质药物的对比（引自药渡网）

药物	相对分子质量	稳定性	生物活性	特异性	免疫原性	纯度	成本
传统化药	500 以下	好	较低	弱	无	高	低
多肽类药物	500～10000	较好	高	强	无或低	高	高
蛋白质药物	一般不高于 1 万	差	高	强	有	低	更高

2. 多肽类药物的来源

（1）内源性多肽：如脑啡肽、胸腺肽、胰脏多肽、多肽抗生素等。

（2）外源性多肽：如蛇毒、唾液酸、蜂毒、蛙毒、蝎毒、水蛭素、竽螺毒素衍生物和苍蝇分泌的杀菌肽、天蚕素等。

3. 多肽类药物的分类

（1）按大小分类，可分为小肽、中等肽和大肽。小肽指含氨基酸残基数目小于 15 的多肽；中等肽指含氨基酸残基数目在 15～50 的多肽；含氨基酸残基数目大于 50 的多肽称为大肽（蛋白质）。

（2）按结构分类，将多肽分为同聚肽和杂聚肽两种。同聚肽包含直链肽和环状肽；杂聚肽包含色素肽、糖肽、脂肽和缩脂肽。

1）直链肽（线状肽）：如短杆菌肽 A（抗眼部感染）、纺锤菌素、偏端霉素（抗病毒）等。

2）环状肽：如短杆菌酪肽、短杆菌肽 S、分枝杆菌素、卷曲霉素（抗结核）、环孢菌素 A（免疫抑制剂）等。

3）环状线状肽：环状肽上的游离氨基或羧基，再与氨基酸或肽相连形成的肽，如多黏菌素（碱性，10 肽，抗革兰氏阴性菌）、杆菌肽（枯草菌肽，12 肽，抗革兰氏阳性菌）等。

4）酯肽：由氨基酸与羟基酸或氨基羟基酸以肽键与酯链相连组成的肽，如酰胺霉素、恩镰孢菌素、抗霉素等。

5）含内酯环的肽：肽链上的游离羟基与羧基又以内酯键相连，如放线菌素（抗实体瘤）、醌霉素（抗肿瘤）、维吉尼亚霉素（促生长）等。

6）糖肽：与糖相连的肽，如万古霉素（凡可霉素，1956 年）与博莱霉素（抗肿瘤）等。

7）高分子肽：如大分子霉素与孢霉素等。

（3）按功能分类，可将多肽划分为以下十类。

1）合成肽疫苗：如口蹄疫合成肽疫苗等。用人工方法按天然蛋白质的氨基酸顺序合成保护性短肽，与载体连接后加佐剂制成的疫苗，因免疫原性缺乏，免疫效果不佳。

2）抗真菌多肽：如沙拉霉素等。可非竞争性抑制真菌细胞内的 $\beta-1$，$3-D-$葡聚糖合成酶，使其不能合成葡聚糖，从而使细胞壁结构异常，致使细胞破裂。

3）抗结核多肽：如放线菌素、卷曲霉素等。

4）抗肿瘤多肽：如博莱霉素、更生霉素、蚯蚓肽等。更生霉素选择性与肿瘤细胞 DNA 结合形成复合物，阻碍 RNA 多聚酶的功能，从而阻滞肿瘤细胞的分化与增殖；蚯蚓肽可将肿瘤细胞阻滞在 G0～G1 期，最终引起癌细胞凋亡。

5）抗病毒多肽：如偏端霉素、蜂毒肽等。是一类直接与病毒粒子相结合的多肽，如乳铁蛋白经蛋白酶水解后释放的活性短肽乳铁多肽，具有抗疱疹病毒活性；抑制病毒繁殖的多肽，如蜂毒素和杀菌肽 A 对 HIV 的作用；模仿病毒侵染过程的多肽，如蜂毒素可伪装成烟草花叶病毒包被蛋白质而参与病毒合成，从而干扰病毒的组装。

6）诊断用多肽：如五肽胃泌素、普罗林肽、新卡利特。

7）食品用多肽：如感官肽阿巴斯甜、保鲜剂乳链菌肽。

8）多肽激素：如催产素、加压素等。

9）免疫调节多肽：如环孢菌素 A 等。可提高吞噬细胞的吞噬能力、推动中性粒细胞的再循环、增加前炎症因子的产量等，增强非特异性免疫；同时，还是特异性免疫的效应成分，充当单核细胞和 T 淋巴细胞的趋化因子，使它们能快速聚集在炎症反应部位。

10）促生长饲料添加剂：如恩拉霉素、那西肽（最先由罗纳普朗克公司从活跃链霉菌中提取的含硫多肽类抗生素，是一种新型的饲料添加剂，目前欧盟和日本已批准并广泛使用）等。

（4）按来源分类

1）昆虫抗菌肽：昆虫是种群最大的生物种类，抗菌肽的数量难以估量；现在，仅在鳞翅目、双翅目、鞘翅目和蜻蜓目等 8 个目的昆虫中发现超过 200 多种昆虫抗菌肽类物质，仅从家蚕这一种昆虫获得了 40 个抗菌肽基因。

2）哺乳动物抗菌肽：1989 年，首次从猪小肠中分离到杀菌肽 P1。目前，从猪中分离出至少 18 种，绵羊中至少 30 种，牛中至少 30 种抗菌肽。人类机体中发现的防御素属抗菌肽中的大家族，现已发现人防御素 35 种以上，其中非常重要的防御素有 10 种。

3）两栖动物抗菌肽：最早发现的是非洲爪蟾皮肤中的爪蟾素，目前已从无尾两栖动物 8 个属 40 多种两栖类动物的皮肤中提取出了数百种抗菌肽，APD 数据库（专门收录抗菌肽的数据库）中就收录了其中的548 种。

4）鱼类、软体动物、甲壳类动物：1986 年，从豹鳎分离到一种离子型神经毒素是最早从鱼类发现的抗菌肽，目前从鱼类分离得到 49 种以上抗菌肽。

5）植物抗菌肽：硫堇蛋白是最早从植物中分离的抗菌肽，目前已从15 种植物物种中分离出 100 多种抗菌肽。

6）细菌抗菌肽：又称细菌素，包括阳离子肽和中性肽，革兰氏阳性菌和革兰氏阴性菌均可分泌。

细菌中已发现的抗菌肽有杆菌肽、短杆菌肽、多黏菌素 E 和乳链菌肽4 种类型。目前，APD 数据库中收录的细菌素有 119 种。

乳酸链球菌肽：是由乳球菌产生的含 3～4 个氨基酸残基的短肽，是一种耐酸性物质，即使在胃这样低 pH 环境中稳定性也很高，能抑制革兰氏阳性菌，如梭状芽孢杆菌和李氏杆菌。

芽孢杆菌产生的杆菌肽对超级耐药菌——耐甲氧西林葡萄球菌（MRSA）具有良好的抑制作用，通过腹腔给药可以清除 MRSA 感染小鼠血液、肺、肝、肾、脾等脏器中的细菌，并且对小鼠各器官没有造成明显的损害。

本节主要阐述多肽类抗生素（抗菌肽）和多肽类饲料添加剂。

生物体内经诱导产生的一种具有生物活性的小分子多肽，相对分子质量在 2000～7000，由 20～60 个氨基酸残基组成；多数具有强碱性、热稳定性以及广谱抗菌等特点。

此类抗生素与传统抗生素相比，具有不同的作用靶位点及作用时间，不会产生抗药性，可作为消灭超级病菌的药物。

1. 细菌类抗菌肽的代表药物及杀菌机制

（1）杆菌肽、短杆菌肽：分别由苔藓样杆菌及短芽孢杆菌分离得到。杆菌肽抑制细菌细胞壁的合成；短杆菌肽则主要是改变细菌胞浆膜的渗透性。抗革兰氏阳性菌，对革兰氏阴性杆菌则完全无效，二者常与新霉素或多黏菌素 B 合用以扩大其抗菌谱。

（2）黏杆菌素：从多黏杆菌属不同的细菌中分离出的一组抗生素，根据其化学结构的不同可分为多黏菌素 A、多黏菌素 B、多黏菌素 C、多黏菌素 D、多黏菌素 E、多黏菌素 K、多黏菌素 M 和多黏菌素 P 8 种，其中仅多黏菌素 B 和多黏菌素 E 两种毒性较低而用于临床，二者存在完全的交叉耐药。作用机制是药物以其疏水端插入细胞膜，通过分子的移动在膜上形成孔道，引起胞内重要物质大量渗出，最终导致微生物死亡；革兰氏阳性菌外面有一层厚的细胞壁，阻止药物进入细菌体内，故对其无效。

（3）万古霉素：于 1956 年自定向链霉菌分离出的一种三环糖肽抗生素，对革兰氏阳性菌具有强大的抗菌作用。不可逆地与细菌细胞壁黏肽的侧链终端形成复合物，阻断细胞壁蛋白质的合成。此种机制与青霉素类不同（后者抑制细菌细胞壁黏肽合成酶），故对青霉素类耐药的菌株对万古霉素仍敏感。用于治疗耐多种抗生素的金黄色葡萄球菌重症感染及对青霉素过敏的链球菌性心内膜炎；口服对难辨梭形芽孢杆菌性肠炎疗效好。此类抗生素还有硫肽霉素、持久霉素、阿伏霉素等。

2. 昆虫类抗菌肽的代表药物及杀菌机制

1980 年瑞典科学家 G. 波曼等注射阴沟肠杆菌及大肠杆菌诱导惜古比天蚕滞育蛹，发现其血淋巴中产生了具有抑菌作用的多肽物质，称为天蚕素，是世界上第一个被发现的昆虫类抗菌肽。

天然抗菌肽是碱性小分子多肽，水溶性好，具有热稳定性，在 100℃ 下加热 10～15 分钟仍能保持其活性，对较高或较低的 pH 值均有较强的抗性，有些能抵抗胰蛋白酶或胃蛋白酶水解的能力。

（1）抗菌机制：抗菌肽带正电荷，进入体内后与带负电荷的有害菌结合而附于细菌膜表面，疏水性的 C 端插入膜内疏水区并改变膜的构象，在膜上形成离子通道而导致某些离子的逸出而死亡。

（2）促进免疫机制

1）抗菌肽是机体固有免疫分子，不会被机体排斥，可直接作用机体免疫系统，解除免疫抑制病（好比拿邻居猎枪防身）。

2）通过 MAPK 和 NF-κB 通路激活巨噬细胞，增强吞噬功能。

3）抗菌肽诱导产生 Th1 和 Th2 混合型免疫反应，提高淋巴细胞的免疫应答水平，增强疫苗免疫效果。

4）抗菌肽可调节 CD4/CD8 比值，维护机体正常的免疫功能。

（3）药理作用

1）对细菌的杀伤作用：已报道对 113 种细菌高效广谱杀伤。

2）对真菌的杀伤作用：最先发现具有抗真菌作用的抗菌肽是从两栖

动物蛙的皮肤中分离到的蛙皮素。

3）对原虫的杀伤作用：可以杀死草履虫、变形虫和四膜虫。柞蚕抗菌肽 D 对阴道毛滴虫也有杀伤作用。

4）对病毒的杀伤作用：对病毒被膜直接起作用，而不是抑制病毒 DNA 的复制或基因表达。

5）对癌细胞的杀伤作用：对正常哺乳动物细胞无影响，但对癌细胞明显杀伤，这种选择性机制可能与细胞骨架有关。

6）预防败血症：通过 p38MAPK 信号通路选择性地刺激炎症抑制细胞因子、趋化因子的表达和释放，对败血症预防和保护。

3. 多肽类饲料添加剂

（1）维吉尼亚霉素：又名纯霉素、维及霉素、威里霉素，1955 年由比利从链丝菌属的维吉尼亚链霉菌的发酵产物中分离而得，是一种含有内酯环的动物专用抗生素，因其毒性小，很少会在动物体内积累，具有良好的生物降解性等特性，被广泛用于动物饲料添加剂。

抑制革兰氏阳性菌的蛋白质合成，因革兰氏阴性菌的细胞壁具有不渗透性，因此对大肠杆菌和沙门菌在内的肠杆菌不敏感。因其能够选择性地抑制革兰氏阳性菌的活性，从而有效阻止肠道中有害微生物的增殖。

同时，维吉尼亚霉素可以使肠壁变薄，肠壁的通透性增强，有利于营养成分通过肠黏膜，提高多种氨基酸和磷的吸收利用。另外，维吉尼亚霉素可以延长食糜在消化道内的停留时间，加大消化道对营养物质的吸收，减少粪便水分的排出。

维吉尼亚霉素稳定性好，室温保存 3 年效价不变。当添加到饲料中时，经过粉碎、混合、高温（70℃～90℃）、蒸汽、制粒等约 30 分钟加工过程，都可保持稳定效价。

16 周龄以下的鸡饲料添加量为 2～5 毫克/千克；猪饲料添加量为 10～20 毫克/千克；猪、鸡停药期均为 1 天，产蛋鸡禁用。

（2）恩拉霉素：由放线菌发酵而得的动物专用抗生素。对革兰氏阳性菌有很强的活性，特别是对肠内的有害梭状芽孢杆菌抑制力很强。长期使用后不容易产生抗药性，因为它改变了肠道内的细菌群，所以对饲料中营养成分的利用效果好，可以促进猪、鸡增重和提高饲料转化率。

恩拉霉素在 40℃保存 4 个月，效价仍保持在 90％以上，但湿度大时效价会降低。

10 周龄鸡饲料为 1～10 毫克/千克；4 月龄猪饲料为 2.5～20 毫克/千

克；产蛋鸡禁用，停药期 7 天。

4. 多肽类抗生素的配伍禁忌及注意事项

（1）肽类抗生素之间以及与其他抗生素之间很少有拮抗作用，基本都是协同作用。如：利福平与氨苄西林联用可显著降低后者的最小抑菌浓度；乳铁多肽与阿昔洛韦联用可产生协同抗病毒作用。

（2）禁与肌松药、氨基糖苷类合用，轻者引起肌无力，吞咽困难，后躯无力、步态蹒跚等，重者窒息死亡。

5. 多肽类药物的中毒与解救

（1）毒性作用及毒性反应

1）局部刺激：本类药物不仅损伤细菌的细胞膜，也损伤动物的细胞膜，造成注射部位疼痛，引起动物烦躁不安，因此本类药物宜单用。

2）耳毒性：血药浓度超过 80 微克/毫升易出现耳聋，维持在 30 微克/毫升以下则较安全。

3）肾毒性：肾功能不良时半衰期明显延长。

4）剂量不宜过大：大剂量肌内注射易引起蛋白尿、血尿等泌尿系统症状；大剂量内服引起动物嗜睡、厌食及呕吐、腹泻等消化系统症状。

5）疗程不宜过长：长期肌内注射或内服引起皮肤感觉异常过敏，偶有荨麻疹、嗜酸细胞增多症、粒细胞减少症等。

6）剖检：肌内注射部位硬结，膀胱积蛋白尿、血尿。

（2）中毒后解救

1）肌内注射时加入 1% 盐酸普鲁卡因 0.5 毫升，可减轻疼痛。

2）静脉注射时应加在大量 5% 葡萄糖注射液中，以免呼吸抑制。

3）中毒后用能量合剂，加入葡萄糖注射液中静脉注射。

4）尿血的可用卡巴克洛肌内注射，2～4 毫升/次，2～3 次/天。

三、其他兽医临床常用的抗生素类药物

（一）枝原净

枝原净属双萜烯类畜禽专用抗生素，又称硫姆林、泰妙霉素、泰妙灵、泰牧霉素。

1951 年澳大利亚首次分离，1978 年用于防治猪病，现在是世界十大兽用抗生素之一，被认为是控制猪支原体的首选药物，近年来又广泛应用于猪回肠炎的治疗和蓝耳病的净化。

枝原净是由担子菌侧耳属（蘑菇一类）侧耳菌和帕氏侧耳菌发酵得到

截短侧耳素后，再化学合成为氢化延胡索酸盐。目前，截短侧耳素化学衍生物有泰妙菌素、沃尼妙林和瑞他帕林 3 个。

1. 枝原净的作用机制

作用于细菌核糖体 50S 亚基，抑制蛋白质的合成；猪喂服 2 小时后，即可达到最高血药浓度，并维持 24 小时之久。

2. 枝原净的配伍禁忌及注意事项

（1）泰妙菌素与氨基糖苷类（壮观霉素）、多肽类（硫酸黏菌素）等配伍可取得协同效果。

（2）与磺胺类及磺胺增效剂、喹诺酮类、硝基呋喃类等合用，可明显拓宽泰妙菌素的抗菌谱，增强疗效。

（3）因属双萜烯类，与绝大多数抗生素无交叉抗药性问题，仅与泰乐菌素、红霉素之间呈现交叉耐药性。

（4）与聚醚类抗球虫药配伍呈现明显毒性反应。

3. 枝原净的中毒与解救

（1）毒理作用及中毒反应：与聚醚类抗球虫药合用，会呈现运动失调、截瘫、腿麻痹、肌肉变性、胃肠黏膜水肿等症，重症者可引起死亡。

（2）中毒后解救：①饮水中添加 5% 葡萄糖＋复合维生素 B 或饮用甘草红糖水；②肌内注射维生素 C、安钠咖，解毒并促进心血管系统恢复正常。

（二）利福平

利福平又称利发霉素、甲哌利福霉素、威福仙、仙道伦、利米定，红色粉末，不溶于水，口服吸收好，可穿过胎盘或由乳汁排泄。

广谱抗生素，1965 年由地中海链丝菌提取，用于结核杆菌、重症耐甲氧西林金黄色葡萄球菌及军团菌感染（革兰氏阴性菌，隐藏在空调制冷装置中，引起人类肺炎）的联合治疗。

利福霉素类药物有利福霉素 B 二乙酰胺、利福平等，目前在临床应用较多的有利福平、利福喷汀及利福布汀等。

1. 利福平的作用机制

利福平与依赖 DNA 的 RNA 多聚酶 β 亚单位牢固结合，防止该酶与 DNA 连接，从而阻断 RNA 转录过程。

2. 利福平的配伍禁忌及注意事项

（1）单用利福平可迅速产生耐药性，最常与万古霉素联合用于甲氧西林耐药葡萄球菌感染；与红霉素联合用于军团菌属感染；但未发现与其他抗生素或抗结核药有交叉耐药性。

（2）对氨基水杨酸盐影响该药物吸收，联用时要间隔 6 小时。

（3）与酮康唑等咪唑类、氨茶碱、地塞米松、氯霉素、甲氧苄啶等合用，由于利福平诱导肝微粒体酶活性，可使上述药物减效。

（4）妊娠早期禁用，哺乳期慎用。

3. 利福平的中毒与解救

（1）毒理作用及毒性反应

1）出现厌食、呕吐、腹泻等胃肠道反应，发生率 1.7%～4%。

2）有肝毒性、致肝肿大和黄疸，发生率约 1%。

3）大剂量使用可出现"流感样症候群"，表现喜卧、发热、嗜睡等。

4）中毒后精神迟钝；眼周或面部水肿，全身瘙痒，大小便、唾液、痰液、泪液、皮肤黏膜及巩膜呈红色或橙色。

（2）中毒后解救

1）静脉输液并给予利尿剂，促进药物的排泄。

2）对症和支持疗法。

（三）磷霉素

1967 年自放线菌提取，1970 年人工合成，我国于 1972 年试制成功，1980 年用于临床，1993 年列为国家基本药物。多磷类广谱抗生素，以肾组织中浓度为最高，可透过胎盘、血脑屏障和在乳汁中分泌，与其他抗生素间不存在交叉耐药性。

1. 常见磷霉素制剂

（1）磷霉素钠：口服适用于皮肤软组织感染、子宫炎、尿路和肠道感染；注射适用于呼吸道感染、败血症、腹膜炎、脑膜炎、骨髓炎等；常与其他抗生素如 β-内酰胺类或氨基糖苷类合用呈协同作用，也可与大环内酯类抗生素分瓶使用治疗金黄色葡萄球菌感染。

（2）磷霉素氨丁三醇：治疗急性单纯性下尿路感染（如急性膀胱炎、尿道炎等）。

2. 磷霉素的作用机制

因分子结构与磷酸烯醇丙酮酸相似，因此可与细菌竞争同一转移酶，阻碍细菌利用有关物质合成细胞壁的第一步反应而杀菌。

3. 磷霉素的配伍禁忌及注意事项

（1）磷霉素钠含钠量约 25%，心、肾功能不全、孕畜慎用。

（2）与金属盐可生成不溶性沉淀，勿与钙、镁等盐相配伍。

（3）静脉滴注时，先用灭菌注射用水适量溶解，再加入 $250\sim500\text{mL}$ 的 5％葡萄糖注射液或氯化钠注射液中稀释。

4. 磷霉素的中毒与解救

（1）毒理作用及毒性反应：10％～17％发生不良反应，口服可致稀便等胃肠道反应；肌内注射可致局部疼痛和硬结；静脉给药过快可致血栓性静脉炎、心悸等。

（2）中毒后解救：①本药应用过量时，宜大量补液，稀释血药浓度；②对症治疗、缓解症状。

（四）制霉菌素

制霉菌素又称米可定，属四烯大环内酯类的多烯类抗真菌药，自从1949 年在一种土壤放线菌中分离出制霉菌素后，现已发现有四烯、五烯、六烯和七烯等化合物，主要有两性霉素 B（又称庐山霉素，第一个用于深部真菌感染）的抗生素、金色制霉素、克念菌素 B、意北霉素、菲律宾菌素、汉霉素、表霉素、匹马霉素（纳他霉素）和曲古霉素等。

制霉菌素具有广谱抗真菌活性，对念珠菌感染效果最好，但毒性比两性霉素 B 大且具有不溶解性。制霉菌素脂质体减少了毒性并解决了制霉菌素的溶解性问题，内服治疗消化道真菌感染或外用于表面皮肤真菌感染，（如牛的真菌性胃炎）；曲霉菌、毛霉菌引起的乳腺炎，乳管灌注有效；对烟曲霉引起的雏鸡肺炎，喷雾吸入有效；也用于长期服用广谱抗生素所致的真菌性二重感染。

制霉菌素内服后不吸收，全部随粪便排出，所以对全身真菌感染无治疗作用；局部外用也不被皮肤和黏膜吸收。

1. 制霉菌素的作用机制

与真菌细胞膜中的麦角固醇相结合，使细胞膜上形成微孔，改变了细胞膜的通透性，从而使细胞内小分子和离子，如钾、钠和一些大分子外渗，导致细胞内成分不可逆地丢失而致真菌死亡。因为细菌不含固醇，所以对细菌无抑制作用。

2. 制霉菌素的中毒与解救

（1）毒理作用及毒性反应：①大剂量内服发生腹泻、呕吐等消化道反应，停药即消失；②每日剂量＞6 毫克/千克体重时，可能发生低钾血症；③快速静脉滴注可能导致寒战、发热、呼吸困难，偶有皮疹、肝功能损害，但通常不影响治疗，无须停药。

（2）中毒后解救：毒性反应停药即消失，一般不需特殊用药解救。

（五）莫能菌素

莫能菌素属聚醚类（又称离子载体类）抗生素，由肉桂地链霉菌提取。

1. 莫能菌素分类

（1）饱和聚醚分 4 组

1）有 5 个环醚环和 1 个螺缩酮的莫能菌素、马杜霉素。

2）有 6 个环醚环和 1 个螺缩酮的尼日利亚菌素、灰争菌素、罗奴霉素、妙塔霉素、海南霉素、赛杜霉素、腐霉素等。

3）具有 6 个环醚环无螺缩酮体系的有白利辛霉素。

4）具有 3 个环醚环无螺缩酮体系的有溶胞菌素。

（2）不饱和聚醚分 2 组

1）具有 5 个环醚环和 1 个螺缩酮体系的有奈良菌素。

2）具有 5 个环醚环和 2 个螺缩酮体系的有猎神霉素。

（3）3-含芳环聚醚

盐霉素（那拉霉素），具有 3 个螺缩酮特殊结构。

2. 莫能菌素的作用机制

（1）促进阳离子通过细胞膜，选择性地输送钾、钠、钙离子进入球虫的子孢子和第一代裂殖体，使球虫细胞内的离子浓度急剧增加，大量水分进入细胞，导致球虫体膨胀而死亡。

（2）提高瘤胃丙酸产量，促进生长发育和提高饲料利用率。

3. 莫能菌素的配伍禁忌及注意事项

不能与泰妙菌素、大环内酯类、磺胺类药物联合使用，以免引起中毒，需用此类药物时，可用恩诺沙星等氟喹诺酮类药物代替。

4. 莫能菌素的中毒与解救

（1）毒理作用及毒性反应：水样腹泻，腿软，行走及站立不稳，严重的两腿麻痹向后伸直，昏睡直至死亡；剖检可见普遍性的充血、心肌扩张、苍白、体腔大量积液，肺充血、水肿，肝淤血肿胀呈花斑状，胃肠炎等。

（2）中毒后解救：抗氧化剂维生素 E 或硒可降低聚醚类抗生素对动物的毒性。

（六）黄霉素

黄霉素属磷酸化多糖类，抗菌谱较窄，抗革兰氏阳性菌，本品相对分子质量大，不被消化吸收，排泄快，在欧美广泛使用。但临床不再作抗菌用，欧盟 1998 年批准为 4 种促生长剂之一，耐热处理。用于牛、猪、鸡促进生长，每吨饲料添加：仔猪 10～25 克，生长育肥猪 5 克（以有效成分计）；休药期零天。此类抗生素还包括大碳霉素、喹北霉素、吗卡波霉素。

1. 黄霉素的作用机制

（1）抗菌作用机制：干扰细胞壁肽聚糖的生物合成。

（2）促生长原理：能使肠壁变薄从而提高营养物质的吸收；并能有效地维持肠道菌群的平衡和瘤胃 pH 值的稳定。

2. 黄霉素的配伍禁忌及注意事项

与其他抗生素不产生拮抗，也不产生交叉耐药性；可与磺胺药、泰妙菌素、红霉素、林可霉素和离子载体类抗球虫药配伍使用。

（七）灰黄霉素

灰黄霉素属非多烯类抗真菌抗生素，从灰黄青霉提取的含氯代谢产物。对表皮癣菌属、小孢子菌属和毛癣菌属引起的皮肤真菌感染有效，对其他真菌感染包括念珠菌属以及细菌无效。

1. 灰黄霉素的作用机制

能使真菌有丝分裂的纺锤结构断裂，终止中期细胞分裂。本品口服吸收后沉积在皮肤、毛发的角蛋白的前体细胞内，能促使角蛋白抵抗真菌的侵入。因为不易通过表皮角质层，所以外用无效。

2. 灰黄霉素的中毒及解救

（1）毒理作用及毒性反应：①对青霉素及其衍生物过敏的患畜对本品也可过敏；②有肝毒性，对胚胎有毒，可致畸形胎，孕畜禁用；③长期或大剂量服用可见麻木、疼痛或趾蹄软弱（周围神经炎）；出黑舌苔、舌痛、口角炎及味觉障碍。

（2）中毒后解救：过量时催吐、补液。

第三节 人工合成抗菌药的合理使用及中毒解救

一、磺胺类

1932 年拜耳实验室的格哈德·多马克发现一种红色染料百浪多息

（又称磺胺米柯定，世界上第一种商品化的人工合成抗菌药）能控制链球菌感染，1935 年其无色的活性成分——磺胺正式应用于临床，该发现使多马克获得 1939 年诺贝尔生理学或医学奖。

磺胺类对革兰氏阳性菌和部分革兰氏阴性菌、衣原体和某些原虫（如弓形体、疟原虫和阿米巴原虫）等均有抑制作用；但对病毒、螺旋体、支原体、锥虫无效；对立克次体不但无效，反而能促进其繁殖，所以，附红细胞体中期感染（活力最强）使用磺胺类药物反而会加重病情。

（一）磺胺药的分类

1. 全身应用类磺胺

主要用于全身感染，如细菌引起的发热败血症、尿路感染等。

（1）短效类：半衰期为 5～6 小时，每日需服 4 次，如磺胺二甲嘧啶（SM2）、磺胺异噁唑（又称菌得清，SIZ）。

（2）中效类：半衰期为 10～24 小时，每日服药 2 次，如磺胺嘧啶（又称大安、磺胺哒嗪，SD）、磺胺甲基异噁唑（又称新诺明、新明皇，SMZ）。

（3）长效类：半衰期为 24 小时以上，如磺胺甲氧哒嗪（长效磺胺-A，SMP）、磺胺对甲氧嘧啶（又称消炎磺，SMD）、磺胺间甲氧嘧啶（又称制菌磺、泰灭净、长效磺胺-C，SMM）、磺胺氯哒嗪钠、磺胺-5、6-二甲氧嘧啶（又称磺胺多辛、周效磺胺 SDM）等。

2. 肠道应用类磺胺

主要用于肠道感染如菌痢、肠炎等。包括磺胺脒（又称磺胺胍、克痢定，SG）、酞磺胺噻唑（PST）、酞磺酰醋胺（又称息拉米，PSA）。

3. 局部应用类磺胺

主要用于灼伤感染、化脓性创面感染、眼科疾病等。包括磺胺醋酰（SA）、磺胺嘧啶银盐（SD-Ag）、甲磺灭脓（SML）。

（二）各类磺胺药的临床最佳选择

（1）治疗脑炎：磺胺嘧啶渗入脑脊液的浓度最高，首选 SD+呋噻咪。

（2）治疗尿道感染：一般选用溶解度较大、原形从尿中排出多的磺胺药，首选 SMZ+环丙沙星。

（3）治疗呼吸道感染：首选 SMM+TMP+枝原净。

（4）治疗肠道感染：一般选用胃肠道难吸收的磺胺药，如 SG+土霉素碱+酸酸蛋白。

（5）治疗局部感染：选外用磺胺药，眼部疾患常用 SA，烧伤和创伤感染可选用 SD‐Ag、SML，两者都有抗绿脓杆菌作用。

（三）磺胺药的作用机制

细菌不能直接利用其生长环境中的叶酸，而是利用环境中的对氨苯甲酸（PABA）和二氢喋啶、谷氨酸在菌体内的二氢叶酸合成酶催化下合成二氢叶酸。二氢叶酸在二氢叶酸还原酶的作用下形成四氢叶酸，四氢叶酸作为一碳单位转移酶的辅酶，参与核酸前体物（嘌呤、嘧啶）的合成。核酸是细菌生长繁殖所必需的成分。磺胺药的化学结构与 PABA 类似，能与 PABA 竞争二氢叶酸合成酶，影响了二氢叶酸的合成，因而使细菌生长和繁殖受到抑制。

（四）磺胺药的配伍禁忌及注意事项

（1）为保证磺胺药在与 PABA 的竞争中占优势，用药时应注意。①用量充足，即首次剂量必须加倍，使血中磺胺的浓度大大超过 PABA 的浓度；②脓液和坏死组织中含有大量 PABA，应清创后再用药；③应避免与体内能分解出 PABA 的药合用，如普鲁卡因等。

（2）细菌对各类磺胺药物之间有交叉抗药性。即细菌对某种磺胺药产生耐药后，就对另一种磺胺药也耐药。但与其他抗生素间无交叉抗药现象。

（3）磺胺药在肝内的代谢产物——乙酰化磺胺的溶解度低，易在尿中析出结晶，引起肾毒性，用药时应注意：①严格掌握用药剂量、时间，连续用药不超过 5 天，1 月龄以下雏禽和产蛋禽忌用；②要同时内服等量小苏打和大量饮水。

（4）静脉注射时应加在大量 5% 葡萄糖溶液中。

（5）磺胺嘧啶钠等注射液不能与维生素 B_1、碳酸氢钠、复方奎宁等混合使用，否则易产生沉淀。

（6）配合氨基糖苷类、喹诺酮类抗生素效果增强；配合头孢类抗生素效果降低；配合作用于细菌核糖体 50S 亚基的抗生素毒性增强。

（7）磺胺药能透过血脑膜屏障，对脑炎有较好治疗，但也能通过胎盘屏障进入胎儿循环，造成胎儿蓄积中毒而死胎率增加（注意不是流产），故孕畜慎用。

（五）磺胺类药物的中毒与解救

1. 毒理作用及中毒反应

肠道应用类难吸收的磺胺药物极少引起不良反应；易吸收的全身应用

类磺胺不良反应发生率约占 5％。

（1）肾脏损害：由于乙酰化磺胺溶解度低，尤其在尿液偏酸时，易在肾小管中析出结晶，引起血尿、尿痛、尿闭等症状。

（2）抑制骨髓白细胞形成，引起白细胞减少症。

（3）用药时间超过 1 周或大剂量使用会引起感觉过敏、不安、摇头、肌肉震颤、站立不稳等多发性神经炎。

（4）偶见腹疼、腹泻，粪便带血，黏膜黄染等消化道症状。

（5）剖检：皮下、肌肉有出血点；三腔积多量淡红色液体；肝肿大有出血斑点，呈紫红色或黄色；肾肿大有出血斑点，呈土黄色或苍白色；胃、小肠黏膜菲薄，有出血斑点。

2．中毒后解救

（1）大剂量内服中毒应洗胃，并大量饮水，促进药物排出。

（2）出现少尿、血尿时，用碳酸氢钠口服或 5％碳酸氢钠静脉注射。

（3）若呼吸困难，黏膜发紫，用 1％亚甲蓝注射液（1 毫升/千克体重），加入 25％葡萄糖中缓慢静脉注射；或维生素 C 加入 50％葡萄糖中静脉注射，以解除高铁血红蛋白症。

附：抗菌增效剂

1．认识抗菌增效剂

本类药物本身有较弱的抗菌作用，但和磺胺类药物合用可使该类药物的抗菌效力提高数十倍，甚至使磺胺类药物的抑菌作用变成杀菌作用，因此被称为"磺胺增效剂"。后来，人们又发现该类药物不但能使磺胺类药物增效，和其他一些抗菌药物（包括部分抗生素，如四环素、庆大霉素等）合用也能起到增效作用，所以又将其称为"抗菌增效剂"。

常用的抗菌增效剂有三甲氧苄氨嘧啶（TMP）、二甲氧苄氨嘧啶（DVD）、二甲氧甲基苄氨嘧啶（OMP）。临床常用三甲氧苄氨嘧啶（TMP）与磺胺类药或其他抗生素并用，一般按 1∶5 的比例。二甲氧苄氨嘧啶（DVD）内服吸收少，血中浓度最高时也仅为 TMP 的五分之一，所以 DVD 与磺胺类药物或抗生素并用，多用于治疗肠道细菌感染。DVD与 OMP 还经常用于家禽球虫病的治疗。

2．抗菌增效剂的作用机制

能抑制二氢叶酸还原酶，使二氢叶酸不能还原为四氢叶酸，从而妨碍菌体核酸和蛋白质的合成。与磺胺类药物合用时，能够分别阻断微生物叶酸合成代谢中前后两个不同环节。

3. 抗菌增效剂的中毒与解救

本类药物毒性极低，按治疗量长期使用也不会出现不良反应；但大剂量使用时可影响叶酸的代谢和作用而致白细胞减少和血小板减少，表现精神沉郁，皮下出现血肿。

4. 其他抗菌增效剂

（1）丙磺舒：可以抑制有机酸的排泄，从而提高有机酸药物在血液中的浓度。丙磺舒与青霉素合用时，由于减慢青霉素的排泄速度，从而增强青霉素的抗菌作用。

（2）克拉维酸钾：具有抑制 β-内酰胺酶的作用，与 β-内酰胺类抗生素合用时，可以保护其免受 β-内酰胺酶的破坏。

二、喹诺酮类

喹诺酮类又称吡酮酸类或吡啶酮酸类，是人工合成的含 4-喹诺酮基本结构的抗菌药。广谱杀菌，广泛用于泌尿生殖系统疾病、胃肠疾病，以及呼吸道、皮肤组织的革兰氏阴性细菌感染的治疗。

人类长期食用含较低浓度喹诺酮类药物的动物性食品，容易诱导耐药性的传递，造成人体疾病对该类药物的严重耐受。

（一）喹诺酮类药物的分类

喹诺酮类药物依据合成时间和抗菌谱分为四代，目前临床应用较多的为第三代。

第 1 代：1962—1969 年合成。包括萘啶酸、吡咯酸等，只对大肠杆菌等革兰氏阴性菌有效，因疗效不佳现已少用。

第 2 代：1969—1979 年合成。包括吡哌酸、西诺沙星等，国外生产的还有新恶酸和甲氧恶喹酸等，主要抗革兰氏阴性菌和部分革兰氏阳性菌。

第 3 代：1980—2000 年合成，因药物的分子中均有氟原子，因此也称为氟喹诺酮类。包括诺氟沙星、环丙沙星、氧氟沙星、左氧氟沙星、依诺沙星、氟罗沙星、司帕沙星、培氟沙星、洛美沙星、妥舒沙星、帕珠沙星等，对革兰氏阴性菌和阳性菌的抗菌作用进一步加强。

第 4 代：1997—2004 年合成，结构中引入 8-甲氧基，有助于加强抗厌氧菌的活性；而 C-7 位上的氮双氧环结构，则加强抗革兰氏阳性菌活性并保持原有的抗革兰氏阴性菌的活性。包括格帕沙星、莫西沙星、吉米沙星、曲伐沙星、加替沙星，对革兰氏阴性菌和阳性菌、分枝杆菌、厌氧军团菌、支原体、衣原体有效。

动物专用的有：沙拉沙星、恩诺沙星、丹诺沙星、马波沙星、奥比沙星、达诺沙星等。

（二）喹诺酮类药物的作用机制

细菌的双股 DNA 是扭曲成袢状或螺旋状的结构（称为超螺旋），能够使 DNA 形成超螺旋结构的酶称为 DNA 回旋酶。喹诺酮类药物能够拮抗细菌的 DNA 旋转酶，使菌体 DNA 不能形成正常双螺旋结构，从而使细菌细胞不再分裂。当前，一些细菌对许多抗生素的耐药机制是因质粒传导而广泛传布，本类药物则不受质粒传导耐药性的影响，因此本类药物与许多抗菌药物间无交叉耐药性。

（三）喹诺酮类药物的配伍禁忌与注意事项

（1）配合磺胺类、头孢类、氨基糖苷类、呋喃类等效果增强。

（2）碱性药物、抗胆碱药、H_2 受体阻滞药均可降低胃液酸度而使本类药物的吸收减少，应避免同服。

（3）利福平（RNA 合成抑制药）、氯霉素（蛋白质合成抑制药）均可使本类药物的作用降低，使萘啶酸和氟哌酸的作用完全消失，使氟嗪酸和环丙氟哌酸的作用部分抵消。

（4）氟喹诺酮类抑制茶碱的代谢，与茶碱联合应用时，使茶碱的血药浓度升高而出现茶碱的毒性反应。

（四）喹诺酮类药物的中毒与解救

1. 毒理作用及中毒反应

（1）胃肠道反应为恶心、呕吐、不适、疼痛等。

（2）中枢反应为走路跌跌撞撞、晕头转向，可致精神症状。

（3）可影响软骨发育，孕畜、初生仔猪应慎用。

（4）可产生结晶尿，尤其在碱性尿中更易发生。

（5）大剂量或长期应用本类药物易致肝损害，剖检可见肝肿大呈黄色或红黄相间斑驳状。

（6）犬敏感，幼龄犬表现关节疼痛、跛行，有的癫痫样。

2. 中毒后解救

（1）饲料中加入钙制剂。

（2）静脉注射 5% 葡萄糖或 10% 葡萄糖酸钙。

三、硝基呋喃类（已禁止兽用并严禁检出）

广谱抗生素，对细菌、真菌和原虫等病原体均有杀灭作用。因该类药物及其代谢物对人体有致癌、致畸作用，卫生部于 2010 年 3 月 22 日将硝基呋喃类药物呋喃唑酮、呋喃它酮、呋喃妥因、呋喃西林列入可能违法添加的非食用物质黑名单。

目前人类疾病偶有使用的呋喃类药物有 10 余种，包括：呋喃妥因（也称呋喃坦啶），用于敏感菌所致的尿路感染；呋喃唑酮（也称痢特灵），用于肠炎、痢疾、胃溃疡等疾患；呋喃西林，因易引起多发性神经炎，故只供外用，常用于化脓性中耳炎、化脓性结膜炎、压疮、伤口感染、膀胱冲洗等，对组织无刺激，脓、血对其抗菌作用无明显影响；呋喃它酮，内服后在肠道不易吸收，故主要用于肠道感染，也可用于球虫病、鸡黑头病（组织滴虫）的治疗。

（一）硝基呋喃类药物的作用机制

干扰细菌氧化酶，抑制乙酰辅酶 A，使糖类代谢障碍而抑菌。

（二）硝基呋喃类药物的中毒与解救

1. 毒理作用及毒性反应

（1）仔猪耐受性相对较强，中毒后表现四肢无力，站立不稳、走路摇摆。严重的伏地，四肢向外伸展、冰凉，全身颤抖。

（2）慢性中毒胃底黏膜脱落、有出血斑点，肠内容物金黄色，肝表面有细微黄色网状条纹。

2. 中毒后解救

（1）二巯基丙醇：幼畜 0.1～0.15 克，成畜 0.5～0.75 克，1～2 次/天。

（2）苯海拉明（1～2 毫克/千克体重）或麻黄碱（1 毫克/千克体重）。

（3）严重中毒立即催吐、洗胃和灌服盐类泻剂。

（4）有兴奋症状时，用氯丙嗪镇静。

（5）为促进血液循环和呋喃类药物排出，用 5% 葡萄糖（500～800 毫升）+维生素 B_1（0.025～0.05 克）+维生素 C（0.2～0.5 克）静脉注射。

四、硝基咪唑类

硝基咪唑类是一类具有 5 -硝基咪唑环结构的药物，对厌氧菌（如引起猪腹胀猝死的魏氏梭菌）和厌氧原虫（滴虫、贾第鞭毛虫、阿米巴原虫）等抑菌作用极强，1978 年 WHO 确定甲硝唑为基本及首选的抗厌氧菌感染用药；同时还具有抗肿瘤、抗病毒和抗原虫活性，内服吸收快，可通过血脑屏障。

本类药物包括甲硝唑（第一代，又称灭滴灵，MNZ）、替硝唑（第二代，TNZ）、奥硝唑（第三代，无双硫仑反应，ONZ）、二甲硝咪唑（DMZ）、异丙硝唑（IPZ）、塞可硝唑（SCZ）、洛硝哒唑（RNZ）等，目前上市的还有抗原虫的班硝唑和米索硝唑。

本类药物具有致突变性和潜在的致癌性，我国规定甲硝唑、二甲硝咪唑及其盐、酯及制剂，不准以促生长为目的使用。

（一）硝基咪唑类药物的作用机制

硝基咪唑类药物作为药物前体，需在细胞内被激活才有效。药物进入厌氧菌细胞后，在无氧或少氧环境和较低的氧化还原电位下，其硝基被电子传递蛋白还原成具有细胞毒作用的氨基，引起细菌 DNA 螺旋链损伤、断裂、解旋，进而导致细菌死亡。

（二）硝基咪唑类药物的配伍禁忌与注意事项

（1）与头孢类、缩宫素混合会变红色。

（2）与喹诺酮类、炎琥宁等中药、溴己新等呼吸系统药物、呋塞米等泌尿系统药物、多烯磷脂酰胆碱等消化系统药物配伍会出现结晶、沉淀、絮状物或白色浑浊。

（3）甲硝唑代谢产物可使尿液呈深红色。

（三）硝基咪唑类药物的中毒与解救

1. 毒理作用及中毒反应

（1）神经系统不良反应表现感觉异常、肢体麻木、共济失调。

（2）会产生"双硫仑样"反应（酒醉样反应）。

2. 中毒后解救

苯巴比妥解痉，呋塞米利尿，地塞米松促排泄，维生素 B_1 营养神经。

五、喹噁啉类

喹噁啉类是一类含有喹噁啉 1、4 -二氧基团的化学合成药，包括卡巴氧和喹乙醇，两者已被禁止使用，乙酰甲喹和喹烯酮仍可使用，目前正在开发安全的喹赛多等同类产品。

本类药物淡黄色，遇光色渐变深，不溶于水。对密螺旋体有特效，对多种细菌特别是革兰氏阴性菌作用较强，对某些革兰氏阳性菌，如金黄色葡萄球菌、链球菌和真菌也有一定的抑制作用。

（一）喹噁啉类药物的作用机制

作用于细菌后，在代谢酶作用下，活化形成药物自由基中间体，药物自由基会导致 DNA 断裂，从而抑制菌体 DNA 合成。

（二）喹噁啉类药物的配伍禁忌及注意事项

（1）与新霉素、庆大霉素合用呈相加作用。

（2）与抗菌中草药合用能提高抗菌效果。

（3）与氟喹诺酮类合用：当与环丙沙星、恩诺沙星混合时，在 30 分钟后呈现浑浊，继续放置成类白色的乳状沉淀；与氧氟沙星、诺氟沙星、甲磺酸培氟沙星混合未见放置型浑浊。

（4）与黏杆菌素合用：痢菌净呈现溶解性降低，痢菌净呈针状析出。

（5）与 TMP 混合，呈现析出性浑浊。

（三）喹噁啉类药物的中毒及解救

1. 毒理作用及中毒反应

（1）猪轻微中毒时呕吐，严重时体温下降，食欲减退，消瘦，被毛粗乱，颜面部发红，甚至死亡。

（2）鸡对本药敏感，鸭尤其对本类药物更加敏感，中毒时精神不振，蹲下不愿活动，采食减少或停食，羽毛松乱，冠发黑，流涎，排稀粪。

（3）剖检：口腔有黏液，消化道有广泛出血点或出血斑，泄殖腔严重出血，心脏冠状沟脂肪处有散发性出血，心肌质软，肝脏肿大，有些出现斑状出血，质脆，肾脏常见肿大。

2. 中毒后解救

肌内注射维生素 B_6 止吐，利尿剂促排泄，内服维生素 K_3 减轻出血。

附：当前禁止作为兽药使用的化学药品

1. 严格禁止使用的药物

（1）盐酸克伦特罗（又名羟甲叔丁肾上腺素、安哮素、克喘素）即瘦肉精：会扰乱人体内激素水平，产生心悸、心跳过速、肌肉震颤、甲状腺功能亢进等症状，已被严格禁止使用。

（2）氯霉素：残留引起再生障碍性贫血，危害严重，已禁用。

（3）呋喃类、苯丙咪唑类（如氧苯达唑、苯硫达唑、阿苯达唑、噻苯咪唑酯）：这两类药物诱发基因突变和致癌性。

（4）所有激素类及有激素类作用的物质：如秋水仙碱、促性腺激素、同化激素、具有雌激素样作用的物质（如己烯雌酚、玉米赤霉烯酮等）、催眠镇静药（如地西泮、甲喹酮等）、肾上腺素类药物（如异丙肾上腺素、沙丁胺醇、多巴胺及 β -肾上腺素、激动剂）等，这些物质能扰乱激素平衡，导致女童性早熟、男童女性化，诱发女性乳腺癌、卵巢癌等疾病。

2. 出口到日本、欧盟市场禁用的药物

（1）磺胺类：会破坏人的造血系统，造成溶血性贫血、粒细胞缺乏症、血小板减少症等。

（2）喹乙醇、左旋咪唑：是一种基因毒剂、生殖腺诱变剂，有致畸、致癌、致突变的危险。

（3）四环素类（如四环素、土霉素、金霉素）、甲砜霉素、庆大霉素、氯霉素、伊维菌素、阿维菌素、螺旋霉素等：其中氯霉素可引起人的粒细胞缺乏症、再生障碍性贫血、溶血性贫血，对人体产生致死效应；庆大霉素可引起尿毒症；四环素类残留可影响抗生素对人体疾病的治疗，并易产生过敏反应。

3. 严格限定残留量的药物及其他污染物

甲酚、苯酚类、有机氯类（如六六六、滴滴滴、六氯苯）、有机磷类（如二嗪农、皮蝇磷、毒死蜱、敌敌畏、敌百虫、蝇毒磷）、氨基甲酸酯（甲萘威）、重金属（如铅、砷、镉、汞）、拟除虫菊酯类（如溴氢菊酯）、对乙酰氨基酚类（如扑热息痛）等。

第四节　新型饲料添加剂的种类和特点

在现代养猪历史中，饲料添加的抗菌促生长药物基本都是抗生素，常见的有四环素类（如金霉素）、多肽类（如杆菌肽锌）、喹噁啉类（如喹乙醇）等。

近几年，随着无抗的呼声愈来愈高，行业监管也愈来愈严厉，饲料药物添加剂替代品的开发和应用开始飞速发展。当前，较为成熟的药物添加剂替代品主要是微生态制剂、酸化剂、酶制剂等。

一、微生态制剂

（一）认识微生态制剂

1. 微生态制剂的发展历史

1907年俄国梅切尼科夫提出饮用酸牛奶有利于健康，是微生物制剂应用的开端；1977年德国鲁西在赫尔本建立了第一个微生态学研究所，对双歧杆菌、乳杆菌、大肠杆菌等活菌作生态疗法的研究与应用。日本在20世纪80年代初就已经有26种微生态制品用于医疗和保健。

乳酶生（又称表飞鸣，干燥活乳酸菌制剂），是我国最早使用的微生态制剂，用来治疗消化不良等肠道疾患。

2. 微生态制剂的分类

微生态制剂包括医用（如乳酸菌等）、兽用（如酵母菌等）、农用（如菌肥等）和水产用（如水质调节剂等）四类。

3. 常见兽用微生态制剂的类型

（1）按用途分为四类

1）用于疾病防治：以乳酸菌、双歧杆菌为主，多用于防治腹泻等消化道疾病。

2）用于微生物饲料添加剂：以芽孢杆菌为主，用于促生长、抗病或增强免疫等。

3）用于发酵床垫料处理：应用较广泛的EM菌种是一种包含有乳酸菌、酵母菌、放线菌及发酵性丝状真菌等16属80多个菌种组成的复合制剂。

4）用于发酵饲料或发酵中药的微生态制剂：多为以乳酸菌和复合酶为主的复合制剂。

（2）按菌种类型分为芽孢杆菌制剂、乳酸菌制剂、酵母菌制剂、光合细菌制剂和硝化细菌制剂。

（3）按菌种组成分为单一制剂（如枯草芽孢杆菌、乳酸菌、粪球菌、酵母菌等）和复合制剂（如发酵中药、发酵饲料和生物肥料等）。

（4）按组成成分分为益生菌（又称益生素）、益生元（各种寡糖，是益生菌的食物）和合生素（益生菌和益生元同时并存的制剂）三种。

4. 微生态制剂作用机制

微生态制剂能够避免传统抗生素所造成的菌群失调、耐药菌株的增加及药物的毒副反应等弊端，理论上优于传统抗生素，也是未来几十年无抗道路上研究的热点。

（1）生态平衡理论：一个人的身体中有 500～1000 种不同种类、大约 100 万亿个细菌，占人体所有活细胞总数的 90%。健康的畜体其实质就是动物与其体内的细菌和内外部环境达到动态平衡的一个微生态系统。在这个微生态系统内的微生物群落中，少数优势群的优势个体，对整个群落维持动态平衡起控制作用。

微群落内，一旦因种种原因失去原有的优势种群，则微群落就会发生变化，畜体整个微生态平衡就被打破，动物就会生病。

微生态制剂可以通过占位定植、构建屏障、生物夺氧等多种途径，调节畜体失调的菌群，使宿主体内恢复正常的微生态平衡，达到防病治病的目的。

（2）生物屏障理论：又称生物拮抗理论，肠道内正常菌群直接参与机体生物防御的屏障结构。机体屏障结构包括物理屏障、化学屏障和生物屏障。

1）物理屏障：如皮肤与黏膜的阻挡作用。

2）化学屏障：肠内主要菌群的代谢产物，如乙酸、乳酸、丙酸、过氧化氢及细菌素等活性物质，可阻止或杀灭病原微生物。

3）生物屏障：长期定植于黏膜或皮肤上的正常菌群，所形成的生物膜样结构，可影响过路菌或外来致病菌的定植、占位、生长和繁殖。

微生态制剂中的益生菌就是这类正常菌群中的成员，可参与生物屏障结构，发挥生物拮抗作用。

（3）生物夺氧理论：动物出生时是无菌的，出生后不久就被一系列微生物定植。定植的顺序先是需氧菌，后是兼性厌氧菌，随后是厌氧菌。厌氧菌之所以不能先定植，是因为自然环境中有过多的氧。在需氧或兼性厌氧菌生长一段时期后，由于氧被大量消耗，从而提供了厌氧菌生长的条件，厌氧菌才能生长。厌氧菌虽然不能先定植，但是在整个微生态系统中数量上占据首位，并保持着一定的生态平衡。

利用无毒、无害、非致病性的微生态制剂（如蜡杆芽孢杆菌等）在肠道内定植，使局部环境中氧分子浓度降低，氧化还原电位下降，造成适合正常肠道优势菌生长的微环境，促进厌氧菌大量繁殖生长，最终达到微生态平衡。

（4）物质交换理论：畜体裂解的细胞与细胞外酶可为微生物利用，而微生物产生的酶、维生素、刺激素以及微生物降解的细胞成分，也可为宿主细胞利用，如此反复进行着物质交换。物质交换包括能源运转、产物交换和基因交换。

1）能源运转：现在已提出一个生态能源学的分支，研究人类、动植物与正常微生物之间，正常微生物与正常微生物之间所存在的能源的交换关系。

2）产物交换：正常微生物菌群与宿主细胞通过降解和合成代谢进行物质交换。

3）基因交换：在正常微生物之间有着广泛的基因（即DNA）交换，例如耐药因子（R因子）、产毒因子等都可在正常微生物之间通过物质的传递进行交换而形成交叉耐药性。

微生态制剂通过物质交换，可作为非特异性免疫调节因子增强免疫，降解肠道的有毒物质（如氨、酚、内毒素等）增强体质；利用细菌代谢产物促进生长等。

5. 养猪生产中怎样正确选择和使用微生态制剂

（1）怎样合理选择微生态制剂？

1）根据使用对象正确选择微生态制剂：微生态制剂有农用、兽用、水产用和环境改良用之分，同为枯草芽孢杆菌，农用枯草芽孢杆菌主要是增加农作物抗旱、抗寒、抗病等抗逆性，并具有固氮功能；水产用芽孢杆菌主要是分解水体内碳系污染物、去氮、去硫，分解淤泥及把水体内有机物碎屑互相粘连在一起的絮凝作用；环境改良用芽孢杆菌主要是分解产生恶臭气体的有机硫、有机氮等，改善场所环境。兽用芽孢杆菌主要是为了调理肠道、杀菌抗病、增强免疫、促进生长和提高饲料利用率。

2）根据使用目的有针对性选择微生态制剂：为了防治营养性或季节性腹泻，可选用乳酸菌＋酸化剂＋复合酶制剂等；为了促进生长、提高饲料利用率、改变被毛及气色，可选用含枯草芽孢杆菌＋葡萄糖氧化酶等。为了改善肠道菌群防止产前便秘，可选用枯草芽孢杆菌、粪球菌等复合制剂。为了改善养殖环境，可选择用光合细菌、硝化细菌、芽孢杆菌等复合制剂。

（2）使用微生态制剂时的注意事项

1）妥善保存：活菌制剂要求活菌数量，适宜保存温度为5℃～15℃；要密闭保存，以防氧气使其中的厌氧菌失活。

2）合理配伍：芽孢杆菌、乳酸杆菌、粪链球菌等细菌性微生态制剂因细胞壁多为脂多糖，不宜与抗生素同用，若确需使用抗生素，可先用抗生素控制病情，间隔 24 小时以上再使用此类活菌制剂；而米曲霉、黑曲霉、啤酒酵母等真菌性微生态制剂，细胞壁为几丁质，可与抗生素同用。所有的死菌体和细菌代谢产物制剂，均可与抗生素类药物同时使用。

3）微生态制剂是以快速增值的方式竞争性抑制有害菌的繁殖，所以要坚持使用、用量要足；但有试验表明，每克饲料含菌量在 $(2\sim5)\times10^6$ 的中等剂量，可有效增加仔猪日采食量和日增重，而过度超量添加或滥用益生菌反而影响仔猪的生长。

4）用作饲料添加剂制作颗粒饲料时，要考虑高温对活菌制剂的影响，最好选择稳定性较高的死菌体制剂；另外，日粮里面添加时，还要考虑到胃酸对活菌制剂的破坏作用。

（二）益生菌

1994 年，德国海德堡召开的国际微生态学术讨论会上，对益生菌的定义："益生菌是含活菌和（或）死菌，包括其组分和产物的活菌制品，经口或经由其他黏膜途径投入，旨在改善黏膜表面处微生物或酶的平衡，或者刺激特异性或非特异性免疫机制。"

人们起初认为，只有活的微生物才能起到微生态平衡的作用，因此很长一段时间就把微生态制剂称为"活菌制剂"。但依据此定义及大量资料证明，死菌体、菌体成分、代谢产物也具有调整微生态失调的功效，因此益生菌不一定都是活菌制剂。

1. 益生菌的产品类型及特点

（1）活菌制剂：主要是活性菌，同时也含有死菌以及代谢产物，分固态发酵和液态发酵两种。

1）固态发酵：性状为潮湿粉末，以保持有益菌活性。根据载体不同分为发酵中药、发酵蛋白饲料、发酵饲料、青贮饲料等。

2）液态发酵：采用全自动乳酸菌发酵系统，用优质菌株农户自发酵，以保持有益菌活性。

3）活菌制剂的特点：稳定性较差，在运输、贮存和使用过程中，容易受到各种外界因素影响而失活。

（2）死菌制剂及代谢产物

1）死菌制剂：性状为干燥粉末，多为固态发酵产品，经烘干、冻干、包被等技术制成，含有大量死的菌体、代谢产物、休眠的芽孢等。

死菌体的特点：质量较稳定，比活菌更安全，延长了产品的保质期，适合饲料加工企业使用，也可以与抗生素同时使用。

2) 代谢产物：是细菌培养后除去菌体的培养液，内含细菌生长繁殖过程丰富的代谢产物及一部分菌体碎片（成分）。细菌分泌的酸性物质及细菌素对有害菌有拮抗、杀灭作用；细菌分解食物后的氨基酸，以及合成的维生素都在培养液内，还包括细菌分泌的对人体有用的酶；而部分的菌体成分对人体也有免疫促进作用。

细菌代谢产物的特点：对畜体作用较快，性质相对稳定，作用机制较明确。

2. 市场上常见的益生菌的种类

（1）严格厌氧的双歧杆菌属：动物双歧杆菌属共分为 24 个种，而人类来源的只有 12 个种，能在人体肠道内定植并能制备保健品的动物双歧杆菌主要有两歧双歧杆菌、青春双歧杆菌、婴儿双歧杆菌、短双歧杆菌和长双歧杆菌 5 种。

（2）耐氧的乳杆菌属：已报道的有 56 种，常用于肠道微生态制剂的约有 10 种，如嗜酸乳杆菌、植物乳杆菌、短乳杆菌、干酪乳杆菌和德氏乳杆菌保加利亚种等。

（3）兼性厌氧球菌类：如粪肠球菌、屎肠球菌等。

（4）兼性厌氧的芽孢杆菌属：如地衣芽孢杆菌、枯草芽孢杆菌、纳豆芽孢杆菌、蜡状芽孢杆菌等。

（5）酵母菌：如产朊假丝酵母菌。

（6）光合细菌：如水产养殖使用的光能异养型红螺菌科的沼泽红假单胞菌。

3. 法规允许的可用作动物保健的益生菌

美国食品药物管理局（FDA）和美国饲料协会（AAFCO）1989 年公布了 43 种"通常认为是安全性的"微生物种类作为益生菌的出发菌株，其中乳酸菌 28 种（包括乳杆菌 12 种、双歧杆菌 6 种、链球菌 6 种、片球菌 3 种、明珠球菌 1 种）、芽孢杆菌 5 种、拟杆菌 4 种、曲霉 2 种、酵母菌 2 种。

截止到 2008 年 12 月，中国农业部公告批准使用的饲料级益生菌有地衣芽孢杆菌、枯草芽孢杆菌、两歧双歧杆菌、粪肠球菌、屎肠球菌、乳酸肠球菌、嗜酸乳杆菌、干酪乳杆菌、乳酸乳杆菌、植物乳杆菌、乳酸片球菌、戊糖片球菌、酿酒酵母、产朊假丝酵母、沼泽红假单胞菌和保加利亚乳杆菌等 16 种。

4. 动保市场上常见的代表性益生菌

（1）芽孢杆菌

1）芽孢杆菌属厚壁菌门、芽孢杆菌纲、芽孢杆菌目、芽孢杆菌科，包括芽孢杆菌属、芽孢乳杆菌属、梭菌属、脱硫肠状菌属、芽孢八叠球菌属和颤螺菌属等6个属。与兽医有关的是芽孢杆菌属和梭菌属两种，因梭菌属（如魏氏梭菌、破伤风梭菌、肉毒梭菌等）多为致病菌，本文不作叙述。

芽孢杆菌属共有200多个种，不是所有的芽孢杆菌都是厌氧或兼性厌氧菌，其中需氧的有40多种；也不是所有的芽孢杆菌都是益生菌，其中需氧的炭疽芽孢杆菌就具有强烈致病性，兼性厌氧的蜡状芽孢杆菌也可引起人畜食物中毒。用作益生菌的芽孢杆菌主要有枯草芽孢杆菌、地衣芽孢杆菌等，其中枯草芽孢杆菌应用最为广泛。

2）枯草芽孢杆菌是芽孢杆菌属的一种，需氧型细菌，可形成内生抗逆芽孢，广泛分布在土壤及腐败的有机物中，易在枯草浸汁中繁殖，故称枯草芽孢杆菌。枯草芽孢杆菌每个细胞只形成一个芽孢，菌体不膨大，革兰氏染色阳性，化能异养菌，具有发酵或呼吸代谢类型，因芽孢中含较多的吡啶二羧酸，故对热、干燥、辐射、pH和盐等理化因素有强大的抵抗力。

枯草芽孢杆菌繁殖迅速，4小时可增殖10万倍；生命力顽强，无湿状态可耐低温$-60℃$、耐高温$+280℃$，耐强酸、强碱，既耐高氧环境也耐低氧环境。

（2）乳酸菌

1）乳酸菌和乳杆菌不是同一个概念，乳酸菌是指一大类无芽孢、可发酵碳水化合物产生乳酸的革兰氏阳性细菌统称，不符合门纲目科属种的生物学分类法则，截止到1999年已发现的乳酸菌至少包括18个属200多个种。

乳酸菌从形态上分为球菌和杆菌两种，其中球菌包括链球菌属、明串珠菌属和片球菌属等；杆菌包括乳杆菌属和双歧杆菌属等。

乳酸菌依代谢途径与最终产物的不同，分为同质发酵和异质发酵，前者含有醛缩酶，最终产物为乳酸，菌种包括乳酸链球菌、保加利亚乳杆菌、德氏乳杆菌、嗜酸乳杆菌等；后者含有磷酸酮酶，最终产物约一半为乳酸外，还包括乙醇、二氧化碳和醋酸等多种产物，菌种包括短乳杆菌、芽孢杆菌科的芽孢乳杆菌、大肠杆菌群的某些细菌等。

2）乳杆菌是乳酸菌大家族的一种，由法国巴斯德于1857年首次发现，隶属于厚壁菌门、芽孢杆菌纲、乳杆菌目、乳杆菌科、乳杆菌属，该属有150多个种，大多兼性厌氧，只有20%左右专性厌氧，与人类密切相关的有嗜酸乳杆菌、德氏乳杆菌、干酪乳杆菌等 10 种，其中以嗜酸乳杆菌最常见。

3）乳杆菌是乳酸菌家族的主要成员，也是维持机体微生态平衡的主要菌群，但口腔中的嗜酸乳杆菌可诱发龋齿、条件致病的加氏乳杆菌偶可引起心内膜炎、败血症或脓肿。

4）因乳酸菌家族的所有种类都不形成芽孢（能形成芽孢的乳杆菌归类于芽孢杆菌科），普通乳酸菌的活力都很弱，青霉素和链霉素合用就可杀死乳杆菌，故乳酸菌类益生菌不宜与任何抗生素联合使用。

表 5 - 2　　　　　　　　　乳酸菌和枯草芽孢杆菌生理作用的异同点

生理作用	枯草芽孢杆菌	乳酸菌
(1) 杀菌抗病	生长过程中产生细菌素（包括枯草菌素、多黏菌素、制霉菌素、短杆菌肽）等起抗菌作用	① 产生类似于细菌素的抗菌肽抗菌；② 产生乳酸，降低肠道 pH 值和氧化还原电位拮抗病菌；③ 产生过氧化氢激活"过氧化氢酶-硫氰酸"系统杀灭病菌
(2) 维持肠道菌群平衡	① 通过生物夺氧促进有益厌氧菌（如乳酸菌）的生长；② 体积比一般病原菌大 4 倍，占据空间优势抑制有害菌的繁殖	通过黏附素在肠黏膜占位定植并形成优势菌群，构成生物屏障，抑制有害菌及霉菌毒素的副影响；而芽孢杆菌和酵母菌等都是过路菌，没有这个功能
(3) 促进免疫	① 促进免疫器官生长发育，促使 T、B 淋巴细胞增殖；② 提高免疫球蛋白和抗体水平，增强细胞免疫和体液免疫，提高群体免疫力	① 可促进细胞分裂，加速 T、B 淋巴细胞的增殖，增强机体特异性免疫；② 刺激腹膜巨噬细胞，增强其吞噬活力，提升机体非特异性免疫能力；③ 通过肠系膜淋巴结循环入血流分布全身，调节机体的免疫应变
(4) 促进生长	① 自身合成 α-淀粉酶、蛋白酶、脂肪酶、纤维素酶等酶类，促进消化吸收；② 合成维生素 B_1、维生素 B_2、维生素 B_6、烟酸等多种 B 族维生素	① 具有磷酸蛋白酶，可降解 α-酪蛋白为酰胺和氨基酸，易于吸收；② 将乳糖分解为葡萄糖和半乳糖，进而发酵为乳酸等小分子化合物；③ 代谢过程合成叶酸等 B 族维生素；④ 产生的有机酸可提高钙、磷、铁等矿物吸收，并增强消化酶的活性（淀粉酶最适 pH 为 6.5，糖化酶最适 pH 为 4.4）

（3）粪肠球菌

动保市场上一些微生态产品的主要成分里面标注的粪肠球菌和屎肠球菌实质上是乳酸菌家族的一种，与乳杆菌同目不同科，属厚壁菌门、芽孢杆菌纲、乳杆菌目、肠球菌科、肠球菌属，包括十二个种及一个变异株，与人类有关者为粪肠球菌和屎肠球菌。粪肠球菌兼性厌氧，与厌氧、培养保存条件苛刻的双歧杆菌比，更适合于生产应用。粪肠球菌的生理作用与乳酸菌类似，不同点在于粪肠球菌还能够将饲料中的纤维变软，提高饲料的转化率。

（4）酵母菌

酵母菌不是一个分类学名词，而是一类能发酵糖类的单细胞真菌的统称。真菌已区别于动物、植物和细菌而自成一界，目前已发现的有12万多种，戴芳澜教授估计中国大约有4万种，分为三大类，其中单细胞真菌常见的就是酵母菌，而多细胞丝状真菌就是我们常说的各种霉菌，子实体大型真菌也称覃菌，就是我们常见到的各类蘑菇。

1）酵母菌是人类历史上应用最早的微生物，目前已发现1500多种酵母，已鉴定700多种。2003年12月，农业部公布可作为饲料添加剂的酵母菌有产朊假丝酵母和酿酒酵母；2004年4月，卫生部公布可用于保健食品的除了产朊假丝酵母和酿酒酵母外，还有乳酸克鲁维酵母和卡氏酵母。

2）酵母菌的基本特征：个体以单细胞状态存在；多数出芽繁殖，也有的进行裂殖或产生孢子；能发酵多种糖类；细胞壁含有甘露聚糖；喜在含糖较高的酸性环境中生长。

3）酿酒酵母：又称面包酵母或出芽酵母，属真菌界、子囊菌门、半子囊菌纲、内孢霉目、酵母科，本科下分39属372种，酿酒酵母仅为酵母属的其中一种，兼性厌氧，可将葡萄糖、果糖、甘露糖等单糖吸入细胞内，在无氧条件下，经过内酶的作用，把单糖分解为酒精和二氧化碳。

酿酒酵母的菌体蛋白质占菌体干物质50%左右；含4.5%～8.5%的核糖核酸；2%的B族维生素；3%～10%的矿物质，已列入我国饲料添加剂目录的有酵母铜、酵母铁、酵母锰和酵母硒；本身还含有单胃蛋白酶、淀粉酶、纤维素酶和植酸酶（可使植物中有机磷有效利用）。

4）酵母细胞壁：动保产品中常用到的是酵母细胞壁，占酵母干重的20%；从内到外分别是占细胞壁干重30%的β-葡聚糖层，40%的蛋白质、几丁质、类脂层和30%的甘露聚糖层等3层结构。酵母细胞壁具有增强机体免疫力，维护肠道菌群平衡，吸附霉菌毒素，提高生产性能的作用。因 β-葡聚糖和甘露寡糖属于"益生元"类别，其作用机制在下节详细论述。酵母细胞壁成分不干扰抗生素的作用，还能经受饲料制粒高温，可增加饲料稳定性。

5. 益生菌在养猪生产上的应用

益生菌能够通过产生抗菌物质杀菌抗病（如产生酯肽类抗生素）、竞争作用构成生物屏障（如在动物组织表面快速大量增殖，拮抗病原菌的附植）、生物夺氧抑制有害菌繁殖、合成维生素和酶类等，实现猪群增强体质、促进免疫、杀菌抗病、调理畜体内微生态平衡及促生长作用，长期使用，对养猪生产大有裨益。

（1）母猪怀孕后期使用，调理肠道正常菌群，可缓解产前便秘症状。

（2）断奶后仔猪使用，可杀菌抗病、提高免疫、促进生长，防治断奶腹泻和出现弱猪。

（3）亚健康猪群使用，可促进食欲、改善被毛粗乱、生长缓慢等征象，并可减轻体内毒素蓄积、增强体质等作用。

（4）气候多变、环境条件恶劣及遭受应激的猪群使用，可增强抗病力，减少疾病发生。

（三）益生元（各种寡糖）

能够选择性地促进宿主肠道内有益细菌（益生菌）生长繁殖的物质，通过有益菌的繁殖增多，抑制有害细菌生长，从而达到调整肠道菌群，促进机体健康的目的。这类物质最早发现的是双歧因子（能促进双歧杆菌生长的物质），主要是各种寡糖（也称低聚糖）。

但需要注意的是：并不是只有双歧因子才称为益生元，能促进其他有益菌增殖的寡糖也是益生元；同时，能够促进双歧杆菌增殖的寡糖，也不一定都是益生元，如除在促进双歧杆菌增殖的同时，也能促进有害菌增殖，进而让人类发生乳糖不耐症的寡糖，就不是益生元。

1. 益生元和益生菌的区别

（1）两者本质不同：益生元是益生菌的"食物"，是益生菌的"养料"，而益生菌是肠道内有益菌的总称。

（2）两者作用原理不同：益生元的作用原理是为有益菌提供喜欢的食物来供养它们，从而让益生菌有能力应对有害细菌；而益生菌是直接补充进体内的有益菌，是直接向肠道内添加"好细菌"来抑制"坏细菌"。

（3）两者发挥功效的方式不同：益生元不能直接对我们人体起作用，

而是通过刺激有益菌群的生长来间接地发挥功能；而益生菌是外源细菌，是直接补充的，直接对人体发挥保健功效。

2. 评估益生元的效果常采用的指标

（1）对有益菌（如双歧杆菌、乳酸杆菌）的增殖效果。

（2）对有害菌（如梭菌）的抑制和潜在致病菌（如大肠杆菌、肠球菌、拟杆菌等）的非增殖效果。

（3）被肠道菌群代谢后的产酸量和产气量。

3. 认识低聚糖（也称寡糖）

（1）低聚糖为两个或两个以上（一般指 2～10 个）单糖单位以糖苷键相连形成的糖分子。

（2）寡糖与多糖之间并没有严格的界限，常见的低聚糖有乳果糖、蔗糖低聚糖、棉子低聚糖、异麦芽低聚糖、玉米低聚糖和大豆低聚糖等。

（3）这些糖类甜度低、热量低，不被消化系统消化和吸收，只能为肠道有益菌群，如双歧杆菌和乳杆菌利用，促进有益菌的生长繁殖，抑制有害菌的生长。

（4）低聚糖的获得方法有 5 种，即从天然原料中提取、微波固相合成法、酸碱转化法、酶水解法和化学合成法。

4. 低聚糖作用特点

（1）寡糖作为有益菌发酵碳源，一方面促进有益菌增殖，另一方面发酵产生的酸性物质使肠道 pH 值下降，抑制有害菌生长。

（2）寡糖还可竞争性地和病原菌细胞表面的外源凝集素结合，从而阻止病原菌在肠上皮的黏附，"洗脱"有害菌。

（3）寡糖本身有一定免疫原性，能够刺激机体免疫应答。

寡糖分子与肠道内有害微生物、肠内皮细胞上受体结构的相似性，使其能与一些霉素、病毒和真菌结合，而作为这些外源抗原的佐剂，增强动物体的细胞和体液免疫反应，提高猪的免疫力。

（4）肠道有益菌代谢寡糖产生的丁酸，作为肠黏膜代谢的主要能源，能够促进肠上皮细胞发育。

5. 目前已经在饲料中应用的寡糖

包括异麦芽糖低聚糖（IMO）、低聚果糖（FOS）、低聚半乳糖（GOS）、低聚木糖（XOS）、低聚乳果糖（LACT）、大豆低聚糖（SOS）、菊粉等。

甘露寡糖的主要作用是吸附有害菌、毒素，刺激机体免疫系统；低聚葡甘糖和低聚异麦芽糖促进双歧杆菌生长的作用强；异麦芽糖、果寡糖能被双歧杆菌利用，而有害菌很难利用。

二、饲料酸化剂

饲料酸化剂是继抗生素之后，与微生态制剂、酶制剂等并列的一种无残留、无抗药性、无毒害作用的环保型添加剂。

1. 饲料酸化剂作用特点

（1）降低日粮和胃中 pH 值

1）促进胃蛋白酶原转化为胃蛋白酶。

2）与饲料中矿物元素形成螯合物而促进吸收。

3）改善肠道内环境，促进红细胞 C36 受体的合成加快，进而发挥细胞免疫功能。

4）胃内酸度提高也不利于大肠杆菌、沙门氏菌等病原菌的繁殖，减少仔猪腹泻的发生率。

（2）增进营养物质的消化与吸收，提高氮在体内的沉积。在仔猪料中添加 1% 和 2% 的柠檬酸，粗蛋白质消化率分别提高 6.1% 和 1.9%，氮利用率分别提高 2.7% 和 0.21%，干物质消化率分别提高 2.28% 和 0.18%。

（3）调节胃肠道微生物区系和抑制、杀灭有害菌。

（4）改善仔猪日粮的适口性和调节胃排空速度，提高采食量。

（5）有机酸作为三羧酸循环中间产物，直接为动物提供能量。

（6）丙酸和丙酸钙是很好的饲料防霉剂，被广泛用于饲料保藏，山梨酸也是一种很好的饲料防霉剂。

（7）延胡索酸可使预混料中维生素 A、维生素 C 稳定性提高。

2. 目前用作饲料添加剂的酸化剂

成分上有单一型或复合型之分；剂型上有液体型和固体型之分。

常见的无机酸有磷酸、盐酸（因挥发性很少使用）；常见的有机酸有延胡索酸、L-乳酸、柠檬酸、富马酸、甲酸、乙酸、丙酸、丁酸、山梨酸、苹果酸、酒石酸、苯甲酸等。

目前多以有机酸和无机酸配合使用为主（以二氧化硅为赋形剂）；两者结合具有互补协同效应，克服单一酸化剂的不足与缺陷。

三、饲料酶制剂

酶制剂指经过提纯、加工后仍具催化活性的生物制品，有催化效率高、专一性、作用条件温和、降低能耗、减少化学污染等特点。

目前已发现的酶类有 3000 多种，但已实现工业化生产的只有 60 多种，全世界酶制剂市场正以平均 11％的速度逐年增长。

我国目前已实现规模化生产的酶制剂达到 30 种左右，主要包括糖化酶、淀粉酶、纤维素酶、蛋白酶、植酸酶、半纤维素酶、果胶酶、饲用复合酶、啤酒复合酶 9 大类。

生产酶制剂的微生物有丝状真菌、酵母、细菌 3 大类群。

注意：单胃动物应用酶制剂效果明显，草食动物应用酶制剂效果不明显。

（一）酶制剂作用机制

（1）分解植物细胞壁，使细胞内容物充分释放出来，利于吸收。

（2）将饲料中的纤维素分解为双糖和单糖，提高饲料利用率。

（3）水解半纤维素，降低饲料溶解后的食糜黏度，饲料消化好，提高生长速度。

（4）多种水解酶能将蛋白质等大分子转化为小分子，利于吸收。

（5）补充、保持猪体内酶的活性，维持猪对酶的正常需要。

（6）促进动物的食欲，强化对营养物质的吸收功能，加速动物的生长。

（二）目前我国酶类饲料添加剂的分类

1. 以降解多糖和生物大分子物质为主的酶类

包括蛋白酶、脂肪酶、淀粉酶、糖化酶、纤维素酶、木聚糖酶、甘露聚糖酶。主要功能是破坏植物细胞壁，使细胞内容物充分释放出来。

2. 以降解植酸、β-葡聚糖、果胶等抗营养因子为主的酶类

包括植酸酶、β-葡聚糖酶和果胶酶。主要功能是降解细胞壁木聚糖和细胞间质的果胶成分，提高饲料的利用率。

（三）新型饲用酶制剂

1. 蜘蛛酶

（1）概述

蜘蛛酶是由与棒络新妇蜘蛛肠道共生的变形斑沙雷菌产生的一种碱性金属蛋白酶，其发酵液经 10 千道尔顿膜过滤，浓缩 3～10 倍，然后经阴离子交换层析获得纯品，相对分子质量为 51.5 千道。

蜘蛛酶对胃蛋白酶、胰蛋白酶、凝乳蛋白酶有较强的耐受性，能够耐受 pH 值 8.0 以上；在 10℃～45℃能保持相对稳定的酶活性；在不同浓度 NaCl 中的活性因底物的不同而异，一般随着 NaCl 浓度的增加酶活性降低。

蜘蛛酶作为一种金属蛋白酶，其以 Zn^{2+} 和氨基酸残基为活性中心，能与饲料中的金属离子具有高度协同作用，饲料中的大部分金属离子（如铜离子、钙离子、亚铁离子等）是其激活剂。蜘蛛酶被韩国劲韩昆虫生物公司开发成新型饲用酶制剂。

（2）蜘蛛酶的作用

1）强大的蛋白分解能力

蜘蛛酶对底物有着广泛的专一性：它能够水解高达 19 种氨基酸羧基端形成的肽键；体外酶解试验中，其对酪蛋白酶解率达到 63%，对鸡蛋清蛋白的酶解率达 100%，对角蛋白、胶原质、弹性蛋白的酶解率均大于 40%。

蜘蛛酶对植物性蛋白和动物性蛋白均有很好的水解效果：在动物饲料营养设计上，由于蛋白质原料的价格越来越高，特别是鱼粉、豆粕价格的日益高涨，蛋白酶的运用能够减少高价位蛋白原料的比例，增加消化吸收性能不佳的杂粕的使用量。

2）具有一定的抗菌活性

蜘蛛酶能够抑制金黄色葡萄球菌、大肠杆菌、分枝杆菌、无乳链球菌、白色念珠菌，抑制效果显著高于金霉素与链霉素，主要用于预防母猪产后三联征和缓解多种呼吸道疾病及腹泻。

3）具有一定的消炎能力

蜘蛛酶能够有效抑制前列腺素：在炎症反应过程中，前列腺素可以通过加强引起血管通透性的介质（如组胺和缓激肽）的活动而引发水肿。

蜘蛛酶能够减弱和分解缓激肽：缓激肽是一种炎症介质，属于内源性血管扩张肽，导致血管通透性的增加及水肿。

蜘蛛酶能够降低纤维蛋白结块：组织的损伤引起白细胞聚集，第一凝血因子激活了凝血素向凝血酶转化及纤维蛋白原向纤维蛋白转化，最终形成纤维蛋白凝块，其在很大程度上引起了炎症。

通过以上三个环节的各个击破，蜘蛛酶才得以对支气管炎、肺炎等炎症有显著的消炎效果。

（3）蜘蛛酶在猪饲料中的应用

1）仔猪生理功能发育不完善，内源蛋白酶产生少，加上断奶应激引起自身消化酶迅速减少，使仔猪不能充分消化吸收饲料，未被充分消化的饲料则使大肠杆菌等大量增殖而导致腹泻。蜘蛛酶可提高饲料的消化利用率，降低营养性腹泻的发生。

徐勇本等将蜘蛛酶用于 20 日龄的断奶仔猪，相比对照组，全期平均每头仔猪多增重 53.55 克/天，全期料肉比降低了 13.84%。

文玉兰等发现蜘蛛酶可明显提高粗蛋白等营养物质的消化利用率，试验组仔猪毛顺有光泽、活泼好动、两眼有神、腹围饱满而不胀、肌肉丰满、体况良好。

王洪伟等将蜘蛛酶添加到妊娠或哺乳期间的母猪饲料中，当添加量为 100 克/吨时，仔猪的出生重、断奶重和日增重显著增加，而仔猪的腹泻率和母猪粪便异常率却显著降低。

2）豆粕中存在天然的抗营养因子，如胰蛋白酶抑制剂和植物凝集素等影响猪的消化利用。蜘蛛酶可增加饲料利用率，最大限度地发挥饲料的营养价值，提高瘦肉率和胴体品质。

张涛等在育肥猪料中添加蜘蛛酶，发现明显提高生长性能。

由于蜘蛛酶提高了蛋白质等营养物质的消化利用率，因此猪粪便中排出来的氨氮含量明显减少，减轻了对猪呼吸道的刺激，减少了粪便对周围水环境的污染。

2. 葡萄糖氧化酶（GOD）

（1）概述：葡萄糖氧化酶是一种需氧脱氢酶，能专一地氧化 β-D-葡萄糖成为葡萄糖酸内酯。1928 年由美国遗传学家米勒首先从黑曲霉的无细胞提取液中发现，高等植物和动物体内没有发现存在葡萄糖氧化酶。

（2）作用机制：葡萄糖氧化酶能氧化葡萄糖生成 D-葡萄糖酸内酯，同时，消耗氧生成过氧化氢。过氧化氢酶能够将过氧化氢分解生成水和氧，而后水又与葡萄糖酸内酯结合产生葡萄糖酸。①葡萄糖酸能降低胃肠道内 pH 值有利于抑制病原菌，同时也为益生菌创造有利生长环境；②通过氧化反应消耗胃肠道内氧含量，营造厌氧环境，也有利于抑制病原菌并且促进厌氧益生菌增殖；③反应还产生过氧化氢，其氧化能力可以广谱杀菌，使肠道内微生物数量有所下降，从而使得有益菌形成微生态竞争优势；④作用机制不同于抗生素，不会产生抗药性或药物残留，是绿色生态养殖的发展方向。

（3）在养猪生产上的应用：①对猪生长性能的影响：葡萄糖酸使猪消化道内的 pH 值降低，激活胃蛋白酶原，产生胃蛋白酶，促进猪肠道的消化吸收，提高饲料消化率和吸收效率，促进动物生长。②对仔猪免疫功能的影响：葡糖氧化酶通过调节肠道内微生态平衡，增强了仔猪非特异性免疫防御机能；过氧化氢清除自由基，保护肠道上皮细胞的完整性；消化道酸性环境可激活免疫活性细胞，增强机体抵抗力等。

四、中药提取物饲料添加剂

（一）概述

目前，欧洲和日本在植物提取物的研发上走在前列，开发了牛至油等多种植物提取物，在替代抗生素方面取得了很好效果。我国近年来也批准了一些植物提取物饲料添加剂，其中糖萜素、苜草素等在实际应用中都取得了理想的效果。

1. 植物（草药）提取物的种类

（1）按照性状不同，分为植物精油、浸膏、粉、晶状体等。

（2）按照提取植物的成分不同，分为生物碱、苷、酸、多酚、多糖、萜类、黄酮等。

2. 植物（草药）饲料添加剂的功能

促进食欲、抑菌杀菌、增强免疫、改善繁殖性能和肉的品质等。

3. 植物（草药）饲料添加剂的有效成分

（1）生物碱：是一类复杂的含氮有机化合物。如用于治疗哮喘的麻黄碱、解痉镇痛的莨菪碱等。

（2）苷类：由糖和非糖物质结合而成；不同类型的苷元有不同的生理活性，具有多方面的功能。如洋地黄含强心苷，人参含补气、生津、安神的人参皂苷。

（3）挥发油：又称植物精油，具有香气和挥发性的油状液体，功能有止咳、平喘、发汗、解表、祛痰、祛风、镇痛、抗菌等。药用植物中挥发油含量较为丰富的有侧柏、厚朴、辛夷、樟树、肉桂、吴茱萸、白芷、川芎、当归、薄荷等。

（4）单宁：多元酚类的混合物，存在于杨柳科、壳斗科、蓼科、蔷薇科、豆科、桃金娘科和茜草科等植物中。如五倍子含有五倍子鞣质，具有收敛、止泻、止汗作用。

（5）植物提取物其他成分：如糖类、氨基酸、蛋白质、酶、有机酸、油脂、蜡、树脂、色素、无机物等。

4. 适用于增重催肥的中草药（引自李勤建）

（1）中草药自身含有大量的蛋白质、氨基酸、矿物质、微量元素以及未知促生长因子，能促进机体新陈代谢、消化吸收、生长发育和增重催肥；同时还具有清热解毒、活血化瘀、健脾燥湿、利水通淋、抑菌、镇静、降压等功效。

（2）目前已广泛应用于增香除臭、提高食欲，促进生长、提高饲料效益，营养保健、防治疾病、促进畜禽繁殖的药物：

1）增强基础代谢：人参、麻黄、茶叶、蜈蚣、牛蒡子等。

2）降低基础代谢：昆布（海带）、海藻。

3）调节脂肪代谢：人参、灵芝、山楂、何首乌、大黄、大蒜、海带、金樱子、女贞子等。

4）促进蛋白质合成：人参、灵芝、刺五加、银耳、三七、黄芪、白术等。

5）刺激消化液分泌：山楂、陈皮、鸡内金、龙胆草、麦芽、厚朴、五味子等。

6）兴奋胃肠平滑肌：厚朴、胡椒、生姜、枳实、枳壳、乌药、公丁香等。

7）抑制胃肠平滑肌：洋金花、香附子、白芍、肉豆蔻、青皮、钩藤等。

8）促进胆汁分泌：马齿苋、玉米须、玄参、姜黄、陈皮、薄荷、金钱草等。

9）促进唾液分泌：五味子、乌梅、射干、青果、玄参、石斛、生地黄、罗汉果、知母、莲蓬等。

10）壮骨促长并补充锌锰：山药、杜仲、陈皮、当归、甘草、茯苓、黄芪、龟板、熟地黄等。

11）安神镇静：远志、酸枣仁、灵芝、合欢皮、龙骨、柏子仁、天竺黄等。

12）刺激造血系统：鸡血藤、当归、白术、黄芪、党参、大枣、熟地黄等。

（二）中药提取物添加剂代表药物

1. 牛至油

牛至是唇形科牛至属植物牛至的全草，又名止痢草、野荆芥、皮萨草等，具有清热、化湿、祛暑、解表、理气等作用。从牛至中提取的挥发油，呈黄红色，有辛辣芳香气味，为酚类化合物，其中香芹酚占 80％，百里香素占 8.7％；麝香草酚占 2.5％，萜品烯占 2.1％。具有抗氧化，抗细菌、真菌、球虫，抗炎抗癌等作用。

（1）主要功效

1）杀菌，对病毒、真菌和球虫等也有一定的杀灭作用。香芹酚、百里酚和麝香草酚具有非常强的表面活性，能迅速穿透病原微生物细胞膜，造成微生物水分失衡而死亡；为肠溶剂，见效快，对 31 种致肠炎细菌和福氏痢疾杆菌有效。

2）保护肠绒毛，促进消化吸收。香芹酚和百里酚在肠道上皮细胞的外层有活性，能加速肠道上皮细胞更新率，减少病原体对肠上皮的损害，增强消化吸收。

3）抗氧化。所含迷迭香酸抗氧化能力是苹果的 42 倍，能对抗体内自由基，减少老化及预防退化性疾病，另外还能用于保存食物并减少脂肪酸的氧化，达到延长保质期的效果。

4）减充血和抗过敏。牛至油含有天然的抗组胺剂和减充血剂，减轻鼻子充血和过敏的症状，如眼睛痒、鼻涕、打喷嚏和鼻塞。

5）可用于制作香水、医药、香味剂等。

（2）临床应用

1）牛至油预混剂与饲料添加剂如酶类、有机酸类、氨基酸螯合物等，与常见抗生素类等都有协同效应（不适合与酵母类合用）。

2）针对仔猪黄白痢，用 10％牛至油 12 小时后，86.9％腹泻停止；而硫酸新霉素在给药 24 小时后，只有 45.9％的仔猪停止腹泻。

2. 牛磺酸

牛磺酸又称 β-氨基乙磺酸、牛胆酸、牛胆素等，1827 年在公牛胆汁中发现，直到 1975 年知道其缺乏会导致猫失明才引起重视。

牛磺酸是一种含硫的非蛋白氨基酸，是蛋氨酸和半胱氨酸的代谢产物，广泛分布于动物组织细胞内，海生动物含量最丰富，哺乳类神经、肌肉和腺体内含量高，人体含牛磺酸总量为 12～18 克。

白色结晶粉末，易溶于水，是体内含量最丰富的自由氨基酸，以游离状态存在，没有遗传密码子，不参与蛋白质和酶类的合成。功能饮料主要含牛磺酸，不提供任何能量，只增强心肌收缩。

（1）主要功效

具有维持机体渗透压平衡、维持正常视觉功能、调节细胞钙平衡、降血糖、调节神经传导、参与内分泌活动、调节脂类消化与吸收、增加心脏收缩能力、提高机体免疫能力、增强细胞膜抗氧化能力、保护心肌细胞等广泛生物学效应。

1) 是肝合成胆汁酸的成分：能够乳化脂肪，加快胆固醇分解排泄。

2) 抗氧化：通过减弱或清除活性氧簇（ROS）活动，预防细胞氧化损伤；减少线粒体超氧化物产生；降低自由基活性等3个途径抗氧化。

3) 调节细胞钙稳态：细胞内 Ca^{2+} 超载可致细胞死亡，牛磺酸通过调节 Na^+/Ca^{2+} 交换器抑制钙内流，保护心肌细胞，增强收缩。

4) 提高机体免疫力：能保护细胞膜，调节渗透压，防止粒细胞、淋巴细胞胀破；能减少 IL-2 活化的内皮细胞毒素，而不降低其抗肿瘤效应；能促进 IL-1 的正向调节，促进干扰素生成。

5) 保护视网膜：缺乏牛磺酸导致视网膜光感受器结构破坏。

6) 与胰岛素受体结合：加速葡萄糖降解，降低血糖浓度。

（2）临床应用

1) 给妊娠母猪添加 0.5% 的牛磺酸，并没有显著提高产仔数、初生重、成活率，但断奶后添加可提高生长速度和饲料转化率。

2) 牛磺酸在对抗仔猪断奶应激中也有一定作用。

3. 大蒜素

（1）大蒜主要成分

1) 挥发成分：如甲基烯丙基硫醚、二烯丙基硫醚等硫醚类。

2) 酯类：如烯丙基硫代亚磺酸-1-丙烯酯，烯丙基硫代亚磺酯丙酯（又名大蒜素，淡黄色粉末，味浓，对碱不稳定而对酸稳定）。

3) 苷类：有硫苷，如葫蒜素；有黄酮苷，如槲皮素。

4) 氨基酸类：如蒜氨酸、甲硫氨酸等。

新鲜大蒜中并不含大蒜素，但切片或破碎后蒜酶活化，催化蒜氨酸形成大蒜素，进一步分解后形成具有强烈臭味的硫化物。

（2）作用机制

1) 杀灭细菌、真菌、原虫和抗病毒。大蒜素分子中的氧原子，使细菌生长繁殖所必需的半胱氨酸分子中的疏基氧化，而使蛋白质灭活。

2) 诱食增食。刺激食欲，并促进胃液分泌和肠蠕动，促进消化和生长。

3) 解毒保健。可显著降低汞、氰化物、亚硝酸盐等有害物的毒性，动物摄取后，皮毛光亮，体质健壮，增强抗病力，提高成活率。

4）防霉驱虫。有效地杀灭各种霉菌，防霉作用显著；抑制蝇蛆的生长，减少养殖场的蚊蝇危害；延长饲料保质期，改善饲养环境。

5）改善肉品质。动物摄取后，肉中原有腥臭味降低，其味道变得更加鲜美。

6）降低胆固醇。降低 7a -胆固醇羟化酶的活性，使血清、蛋黄和肝中的胆固醇含量下降。

（3）临床应用

1）添加 0.1％的大蒜素制剂可促进食欲，提高日增重。

2）杀菌、防病，全程可提高 5％～15％的成活率。

4. 月桂酸甘油酯

月桂酸甘油酯又名十二酸单甘油酯（GML），是一种亲酯性非离子型表面活性剂，天然存在于母乳、椰子油和美洲蒲葵中，是一种食品乳化剂，又是一种广谱的抑菌剂，具有乳化和防腐双重功能。美国食品与药品管理局（FDA）于 1977 年批准为食品乳化剂，我国 2005 年批准应用于食品。

2009 年 3 月 5 日，英国《自然》杂志发表了美国明尼苏达大学一个研究小组，以雌猴为对象的阴道凝胶给药试验，证明了月桂酸甘油酯能有效防止雌性恒河猕猴感染猴免疫缺陷病毒（即猴的艾滋病）。

艾滋病是一种病毒、有囊膜、是不治之症，非洲猪瘟也是一种病毒、有囊膜、也是不治之症，于是，有人便自然而然的为两者画上了等号，曾一度将月桂酸甘油酯炒作为千金难求的抗非洲猪瘟神药。炒作的人认为月桂酸甘油酯可以插入病毒囊膜，使病毒膜蛋白外泄，不能发生构象反应而失去与宿主细胞膜融合的机会。

（1）月桂酸甘油酯实质是中链脂肪酸

中链脂肪酸是指碳链上碳原子数为 6～12 的饱和脂肪酸，室温下液体、黏度小；主要是辛酸（C8）和癸酸（C10）；多见于初乳、牛奶及其制品、椰子油中的月桂酸（C12 酸）、棕榈仁油等。

中链脂肪酸对胆盐和胰酶依赖性小，不参与组成乳糜微粒，可经门静脉直接转运肝脏，不依赖肉碱直接进入线粒体进行 β-氧化，氧化完全，不在脂肪组织和肝组织蓄积，不抑制网状内皮系统，有较高的生酮性。

中链脂肪酸是优质脂肪酸，月桂酸甘油酯也有一定的抑制细菌营养体、细菌芽孢萌发、细菌毒力因子的形成作用，也许月桂酸甘油酯真的对母猴艾滋病有一定的抗病毒作用，但要说它真的能插入非瘟病毒囊膜、具有明确的抗非瘟病毒作用，就有些夸大其词。

（2）月桂酸甘油酯的应用

①广谱杀菌，抑制艾滋病毒、细胞巨化病毒、疱疹病毒等病原微生物，抗菌效果不受 pH 影响；②抑制肠道等黏膜表层的上皮细胞出现炎症，维护其完整性，阻止病原微生物侵入；③改善面包糕点等米面制品的品质，并对肉制品、乳制品、果蔬产品防腐保鲜，显著延长保质期。

五、其他用于促生长和改良体形的饲料添加剂

（一）甜菜碱

甜菜碱又称三甲铵乙内酯、三甲基甘氨酸，属季铵类生物碱，白色结晶，极易溶于水，耐高温，具有强烈的吸湿性，需加抗结块剂处理，但盐酸盐不易潮解。

1. 甜菜碱分子结构特点

（1）电荷在分子内的分布呈中性。而作用相似的氯化胆碱，由于吸水性大，酸性强，会破坏维生素和降低肉的品质。

（2）含有三个活性甲基。

2. 甜菜碱的作用机制

动物体不能自身合成甲基，必须从饲料中获得，甜菜碱、胆碱和蛋氨酸是体内三大甲基供体，但蛋氨酸和胆碱都必须先进行活化，才能作为甲基供体。

（1）胆碱：需要进入细胞线粒体，发生二次氧化反应后，将其转化为甜菜碱，才有供甲基能力。

（2）甜菜碱通过两个途径节约蛋氨酸：一是作为甲基供体，替代蛋氨酸的供甲基作用；二是通过甲基化反应合成内源性蛋氨酸。

（3）甜菜碱通过甜菜碱-高半胱氨酸甲基转移反应供应甲基，其中一个甲基先使高半胱氨酸甲基化，形成内源蛋氨酸和二甲基甘氨酸。

1）内源蛋氨酸：通过形成 S-腺苷蛋氨酸释放甲基。

2）二甲基甘氨酸：通过释放甲基形成 5-甲基四氢叶酸，而 5-甲基四氢叶酸又是高半胱氨酸合成蛋氨酸的甲基供体。

3. 临床应用

（1）体内最主要甲基供体：甲基参与合成蛋白质、肉碱、肌酸、磷脂、肾上腺素、RNA 和 DNA 等，间接参与体内的许多生理代谢过程。

（2）抑制脂肪沉积，提高产肉量及肉的品质：甜菜碱能提供甲基给甲

基氨基乙醇而生成胆碱，胆碱促进脂肪酸氧化和磷脂的生成，其中合成的磷脂减低了肝脏中的脂肪酶的活性，促进肝脏中载脂蛋白的合成。极低密度脂蛋白是运载内源性甘油三酯的主要载体蛋白，可促进肝中脂肪的迁徙，从而降低肝中甘油三酯的含量。

（3）促进蛋白质沉积，改良体形：甜菜碱通过增强机体的甲基代谢，加速 RNA 的加工和修饰过程，而使动物肝脏和肌肉中粗蛋白含量、RNA/DNA 比率显著升高，而血清尿酸含量明显下降。这说明甜菜碱具有促进体内蛋白质合成，降低蛋白质的分解，使组织中蛋白质沉积增加。

（4）调节渗透压，增强抵抗力：仔猪腹泻常会导致动物脱水和肠道离子及渗透压的失调，这时机体对甲基的需要量增加。甜菜碱提供甲基作为细胞渗透保护剂，能维持动物细胞正常的渗透压，防止细胞中水分流失导致的脱水，稳定肠道离子平衡。

（5）有抗应激和促生长激素（GH）分泌等双重促生长作用：甜菜碱有明显的镇静作用、增强巴比妥的催眠作用和抗伤害性刺激及解热作用；能显著提高育肥猪血清中生长激素水平。甜菜碱通过激活下丘脑 NMDA（N-甲基-天冬氨酸）受体，促进了下丘脑激素的释放，下丘脑产生的生长激素释放因子（GRF）促进了垂体生成和释放生长激素。生长激素经血液循环到达组织后，通过胰岛素样生长因子 IGF-1 的介导作用而促进细胞有丝分裂和生长分化等。

（6）稳定饲料中的维生素：甜菜碱的保湿性，能防止脂溶性维生素 A、维生素 D、维生素 E、维生素 K 的氧化。

（二）半胱胺（CS）

半胱胺又称 β-2 巯基乙胺、氨基乙硫醇，分子中有巯基，白色晶体，易溶于水，呈碱性。在空气中易氧化成二硫化物而破坏，通常制成盐酸盐；其盐酸盐是很多金属的络合剂，遇到铁呈现绿色。半胱胺相当于半胱氨酸［是体内唯一具有活性巯基（-SH）的氨基酸］的脱羧基产物，是辅酶 A 的组成成分。半胱胺盐酸盐是西咪替丁、雷尼替丁的中间体，也可作对乙酰氨基酚中毒的解毒剂。

1. 作用机制

（1）生长激素受来自神经系统和胃肠道系统的生长抑素（SS）的抑制作用，半胱胺的活性巯基能化学修饰生长抑素的二硫键，而对生长抑素产生耗竭作用，从而间接地影响生长激素的水平。

（2）具有多巴胺-β-羟化酶抑制作用，从而抑制多巴胺向去甲肾上腺激素的转化，导致体内多巴胺含量升高，而多巴胺强烈促进下丘脑合成和分泌生长激素，进而促进动物生长。

（3）是乙酰辅酶 A 的组成成分，乙酰辅酶 A 是体内能源物质代谢的枢纽性物质。

（4）代谢产物谷胱甘肽是体内一种重要的抗氧化剂，是体内必需营养素和细胞保护剂，它具有促进动物生长，维护免疫系统和生殖系统的正常功能，从而对动物的生长代谢进行调控。

2. 临床应用

（1）促进生产性能，提高饲料转化率：使生长抑素耗竭。

（2）改善胴体品质：使营养用于生长而不用于沉积脂肪。

（3）调节免疫功能：通过 GH（生长激素）和 IGF－1（胰岛素样生长因子）轴和抗氧化实现免疫调节。

（4）提高繁殖性能：影响营养分配并刺激肝脏产生 IGF－2。

3. 不良反应

高剂量的半胱胺会使动物消化道出现溃疡，而低剂量时具有保护消化道黏膜的作用。

（三）吡啶甲酸铬

吡啶甲酸铬又称吡啶羧酸铬、甲基吡啶铬，紫红色结晶性细小粉末，常温下稳定，微溶于水，其中的铬为三价铬。

1797 年法国化学家沃奎林首次发现过渡金属元素铬（Cr），自然界的铬以 Cr、Cr^{2+}、Cr^{3+}、Cr^{6+} 最常见，体内的铬几乎全是 Cr^{3+}，1989 年铬被定为人体必需的微量元素。

吡啶甲酸是人和哺乳动物肝脏、肾脏内产生的氨基酸代谢产物，并大量存在于牛奶等食物中。

有机铬的效果比无机铬好，常见的有机铬有吡啶甲酸铬、烟酸铬、富铬酵母等。2005 年美国批准了吡啶甲酸铬的工业化生产。

1. 作用机制

（1）铬是葡萄糖耐受因子（GTF）组成成分，促进糖原合成；可顺利通过细胞膜，能增强胰岛素活性，改善糖代谢，降低血糖。

（2）参与蛋白质合成和核酸、脂肪代谢，降低体脂肪含量。

（3）铬增强免疫，增强机体对不良状况与应激的抵抗力。

2. 临床应用

（1）用作饲料添加剂

1) 增加畜禽肉、蛋、奶、仔的产出率和幼仔成活率。

2) 促进畜禽降糖抑脂、快速生长，提高饲料回报率。

3) 调节内分泌，增强畜禽繁殖性能。

4) 改善畜禽胴体品质，提高瘦肉率。

5) 降低畜禽应激，增强畜禽抗应激能力。

6) 增进畜禽免疫功能，降低畜禽养殖风险。

（2）作为医药及保健品功能因子

1) 降糖抑脂，对各种糖尿病均有效。

2) 常用于减肥和增加肌肉块。

3. 不良反应

长期摄入铬≥1000 微克/天时易中毒，表现食欲差、皮疹、长水疱、出现瘀伤、便血等；或出现黑尿、黄疸、腹痛等过敏症状。

（四）二氢吡啶

二氢吡啶又称多特定、畜禽旺、地罗定等，淡黄色针状结晶，遇光色渐变深，易氧化，微溶于水。最初由苏联合成，20 世纪 30 年代用于动植物油的抗氧化剂，70 年代发现其具有促生长作用，是农业部首个批准的兽药类促生长添加剂，现列入农业部《兽药质量标准》2003 年版中。

1. 作用机制

（1）抗氧化：①具有天然抗氧化剂维生素 E 的部分功能，能抑制体内生物膜的氧化，提高生物膜中 6-磷酸葡萄糖酶的活性，稳定组织细胞；②可抑制脂类化合物的过氧化过程，形成肝保护层；③具有保护饲料中油脂及维生素 A、胡萝卜素不被氧化。

（2）调节分泌，促进生长和提高繁殖性能：①提高血清甲状腺激素（T3）水平，促进器官、组织分化；②升高血清促卵泡激素（FSH）和促黄体激素（LH）含量，间接促进卵泡的生长和发育，提高母畜繁殖性能及泌乳能力；③提高下丘脑、腺垂体中 cAMP 的含量，促进体内多种蛋白质的合成，从而促进畜禽的生长发育。

（3）增强免疫功能：提高血清中 T、B-淋巴细胞数量，增加胸腺和腔上囊的质量。

（4）提高饲料利用率：①二氢吡啶和铁、锌制剂合用，促进矿物质的吸收利用；②增强小肠的肌电活动，减缓小肠食糜后移，利于吸收。

2. 临床应用

（1）促进生长性能，改善产品品质（提高肉的保水性能）。

（2）降低脂肪合成及 FAS（脂肪酸合成酶系）活力，提高瘦肉率。

（3）提高畜禽繁殖率、免疫力、抗应激力，提高成活率。

3. 二氢吡啶类钙拮抗剂（CCB，硝苯地平）

用于心血管病、脂肪肝、中毒性肝炎，抗衰老、防早熟。

（五）肌醇

肌醇又称肌糖、环己六醇、纤维醇、脂联素、心钠素、脑钠素、凝聚素、催乳素、兔睾酮、抵抗素等。属 B 族维生素的一种，有部分维生素 B_1 的功能；肌醇和胆碱都是亲脂肪性维生素，二者结合形成卵磷脂。

在自然界中肌醇以游离或结合形式存在于一切生物组织中，可由消化道微生物合成，在体内参与糖类和脂类代谢。动物体内主要以磷脂酰肌醇（细胞膜组成成分）形式存在，脑髓、心肌和骨骼肌中含量最为丰富；植物中主要以磷酸肌醇形式存在，并能与钙、锌、铁等结合成难溶化合物，干扰其消化吸收。工业上从米糠或麸皮中提取的肌醇六磷酸可作食品抗氧化剂、稳定剂及保鲜剂和制药中间体，合成烟酸肌醇、脉通等。

1. 作用机制

与细胞内的钙代谢有关，其三磷酸衍生物可在细胞受到刺激后，从脂质结合物中释放，起第二信使作用，能动员细胞内的钙离子，调控许多细胞活动，如分泌、代谢、光传导及细胞分裂等。

2. 临床应用

（1）促进脂类代谢和肌肉增长，改良体形：①与复合维生素 B 合用，可阻止过量脂肪在肝脏沉积，促进肝内脂肪代谢，降低血脂、消除肝细胞脂肪浸润。猪缺乏肌醇出现生长停滞，脱毛，体内生理活动失衡；②磷脂酰肌醇能降低钙蛋白酶自溶所需的 Ca^{2+} 浓度，从而提高肌肉的嫩度；并且其表达量的增加可导致更多的成肌细胞增殖和形成更多的肌纤维。

（2）提高免疫力：可增加凝集素（存在于吞噬细胞、血浆或黏膜表面，能特异性识别细菌、真菌和病毒表面物质，提高吞噬作用）效价、溶菌酶含量，提高补体 C_3、C_1 水平（与吞噬作用相关）和酸性磷酸酶（清除表面带磷酸酯的异物，是巨噬细胞溶酶体的标志酶）活力。

第五节 抗病毒类药物的合理使用及中毒解救

一、概述

(一) 病毒与疾病

据不完全统计,约 60% 的流行性传染病是由病毒感染引起。迄今全世界已发现的病毒有 3600 多种,而且新的病毒还在不断被发现。其中使人类致病的病毒有 1200 多种,分为 29 个科,7 个亚科,53 个属。

(二) 抗菌药为什么对病毒无效

细菌有完整的细胞结构,可独立完成代谢活动,能在人工培养基上生长,并以二分裂法进行繁殖。病毒结构简单,没有独立的酶系统,不能独立进行代谢活动,只能寄生在宿主活细胞内,依赖细胞供给其合成所需的养分和能量,进行简单的"复制"。抗菌药是通过干扰和破坏细菌的结构或新陈代谢过程抑制和杀灭细菌。而病毒是寄生在活细胞内生存的,不具备独立的代谢功能,因此抗菌药对病毒感染无效。

(三) 为什么说病毒感染没有"特效药物"治疗

病毒必须在活体细胞内存活,我们无法制造一种既可以穿入细胞杀死病毒,而又不伤害细胞的药物。一种药物不可能只灭活病毒核酸,而不损害宿主细胞的核酸。再者病毒种类繁多,共性少,很难找到广谱的抗病毒药物。

(四) 我们说的抗病毒药物是怎么回事

抗病毒药只是病毒抑制剂,不能直接杀灭病毒和破坏病毒体。抗病毒药的作用主要体现在以下 4 个方面:①抑制病毒的复制;②使宿主免疫系统抵御病毒侵袭;③修复被病毒破坏的组织;④缓和病情,使之不出现典型的临床症状。

(五) 病毒的分类

1995 年国际病毒分类委员会把病毒分为 DNA 病毒、RNA 病毒、DNA 或 RNA 反转录病毒三大类。

(六) 病毒的复制过程

病毒识别并吸附到宿主细胞的表面—通过宿主细胞膜穿入易感细胞—

脱壳—合成早期的调控蛋白及核酸多聚酶—病毒基因组（DNA 或 RNA）复制—合成后期的结构蛋白—子代病毒的组装—易感细胞释放子代病毒。大部分抗病毒药物是作用于病毒复制过程中的一个或几个环节，而阻断病毒的复制过程。

（七）临床常用抗病毒药物的分类

1. 按病毒种类分类

分为广谱抗病毒药、抗 RNA 病毒药和抗 DNA 病毒药。

2. 按病毒所致疾病分类

分为抗疱疹病毒药、抗艾滋病毒药、抗流感病毒药、抗肝炎病毒药。

3. 按作用机制或靶点分类

（1）阻止吸附穿透药，如球蛋白等抗体类抗病毒药。

（2）干扰脱壳药，如金刚烷胺。

（3）抑制核酸合成药，如嘌呤或嘧啶核苷类似药、反转录酶抑制药等。

（4）抑制蛋白质合成药，如干扰素等。

（5）干扰蛋白质合成后修饰药，如蛋白酶抑制药等。

（6）干扰组装药，如干扰素、金刚烷胺等。

（7）抑制病毒释放药，如神经酰胺酶抑制药。

4. 按药物来源和化学结构与性质分类

生物制品类抗病毒药物，西药类抗病毒药物，中药类抗病毒药物，免疫增强类的药物。

二、生物制品类

1919 年中华民国成立的中央防疫处，是我国第一所生物制品研究所。

（一）生物制品的分类

1. 根据生物制品的用途分类

根据生物制品的用途可分为：预防用生物制品、诊断用生物制品和治疗用生物制品三大类。

（1）预防用生物制品包括疫苗、类毒素和 γ-球蛋白。

（2）诊断用生物制品包括诊断血清、诊断抗原两类。

（3）治疗用生物制品包括各种血液制剂和免疫制剂。

1）常见血液制剂，如胎盘血白蛋白、免疫球蛋白等。

2）常见免疫制剂，如干扰素、免疫血清等。

2. 根据生物制品的性质分类

根据生物制品的性质可分为：菌苗、疫苗、类毒素、免疫血清和免疫球蛋白、诊断用品五大类。

（1）菌苗：是用细菌或螺旋体、多糖体制成的。分为死菌苗（如链球菌灭活苗）、活菌苗（如大肠杆菌三价苗）和纯化菌苗（如流脑多糖体菌苗）三种。

（2）疫苗：是用病毒或立克次体灭活或减毒培养而制成的。分为死疫苗（如细小病毒灭活疫苗）和活疫苗（如伪狂犬基因缺失苗、乙脑疫苗）两种。

（3）类毒素：是用细菌的外毒素经脱毒处理后，变为无毒性而仍保留其免疫原性的一类制品。常用的有破伤风类毒素、白喉类毒素等。

（4）免疫血清和免疫球蛋白：常用的免疫血清有猪瘟血清、口蹄疫血清等；常用的免疫球蛋白有人血或胎盘血丙种球蛋白、乙肝免疫球蛋白、抗狂犬病免疫球蛋白等。

（5）诊断用品：常用的有结核菌素、锡克试验液等。

兽医临床常用的抗病毒治疗用生物制品有细胞因子类、抗体类（球蛋白、高免血清）、疫苗类等。

（二）细胞因子类

1. 什么是细胞因子（CK）

由免疫细胞（单核细胞、巨噬细胞、T细胞、B细胞、NK细胞等）和某些非免疫细胞（内皮细胞、表皮细胞、成纤维细胞等）经刺激而合成、分泌的一类具有广泛生物学活性的小分子多肽或糖蛋白。

2. 细胞因子的作用方式

（1）自分泌：某细胞产生的细胞因子作用的靶细胞就是该细胞的本身，如T细胞产生的IL-2（白介素-2）刺激T细胞本身生长。

（2）旁分泌：细胞因子的产生细胞和靶细胞非同一细胞，但是二者邻近，如T细胞产生的IL-2支持B细胞的增殖和分化。

（3）内分泌：某些细胞因子如TGF-β（转化生长因子-β）、TNF（肿瘤坏死因子）等，通过血液循环对远距离的细胞发挥作用。

3. 细胞因子的分类

（1）根据产生细胞因子的细胞种类不同分类

1）淋巴因子：由淋巴细胞产生，包括T淋巴细胞、B淋巴细胞和

NK细胞等。重要的淋巴因子有IL-2（白介素-2）、IL-3、IL-4、IL-5、IL-6、IL-9、IL-10、IL-12、IL-13、IL-14、IFN-γ（γ-干扰素）、TNF-β（β-肿瘤坏死因子）、GM-CSF（粒细胞、巨噬细胞集落刺激因子）和神经白细胞素等。

2）单核因子：由单核或巨噬细胞产生，如IL-1、IL-6、IL-8、TNF-α（α-干扰素）、G-CSF（粒细胞集落刺激因子）和M-CSF（巨噬细胞集落刺激因子）等。

3）非淋巴细胞、非单核-巨噬细胞产生的细胞因子：由骨髓和胸腺中的基质细胞、血管内皮细胞、成纤维细胞等细胞产生，如EPO（促红细胞生成素）、IL-7、IL-11、SCF（干细胞因子，造血生长因子）、内皮细胞源性IL-8和IFN-β（β-干扰素）等。

（2）根据细胞因子主要的功能不同分类

干扰素（IFN）、白介素（IL）、集落刺激因子（CSF）、转移因子（TF）、趋化因子（CF）、生长因子（GF）、肿瘤坏死因子（TNF）等。

4. 兽医临床常用细胞因子详解

（1）干扰素（INF）

干扰素是一组具有多种功能的活性糖蛋白，由单核细胞和淋巴细胞产生的细胞因子，具有广谱抗病毒，影响细胞生长，以及分化、调节免疫功能等生物活性。

1）干扰素的分类

根据干扰素蛋白质的氨基酸结构、抗原性和细胞来源，可将其分为IFN-α、IFN-β、IFN-γ 3种。现在公认IFN-β和IFN-γ只有一个亚型，而IFN-α有20余个亚型。IFN-α：白细胞型，由单核吞噬细胞产生；IFN-β：成纤维细胞型，由成纤维细胞产生；IFN-γ：淋巴细胞型，由活化的Th1细胞（辅助T细胞-1）、CD8（T杀份细胞）+CTL（细胞毒T细胞）和NK细胞（自然杀份细胞）产生。

2）干扰素的作用

①广谱抗病毒：不直接杀灭病毒，不阻碍病毒吸附，而是诱发邻近细胞产生抗病毒蛋白（VAP）。主要包括2/-5/A合成酶和蛋白激酶，前者降解病毒mRNA，后者抑制病毒多肽链的合成。

②抗肿瘤作用：抑制正常细胞和肿瘤细胞分裂，分裂越迅速效果越明显。

③免疫调节作用：能增强巨噬细胞和NK细胞活性，从而调节免疫监

视功能。但这种调节具有种属特异性，即猪用干扰素只能增强猪的 NK 细胞杀伤性；能促进 B 细胞分泌 IgG 抗体；能增强组织相容抗原（即减轻排异反应）和外周血单核细胞表面 FC 受体的表达，限制 Th 细胞（辅助 T 细胞）活化。

3）干扰素的临床应用

①疫苗免疫失败后的临床补救治疗：当错误使用毒力较强的疫苗免疫，或免疫时未察觉猪群已有潜在性疾病感染等情况，导致疫苗免疫后出现病症，此时可使用干扰素进行紧急补救治疗，减少损失。

②畜禽各种病毒性疾病的治疗：如猪的口蹄疫、蓝耳病等，当发生上述疾病时，在使用其他抗病毒药物的同时配合使用干扰素，可提高疗效，加速康复。

4）干扰素的配伍禁忌及注意事项

①越早使用越好，在病毒病发病初期、易感日龄发病前，提前预防，注射或饮水，效果均明显。

②在使用本品的前后各 3 天内严禁使用弱毒活疫苗。但灭活疫苗不受限制，不过不能混合在一起注射。

③本品可与其他抗生素、中药制剂、卵黄抗体等同时使用，无配伍禁忌。

④本品无免疫抑制性，故长期使用也不会有耐药性产生。

⑤本品可饮水给药，要求饮水水温不得超过 30℃，开瓶后尽快一次用完，不得超过 2 小时。

5）干扰素的毒副作用

①流感样综合征：表现发热、寒战、乏力、肌肉关节痛等。

②造血系统改变：可逆性阻断白细胞从骨髓释放，降低外周血白细胞和血小板，停药 5 天后可恢复。

③诱发自身免疫性疾病，可诱发抗核体和平滑肌抗体产生，出现白斑、甲状腺炎、风湿性关节炎等。

④胃肠反应：食欲不振、呕吐、腹胀，肝脏转氨酶升高。

⑤皮肤反应：偶见红斑、轻度皮疹或脱毛等。

6）大剂量使用可刺激肾脏，引起轻度蛋白尿，但不影响肾功能。

（2）白介素

1979 年，第二届国际淋巴因子专题会议，将免疫应答过程中白细胞间相互作用的细胞因子，统一命名为白细胞介素。白介素是一类糖蛋白，能介导白细胞之间及其他细胞间相互作用的细胞因子。由 T 细胞［特别是 CD4＋（辅助性 T 细胞）和 CD8＋T 细胞］受抗原或丝裂原刺激后合成，以自分泌或旁分泌方式发挥效应。

目前至少发现了 38 个白细胞介素，分别命名为 IL-1～IL-38，市场有售的主要是白介素-2（又称 T 细胞生长因子）。

1）白介素-2 的作用

①刺激 T 细胞生长：刺激活化的 T 细胞不能在体外培养中存活，加入 IL-2 则能持续增殖。

②诱导细胞毒作用：CD8＋T 细胞可以受 IL-2 的作用活化为 CTL［CTL：细胞毒性 T 淋巴细胞，通过穿孔素和颗粒酶两种途径杀伤靶细胞；TL 与 NK（自然杀伤细胞）细胞的区别是：NK 细胞是固有免疫细胞，无特异性，表面无受体］。

③对 B 细胞的作用：促进 B 细胞增殖和抗体分泌，并诱使 B 细胞由分泌 IgM 向着分泌 IgG 转换。

④对单核-巨噬细胞的作用：单核-巨噬细胞受到白介素-2 的持续作用后，其抗原递呈能力、杀菌力、细胞毒性均增强。

2）白介素-2 的毒副作用

①发热、呕吐等流感样症状。

②最常见、最严重的是毛细血管渗漏综合征，还可引起肺部或其他部位水肿。

③可能有过敏反应。

（3）转移因子（TF）

从健康白细胞中提取制得的一种多核苷酸和多肽小分子物质；不会被胃蛋白酶、胰蛋白酶分解，也不会被胃酸破坏，可以口服；无毒副作用，无过敏反应，无抗原性；为细胞免疫促进剂。

1）转移因子一般分为两类

①特异性 TF：从某种疾病康复者或者治愈者体内提取。

②非特异性 TF：从健康猪淋巴细胞中提取，如移动抑制因子。

2）转移因子的作用

①转移因子能够将供体的某一些特异性和非特异性细胞免疫功能转移给受体，扩大受体的免疫反应。

②转移因子有触发和调节细胞免疫功能，使未接触过抗原的细胞致敏，T 淋巴细胞分化增殖为效应 T 细胞，攻击体内病毒等外来物。

③活化巨噬细胞，增强参与免疫反应的巨噬细胞识别、结合、吞噬和消化抗原的能力。

④转移因子还能提高体内白介素-2、干扰素等多种细胞因子在体内的生成，调整多项免疫指标、作用于免疫系统的多个环节、纠正机体失衡的免疫、使免疫功能低下或亢进状况得到调整。

⑤还具有保护机体骨髓造血干细胞的增殖功能，防止因某些射线和药物等因素造成骨髓干细胞有丝分裂指数的下降，增强和调解机体的细胞免疫和骨髓造血功能。

⑥多配合疫苗使用，起到增强免疫效果的作用。

3）转移因子的毒副作用

①局部有酸胀感，个别出现皮疹、皮肤瘙痒、痤疮增多及一过性发热等反应。

②内服时禁与热的食物同服，以免影响疗效。

③颜色出现变化就不可再用。

④因涉及传输因子，孕畜以及哺乳期母猪禁用。

（4）集落刺激因子（CSF）

选择性刺激造血干细胞、分化发育成某一细胞谱系的细胞因子的统称。不同 CSF 刺激造血干细胞或不同阶段的造血细胞增殖分化，在半固体培养基中形成不同的细胞集落，还可促进成熟细胞的生物学功能。

分别命名为：G（粒细胞）-CSF；M（巨噬细胞）-CSF；GM（粒细胞、巨噬细胞）-CSF；Multi（多重）-CSF；SCF（造血生长因子）；EPO（促红细胞生成素）等。

（5）趋化因子（CF）

趋化因子是指能够吸引白细胞移行到感染部位的一些低分子蛋白质，如 IL-8、MCP-1（单核细胞趋化蛋白）等，在炎症反应中具有重要作用。

趋化因子包括两个亚族，即 C-X-C/α 亚族：主要趋化中性粒细胞；C-C/β 亚族：主要趋化单核细胞。

（6）生长因子（GF）

具有促进不同类型细胞生长效应的细胞因子，如表皮生长因子（EGF）、血小板衍生生长因子（PDGF）、成纤维细胞生长因子（FGF）、肝细胞生长因子（HGF）、胰岛素样生长因子-Ⅰ（IGF-1）、IGF-Ⅱ、白血病抑制因子（LIF）、神经生长因子（NGF）、抑瘤素 M（OSM）、血小板衍生的内皮细胞生长因子（PDECGF）、转化生长因子-α（TGF-α）、血管内皮细胞生长因子（VEGF）等。

（7）肿瘤坏死因子（TNF）

肿瘤坏死因子又名淋巴毒素（LT）。除具有杀伤肿瘤细胞外，还有免疫调节、参与发热和炎症发生的作用；根据其产生来源和结构不同，可分为 TNF-α 和 TNF-β 两类，前者由单核-巨噬细胞产生，后者由活化 T 细胞产生，大剂量 TNF-α 可引起恶病质（极度消瘦，衰弱皮包骨头）。

（三）抗体类

1. 抗体类物质的特点

（1）抗体是一种"丫"字形结构的生物蛋白，不能真正杀灭病毒，仅包裹病毒的感染棘突，使其不能吸附于健康细胞。病毒性疾病没有特效药物治疗，临床上使用抗体类生物制品可治愈猪病，并不是这类物质杀死了病毒，而是"丫"字形结构把病毒吸附细胞的棘突戴上手铐，然后把这个被逮捕的活病毒关押到特定部位，猪关押在脾脏和淋巴结、禽关押在法氏囊。所以，一般人们吃猪下水不吃脾脏，吃鸡肉不吃鸡屁股。因抗体类物质仅仅起包裹病毒感染棘突、防止病毒吸附的作用，因此宜在疾病发生的早期应用才有效。

（2）因病毒的种类不同，不同病毒的感染棘突也大小不一，因此抗体类物质具有"一对一"的特异性，即猪瘟抗体或血清只对猪瘟病毒有效。因抗体类物质具有特异性，只针对相应猪病才有效，所以只有对疾病诊断准确、不误诊，才能用出效果。

（3）如果抗体数量有限，"丫"字形结构就不能完全包裹所有病毒的感染棘突，所以抗体滴度需要一定的高度和水平。如果抗体数量不足，则患猪检测抗体阳性，但照样发生相应疾病。即常说的"该猪有××病抗体，但抗体水平不高"的来源。因有足够的抗体数量才能完全包裹病毒，因此使用此类生物制品时，必须要求有足够剂量和足够疗程，否则易反弹。

（4）此类产品属被动免疫，仅用于紧急治疗，保护期限为十几天，疫情平稳后要及时接种相应疫苗。

2. 抗体（Ab）与免疫球蛋白（Ig）的关系

抗体是由抗原刺激，由 B 细胞转化为浆细胞产生，可和相应抗原发生特异性结合的免疫球蛋白，有针对性。抗体都是免疫球蛋白，但免疫球蛋白不一定都是抗体，它包括抗体球蛋白和异常免疫球蛋白等。

3. 免疫球蛋白

（1）免疫球蛋白的类型

存在于动物血清、组织液及其他外分泌液中的一类具有相似结构的球蛋白，以 Ig 表示，分为 IgG、IgM、IgA、IgE、IgD 五种。IgG 在免疫过程中占主导地位，有抗病毒、抗外毒素等活性；IgA 在保护肠道、呼吸道、泌尿生殖道、乳腺等黏膜器官的病毒入侵过程中起关键作用；IgE、IgM、IgD 起抗原受体作用，介导宿主细胞免疫。

（2）市售猪用免疫球蛋白的市场乱象

1）大多生产厂家无生产生物制品的资质。

2）通用名与主要成分驴唇不对马嘴。通用名有使用芽孢杆菌的，也有使用板蓝根、黄芪多糖的，还有使用头孢噻呋或盐酸利多卡因注射液的；但主要成分基本都是"本品为精制浓缩免疫球蛋白（IgG、IgA、IgE、IgM、IgD）"，有的厂家标注的是："本品为 90% IgG，少量 IgA、IgE"等。

3）治疗范围大多都囊括所有猪的常见病毒性疾病。如：（摘自网络）猪七联用免疫球蛋白可治疗猪口蹄疫、猪瘟、圆环、蓝耳、伪狂犬、细小病毒、传染性胃肠炎等。

4）适应证堪比万能保健品。如：（摘自网络）母猪产前 7 天用，避免母猪产后仔猪体质衰弱，多元病的发生；刚生下来的仔猪做超免（口服），提高仔猪抵抗力；免疫疫苗前 1～2 天使用本品，可填补疫苗免疫空白期等。

（3）个人使用市售猪用免疫球蛋白的体会

1）一般腹泻有效型：有些厂家的产品对一般腹泻有一定效果，但对猪传染性胃肠炎、流行性腹泻、轮状病毒腹泻几乎无效，更不提蓝耳、圆环、猪瘟等病毒性疾病。

2）退热有效型：有些厂家的产品能退热增食，但不治根本。

3）号称进口，说明书全部英文型：尚未用出特别的效果。

4. 高免血清

是利用某种疫（菌）苗按一定程序反复免疫某种动物，并经抗体检测其滴度达到一定水平后，屠宰被免疫动物并收集全血，经灭活和加保护剂而制成的一种生物制品。常见抗猪瘟血清、抗口蹄疫血清、破伤风抗毒素血清等。

（1）制作高免血清的基本过程：动物选择—抗原制备与接种—血清抗

体的检测—血清的采集与提取—免疫血清的检验。

灭活剂：甲醛溶液、烷化剂、苯酚、结晶紫、β-丙酰丙酯。

保护剂：一类为渗透剂，如二甲基亚砜；另一类为非渗透剂，如聚乙烯吡咯啶酮（PVP）和蛋白质等。

（2）关于市售猪用高免血清：市场上流通的猪用高免血清因制作方法相对简单，大多是科研单位或个人作坊式生产的三无产品，因病毒灭活不彻底，经常有反映用过高免血清之后，造成大批患猪死亡的案例。

更有甚者，某些兽药经销店自制口蹄疫高免血清，直接省略了基本制作过程的前三步和第五步，多采用自然康复一个月以上的猪，采血后斜放静置 6～8 小时，或用 400×4 离心机离心，然后收集析出血清，加入青霉素和链霉素杀菌即投入使用。这种自制高免血清不知道有无杂菌、不知道抗体滴度多高，很可能会因为杀菌不彻底而造成交叉污染，不建议采用。

5. 高免卵黄

（1）用于新城疫、传染性法氏囊等禽类疾病的初期治疗。

（2）因卵黄液是一种蛋白制剂，注射后可能会有变态反应。

（3）高免卵黄抗体注射后在体内衰退速度很快，仅有 15 天左右保护期，所以通常于注射卵黄抗体后 10 天应再使用相应疫苗预防接种。

（4）高免卵黄抗体因地域、攻毒疫苗毒株不同所产生的抗体不同，所以卵黄抗体不具普遍适用性。

（四）疫 苗 类

养猪生产中，存在着把活猪当死猪治、肌内注射大剂量常规疫苗或制作三无自家苗和把发病猪排泄物或内脏直接返饲的案例。

1. 把常规疫苗当治疗性药物使用

（1）应用疫苗治疗疾病的目的，不是让疫苗作用于免疫细胞产生相应抗体，而是期望其作用于体细胞，产生内源性干扰素或利用其占位效应。

（2）临床常见使用疫苗治病的情况

1）用新城疫疫苗治疗传染性胃肠炎。其机制是因为猪不会感染鸡瘟，利用病毒之间的相互干扰现象干扰传胃病毒。关键点在于打鸡瘟疫苗的时机，即在患猪潜伏感染阶段（刚刚厌食、体温稍高但尚未腹泻时）效果最好；对未感染健康猪和已腹泻患猪无效。

2）用大剂量猪瘟疫苗（一猪一瓶）治疗严重混合感染，或用煮熟的猪瘟疫苗配合抗生素治疗顽固性腹泻。机制是诱生内源干扰素，降低治疗成本。关键点在于使用猪瘟疫苗的剂量，大剂量使用可人为造成免疫细胞免疫麻痹，才能起到较好的作用。

3）用伪狂犬疫苗治疗伪狂犬、蓝耳等病毒病暴发猪群。其机制是占位效应，当部分基因缺失的伪狂犬疫苗占领易感部位后（如三叉神经），野毒就无机可乘。关键点在于毒株的选择，当前以巴萨系 K61 毒株最合适。

（3）就实际而言，在诊断准确的前提下，合理使用疫苗治疗危重病畜，配合敏感抗生素控制继发感染，加上退热、防便秘、补液等支持疗法，确实能使一些危重患猪起死回生。

（4）临床上把疫苗当治疗性药物使用时，多和转移因子配合使用，可减少死亡率。

2. 自家苗

自家苗又称现地疫苗，是采用发病养殖场的畜禽病料组织（内脏器官、肠道内容物等）分离病毒，用细胞体外培养或直接捣碎、灭活后制成，仅供发病养殖场（病料来源场）作紧急接种使用。

（1）自家苗分为两种

1）严格意义的自家苗：要经分离病原、培养、灭活等过程制备而成，类似商品化细胞苗，技术要求高，一般机构不能完成。

2）自家组织灭活苗：制备相对简单容易，因此成为部分发病场的紧急措施，平时所说的自家苗也多是指此类。

（2）自家组织灭活苗的制作

将病料称重，加适量生理盐水，用消毒好的绞肉机（组织匀浆机）反复绞碎成浆，双层无菌纱布过滤，滤液再用生理盐水稀释，最后加入 4% 的甲醛。摇匀后，置 37℃ 条件下灭活；灭活期间，每 4～6 小时摇动一次，24 小时后灭活完毕，置于 4℃ 下保存待用。

（3）自家苗的优缺点

1）优点

①抗原成分完全：病料来源于发病动物群，抗原成分包括本场的所有主要病原。

②具有一定的针对性：伪狂犬、蓝耳等病毒，在不同的地区有不同的血清型流行，市场上不可能存在一种能覆盖所有血清型的超广谱疫苗。而采用自家灭活苗免疫，血清型适合当地。

2）缺点

①批次间差异极大：不同病猪的病变组织病原含量不一样；同一头病

猪不同的器官的病原含量也不一样；感染时间不同病原含量也不一样。如：蓝耳病毒在肺部含量多，而猪瘟病毒在肾脏和脾脏含量多，把病猪所有内脏一起捣碎制苗，这个猪瘟含量高、那个蓝耳含量高，批次间差异就大。

②灭活不彻底，存在散毒的高风险：灭活用的甲醛溶液浓度掌握不准确，或混合不均匀不能保证杀灭自家苗中的所有病原体。

③疫苗中异源抗原含量多且复杂：病料组织中有很多异源蛋白质或多糖类等大分子物质也具有抗原性，一定程度上会降低目的疫病的免疫效果。同时，这种多抗原还容易造成过敏反应。

④导致猪群产生免疫耐受：低剂量的病毒感染是免疫耐受的重要诱因。如：用于控制流行性腹泻的自家苗病料中若含有少量猪瘟病毒，全群接种之后就有可能引起温和型猪瘟的散发或流行。

⑤使猪场不同猪病此起彼伏：自家苗针对性对准某一病原防控，而使机体对其他病原体的抵抗力下降，免疫后的猪群容易发生其他疾病，如副猪嗜血杆菌病、猪链球菌病等。

⑥使猪群长期处于强免疫应激状态：用自家苗免疫的猪群最显著的特征是淋巴系统增生，淋巴结显著肿大。由于长期过度地免疫刺激，会使免疫猪生长缓慢，料肉比增加等。

⑦免疫效果会越来越差：即使初次使用自家苗效果显著，但是猪群在一段时间控制住疫情以后，猪场就没有典型的、有足够病原含量的合适病料来做样本，那么自家苗的免疫效果就会大打折扣。

（4）个人使用自家苗的体会

1）选择一个好的自家苗制作单位至关重要，有些设备不完善、工艺不严谨的机构做出的自家苗，越接种病情越严重。

2）自家苗只是权宜之计，最终不能替代正规商品疫苗。

3）一般细菌性自家苗效果还可以，而病毒性自家苗风险巨大，经常出现接种不如不接种，造成损失更大的尴尬局面。

3. 返饲

返饲也称受控制的口腔接触抗原，即收集腹泻仔猪的粪便或病死仔猪的肠道和肠道内容物，磨碎加等量水制成混悬液，然后滤去粗物质，取水样液体湿拌料饲喂怀孕中期母猪，使母猪产生母源抗体，通过母乳传递给仔猪。

（1）返饲的作用

返饲不是散养户才采用的方法，而是有科学依据的免疫措施。据报道，美国半数以上的猪场针对产床腹泻进行了正确的返饲，显著降低了仔猪断奶前的死亡率。返饲对轮状病毒和大肠杆菌有很好的效果，但对魏氏梭菌和球虫没有作用。其中，所有厂家轮状病毒疫苗都是曾经的主要致病株 A 型，而现在发生的主要是没有疫苗可用的 B 型和 C 型，所以通过先返饲，再做灭活苗的方式，对轮状病毒的防控有积极意义。

（2）返饲的注意事项

1）需多次返饲，但不可离产期太近。产前第六周、第五周、第四周连续进行 3 次返饲，每次返饲 3 天。但产前 1 个月内不可返饲，以免离产期太近而在产仔舍散毒。

2）必须使用新鲜病料。细菌几小时内即产生毒素，陈旧病料增加对母猪的毒害。有些病原脱离动物后会很快死亡，其抗原性发生改变而削弱了返饲的效果。

3）返饲有风险。返饲的病料没有灭活，如果携带有伪狂犬野毒或蓝耳病毒的话，返饲就等于在猪场持续地投毒，后果不堪设想。所以，不稳定猪场不宜返饲。

注意：目前市面上存在流行性腹泻自家活苗，是采用发病猪场病死仔猪的肠道及肠道内容物等捣碎、匀浆加牛奶保护剂做成冻干块的活苗，此疫苗类似于做返饲，有散毒的巨大风险。

三、常见西药类抗病毒药物

（一）常见西药抗病毒药物的分类

1. 依据对抗病毒的核酸类型分类

（1）只抑制 DNA 病毒的药物：如阿昔洛韦、阿糖腺苷等。

（2）对 DNA、RNA 病毒均有作用的药物：如利巴韦林、吗啉呱（1999 年批号停用）、金刚烷胺等。

2. 依据对抗病毒的作用机制分类

（1）穿入和脱壳抑制剂：如金刚烷胺、金刚乙胺、恩夫韦地、马拉韦罗等。

（2）DNA 多聚酶抑制剂：多为开环核苷类主要抗疱疹病毒，如阿昔洛韦、更昔洛韦、伐昔洛韦、泛昔洛韦、膦甲酸钠、阿德福韦酯等。

（3）反转录酶抑制剂：主要抗人类免疫缺陷 HIV 病毒。

1）非开环核苷类，转变成三磷酸酯的形式而发挥作用，如拉米夫定、司他夫定、齐多夫定、扎西他滨等。

2）非核苷类，不需磷酸化活化，直接与病毒反转录酶催化活性部位的 P 酯疏水区结合，使酶蛋白构象改变而失活。如依法韦仑、奈韦拉平等。

（4）蛋白质抑制剂：主要抗免疫缺陷 HIV 病毒，如沙奎那韦、尼非那韦、茚地那韦、安普那韦等。

（5）神经氨酸酶抑制剂：主要抗流感病毒，如奥司他韦、扎那米韦。

（6）免疫激活剂：如左旋咪唑、咪喹莫特等。

（二）几种常用的西药抗病毒药物介绍（均已禁止兽用）

1. 利巴韦林（病毒唑）

（1）作用机制：在宿主细胞内被嘌呤核苷激酶连续磷酸化后，所得的利巴韦林-磷酸酯通过多种途径发挥作用。①干扰病毒的三磷酸鸟苷合成；②抑制病毒 mRNA 合成；③抑制某些病毒的 RNA 聚合酶。

（2）临床应用：广谱抗病毒药物，用于呼吸道合胞病毒引起的病毒性肺炎与支气管炎、麻疹、水痘、腮腺炎等。可喷雾、滴鼻治疗上呼吸道病毒感染。

（3）不良反应：①有较强的致畸作用，孕畜禁用（该品在体内消除很慢，停药后 4 周尚不能完全自体内清除）；②大剂量使用时，可致心脏损害；③内服或静脉给药时可能出现腹泻；④长期用药可致白细胞减少及可逆性贫血。

2. 金刚烷胺

（1）作用机制：改变寄主细胞膜的表面电荷，影响病毒与感染细胞的融合，阻断细胞内病毒脱壳和核酸释放。

（2）临床应用：用于预防和治疗各种 A 型流感病毒引起的感染，对其他型流感病毒无作用。

（3）不良反应：口服吸收后，可穿透血脑屏障，引起中枢神经系统的毒副反应，如兴奋、震颤等。

相似药品还有金刚乙胺等。

3. 阿昔洛韦

（1）作用机制：主要抑制病毒编码的胸苷激酶和 DNA 聚合酶，从而能显著地抑制感染细胞中 DNA 的合成，而不影响非感染细胞的 DNA 复制。

（2）临床应用：广谱抗病毒药，治疗疱疹感染的首选药物，主要用于疱疹性角膜炎、生殖器疱疹、全身性带状疱疹和疱疹性脑炎等。

（3）不良反应：偶有步履蹒跚、呕吐、皮肤瘙痒，静脉滴注时药液漏出血管可引起局部炎症反应。

相似药品还有更昔洛韦、伐昔洛韦、泛昔洛韦、膦甲酸钠、阿德福韦酯等。

4. 阿糖腺苷（Ara－A）

（1）作用机制：在细胞内经胸苷激酶作用，磷酸化后竞争性地与病毒DNA多聚酶结合，抑制其活性，也抑制核苷酸还原酶和脱氧核苷酸转移酶，从而抑制病毒DNA合成。

（2）临床应用：广谱抗DNA病毒，治疗单纯疱疹病毒脑炎的首选药物，对疱疹病毒Ⅰ型、Ⅱ型，带状疱疹病毒，巨细胞病毒都有抑制作用。外用眼膏可治疗疱疹性角膜炎，静脉滴注治疗致死性疱疹脑炎，因水溶性不高，需与葡萄糖注射液同时静脉点滴。

（3）不良反应：大剂量可出现呕吐、食欲不振、腹泻及轻度骨髓抑制，停药后恢复，排泄慢，易于积蓄中毒，所以应慎用。

相似药品还有无环鸟苷（ACV）、丙氧尿苷（DHPG）、叠氮胸苷（AZT）、双脱氧肌苷（DDI）等。

5. 三氮唑核苷（RBV）

（1）作用机制：可迅速进入细胞，在细胞内被细胞腺苷激酶磷酸化为三磷酸化合物，抑制病毒RNA转录酶，阻断病毒DNA合成，并能抑制肌苷单磷酸脱氢酶，抑制鸟苷合成，从而抑制病毒RNA、DNA的合成。

（2）临床应用：0.5%滴眼剂治疗病毒性角膜炎；1%溶液滴鼻或气雾吸入治疗上呼吸道感染；静脉滴注治疗腺病毒肺炎、出血热；口服用于治疗甲型肝炎，可降低转氨酶和血清胆红素。

（3）不良反应：长期大剂量应用可致贫血，游离胆红素升高，停药后可恢复，口服有报道引起肝功能变化。

6. 碘苷（疱疹净，IDU）

（1）作用机制：碘苷与胸腺嘧啶核苷竞争磷酸化酶和聚合酶，抑制病毒合成DNA或形成无感染性的DNA，终止病毒繁殖。

（2）临床应用：对单纯疱疹病毒Ⅰ型、牛痘病毒及腺病毒等DNA病毒有抑制作用。

（3）不良反应：由于其全身用药毒性大，有致畸、致突变等危害，所以只可外用。0.1%滴眼剂、0.5%眼膏治疗单纯疱疹病毒角膜炎。

相似药品还有三氟胸苷（TFT）等。

7. 奥司他韦

奥司他韦是全碳六元环类流感病毒的神经氨酸酶抑制剂，口服生物利用度可达 80%，为对抗禽流感病毒首选药物。干扰病毒从被感染宿主细胞表面的释放来减少病毒传播。磷酸奥司他韦为口服制剂，临床上用于预防和治疗 A 型和 B 型流感病毒导致的流行性感冒，目前是预防和治疗流感最有效的药物。

四、中药类抗病毒药物

（一）认识中药类抗病毒药物

1. 中药抗病毒和西药抗病毒有什么不一样

（1）中医和西医是两个完全不同的思想体系

1）一个病症是由哪种病原引起？这种病原有什么特点？使用哪一种药物有效？一切站在病原个体的角度研究，这是西医。

2）一个病症引起机体哪个方面失调了？有多少个方案可以调理？一切站在畜体整体角度考虑，这是中医。

简单理解：西医治的是病原微生物，是杀灭或抑制病原体；中医治的是畜体本身，是调理和纠正畜体。

（2）中医处方和西医处方差距很大

1）西医对病原体研究深入，比如流感病毒，属单股负链 RNA 正黏病毒科流感病毒属，有囊膜，分 A、B、C 三个血清型。处方时，首选抑制神经氨酸酶活性的奥司他韦等治疗。

2）中医对生命活动的内在机制研究透彻，患畜发热、不食，看舌苔淡白还是潮红？先判明是风寒还是风热？再结合其他病症判明阴、阳、虚、实。处方时，清瘟败毒散、荆防败毒散、小柴胡散、金华平喘散、麻杏石甘散等几十个方剂可选，至于选择哪个方剂与医师个人诊断的准确性密切相关。比如，判明是肺热咳喘，就首选麻杏石甘散；判明是上实下虚喘，就首选金华平喘散。风热就用清瘟败毒散或银翘散，风寒就用荆防败毒散或扶正解毒散等。

简单理解：西医是一个工程师，处方就像拿着图纸造房子，一砖一瓦，规规矩矩，造出的建筑千篇一律。而中医是一个艺术家，处方就像拿画笔画一座城堡，所有材料信手拈来，造出的建筑千奇百怪、丰富多彩。

（3）中药抗病毒和西药抗病毒是两种完全不同的理念

1）西药抗病毒是指：药物通过作用于病毒的某一个部位（如棘突）、

某一种酶（如 DNA 多聚酶、神经氨酸酶等），阻断了病毒对细胞的吸附、穿入、脱壳或抑制病毒的核酸、结构蛋白或非结构蛋白的自我复制过程。在西医角度，病毒引起的疾病没有任何特效药物治疗，只能在对症治疗、缓解症状的基础上，依靠自身抵抗力对抗病毒。

2）中药抗病毒是指：药物怎样扶正祛邪（可理解为调理免疫功能）、怎么补益（可理解为促进免疫功能）、怎么清热解毒（可理解为参与机体免疫反应）等。在中医角度，不管是细菌病毒引起，还是组织器官自身出现了问题，只要把握住阴阳、寒热、虚实，合理调理，虽也没有特效治疗药物，但也不存在不能治的疾病。

2. 中药抗病毒的优势

（1）中药在抗病毒的同时，还兼有解热、抗炎等功能，对病毒引起的感染具有多重作用。如缩短发热的时间、控制炎症的扩散、促进炎症的吸收等，即多途径、多方位起作用。

（2）中药在抗病毒的同时，部分药物还能增强机体免疫功能，阻止病毒进入细胞组织。

（3）中药在抗病毒的同时，一般很少伤害畜体正常组织细胞，毒副作用较小。

（4）中药采取的是个体化的治疗，对病情更具有针对性，一旦治愈，一般不会反弹。

（5）中药有效成分多元化，在治疗过程中病毒难以对其产生抗药性，在治疗病毒感染性疾病方面具有明显的优势。

近几年，对养猪业危害最大的就是蓝耳、传胃等病毒性疾病，随着人们对中医中药认识的加深和对中药销售市场管理的加强，中药抗病毒将越来越重要。

（二）有哪些中药可以抗病毒

1. 中药抗病毒的作用途径

（1）直接杀灭病毒的中药：如醋、薪柴灰（即草木灰）等消毒防腐类。

（2）抑制病毒活性的中药：包括金银花、连翘、穿心莲、大青叶、板蓝根、蒲公英、菊花、射干、决明子、芦根等清热解毒类中药。

注意：清热解毒类药性多苦寒，长期服用会损伤脾、胃阳气。

（3）调节免疫、增强畜体防御力的中药：现已证明，有 200 余种中药能通过促进免疫器官发育、增强主动免疫功能、参与免疫反应等方式调节免疫。包括补益类中药、渗湿利水类和少数解表、固涩、止血、泻下、驱虫类中药。常用的有人参、茯苓、猪苓、党参、黄芪、山药、首乌、巴戟天、灵芝、黄精、肉苁蓉、菟丝子、山茱萸、当归、刺五加、枸杞子、虫草等。

2. 暂无法考证真伪的抗病毒中草药汇总（引自网络）

（1）抑制流感病毒的有 74 种：如麻黄、桂枝、葛根、柴胡、藿香、贯众、川芎、黄精、鱼腥草、甘草、虎杖等。

（2）抑制疱疹病毒的有 33 种：如黄芪、夏枯草、大黄、石韦、天花粉、怀牛膝、苍耳子、西洋参等。

（3）抑制柯萨奇病毒的有 20 种：如山豆根、败酱草、乌药、淫羊藿、苦参等。

（4）抑制肝炎病毒的有 14 种：如紫草、姜黄、桑寄生、黄柏等。

（5）抑制乙脑病毒的有 11 种：如牛黄、刺五加、大青叶等。

（6）抑制艾滋病-人类免疫缺陷病毒的有 8 种：如黄芪、苦瓜、天花粉、槟榔、甘草等。

（7）其他抗病毒的中药：若杏仁、银杏叶抑制人类疱疹病毒；苍术抑制腮腺炎病毒；黄连抑制沙眼病毒；白芍、丝瓜藤抑制口腔炎病毒；斑蝥可治鸡新城疫病毒。

3. 具有药食兼用预防病毒感染的食材汇总（引自网络）

越橘、佛手、香橼、菊花、大叶桉等可抑制流感病毒；云芝等可抑制流感、疱疹病毒；海参、杞果等可抑制疱疹病毒；香菇、苦瓜、茶叶等可抑制艾滋病毒，香菇还可抑制乙肝病毒；丝瓜可抑制乙脑病毒；猕猴桃可抑制轮状病毒；大蒜可抑制巨细胞病毒；薄盖灵芝可抑制柯萨奇病毒；蜂胶可抑制流感、疱疹、伪狂犬病毒；海藻可抑制脊髓灰质炎、柯萨奇、腺病毒、疱疹病毒；橘皮泡水代茶饮可保护细胞不受病毒感染。

4. 临床治疗病毒性感染的中成药及中药制剂汇总

（1）川芎茶调散：治疗风寒感冒。

（2）藿香正气片：治疗感冒及肠道病毒引起的腹泻。

（3）防风通圣丸：治疗感冒及单纯疱疹。

（4）板蓝根冲剂：治风热感冒、腮腺炎、肝炎、麻疹等。

（5）抗病毒口服液：治疗风热型感冒、腮腺炎及病毒感染。

（6）纯阳正气丸：治疗暑天感冒。

（7）小柴胡冲剂、柴胡口服液（注射液）：治疗流行性感冒。

（8）鱼腥草注射液：治疗流感、单纯疱疹、病毒性心肌炎等。

（9）复方大青叶合剂：治疗流行性感冒、乙脑。

（10）复方黄芩片、黄芩苷片：治疗流行性感冒、肝炎。

（11）黄连上清丸（片）：治疗口腔炎等。

（三）常见的几种抗病毒中草药介绍

1. 板蓝根

清热解毒、凉血；含吲哚苷、靛红、芥子苷、水苏糖、靛苷等。其提取物对出血热病毒、单纯疱疹病毒有明显的杀灭作用，对流感病毒有明显的抑制作用，并可抑制腮腺炎病毒，缩短治疗水痘的疗程，同时表现出对多种病原菌如金黄色葡萄球菌、肺炎链球菌、流行性感冒杆菌等的抑制作用。主治：咽喉炎、扁桃体炎、流感、腮腺炎、传染性肝炎等。

2. 黄芩

清热、燥湿、止血、解毒、镇静、降压、利尿、利胆、保肝和安胎；含黄芩苷、黄芩素等成分。对流感病毒 PR8 株有明显抑制作用；对甲型链球菌、金黄色葡萄球菌、白喉杆菌、结核杆菌、霍乱弧菌、痢疾杆菌和白色念珠菌有抑制作用，在体外抑制阿米巴原虫生长和杀灭钩端螺旋体。

3. 金银花

清热解毒、疏散风热；含氯原酸等有机酸及黄酮类物质。主治温病热入气分或营血，身发斑疹，热毒痈肿疮毒。水煎剂对流感病毒、疱疹病毒均有抑制作用，还有一定的抗炎、解热、抗内毒素作用；并且能够促进白细胞吞噬能力，提高淋巴细胞转化率，增强机体免疫功能。其植株的藤又名忍冬藤，治疗传染性肝炎，有助于减轻症状、体征改善和肝功能恢复。

4. 连翘

清热解毒、消痈散结、疏散风热；含挥发油、连翘酚、齐墩果酸、三萜皂苷等活性物质。主治：温病初起发热恶寒，热入营血致高热烦躁，以及热毒痈肿疮毒等。临床用于流感、肺脓肿、皮肤感染、急性传染性肝炎等。

5. 蒲公英

清热解毒、利湿。主治：热毒疮痈、乳痈、肠痈等。临床用于慢性胆囊炎、急性黄疸型肝炎，有利于肝功能及黄疸指数的恢复；并可治疗胃炎、阑尾炎、消化道溃疡及疮疖痈肿。

6. 鱼腥草

清热解毒、消痈排脓、利尿通淋；鲜草含挥发油、癸酰乙醛、月桂烯、月桂醛等；煎剂对金黄色葡萄球菌、溶血性链球菌、肺炎链球菌、痢疾杆菌、钩端螺旋体等有抑制作用。主治热毒痈肿、肺痈、痰热咳嗽等。临床用于感冒、慢性支气管炎、大叶性肺炎、肺脓肿等。

7. 柴胡

解表和里、疏肝解郁、升举阳气；已分离出 4 种皂苷，7 种皂苷元，而狭叶柴胡全草含有槲皮素、芸香苷等。具有镇静、镇痛、解热、降温与镇咳等作用；并有利胆、抗肝脏损伤作用，可抑制纤维增长，促进纤维吸收，从而保肝护肝。主治感冒发热、寒热往来、胸胁胀痛等。临床用于流行性感冒、流行性腮腺炎、病毒性肝炎、急性胰腺炎和急性胆道感染。

8. 穿心莲

清热解毒、凉血消肿。常用于感冒发热、咽喉肿痛、口舌生疮。但脾胃虚寒、大便稀者不宜使用。

9. 甘草

补脾益气，滋咳润肺，缓急解毒，调和百药。甘草甜素对艾滋病病毒、肝炎病毒、水疱性口腔病毒、腺病毒Ⅲ型、单纯疱疹病毒Ⅰ型、牛痘病毒等有明显的抑制作用。甘草黄酮类化合物对金黄色葡萄球菌、枯草杆菌、酵母菌、真菌、链球菌等有抑制作用。

（四）抗病毒中药提取物

中药既含挥发油、凝集素、生物碱、酮类、酚类、多糖、有机酸、苷类等有效活性成分，也含糖、蛋白质等无效成分，还有有毒成分；提取物主要是提纯中药有效活性成分。

1. 以凝集素为主的抗病毒中药提取物

从各种植物、无脊椎动物和高等动物中，提纯的糖蛋白或结合糖的蛋白，因其能凝集红细胞（含血型物质），故名凝集素。

凝集素有两个以上亚单位的寡聚蛋白，每个亚单位都有一个能与糖结合的位点，以疏水键和氢键的方式与含糖的微分子之间建立连接，参与细胞的识别和黏着，将不同的细胞联系起来。

常见的主要是植物凝集素（PHA），如刀豆素 A（ConA）、麦胚素（WGA）、花生凝集素（PNA）、大豆凝集素（SBA）等。

代表药物：植物血凝素

为低聚糖（由 D-甘露糖、氨基葡萄糖酸衍生物所构成）与蛋白质的复合物，属高分子糖蛋白类，能使细胞凝集和多糖沉淀。

（1）生物学功能：植物血凝素是一种有丝分裂原，能激活小淋巴细胞转化为淋巴母细胞，继而分裂增殖分化产生效应 T 细胞和细胞毒 T 细胞。①细胞毒 T 细胞，对病毒侵袭的细胞有杀伤作用；②效应 T 细胞分泌产生细胞因子，如白介素-2 和干扰素；③刺激 B 细胞分化为浆细胞，产生特异性抗体中和病毒；④提高巨噬细胞的吞噬功能；⑤促进骨髓造血功能，使白细胞数上升。

（2）临床应用：提纯难且成本极高，多在实验室用作刺激淋巴细胞增殖的试剂。养猪生产上用植物血凝素＋广谱抗生素可避免仔猪在断奶后因母源抗体丧失而导致的大面积发病和死亡。市场常见类似药物有刀豆素等。

2. 以多糖为主的抗病毒中药提取物

代表药物：黄芪多糖

由豆科植物蒙古黄芪（俗称白皮芪）或膜荚黄芪（俗称黑皮芪）的干燥根经提取、浓缩、纯化而成的水溶性杂多糖，口服液级应不低于 65%，针用级应不低于 70%。

习惯以山西和黑龙江出产黄芪的质量为佳，提取多采用水煮醇沉、醇碱、微波、超滤、纤维素酶 5 种提取方法。

因连续十几年价格比拼，黄芪多糖早已失去了往日的尊崇地位，现在市场上使用较多的是"改性黄芪多糖"。

（1）关于改性黄芪多糖

黄芪多糖的改性主要是对其硫酸化或与金属离子络合；硫酸化黄芪多糖能提高抗体滴度和促进淋巴细胞增殖；硒化黄芪多糖将有毒无机硒转变为无毒有机硒，形成五元环的亚硒酸酯的结构，同时兼备硒和黄芪多糖的生理和药理作用；黄芪多糖与铬的络合还可增强其降糖效果。

（2）黄芪多糖的功效

1）对免疫器官影响：使脾脏明显增重，拮抗肾上腺糖皮质激素（如地塞米松），或圆环病毒病等所致的脾脏萎缩。

2）对巨噬细胞和白细胞影响：能显著促进肝、脾、肺、腹腔巨噬细胞的数量和激活吞噬活性，并诱生白介素-1（IL-1），增加外周白细胞和骨髓巨核细胞的数量。

3）增强 T 细胞作用：促进 T 淋巴细胞分化、成熟，并显著提高其活性；对 T 细胞有双相调节作用，即减低抑制性 T 细胞（Ts）的抑制活性，增强辅助性 T 细胞（Th）的细胞活性。

4）诱生干扰素的作用：激活单核细胞和淋巴细胞诱生干扰素；同时

黄芪与干扰素对促进 NK 细胞的活性有协同作用。

5）增强体液免疫：促进 B 细胞增殖，产生免疫球蛋白。

另有抗肿瘤、抗衰老、抗辐射、抗应激、抗氧化等作用。市场常见类似药物有人参多糖、香菇多糖、鹿茸多糖等。

3. 以有机酸或酚类为主的抗病毒中药提取物

代表药物：绿原酸（CGA，金银花提取物）

绿原酸又称咖啡鞣酸，主要存在于忍冬科忍冬属、菊科蒿属植物中，含量较高的有杜仲、金银花、向日葵、檵木、咖啡、可可树等。

分子结构是由咖啡酸与奎尼酸生成的缩酚酸，是植物体在有氧呼吸过程中经莽草酸途径产生的一种苯丙素类化合物，异构体有异绿原酸和新绿原酸，25℃时在水中溶解度为 4%，遇铁呈蓝色。

（1）生物活性

1）抗菌、抗病毒：能阻碍细胞表面的病毒受体，对流感病毒、腺病毒、蓝耳病毒有强烈的抑制效果，对急性咽喉炎及皮肤病有明显疗效。

2）抗氧化作用：含 R－OH 基，形成有抗氧化作用的氢自由基，以清除 DPPH 自由基、羟基自由基和超氧阴离子自由基，抗衰老和肌肉骨骼老化。

3）抑制突变和抗肿瘤：通过抑制活化酶来抑制致癌物黄曲霉毒素 B_1、亚硝化反应和苯并芘引发的突变，对大肠癌、肝癌和喉癌有显著的抑制作用。

4）对心血管保护和降压作用：绿原酸具有较强促进前列腺环素（PGI2）的释放和抗血小板凝集作用，并有显著的降压作用。

5）不可逆地抑制葡萄糖－6－磷酸酶的水解作用，降低肝糖原的分解并减少外源葡萄糖的吸收，降低血糖，预防糖尿病。

6）抑制透明质酸酶活性，润滑关节、防止炎症等。

7）保肝利胆，增加胃肠蠕动、促进胃液和胆汁的分泌。

（2）毒副作用

绿原酸对人有致敏作用，可引起气喘、皮炎等变态反应，因绿原酸可被小肠分泌物转化成无致敏活性的物质，故口服无此反应。

市场常见类似药物有紫锥菊、金丝桃素（连翘提取物）等。

（五）抗病毒中药制剂

常见中草药制剂有汤剂、散剂、丸剂、膏剂、气雾剂、酒剂（一般用于风湿病）、胶剂（用于虚弱症）、曲剂（助消化）、针剂等。养猪业常用的是颗粒剂和散剂。

1. 中药颗粒剂

代表药物举例：板青颗粒

处方：板蓝根 600 克，大青叶 900 克。

制法：以上 2 味加水煎煮 2 次，每次 1 小时，合并煎液，滤过，滤液浓缩至稠膏状，加蔗糖、糊精适量，混匀，制成颗粒，干燥，制得 1500 克即可。

性状：本品为浅黄色或黄褐色颗粒，味甜，微苦。

功能：清热解毒、消肿散结、强心利尿利胆、抗菌消炎、抗病毒，增强免疫力。

主治：风热感冒，咽喉肿痛，热病发斑等温热性疾病。

风热感冒：症见发热，咽喉肿痛，喜饮，苔薄白，脉浮数。

咽喉肿痛：症见伸头直项，吞咽不利，口中流涎。

热病发斑：症见发热，神昏，皮肤黏膜发斑，或有便血、尿血，舌红绛，脉数。

相似产品有七清败毒颗粒、黄芪颗粒等。

2. 中药散剂

代表药物举例：扶正解毒散

处方：板蓝根 60 克，黄芪 60 克，淫羊藿 30 克。

性状：本品为灰黄色粉末，气微香。

功能：扶正祛邪，清热解毒，补中益气。

主治：用于修复免疫细胞功能，诱导机体产生干扰素，调整机体免疫功能；保肝护肾；解毒排毒。对蓝耳病、圆环病毒等免疫抑制性疾病引起的混合感染效果较好；对各种毒素、应激等导致的亚健康有一定的纠正作用。

相似产品有清瘟败毒散、荆防败毒散、普济消毒散等。

五、免疫增强类抗病毒药物

（一）认识免疫增强剂

1925 年，法国免疫学家兼兽医加斯东拉蒙发现：在疫苗中加入某些与之无关的物质，可特异性地增强机体对白喉和破伤风毒素的抵抗力。此后，免疫增强剂就成为应用医学最活跃的研究领域之一。

免疫增强剂：是指单独或同时与抗原使用时，能增强机体免疫应答的物质；种类多达上百种，是一个新的药物类别，曾称为免疫促进剂及免疫刺激剂。

1. 免疫增强剂的主要作用

（1）能使低下的免疫功能提高。

（2）具有佐剂作用，增强与之合用的抗原的免疫原性，加速诱导免疫应答反应。

（3）替代体内缺乏的免疫活性成分，产生免疫代替作用。

（4）对机体的免疫功能产生双向调节作用，使过高或过低的免疫功能趋于正常。

2. 免疫增强剂的临床应用

用于免疫缺陷疾病、慢性感染和肿瘤的辅助治疗，以及顽固的细菌或病毒性病原混合感染。

3. 免疫增强剂的分类

（1）微生物制剂类，如卡介苗、霍乱毒素 B 亚单位等。

（2）化学合成药物类，如左旋咪唑、西咪替丁等。

（3）免疫佐剂类，如蜂胶、弗氏佐剂等。

（4）核酸制剂类，如聚肌胞、多聚核苷酸、免疫核糖核酸等。

（5）矿物质、维生素、氨基酸等营养成分类，如硒、锌、维生素 A、维生素 E、精氨酸、亮氨酸等。

（6）激素或激素样物质类，如生长激素、胸腺肽等。

（7）中草药类，如人参、黄芪多糖、植物血凝素（PHA）等。

（8）人或动物免疫系统产物，如干扰素、转移因子等。

本节主要介绍的免疫增强剂种类：微生物制剂类，激素或激素样物质类，矿物质、维生素、氨基酸等营养成分类，化学合成药物类，免疫佐剂类，核酸制剂类。

（二）微生物来源的免疫增强剂

1. 卡介苗（BCG）

1880 年，德国医生及细菌学家高诃在试图发现一种抗结核杆菌的疫苗时，观察到迟发超敏反应的现象，使卡介苗成为最早发现的免疫增强剂。卡介苗为减毒的牛型结核杆菌，可非特异性地增强免疫反应。

（1）生物活性：①卡介苗多糖和卡介苗素为良好的巨噬细胞激活剂；②卡介苗细胞壁骨架和卡介苗胞壁酰二肽有免疫佐剂功效；③卡介苗甲醇提取残余物对恶性黑色素瘤有良好治疗效果。

（2）临床应用：黑色素瘤、白血病、膀胱癌、肺癌和乳腺癌等，现使用较少。

2. 草分枝杆菌

草分枝杆菌属放线菌纲放线菌目分枝杆菌科的短杆菌，灭活的草分枝杆菌能显著增强特异性细胞免疫功能。

（1）生物活性：①促进淋巴细胞的转化和增殖；②促进各种细胞因子的产生，如白介素-2、γ-干扰素等；③显著增强自然杀伤（NK）细胞的活力；④增强 Th 细胞的活性，促进 B 细胞生长因子和分化因子的分泌，进而刺激 B 细胞进入增殖和分化阶段，产生特异性抗体；⑤促进单核-巨噬细胞的功能和代谢，诱导内皮细胞和单核巨噬细胞产生集落刺激因子；⑥促进骨髓多能干细胞及巨噬细胞的前体增殖，使白细胞介素-1（IL-1）的分泌增加。

（2）临床应用：伪狂犬、巨细胞病毒等疱疹病毒，以及肺癌、大肠癌及尖锐湿疣等。

3. 短小棒状杆菌（CP）

短小棒状杆菌又称丙酸杆菌、可化舒等，一种厌氧的革兰氏阳性棒状杆菌，其表面的脂多糖具有较强的免疫刺激作用，可促使淋巴细胞 DNA 的合成，释放单核细胞活化因子，激活巨噬细胞，增强其对肿瘤细胞的杀伤作用。

（1）生物活性：经甲醛灭活后制成悬液菌苗，患畜注射后引起肝、脾肿大和网状内皮系统增生，激活巨噬细胞并增强其吞噬活性，发挥免疫辅佐作用。

（2）临床应用：用于人类鳞癌、黑色素瘤、卵巢癌腹膜转移等的辅助治疗。

（3）不良反应：寒战、呕吐、嗜睡、呼吸困难、白细胞减少和肝损伤等，因毒副作用严重，现在使用较少。

4. 多抗甲素（PAA）

多抗甲素又称希丁克，为我国首创的一种免疫增强剂，由 α-溶血性链球菌 33 号菌株经培养和提纯后，得到的具有免疫活性的甘露聚糖肽类物质（α-甘露聚糖肽）。

（1）生物活性：糖肽化学结构与肿瘤、病毒分子表面受体及配体有独特的亲和力，通过细胞之间的相互作用方式，对肿瘤、病毒的 DNA、RNA 及蛋白质生物合成能产生较强的抑制作用。能提升外周血的白细胞，激活并促进单核巨噬细胞系统的吞噬功能；活化巨噬细胞和淋巴细胞，提高机体抗应激能力，并能抗辐射，配合放疗、化疗能提高近期疗效，减轻化疗毒副作用。

（2）临床应用：用于治疗人类肿瘤及结节性红斑狼疮等自身免疫缺陷病等。

（三）激素或激素样物质类免疫增强剂

代表药物举例：胸腺肽（TP）

胸腺肽是胸腺组织分泌的小分子多肽，属胸腺激素类免疫调节剂。

1. 常用的胸腺肽种类

包括从小牛胸腺发现并提纯的胸腺肽（效果不确切，现在已很少使用）和人工合成的高纯度胸腺五肽、胸腺肽 α_1 等。

（1）胸腺五肽：又称刹莫潘汀、胸腺喷丁，由精氨酸、赖氨酸、天门冬氨酸、缬氨酸、酪氨酸 5 种氨基酸组成，白色冻干疏松块状物。

（2）胸腺肽 α_1：又称基泰、日达仙、迈普新等，白色疏松块状物。

2. 生物活性

（1）和成熟外周血 T 细胞的特异受体结合，使胞内 cAMP 水平上升，从而诱导前胸腺细胞转化为 T 细胞，实现调节 T 淋巴细胞发育、分化和成熟作用。同时能修复受损的 T 淋巴细胞。

（2）在机体正常状态下，增强对疫苗的免疫应答，并增加 IgM 类型和 IgG 或 IgA 类型的抗体形成。

（3）在抗感染过程中，增加多形核嗜中性白细胞、巨噬细胞的吞噬功能；增强红细胞免疫功能；提高自然杀伤细胞的活力；提高白介素-2 的产生水平与受体表达水平；增强外周血单核细胞 γ-干扰素的产生；增强血清中 SOD（超氧化物歧化酶）活性。

3. 临床应用

（1）用于免疫耐受等 T 细胞缺陷病，自身免疫性疾病及肿瘤的辅助治疗。

（2）与干扰素合用，对于改善免疫功能有协同作用。

4. 胸腺肽不良反应

（1）全身性损害（占 93.74％）：过敏性休克、高热等。

（2）呼吸系统损害（占 5.13％）：呼吸困难、喉水肿、窒息。

（3）皮肤及其附件损害（占 0.45％）：主要为严重皮疹。

（四）矿物质、维生素、氨基酸等营养成分类免疫增强剂

1. 矿物质类免疫增强剂代表药物

1817 年，瑞典的贝采利乌斯从硫酸厂的铅室底部的红色粉状物中制得硒。

（1）认识硒

硒在自然界的存在方式分为两种，即无机硒和植物活性硒。无机硒一般指亚硒酸钠和硒酸钠，铜冶炼过程中的副产品。植物活性硒是硒通过生物转化与氨基酸结合而成，一般以硒蛋氨酸的形式存在。

由于亚硒酸钠是毒性物质，稍一过量就会引起中毒，特别是幼龄动物更为敏感，在药物制剂方面，已研制开发了纳米硒；在有机硒的研制开发方面，已开发了硒代甲硫氨酸、硒酵母等多种有机硒，具有低毒高效、易于吸收的特点。

（2）硒对动物免疫的影响

1）刺激淋巴细胞增殖。

2）活化含细胞毒性的 T 细胞和中性杀伤细胞。补硒使细胞毒性 T 淋巴细胞活性增加 118%，NK 细胞活性增加 82%，这与硒上调活化淋巴细胞和 NK 细胞表面的生长调节性细胞因子（白介素-2）受体表达水平的能力密切相关。

3）选择性降低 T 细胞抑制因子。

4）增加干扰素的合成。

5）增加吞噬细胞的细胞毒性作用。亚硒酸钠可刺激巨噬细胞产生趋化因子，促进多核白细胞产生白细胞三烯，增强巨噬细胞的激活因子（MAF）的活性，对巨噬细胞的趋化、吞噬和杀灭三大过程均有增强作用。

6）减少猪对病毒性疾病的易感性。

研究表明：足硒地区儿童体内 IgM、IgG 含量显著高于低硒区，因此可有效防治病毒性肝炎、呼吸道合胞病毒急性下呼吸道感染、病毒性克山病等病毒性疾病。

2. 维生素类免疫增强剂

代表药物举例：维生素 E

1922 年，美国科学家伊万发现雄性白鼠生育能力下降，雌性白鼠易于流产，与缺乏一种脂溶性物质有关；1938 年，瑞士化学家卡拉人工合成了这种物质，命名为生育酚，即维生素 E。

（1）认识维生素 E

脂溶性维生素是体内自由基的清除剂，有抗氧化和细胞保护作用；具有保护机体组织结构的完整性，维持机体正常的繁殖功能，增强机体免疫力等。

（2）维生素 E 对动物免疫的影响

1）维生素 E 是所有细胞膜的必需成分，通过防止细胞膜磷脂不饱和酰基链自发氧化作用，而稳定膜流动性，进而影响淋巴细胞膜上受体分布，改变淋巴细胞抗原的识别与结合。

2）通过提高辅助 T 细胞活性，而有效刺激 B 淋巴细胞反应，使血清中 IgG 含量提高，并呈剂量依赖关系。

3）刺激老龄家畜骨髓不成熟 T 细胞数量增多，并诱导其分化和成熟，进而使成熟 T 细胞数量增加。

4）维生素 E 缺乏将阻碍禽类免疫器官法氏囊发育，如果同时缺乏硒，则阻碍胸腺发育，导致上皮细胞逐渐退化和淋巴细胞耗竭。

5）免疫细胞的细胞膜含有较多的不饱和脂肪酸，如花生四烯酸在酶的作用下会转化为过氧化代谢产物 PGE2（前列腺素 E$_2$）、白细胞三烯等，PGE2 是负向免疫调节剂。维生素 E 通过抑制前列腺素和皮质酮的生物合成，促进体液、细胞免疫和细胞吞噬作用，并提高白介素－1 含量来增强整体免疫功能。

6）具有佐剂作用，当用维生素 E 油代替灭活油苗中 20％和 30％的矿物油时，能使抗体滴度产生得更快更高。

（3）中毒反应

可引起呕吐，步履蹒跚，皮肤皲裂，口角炎，腹泻，乳腺肿大。因与维生素 K 相拮抗，严重时可导致明显的出血。

3. 氨基酸类免疫增强剂

代表药物举例：精氨酸

一种碱性氨基酸，天然的精氨酸为 L 型，是目前发现的功能最多的一种氨基酸，不仅是合成蛋白质的重要原料，也是体内一氧化氮（NO）、多胺和肌酸等重要物质的合成前体。因含有较高浓度的氢离子，有助于纠正肝性脑病时的酸碱平衡；口服用于精液分泌不足和精子缺乏引起的不育症。

（1）认识精氨酸

精氨酸又称蛋白氨基酸，参与鸟氨酸循环，使体内蛋白质分解产生的氨转变成无毒的尿素由尿中排出，从而降低血氨浓度。白色结晶粉末，可从空气中吸收二氧化碳，水溶液呈强碱性；天然品大量存在于鱼精蛋白中。

（2）精氨酸对免疫的影响

1）促进机体内免疫球蛋白的产生，显著提高动物体液免疫功能，以及对抗糖皮质激素（如地塞米松）引起的免疫抑制。

2）使动物的胸腺增大，T淋巴细胞得到增殖。

3）可增强动物对机体内肿瘤靶细胞的溶解作用。

4）增加白介素-2的分泌及其受体的活性，增强免疫防御。

5）精氨酸在细胞一氧化氮合成酶的作用下产生L-瓜氨酸，并在氧气和烟酰胺二磷酸酰苷的协同作用下，通过氧化胍基氮原子生成一氧化氮。在急性炎症早期，一氧化氮可以抑制中性粒细胞聚集和黏附，降低内皮细胞的通透性并抑制炎性渗出。

（3）不良反应

1）可出现过敏反应。

2）静脉滴注过快可引起流涎、潮红、呕吐、肢体麻木及局部静脉炎等。

3）肾功能不全、已全无尿者和酸中毒（特别是高氯性酸中毒者）禁用。

（五）化学合成类免疫增强剂

1. 左旋咪唑（LMS）

左旋咪唑为四咪唑的左旋体，活性为四咪唑（消旋体）的1～2倍，且毒副作用较低。兽医临床广泛用于驱虫，药物抑制虫体的微管结构，对蛔虫、钩虫、蛲虫和粪类圆线虫病有较好疗效。近年来，左旋咪唑对免疫调节和免疫兴奋的功能受到重视。

（1）左旋咪唑对免疫的影响

1）左旋咪唑是一种免疫恢复剂，当T淋巴细胞和巨噬细胞功能降低时，用药可将其功能恢复到正常水平，可能与激活环核苷酸磷酸二酯酶，从而降低淋巴细胞和巨噬细胞内环磷酸腺苷的含量有关。

注意：本品对体液免疫和免疫功能正常的猪只无效。

2）黏膜表面的黏液、天然抗体和吞噬细胞构成保护性的生物屏障；左旋咪唑不仅能提高血清和呼吸道分泌液中 α_2-巨球蛋白的浓度，增强溶菌酶的活性；并且能抑制细菌或病毒黏附于呼吸道内。

3）左旋咪唑能促进白介素-2的产生，进而激活 NK 细胞，释放 IFN-γ和其他细胞因子。同时，通过其 IgG 受体，杀伤带有 IgG 的靶细胞，这些特性称之为抗体依赖细胞介导的细胞毒作用（ADCC）。

4）左旋咪唑能活化补体的旁路途径，通过 C5a 诱导粒细胞的聚集，并释放粒细胞相关的各种酶。补体系统被激活后，可在靶细胞表面形成攻膜复合体，从而导致靶细胞的溶解，并促进吞噬细胞的吞噬功能。

（2）在增强免疫方面的临床应用

用于蓝耳病、圆环病毒等免疫抑制性疾病和哮喘、血小板减少性紫癜、乙型肝炎病毒携带者及白癜风等。

（3）不良反应

出现减食、流涎、呕吐、腹痛、无力、关节痛、喜卧等，长期使用引起肝损伤和粒细胞减少。

2. 脱氧葡萄糖（DG）

脱氧葡萄糖是一大类葡萄糖衍生物家族，在各类微生物中普遍存在，尤以细菌和放线菌中最多。

在天然产物中，脱氧葡萄糖的形式是固定的，在 2 位和 4 位脱氧最常见，在生产实践中应用最多的是 2-脱氧-D-葡萄糖，又叫 β-脱氧葡萄糖，是南京农业大学与南京威泰珐玛兽药研究所联合研制的最新型抗代谢物类抗病毒药物。

（1）脱氧葡萄糖与一般葡萄糖的区别

一般葡萄糖能补充体内水分和糖分，具有补充体液、供给能量、补充血糖、强心利尿、解毒等作用。脱氧葡萄糖虽具有葡萄糖相似的结构（脱氧葡萄糖比葡萄糖少一个氧原子），但不具有正常葡萄糖的功能。脱氧葡萄糖具有抑制病毒感染、酵母发酵、致病菌及肿瘤细胞生长，抗癫痫、抗衰老等作用。

（2）作用机制

1）细菌、病毒生长均需要能量，而葡萄糖是最主要的能量供给物质。β-脱氧葡萄糖是葡萄糖类似物，可与葡萄糖竞争结合病毒表面受体；且 β 位上的突兀结构与病毒、细菌表面受体的亲和力远大于葡萄糖（约 1000 倍）。

2）病毒无法识别葡萄糖和 β-脱氧葡萄糖，故优先利用 β-脱氧葡萄糖，糖代谢受阻，不能提供能量，病毒糖蛋白和囊膜合成受阻，无法正常生长和复制。

3）因动物体（畜禽）进化完善，体细胞能识别葡萄糖和 DG，DG 只特异性作用于进化原始的病原体（对病毒最强，细菌次之，寄生虫较弱），而对畜禽体无害，是天然靶向药物。

（3）临床用于流感、蓝耳等有囊膜病毒性病的治疗。

3. 西咪替丁

西咪替丁又称甲氰咪胍、甲氰咪胺、泰胃美，属 H_2 受体拮抗剂，制酸及胃黏膜保护药，能显著抑制胃酸分泌，对应激性胃溃疡（如食物刺激）和上消化道出血疗效明显。

小知识：什么是 H_2 受体？

体内组胺（H）受体有 H_1、H_2、H_3 三种亚型。H_1 受体多分布于毛细血管、支气管、肠道平滑肌，当 H_1 受体活化时，可引起过敏性荨麻疹、血管神经水肿伴随的瘙痒、喉痉挛及支气管痉挛等反应。常用的 H_1 受体拮抗药有苯海拉明、异丙嗪、氯苯那敏等。H_2 受体多分布于胃壁细胞及血管平滑肌细胞，具有促进胃酸分泌及毛细血管扩张等作用。常用的 H_2 受体拮抗药有西咪替丁、雷尼替丁、法莫替丁等。

（1）西咪替丁对免疫的影响

H_2 受体分布不仅局限于胃肠道，也分布于淋巴细胞表面。

1）在细胞免疫中，西咪替丁可明显促进 T 淋巴细胞增殖，使 CD^{4+} 细胞百分比升高，CD^{8+} 细胞百分比下降，CD^{4+}/CD^{8+} 细胞比值升高，使外周血淋巴细胞白介素-2 活性明显增强。

2）在体液免疫中，能明显促进机体抗胸腺依赖性和非胸腺依赖性抗原抗体的产生，增强机体体液免疫功能。

接种活疫苗前配合应用西咪替丁可明显拮抗母源抗体对疫苗免疫的影响，使机体维持较高抗体水平。疫苗接种后配合应用西咪替丁可明显加速抗体高峰水平的到来，并使抗体高峰水平维持时间延长。

（2）不良反应

1）能通过胎盘屏障，并能进入乳汁，故孕畜及哺乳期禁用，以避免引起胎儿和初生仔猪肝功能障碍。

2）动物实验有导致急性胰腺炎的报道。

（3）在临床上西咪替丁除作为消化道病常用药外，在免疫方面主要用于对免疫低下和肿瘤的辅助治疗。

（六）免疫佐剂类免疫增强剂

免疫佐剂简称佐剂，即非特异性免疫增生剂，指那些同抗原一起或预先注入机体内，能增强机体对抗原的免疫应答能力，或改变免疫应答类型的辅助物质。

1. 佐剂功能

增强免疫原性（放大抗原刺激引起的免疫反应，在无抗原存在时作用很小）、增强抗体的滴度、改变抗体产生的类型、引起或增强迟发超敏反应。

2. 佐剂增强免疫应答的机制

（1）改变抗原物理性状，延长抗原在机体内的存在时间和保持对免疫系统的持续激活作用。

（2）增加抗原的表面面积，使抗原易被巨噬细胞吞噬，刺激单核巨噬细胞系统，增强其对抗原的处理和呈递抗原的能力。

（3）诱发抗原注射部位及其局部淋巴结的炎症反应，有利于刺激淋巴细胞的增殖、分化，扩大和增强免疫应答效应。

3. 常用的佐剂分为五类

（1）生物性佐剂

生物性佐剂本身具有免疫原性，如蜂胶、分枝杆菌（结核杆菌、卡介苗）、短小棒状杆菌、革兰阴性杆菌、内毒素等。

（2）无机佐剂：如氢氧化铝、明矾、磷酸铝等。

（3）人工合成佐剂：双链多聚肌苷酸、胞苷酸、腺苷酸等。

（4）油剂：花生油乳化佐剂、矿物油、植物油、羊毛脂等。

（5）弗氏佐剂：最常用，分为不完全弗氏佐剂（液状石蜡与羊毛脂混合而成，通常比例为 2∶1）和完全弗氏佐剂［加卡介苗（最终浓度为 3～20 毫克/毫升）或死的结核分枝杆菌］两种。但因易在注射局部形成肉芽肿和持久性溃疡而不适于人用。近年来，人工合成胞壁酰二肽作为卡介苗细胞壁中的一种成分，用于提高疫苗的接种效果，是对人体无不良反应的有效佐剂。

4. 代表药物举例：蜂胶

蜂胶是蜜蜂从植物花苞、嫩芽、树皮或茎干等部位采集的树脂，再混入其上颚腺分泌物和蜂蜡等物质，经蜜蜂加工转化而成的一种具有芳香气味的胶状固体物质，用来抵御病虫害和病原微生物入侵窝巢。

（1）认识蜂胶

蜂胶属树脂类物质，溶液呈透明状，是一种天然的高效免疫增强剂，含数百种化学成分，主要为类黄酮化合物，包括黄酮类、黄酮醇类、黄烷酮类以及黄烷酮醇类。蜂胶除具有免疫增强作用外，还有抗菌、抗病毒、抗寄生虫、抗氧化等作用。

（2）蜂胶作为疫苗佐剂的作用机制

1）高效持久：蜂胶颗粒与菌体相互黏附形成包被状，同时蜂胶颗粒之间也相互黏附，蜂胶颗粒-菌体之间相互交联，形成类免疫刺激复合物结构，具有抗原"仓库"和免疫刺激复合作用，这是蜂胶疫苗高效、持久的主要原因。

2）增强细胞免疫：蜂胶可刺激机体产生白细胞，进而刺激产生各种细胞因子，如白细胞介素，刺激机体免疫器官发育和淋巴细胞分化，弥补常规灭活疫苗不能刺激有效细胞免疫的不足。

3）增强体液免疫：蜂胶能增强红细胞膜上 C3b 受体（位于红细胞表面，能识别、黏附、浓缩、杀伤抗原和清除有害物质）活性，从而增强 C3b 对 B 细胞，特别是记忆 B 细胞分化的调节作用，对体液免疫起增强作用。

4）增强防御：蜂胶中的松鼠素、高良姜素、山柰素、对香豆苯甲酸酯和蜂胶浸出液等都具有抗菌活性，使血清总蛋白和丙种球蛋白的含量增加，白细胞和巨噬细胞的吞噬能力增强等。

5）蜂胶佐剂中含丰富的抗氧化物质，如不饱和脂肪酸、维生素 E、维生素 C 及锌、硒等，疫苗中无须添加任何抗生素和防腐抑菌剂。

（七）核酸制剂类免疫增强剂

1. 聚肌胞（Polyt：C）（尚未获准兽用）

聚肌胞又称多聚核苷酸，是聚肌苷酸和聚胞嘧啶酸的共聚物，属人工合成的双链核糖核酸，干扰素诱导剂，有抗病毒和免疫调节功能（增强抗体形成和刺激巨噬细胞吞噬作用），而且还具有抗肿瘤、抗某些细菌、原虫感染等多种作用。

（1）聚肌胞的作用机制

本品是一种有效的干扰素诱导剂，当它进入机体后作用于正常细胞，使正常细胞产生抗病毒蛋白（AVF），产生的 AVF 并不直接作用于病毒，而是在未感染的细胞表面与特殊的受体结合，使细胞产生 20 余种糖蛋白，这些蛋白可有效抑制病毒增殖的各个环节；另一方面由正常细胞所产生的干扰素，可直接作用于机体免疫系统，增强机体免疫功能，产生免疫调节作用。

（2）配伍禁忌及注意事项

1）与黄芪多糖、左旋咪唑、利巴韦林等抗病毒药物配伍明显增效；与部分抗生素配伍具有协同或相加作用。

2）在兽用粉散剂中添加能提高疗效，还不干扰原产品的检测。

3）无种属特异性，可广泛在家禽、猪、牛等动物上使用。

4）可以与疫苗同时使用，能起到弥补免疫空白期、缓解疫苗应激反应、增强免疫效果的作用。

5）本品极易吸潮，应密闭在凉暗处保存。

（3）临床应用

广谱抗病毒药，用于猪圆环病毒、蓝耳病、流感、病毒性腹泻、温和型猪瘟等，尤其适用于免疫失败后的治疗，但典型猪瘟、伪狂犬等急性病毒病慎用。

（4）不良反应

1）可出现饮欲增加、喜卧、震颤等反应。

2）有致畸作用，孕畜禁用。

3）静脉注射本药可有发热反应。

2. 免疫核糖核酸（iRNA）

存在于淋巴细胞中，采用人肿瘤组织免疫牛羊，然后从其脾脏、淋巴结中提取；也可从正常人周围血白细胞和脾血白细胞中提取。

（1）免疫核糖核酸的作用机制

1）使未致敏淋巴细胞致敏，且不受动物种属的影响；致敏淋巴细胞与肿瘤细胞直接接触或通过细胞介导，使肿瘤细胞膜发生改变，小分子物质通透率增高，致肿瘤细胞膜裂解死亡。

2）免疫核糖核酸进入机体后，产生抗肿瘤特异性 IgG 抗体，与肿瘤细胞表面抗原相结合后，进而激活 NK 细胞，NK 细胞与肿瘤细胞以抗体为桥相连，杀伤肿瘤细胞。

（2）免疫核糖核酸的临床应用

适应证与转移因子相似，用于恶性肿瘤的辅助治疗和慢性乙肝（比聚肌胞清除乙肝病毒的效果好）、流行性乙脑的治疗。制品含有微量蛋白，易发生过敏反应，应由低剂量开始应用。

3. 反义核苷酸（AO）

（1）认识反义核苷酸

反义核苷酸是指进行了某些化学修饰的人工合成的短核酸片断（约15～25个核苷酸组成），它的碱基顺序排列与特定的靶标 RNA 序列互补，进入细胞后按照碱基互补配对的原则、与靶标序列形成 mRNA－反义 RNA 杂交体（双链结构），阻断 mRNA 的翻译，是一种有高度原则性和低毒性的基因药物，一般为寡核苷酸类化合物。

天然的寡核苷酸难以进入细胞内，即便进入细胞又容易被胞内的核酸酶所水解，很难直接用于治疗；但是，大多数致病病毒的靶基因 mRNA 序列很明确，人们就可以依据病毒的基因序列，人工化学修饰天然寡核苷酸，设计合成一个能与病毒基因序列进行碱基配对的特异性的反义核苷酸。

举例说明：某病毒的 mRNA 基因序列是 abcd，自然状态下分别配对 1234，人们把 1234 分别做一定的化学修饰，使 1234 还能和 abcd 相互配对，但此时的 1234 已经不是原来的 1234，进而阻断了病毒 mRNA 的正常翻译，简单描述就是病毒 mRNA 配对的核苷酸已经被偷梁换柱了。

（2）反义核苷酸的发展

第一代反义核苷酸有磷酸二酯键修饰（磷的修饰有硫代、甲基化、氨化、酯化等）、核糖化学修饰（糖环修饰有 α 构型、1′位取代、2′位取代、3′－3′连接、5′－5′连接等）和碱基的化学修饰（磷酸-糖骨架以肽键取代，形成多肽核酸）3 种方式；第二代是偶联物，即综合应用多种化学修饰，稳定性提高。

（3）反义核苷酸的抗病毒机制

①理论上反义核苷酸（即被偷梁换柱的 1234）可以通过与 DNA 引物前体结合，阻止正常引物的产生，（没有牵线搭桥的人）使病毒 DNA 没法复制；②与病毒 mRNA5′结合，形成类似终止密码子的物质，使转录终止；③与病毒基因编码起始区碱基结合，直接抑制 mRNA 翻译；④和 mRNA 非编码区结合，使 mRNA 变得面目全非不能与核糖体结合而间接抑制翻译。

（4）反义核苷酸在养猪生产上的应用

基因类药物是当前医药学研究的方向和热点，但是理论研究尚不完全清楚，工业化生产因成本和有效性困扰更是举步维艰。就反义核苷酸而言，一种病毒一个基因序列，反义核苷酸需要能和这种病毒碱基配对，就必须有严格的专一性，怎么能实现反义核苷酸的广谱抗病毒问题，理论研究尚无方向；另外，反义核苷酸即便能够轻松进入细胞，进入细胞以后也不被核酸酶水解，但它怎么能轻易寻找到病毒基因去配对也是难以解决的问题。所以，由此判断当前动保市场流行的反义核苷酸基本上都是在炒作概念，即便临床使用能有一定的治疗效果，其药品本质也不一定真的就是反义核苷酸，很可能是挂羊头卖狗肉。

第六节 常用的其他类药物的合理使用及中毒解救

一、解热镇痛类常用药

（一）解热镇痛药物概述

抗菌药多用于感染性炎症，消炎药多用于无菌性炎症。消炎药有两类：一类是甾体抗炎药（糖皮质激素类药物，如地塞米松等），另一类是非甾体抗炎药（也称解热镇痛类消炎药）。

解热镇痛类药物是指能使发热患畜的体温恢复正常，但对正常家畜的体温没有影响；有中等强度的镇痛作用，但不及吗啡。

1. 解热镇痛类药物的分类

（1）羧酸类

1）水杨酸类：如阿司匹林、三柳胆镁（痛炎宁）、水杨酸镁等外周性镇痛作用突出。

2）吲哚乙酸类：如吲哚美辛（消炎痛）等，抗炎、镇痛作用突出。

3）芳基乙酸（邻氨基苯甲酸）类：如舒林酸（奇诺力）、双氯芬酸（异丁芬酸衍生物）、托美汀等镇痛作用突出。

4）芳基丙酸（芳基烷酸）类：如布洛芬（芬必得）、萘普生（消痛灵）、萘丁美酮、酮洛芬、舒洛芬、非诺芬等，抗炎作用突出。

（2）苯胺类：如对乙酰氨基酚（扑热息痛）等镇痛最适于阿司匹林不耐受或过敏者。

（3）吡唑酮类：如保泰松（抗风湿作用强）、氨基比林、安乃近等解热作用突出。

（4）烯醇类（1、2 苯并噻嗪类，又称昔康类）：如吡罗昔康、美洛昔康（莫比可）等，以抗风湿性关节炎为主。

（5）选择性环氧酶-2（COX-2）抑制剂：如氟尼新葡早胺美舒宁、塞来昔布、罗非昔布、尼美舒利等以抗类风湿关节炎为主。

（6）其他：如金诺芬（瑞得）等口服抗风湿药。

2. 解热镇痛类药物的作用机制

主要是通过抑制体内前列腺素（PG）的合成来实现解热、镇痛、抗炎、抗风湿等作用。

PG 的前体是花生四烯酸（AA），花生四烯酸源于食物，吸收后以磷脂的形式存在于细胞膜中。当细胞受到刺激时，细胞膜上的磷脂酶激活，使其释放花生四烯酸。游离的花生四烯酸分别通过环氧化酶与 5-脂氧酶途径，进一步代谢成 PG、血栓素（TXA）和白三烯（LT）。解热镇痛药抑制环氧化酶的活性，从而阻止了 PG 的合成。

（1）认识 PG（前列腺素）

PG 是一族含有一个五碳环和两条侧连的二十碳不饱和脂肪酸，具有高度的生物活性，参与机体发热、疼痛、炎症、防止血栓形成、速发型过敏等多种生理、病理过程。

1）PG 合成和释放的增多导致体温调定点的提高，体温升高。

2）PG 具有一定的致痛作用，同时还具有显著地提高痛觉神经末梢对其他致痛物质的敏感性。

3）PG 参与炎症反应，使血管扩张，通透性增加，引起局部充血、水肿和疼痛。

（2）抑制 PG 合成的后效应

1）解热作用：对各种原因引起的发热均有效，对体温正常者几乎无影响。

2）镇痛作用：作用强度比吗啡弱；对创伤性剧痛及内脏绞痛无效；对慢性钝痛（为伴有 PG 增多的炎性疼痛，如牙痛、头痛、神经痛、肌肉痛等）效果好；不产生欣快感与成瘾性。

3）抗炎和抗风湿作用：能减轻红、肿、热、痛等反应，故可明显缓解风湿性及类风湿关节炎的症状，但不能根除病因，也不能阻止病程的发展或并发症的出现，仅有对症治疗的作用。

（二）解热镇痛类代表药物详解

1. 阿司匹林（APC）

阿司匹林又称乙酰水杨酸、醋柳酸、巴米尔、力爽、塞宁、东青等。1853 年弗雷德里克·热拉尔发现但没引起重视；1899 年德莱塞用于临床并取名阿司匹林，成为三大经典药物之一（另外两种分别是青霉素，1928 年弗莱明发现；安定也称地西泮，1954 年莱奥·施特恩巴赫发现）。

阿司匹林属水杨酸类，白色针状结晶，微带酸味，微溶于水，水溶液呈酸性。具有抗炎、抗风湿、止痛、退热、抗凝血等作用。

（1）作用机制

1）抑制花生四烯酸代谢而降低前列腺素，及其他能使痛觉敏感的物质（如缓激肽、组胺）的合成，属于外周性镇痛药。

2）作用于下丘脑体温调节中枢，促使散热增加而起解热作用。

3）抗血小板凝集，不可逆性抑制血小板的前列腺素环氧酶，而防止血栓烷 A2 的生成（烷 A2 可促使血小板聚集）。

（2）临床应用

缓解疼痛、退热及抗风湿、预防短暂心脑缺血、心肌梗死等。

（3）不良反应

1）消化道症状：呕吐、上腹部不适或疼痛而回头顾腹等。

2）引起阿司匹林三联征：阿司匹林不耐受、哮喘与鼻息肉。

3）量大时出现水杨酸反应：眩晕、视听力减退而步态踉跄，甚至惊厥、昏迷或中枢性呕吐。

4）长期用可致氧化磷酸化解偶联，钾从肾小管细胞外逸，导致缺钾、尿中尿酸排出过高，可出现蛋白、细胞、管型等，严重时引起间质性肾炎、肾乳头坏死、肾功能减退。

5）不改变白细胞和血小板数量及血细胞比容、血红蛋白的含量，但长期用因具有抗凝血作用，可引起皮下出血或尿血。

6）引起瑞氏综合征：一种急性脑病和肝脏脂肪浸润综合征。

目前广泛使用的卡巴匹林钙是阿司匹林的钙盐和尿素的螯合物，极易溶于水，作用机制和临床应用与阿司匹林类似。

2. 氨基比林

氨基比林又称匹拉米洞、非诺洛芬钙盐水合物，1893 年合成，1897 年开始在欧洲上市，约 1909 年进入美国市场，1922 年以后进入欧洲市场。

氨基比林属吡唑酮类，白色结晶性粉末，味微苦，遇光可变质（呈黄红色），溶于水，显碱性。将一片匹拉米洞融入水可制成隐形墨水，第二次世界大战时间谍蘸此墨水将情报书写于正常书信，收信方只需将信烘干即可看到隐藏文字。

临床常用其复方制剂：片剂，氨基比林 150 毫克，咖啡因 40 毫克；水针剂，每 2 毫升含氨基比林 0.1 克，安替比林 0.04 克，巴比妥 0.018 克。

（1）作用机制

1）能抑制下丘脑前部神经元中前列腺素 E_1 的合成和释放，恢复体温调节中枢感受神经元的正常反应性而起退热作用。

2）能抑制炎症局部组织中前列腺素的合成和释放、稳定溶酶体膜、影响吞噬细胞的吞噬作用，而起到抗炎作用。

（2）临床应用

用于缓解感冒、上呼吸道感染引起的发热、头痛等症状。

（3）不良反应

1）引起白细胞减少症：表现口腔炎，发热、咽喉痛等症状，丹麦从 20 世纪 30 年代就完全禁用。

2）导致胃肠道损害：如消化不良、黏膜糜烂、胃及十二指肠溃疡出血等，内服与地塞米松和其他抗凝血药合用加重胃肠损害。

3）肝肾损害：出现黄疸、肝炎和急性肾功能不全、间质性肾炎、肾乳头坏死及水钠潴留、高血钾等，与利尿剂合用加重损害。

4）可能会影响到造血功能。

临床广泛使用的安乃近与氨基比林属同类产品。

3. 氟尼辛葡甲胺

20 世纪 90 年代美国先灵葆雅公司开发，属烟酸类衍生物，白色结晶粉末，无臭，有引湿性，在水中几乎不溶。

（1）作用机制

1）外周抗炎作用：是选择性环氧化酶的抑制剂，通过抑制花生四烯酸反应链中的环氧化酶，减少前列腺素（如 PGF2、PGE2、PGh）和血栓烷（如：TXB-2）等炎性介质的生成。

2）镇痛作用：是通过抑制外周的前列腺素或其痛觉增敏物质的合成或它们的共同作用，从而阻断痛觉冲动传导。

3）作用迅速、高效：吸收迅速，15 分钟可减轻疼痛，排泄快，与血浆蛋白结合率高达 99%（可置换已与血浆蛋白结合的其他抗生素，增强抗生素活性），易在炎性部位聚集，静脉注射时数据符合二室开放模型。

小知识：什么是二室开放模型？

给药后，体内药物瞬时在各部位达到平衡，即血液浓度和全身各组织器官浓度迅速达到平衡，称为一室模型。但多数情况下，药物在某些部位的药物浓度可以和血液中的浓度迅速达到平衡（这些部位称为中央室）；而另一些部位有延后性（随后达到平衡的部位称为周边室），即为二室开放模型。

（2）临床应用

具有解热、镇痛、抗炎、抗风湿和消除体内内毒素的作用。

1）缓解内脏绞痛、肌肉与骨骼损伤引起的疼痛及抗炎作用。

2）用于母猪乳腺炎、子宫炎及无乳综合征的辅助治疗。

（3）不良反应

常用剂量的 3 倍（以 6.6 毫克/千克体重）量肌内注射，表现良好的耐受性，无异常反应；另外，特殊毒性试验表明，也无"三致"（致畸、致癌、致突变）作用及繁殖毒性。

二、呼吸系统常用的非抗生素类药物

（一）祛痰类

痰是呼吸道炎症的产物，可刺激呼吸道黏膜引起咳嗽。祛痰药改变痰中黏性成分，降低痰的黏滞度，使痰易于咳出。

1. 祛痰药按作用方式可分为四类

（1）恶心性祛痰药：如氯化铵、愈创甘油醚等，内服对胃黏膜引起化学刺激，引起轻度恶心，通过迷走神经反射性促进呼吸道腺体分泌增加，使黏痰稀释便于咯出。

（2）刺激性祛痰药：如桉叶油、安息香酊等，是一些挥发性物质，加入沸水中，其蒸气挥发可刺激呼吸道黏膜，增加分泌，使痰稀释便于咯出。

（3）痰液溶解剂：如乙酰半胱氨酸，可分解痰液中的黏性成分，使痰液液化，黏滞性降低而易咯出。

（4）黏液调节剂：如盐酸溴己新和羧甲司坦，作用于气管和支气管的黏液产生细胞，使分泌物黏滞性降低，痰液变稀而易咯出。

2. 代表性祛痰药物

（1）氯化铵：适于干咳及黏痰不易咳出者。与金霉素、新霉素、呋喃妥因、磺胺嘧啶等配伍禁忌。

（2）乙酰半胱氨酸：又称美可舒、痰易净、易咳净、莫咳粉。用于浓稠痰液过多的急慢性支气管炎急性发作、支气管扩张症；有喷雾剂和颗粒剂；不宜与金属、橡胶、氧化剂接触，喷雾器要采用玻璃或塑料制品。可降低青霉素、头孢菌素、四环素等的药效；与碘化油、胰蛋白酶配伍禁忌。

（3）盐酸溴己新：适于慢性支气管炎、哮喘等痰液黏稠不易咯出者；

能增加四环素类在支气管的分布浓度，合用时能增强疗效。

（二）镇咳类

咳嗽属保护性反射，轻微咳嗽能清除气管内异物，不需止咳。强烈而频繁的咳嗽，尤其干咳时，要在对因治疗的同时适当镇咳。

1. 中枢性镇咳药

直接抑制延髓咳嗽中枢而镇咳，又分为依赖性和非依赖性。

（1）依赖性中枢镇咳药

可待因：止咳作用强而迅速，同时也镇痛和镇静，用于各种原因所致的剧烈干咳和刺激性咳嗽，尤其是伴有胸痛的干咳。

（2）非依赖性中枢镇咳药

1）咳必清：又称喷托维林、托可拉斯、维静宁。对咳嗽中枢选择性抑制，还有轻度的阿托品样作用和局部麻醉作用，大剂量对支气管平滑肌有解痉作用，兼有中枢性和末梢性镇咳作用。临床上使用较久，用于上呼吸道感染引起的无痰干咳。

2）克咳敏：又称二氧丙嗪。有较强的镇咳作用，并具有抗组胺、解除平滑肌痉挛和抗炎作用；用于慢性支气管炎镇咳疗效显著；还用于过敏性哮喘、荨麻疹、皮肤瘙痒等症。

2. 外周性镇咳药

通过抑制咳嗽反射弧中的感受器、传入神经、传出神经及效应器中的任意环节而起到镇咳作用。

（1）那可丁：为阿片所含的异喹啉类生物碱，通过抑制肺牵张反射、解除支气管平滑肌痉挛，而产生外周性镇咳作用。用于各种过敏性咳嗽、痉挛性咳嗽、严重和发作性咳嗽有特殊的治疗价值，同时它也可抑制因呼吸道分泌物而引起的炎症。

（2）苯丙哌林：为非麻醉性镇咳药，其作用是可待因的 2～4 倍，可抑制外周传入神经，也可抑制咳嗽中枢。用于急、慢性支气管炎及刺激引起的咳嗽，剧烈咳嗽首选。

（三）平喘类

按作用方式分为支气管扩张药、抗炎平喘药和抗过敏平喘药。

1. 气管扩张药

（1）β受体激动药：通过激动支气管平滑肌细胞膜上的β受体，而松弛支气管平滑肌，作用迅速而短暂。常见的有肾上腺素、异丙肾上腺素、麻黄碱、沙丁胺醇（严格禁用）、特布他林、氯丙那林等。

1）肾上腺素、异丙肾上腺素：平喘作用强大而迅速，但选择性差，对 β_1 和 β_2 受体兴奋性均较强。但可引起严重的心脏不良反应，如心率加速，心肌耗氧量增加，直至引起致死性的心律失常，并影响血压（肾上腺素使血压升高），一般用于控制急性发作。

2）麻黄碱：是肾上腺素受体激动剂，扩张支气管的作用比肾上腺素缓和而持久。

（2）茶碱类：甲基黄嘌呤类衍生物，通过抑制磷酸二酯酶，使细胞内 cAMP、环鸟苷酸（cGMP）水平升高，使气管平滑肌能直接松弛。常见的有氨茶碱、二羟丙茶碱、特布他林等。

1）氨茶碱：具有兴奋中枢神经系统、心脏，舒张血管，松弛平滑肌和利尿等作用。但安全范围窄，不良反应多见，并与血清浓度呈依赖关系。

血清浓度为 15～20 微克/毫升时，治疗早期就可出现呕吐、烦躁不卧等；当血清浓度超过 20 微克/毫升时，可出现心动过速、心律失常等；血清浓度超过 40 微克/毫升，可发生发热、失水、惊厥等症状，严重的可致死。可通过胎盘屏障，也能分泌入乳汁，随乳汁排出，孕畜和哺乳期慎用。

主要用于慢性哮喘的维持治疗，以防止急性发作和慢性阻塞性肺病，也可用于心源性肺水肿引起的哮喘。

2）特布他林、氯丙那林等：通过提高支气管平滑肌中环磷酸腺苷（cAMP）的含量，产生舒张效应，并能抑制过敏介质释放。用于哮喘、喘息性支气管炎及伴有支气管痉挛的咳喘。

（3）M 受体阻断药（抗胆碱药）：对气管平滑肌有选择作用，比 β_2 受体激动药起效慢。常见的有异丙托溴铵、氧托溴铵。用于对 β_2 受体激动药耐受的患畜，还可用于治疗阻断 β 受体的药物引起的支气管痉挛。

2. 抗炎平喘药

通过抑制气管炎症反应，可以达到长期防治咳喘的效果，已成为平喘药中的一线药物。常见的有糖皮质激素类和抗白三烯药物。

（1）糖皮质激素类：是抗炎平喘药中抗炎作用最强，并有抗过敏作用的药物。如倍氯米松，呼吸道局部作用为地塞米松的数百倍。全身给药易引起较多的严重不良反应；吸入给药能充分发挥局部抗炎作用，并可避免或减少全身性药物的不良反应。

（2）抗白三烯药物：如半胱氨酰白三烯、孟鲁司特等。

3. 抗过敏平喘药

通过抑制免疫球蛋白E介导的肥大细胞释放介质，以及通过抑制巨噬细胞、嗜酸性粒细胞、单核细胞等炎症细胞的活性发挥抗过敏作用和轻度的抗炎作用。其平喘作用起效较慢，不宜用于哮喘急性发作期的治疗，常见的有以下两种。

（1）炎症细胞膜（肥大细胞等）稳定剂：如色甘酸钠、奈多罗米钠等。

（2）H_1受体阻断剂：如酮替芬等，临床上主要用于预防和长期控制哮喘的发作。

三、消化系统常用的非抗生素类药物

（一）助消化药

消化不良是指一组表现为上腹部不适、疼痛、上腹胀、嗳气、食欲不振、恶心、呕吐等症状的综合征。助消化药是指能够促进胃肠道消化功能，增进食欲的一类药物总称，主要适用于宿食不消而引起的脘腹胀满，不思饮食，嗳气吞酸，恶心呕吐，大便失常，以及脾胃虚弱所致消化不良，食欲减退等。

1. 属消化液正常成分的助消化药

当消化液分泌不足时，起补充、替代治疗的作用。

（1）稀盐酸：10%稀盐酸溶液。常与胃蛋白酶同服，服用后使胃内酸度增加，胃蛋白酶活性增强（胃蛋白酶在含0.2%～0.4%盐酸时消化力最强）。临床用于慢性萎缩性胃炎、胃癌等多种原因引起的胃酸缺乏症及发酵性消化不良。

（2）胃蛋白酶：是胃黏膜分泌的蛋白水解酶，能使凝固的蛋白质分解成多肽和寡肽。在pH值1.6～1.8时作用最强，遇碱破坏，常与稀盐酸同服。临床用于慢性萎缩性胃炎、胃癌、恶性贫血等所致的胃蛋白酶缺乏及病后恢复期消化功能减退、进食蛋白性食物过多等所致的消化不良。

（3）胰酶：来源于牛、猪、羊等动物的胰腺，含胰蛋白酶、胰淀粉酶、胰脂肪酶，消化蛋白、淀粉和脂肪等。临床用于消化不良、食欲不振、胰液分泌不足等。在酸性溶液中易被破坏，通常制成肠衣片吞服；与碳酸氢钠同服，可增加疗效。

2. 能够促进消化液分泌的助消化药

代表药物：康胃素（又称卡尼汀）。一种氨基酸衍生物，能增进食欲，促进唾液、胃液、胰液、胆汁、肠液的分泌，并能增强消化酶的活性和调整胃肠功能。

（1）临床用于：①胃酸缺乏症、消化不良、食欲减退、慢性胃炎及腹胀、嗳气、高脂血症等；②病后恢复期食欲不振、产前产后不食、仔猪诱食等。

（2）注意事项：不宜与碱性药物合用；胃酸过多或急慢性胰腺炎禁用。

3. 制止肠道内过度发酵的助消化药

（1）干酵母：干燥活酵母菌，含少量 B 族维生素。临床主要用于消化不良、食欲不振、维生素 B 缺乏症的辅助用药等。采食后整粒撒布、随意嚼服，用量过大可发生腹泻、腹痛。

（2）乳酸菌素：是以鲜牛奶为原料经生物发酵后制备而成，内服后附着于肠道黏膜，在肠内分解糖产生乳酸，使肠内酸度增高：①促使胃蛋白酶原转变为胃蛋白酶，提高胃蛋白酶活性；②抑制腐败菌的繁殖，促进正常菌群的生长，调节肠道微生物生态平衡，抑制大肠杆菌、痢疾杆菌等肠道致病菌；③防止蛋白质发酵，减少产气，防止肠内蓄积有害物质；④促进消化液分泌，增强消化吸收功能。临床主要用于断奶仔猪消化不良、肠内异常发酵、急慢性肠炎及腹泻等。铋剂、鞣酸、药用炭、酊剂等能吸附本品，不宜合用。同类药物还有乳酶生（表飞鸣、活乳酸杆菌）、整肠生（活地衣芽孢杆菌等）。

4. 调整胃肠功能的助消化药

（1）以治疗食欲不振为代表的助消化药

1）维生素 B_1：又称硫胺素、赛阿命、抗脚气病素、抗神经炎素、乙一素，1896 年荷兰伊克曼首先发现，是最早被提纯的维生素。白色结晶性粉末，由嘧啶环和噻唑环通过亚甲基结合而成。天然维生素 B_1 存在于种子外皮和胚芽中，酵母菌中含量也丰富。在碱性溶液中容易分解变质；与含鞣质类的中药合用会永久结合排出体外而失去作用。

作用机制：维生素 B_1 以辅酶形式参与糖的代谢，帮助碳水化合物的消化；保护神经系统，促进肠胃蠕动，增加食欲；还有促进成长，减轻晕车、晕船的作用。

临床用于：母猪产前、产后不食、应激及病后食欲不振的辅助治疗。

2）新斯的明：又称普洛色林，拟胆碱药中的抗胆碱酯酶药之一，是毒扁豆碱的人工合成代用品，有甲基硫酸新斯的明和溴化新斯的明两种。

作用机制：通过可逆性抑制胆碱酯酶活性，使乙酰胆碱不能水解，从而提高体内受体部位的乙酰胆碱浓度，加强和延长乙酰胆碱的作用，呈现出全部胆碱能神经兴奋的效应。

作用特点：对腺体、眼、心血管及支气管平滑肌作用较弱，对胃肠道平滑肌能促进胃收缩和增加胃酸分泌，并促进小肠、大肠及结肠的蠕动，从而防止肠道弛缓、促进肠内容物向下推进。

临床用于：重症肌无力、腹胀、尿潴留；牛、羊前胃迟缓、子宫收缩无力和胎衣不下等。

注意：机械性肠梗阻、胃肠完全阻塞或麻痹、痉挛疝、尿路梗阻、支气管哮喘及孕畜禁用，过量中毒时用阿托品解救。

3）比赛可灵：又称氯贝胆碱、氯化氨甲酰甲胆碱。白色结晶性粉末，有轻微氨样气味。拟胆碱药，具有兴奋平滑肌促进胃肠蠕动，促进体液分泌，增强食欲，帮助消化的作用。

临床用于：牛、羊等反刍动物前胃弛缓，瘤胃积食，大肠干燥等消化系统疾病；猪高热性疾病引起的大肠干燥、胃肠不适、食欲不振，效果显著。对各种动物的尿潴留、胎衣不下也有显著疗效。

应用拟胆碱药注意事项：忌不分析病因盲目用药而致胃肠破裂；忌用量过大或短期连续使用而致药物中毒；忌单一用药只兴奋胃肠蠕动，而不杀菌消炎；忌用药后不观察，出现呕吐、腹泻时要用阿托品解救。

（2）以治疗呕吐为代表的助消化药

1）维生素 B_6：又称吡哆素，包括吡哆醇、吡哆醛及吡哆胺，以磷酸酯形式存在，1934 年定名维生素 B_6，酵母菌、豆类及花生中含量较多。无色晶体，易溶于水，在酸液中稳定，在碱液中易破坏，吡哆醇耐热，吡哆醛和吡哆胺不耐高温。维生素 B_6 是某些辅酶的组成成分，和氨基酸代谢相关，尤其为甲硫氨基、胱氨酸、半胱氨酸等胺基转移所需。

临床用于：

止吐：冷、热、霉菌毒素刺激及吃药后引起的呕吐等。

治疗贫血：维生素 B_6 为 δ-氨基-γ 酮戊酸合成酶的辅酶，而此酶是合成血红蛋白的限速酶，可用于预防贫血的辅助治疗。

治疗白细胞减少症：维生素 B_6 参与氨基酸和脂肪的代谢，刺激白细胞生成，因而可用于治疗白细胞减少症。

回乳：促进脑内多巴胺的生成，从而激动多巴胺受体而减少垂体催乳素分泌，抑制乳汁分泌率达 95%，比雌激素生效快。

治疗破伤风：破伤风外毒素可抑制 γ-氨基丁酸和甘氨酸的释放而致痉挛，维生素 B_6 通过促进 γ-氨基丁酸的合成而抗痉挛。

2）爱茂尔：复方制剂，含溴米那 2 毫克、盐酸普鲁卡因 3 毫克、苯酚 6 毫克。有镇静催眠作用，盐酸普鲁卡因常量抑制中枢神经，过量兴奋；可抑制突触前膜乙酰胆碱释放，产生一定神经肌肉阻断作用，并直接抑制平滑肌，解除平滑肌痉挛。

临床用于：神经性呕吐、妊娠呕吐及晕车、胃痉挛等呕吐。

（3）以促进胃动力为代表的助消化药

1）多潘立酮：又称吗丁啉、胃得灵等，为苯咪唑类衍生物。

作用机制：为外周多巴胺受体 D_2 拮抗剂，直接阻断胃肠的多巴胺受体而呈现增强胃运动作用，促进胃排空；同时，增强食管下端括约肌的张力，协调胃与十二指肠运动，防止胃-食管反流。

临床应用：治疗胃轻瘫，使胃潴留症状消失，并缩短胃排空时间；也可用于胃溃疡的辅助治疗，消除胃窦部潴留。

2）莫沙必利

作用机制：选择性 5-羟色胺 4（5-HT4）受体激动药，能促进乙酰胆碱的释放，刺激胃肠道而发挥促进胃动力作用。本药与大脑神经细胞突触膜上的多巴胺 D_2 受体、肾上腺素 α_1 受体、5-HT1 和 5-HT2 受体无亲和力，故不会引起锥体外系综合征及心血管不良反应。

临床应用：用于胃灼热、上腹痛、胃食管反流、胃轻瘫等。

5. 其他常用助消化药

（1）小苏打：又称碳酸氢钠、重碳酸钠、酸式碳酸钠、重碱等。白色结晶性粉末，味咸。在潮湿空气中即缓缓分解，水溶液放置稍久，或振摇，或加热，碱性即增加。

作用机制：能中和胃酸，溶解黏液，降低消化液的黏度，并加强胃肠的收缩，起到健胃、抑酸和增进食欲的作用。

临床应用：①高温应激引起的食欲不振；②与磺胺类药物等量合用，减轻磺胺药对肾脏的损害。

不良反应：①长期服用会出现肌肉疼痛、抽搐及持续头痛；②造成钠负荷过量，影响心脏功能，并使血管变脆；③干扰钙的吸收，即 $NaHCO_3$ 在体内分解出碳酸根（CO_3^{2+}）与钙结合，形成难溶性碳酸钙，致机体缺钙，出现骨质疏松等；④内服时产生大量的二氧化碳气体，增加胃内压力，对胃溃疡患畜会刺激溃疡面，甚至有产生胃穿孔的危险。

（2）消胀片：每片含二甲硅油 25 毫克、氢氧化铝 40 毫克、葡萄糖 300 毫克，为抗酸消胀药。表面张力小，能改变气泡表面张力，使其破裂，因此能消除胃肠道中的泡沫，从而缓解胀气。

临床应用：①腐败菌及非机械性梗阻（如肠痉挛）所致的胃肠胀气；②可提高胃肠检查时清晰度和消除中药提取过程中被泡沫贮留的气体，是唯一被药监部门认可的消泡剂。多在服药后 1 小时左右见效，但对不是气体过多引起的腹胀（如腹腔积水、积粪等）无效。

6. 常见助消化的中药及方剂

（1）常见的助消化中药

1）山楂：归脾、胃、肝经，有消食化积、活血散瘀的功效。含山楂的药物有健胃消食片、保和丸、大山楂丸等。

2）麦芽：消食开胃，和中，回乳；治食积，肝气不舒，肝胃不和等。含麦芽的药物有健胃消食片、大山楂丸等。

3）陈皮：理气健脾，燥湿化痰；治胸腹胀满，食少吐泻，咳嗽痰多等。含陈皮的药物有健胃消食片、健脾丸、山麦健脾口服液等。

4）砂仁：化湿开胃，温脾止泻，理气安胎；治脘痞不饥，呕吐泄泻等。含砂仁的药物有香砂六君丸。

5）六神曲：健脾和胃，消食调中；治饮食停滞，胸痞腹胀，呕吐泻痢。含六神曲的药物有健胃片、保和丸、大山楂丸等。

（2）常见的助消化中成药

1）保和丸：化滞和中；治食积停滞、大便泄泻、腹痛腹胀等。

2）香砂养胃丸：燥湿平胃；治气滞湿阻、无食欲、脘腹胀痛等。

3）人参健脾丸：健脾运滞；治脾气虚弱，停食不化等。

4）香砂枳术丸：健脾开胃、行气消痞；治脾虚食少、宿食不消、胸脘痞闷等。

5）木香顺气丸：行气化湿、健脾和胃；治脘腹胀痛、恶心、嗳气等。

（二）缓解便秘类

1. 概述

缓解便秘类也称泻下药，根据泻下程度的不同，分为攻下药、润下药和峻下逐水药三类。

（1）攻下药：多属味苦性寒，既能通便，又能泻火，适用于大便燥结、宿食停积、实热壅滞等症。也用于消化道上部充血、出血兼见便秘者；以及痢疾初起，里急后重、泻而不畅者和实热结滞导致急腹症者等。

常见药有大黄、芒硝、番泻叶等。

（2）润下药：多为植物的种仁或果仁，富含油脂，具有润滑作用，使大便易于排出，适用于一切血虚津枯所致的便秘。常见药有火麻仁、郁李仁、蜂蜜等。

（3）峻下逐水药：作用峻猛，能引起强烈腹泻，以消除肿胀，适用于水肿、胸腹积水、痰饮结聚、喘满壅实等症。常见药有甘遂、芫花、巴豆、牵牛子、大戟等。

2. 常用泻下方剂

（1）大承气汤：大黄 12 克，厚朴 24 克，枳实 12 克，芒硝 9 克。主治阳明腑实证，症见大便不通，脘腹痞满，腹痛拒按，按之则硬，舌苔黄燥起刺或焦黑燥裂。

（2）新加黄龙汤：生地黄 15 克，生甘草 6 克，人参（另煎）4.5 克，生大黄 9 克，芒硝 3 克，玄参 15 克，麦冬 15 克，当归 4.5 克，海参（洗）2 条，姜汁 6 匙。主治热结里实，气阴不足证；症见大便秘结，腹中胀满而硬，神倦少气，苔焦黄或焦黑燥裂。

（3）济川煎：当归 9～15 克，牛膝 6 克，肉苁蓉 6～9 克，泽泻 4.5 克，升麻 1.5～3 克，枳壳 3 克。主治肾阳虚弱，精津不足；症见大便秘结，小便清长，腰膝酸软，舌淡苔白；常用于母猪产前、产后便秘。

（4）温脾汤：大黄 15 克，当归 9 克，干姜 9 克，附子 6 克，人参 6 克，芒硝 6 克，甘草 6 克。主治阳虚寒积证，症见腹痛便秘，脐下绞结，苔白不饮。

（5）三物备急丸：大黄 30 克，巴豆（炒研如脂或用霜）30 克，干姜 30 克。主治食停肠胃，心腹胀痛如锥刺，四肢厥逆，苔白而润，脉象沉紧或迟者。

（6）大黄附子汤：大黄 9 克，附子 12 克，细辛 3 克。主治寒积里实证；症见腹痛便秘，胁下偏痛，发热，手足厥冷，舌苔白腻等。

3. 临床常见的几种缓解便秘的药物

（1）人工盐

由干燥硫酸钠 44%、碳酸氢钠 36%、氯化钠 18% 和硫酸钾 2% 混合制成；易溶于水，水溶液呈弱碱性反应。

内服少量时，能轻度刺激消化道黏膜，促进胃肠的分泌和蠕动，从而产生健胃作用；小剂量还有利胆作用，可用于胆道炎、肝炎的辅助治疗。

内服大量时，其中的主要成分硫酸钠在肠道中可解离出 Na^+ 和不易被

吸收的 SO_4^{2-}，由于渗透压作用，使肠管中保持大量水分，并刺激肠壁增强蠕动，软化粪便。

临床主要用于消化不良、胃肠弛缓、慢性胃肠卡他、早期大肠便秘等。

（2）石膏

1）生石膏：为二水硫酸钙（$Ca[SO_4]\cdot2H_2O$），又称细石、细理石、软石膏、寒水石、白虎，有清热泻火、除烦止渴的功效。

2）熟石膏：为半水硫酸钙（$Ca[SO_4]\cdot0.5H_2O$），又称建筑石膏、灰泥，有敛疮生肌，收湿，止血的功效。

3）硬石膏：为无水硫酸钙（$Ca[SO_4]$），又称地板石膏，强度大、耐磨性好。

（3）芒硝

芒硝又称朴硝、皮硝、毛硝、马牙硝、土硝、盆硝等，主要成分为十水硫酸钠（$Na_2SO_4\cdot10H_2O$）。有泻下通便，润燥软坚，清火消肿的功效，不宜与硫黄同用。常用于实热积滞，腹满胀痛，大便燥结，肠痈肿痛等病症；外治乳痈，痔疮肿痛。

（4）石蜡油

石蜡油是一种矿物油，从原油分馏中所得到的无色无味的混合物。在消化道内不被消化，吸收极少，对肠壁和粪便起润滑作用，且能阻止肠内水分吸收，软化大便，使之易于排出。久服可干扰维生素 A、维生素 D、维生素 K 及钙、磷的吸收，导泻时可致肛门瘙痒蹭圈。

（5）开塞露

开塞露属于刺激性泻药，有两种制剂：一种是甘油制剂，另一种是甘露醇、硫酸镁制剂。两种制剂原理相同，即利用甘油或山梨醇的高浓度，即高渗作用，软化大便，刺激肠壁，反射性地引起排便反应，再加上其具有润滑作用，能使大便容易排出。不宜长期使用，使用过久，肠壁对开塞露刺激的敏感性会变得越来越弱，导致再难发挥作用。临床主要用于大便嵌顿和需要迅速通便者。

（三）腹泻辅助用药

1. 防脱水和代谢性酸中毒类

代表药物举例：口服补液盐（ORS）

1817—1970 年，全世界暴发 7 次霍乱大流行，剧烈、腹泻导致死亡上亿人；1971 年，口服补液盐首次大范围临床使用，腹泻致死率由预计的 50％降至 5％；1975 年 WHO（世界卫生组织）规范了口服补液盐Ⅰ的组方；1985 年 WHO 推出了口服补液盐Ⅱ的组方，除补充水、钠和钾外，对急性腹泻还有一定的治疗作用；2006 年 WHO 推出了口服补液盐Ⅲ的组方，降低了钠、糖的含量，从而将渗透压由 311 毫渗/升降至 245 毫渗/升，既能补液（Ⅰ），又能止泻（Ⅱ），还能减少腹泻患者的粪便量，缩短腹泻病程及时间，并且能减少呕吐率 30％，减少静脉补液率 33％。

（1）口服补液盐三代组方

1）口服补液盐Ⅰ：氯化钠 3.5 克、碳酸氢钠 2.5 克和葡萄糖 20 克，加水至 1000 毫升后饮用。

2）口服补液盐Ⅱ：氯化钠 1.75 克、氯化钾 0.75 克、枸橼酸钠 1.45 克、无水葡萄糖 10 克，加水至 500 毫升后饮用。

3）口服补液盐Ⅲ（又称博叶）：氯化钠 2.6 克、氯化钾 1.5 克、枸橼酸钠 2.9 克、无水葡萄糖 13.5 克，加水至 250 毫升后饮用。

（2）临床应用

治疗腹泻引起的轻、中度脱水，并可用于补充钠、钾、氯。

（3）不良反应和注意事项

①少尿或无尿时禁用，以免引起高钠血症；②严重失水、有休克征象时，应腹腔注射或静脉补液；③脱水纠正后，应立即停服 ORS，而改为正常饮水；④肠梗阻、肠麻痹和肠穿孔禁用。

2. 保护肠黏膜的药物

（1）鞣酸蛋白：淡黄色粉末，不溶于水。由鸡蛋清的稀溶液与鞣酸作用制得。

作用机制：胃内不分解，到小肠分解出鞣酸，使肠黏膜表层蛋白凝固形成保护膜，减少渗出，减轻刺激及肠蠕动，有收敛止泻作用。

临床应用：用于急性肠炎及非细菌性腹泻等；及外用于湿疹、溃疡处。

不良反应及注意事项：①影响胃蛋白酶、胰酶等酶类活性，不宜同服；②用于治疗细菌性肠炎时应首先用抗生素控制感染；③用量过大可致便秘，但可以吃乳酸菌素片进行调节。

（2）次硝酸铋（又称碱式硝酸铋、次苍片）：白色重质粉末，有珠宝光泽，微有潮解性，不溶于水。

作用机制：内服后因不溶于水，大部分被覆在肠黏膜表面，减轻食物对胃黏膜的刺激，呈现物理性保护作用。在肠内铋与硫化氢结合，在肠黏膜上形成不溶解的硫化铋（Bi_2S_3），使肠蠕动减慢；同时铋盐还有抑菌作用。

临床应用：中和胃酸及收敛，用于治疗胃及十二指肠溃疡及腹泻等。

不良反应及注意事项：①服药期间大便呈暗棕色属正常现象；②大剂量长期服用，当血钙浓度超过 0.1 微克/毫升时，有可能导致钙性脑疝；③呕吐毒素导致急性胃黏膜病变者最好不用；④孕畜禁用。

同类药物有硫糖铝（解离出硫酸蔗糖复合离子，与溃疡面正电荷的蛋白质渗出物结合）、氢氧化铝（与盐酸形成凝胶）等。

3. 吸附毒素类药物

（1）蒙脱石散：又称胶岭石、微晶高岭石，是颗粒极细的含水铝硅酸盐构成的层状矿物，由火山凝结岩等基性火成岩在碱性环境中，蚀变而成的膨润土的主要组成部分，1847 年命名，来源于首先发现的产地——法国的蒙脱里隆。医药上又称思密达、司邦得，白色粉末状，有芳香味。

作用机制：①为天然蒙脱石微粒粉剂，具有层纹状结构及非均匀性电荷分布，对消化道内的病毒、病菌及其产生的毒素有固定、抑制作用，使其失去致病作用；②对消化道黏膜具有很强的覆盖保护能力，并通过与黏液糖蛋白相互结合，从质和量两方面修复、提高黏膜屏障对攻击因子的防御功能；③具有平衡正常菌群和止痛作用。

临床应用：用于急、慢性腹泻及食管、胃、十二指肠疾病引起的相关疼痛症状的辅助治疗，但不作为解痉剂使用。

不良反应及注意事项：①过度服用易致便秘；②治疗急性腹泻时应注意纠正脱水。

（2）活性炭：炭是化学成分不纯，所含杂质和性质经常变化的含碳物质；碳指的是一种原子，与化学元素有关的名词均用"碳"。活性炭是把硬木、果壳、骨头等放在密闭的容器中烧成炭。医药上用来吸收胃肠中的毒素、细菌或气体；防毒面具中用来过滤气体，制药工业上用来脱色、使溶液纯净。

活性炭靠自身孔隙结构和分子之间相互吸附的范德华力等双重吸附。

4. 止泻类中药

止泻类中药又称涩肠药，具有收敛固涩作用，味多酸、涩；性多温或平；用于由脾肾虚寒导致的久泻久痢、大便失禁、脱肛等症状。

（1）常用的涩肠止泻中药

1）乌梅：具有敛肺，涩肠，生津，安蛔之功效。治疗久泻久痢、蛔厥呕吐腹痛，与党参和白术同用。

2）诃子：具有敛肺止咳，降气，涩肠止泻之功效。治疗热证痢疾，与黄连、木香和甘草同用；气阴受损，与党参、白术和山药等同用。

3）五倍子：有敛肺、止汗、涩肠、固精、止血、解毒功效。治疗久泻久痢，长期便血与诃子、五味子同用。

4）肉豆蔻：具有温中行气，涩肠止泻之功效。治疗脾胃虚寒、虚泻冷痢、脘腹冷痛、呕吐等。

5）石榴皮：具有涩肠止泻，止血，驱虫之功效。治疗虚寒致久泻久痢，便血，脱肛，崩漏，带下，虫积腹痛，与诃子、肉豆蔻、干姜和黄连同用。

6）五味子：具有敛肺，滋肾，生津，收汗，涩精之功效。治疗脾肾阳虚导致的泄泻，有益肾固精的作用。

7）金樱子：具有固精缩尿，固崩止带，涩肠止泻之功效。治疗脾虚泄泻，与党参、白术、山药、茯苓同用。

（2）常用的涩肠止泻方剂

1）乌梅散：乌梅（去核）3个，干柿半个，诃子6克，黄连6克，姜黄6克。功效：涩肠止泻，清热燥湿。主治：幼畜奶泻。

2）白头翁散：白头翁90克，黄柏45克，黄连45克，秦皮45克。功效：清热解毒，凉血止痢。主治：湿热痢疾、热泻等。

四、常用的激素类、辅酶类、强心类、镇静类药物

（一）激素类

1. 肾上腺素

肾上腺位于两侧肾脏的上方，周围部分是皮质，内部是髓质，是两种内分泌腺。皮质从外往里可分为球状带（分泌盐皮质激素，主要是醛固酮）、束状带（分泌糖皮质激素，主要是皮质醇）和网状带（分泌性激素，如脱氢雄酮、雌二醇）三部分。肾上腺髓质分泌肾上腺素（作用于心肌，使心跳加快）和去甲肾上腺素（使小动脉平滑肌收缩而血压升高）。

肾上腺素是髓质铬细胞中首先形成去甲肾上腺素，然后进一步经苯乙胺-N-甲基转移酶的作用，使去甲肾上腺素甲基化形成肾上腺素，其化学本质为儿茶酚胺。

（1）作用机制

1）兴奋 β_1 受体：心肌收缩力增强，心率加快，耗氧增加。

2）兴奋 β₂ 受体：扩张血管，降低周围血管阻力而减低舒张压；扩张支气管，解除支气管痉挛。

3）兴奋 α 受体：使皮肤、黏膜血管及内脏小血管收缩。

（2）临床应用

心脏骤停、支气管哮喘、过敏性休克，也可治疗荨麻疹、枯草热及鼻黏膜或齿龈出血。

（3）不良反应及注意事项

1）可使僵硬与震颤症状暂时性加重。

2）氯丙嗪、氯仿、环丙烷麻醉时致低血压和心律失常。

3）与催产药如缩宫素、麦角新碱等合用，可增强血管收缩，导致高血压或外周组织缺血。

4）禁与碱性药物配伍，药品性状改变（变红色）禁止使用。

5）通过胎盘屏障致胎儿缺氧，并松弛子宫平滑肌减弱宫缩。

6）中毒时躯体突然苍白、震颤、步态不稳，用氢化麦角碱解救。

2. 地塞米松

地塞米松又名氟美松、氟甲强的松龙、德沙美松，于 1957 年首次合成，目前上市的地塞米松衍生物已达 12 种以上。

属糖皮质激素（GC）类，由肾上腺皮质束状带分泌的一类甾体激素，主要为皮质醇，称其为糖皮质激素是因为其调节糖类代谢的活性最早为人们所认识。

（1）糖皮质激素根据其血浆半衰期分短、中、长效三类

短效激素包括氢化可的松、可的松；中效激素包括强的松、强的松龙、甲基强的松龙、去炎松；长效激素包括地塞米松、倍他米松等。

（2）地塞米松的作用机制

1）抗炎作用：抑制炎症细胞，包括巨噬细胞和白细胞在炎症部位的集聚，并抑制吞噬作用、溶酶体酶的释放以及炎症化学中介物的合成和释放等，从而减轻和防止组织对炎症的反应，减轻炎症的表现。

2）免疫抑制作用：防止或抑制细胞介导的免疫反应，延迟过敏反应；减少 T 淋巴细胞、单核细胞、嗜酸性细胞的数目，降低 T 淋巴细胞向淋巴母细胞转化；降低免疫球蛋白与细胞表面受体的结合能力；抑制白介素的合成与释放；减少补体成分及免疫球蛋白的浓度；降低免疫复合物通过基底膜。

3）抗内毒素、抗休克及增强应激反应等。

（3）地塞米松的临床应用

用于过敏性与自身免疫性炎症，如结缔组织病，严重的支气管哮喘，皮炎及溃疡性结肠炎、恶性淋巴瘤等。

（4）不良反应及注意事项

1）易于透过胎盘屏障而几乎未灭活，引起流产，故孕期禁用。

2）大剂量使用引起糖尿病、骨质疏松、消化道溃疡和并发感染。

（二）辅酶、维生素类

1. 辅酶 A（CoA、CoASH 或 HSCoA，4 -氨基嘧啶并咪唑）

含有泛酸的辅酶，酰基的载体；从鲜酵母中提取，由泛酸、腺嘌呤、核糖、半胱胺及磷酸组成；参与脂肪酸及丙酮酸的代谢。

（1）作用机制

1）提供机体能量：是体内 70 多种酶反应通路的辅助因子，包括糖类的分解，脂肪酸的氧化，氨基酸的分解，丙酮酸的降解，激发三羧酸循环，提供机体生命所需 90% 的能量。

2）提供活性物质：参与机体大量必需物质的合成，在脑部合成神经递质乙酰胆碱以及促进睡眠的褪黑激素等。

3）传递酰基作用：辅酶 A 是重要的乙酰基和酰基传递体。

4）激活免疫作用：辅酶 A 支持机体免疫系统对有害物质的解毒、激活白细胞、促进血红蛋白的合成、参与抗体的合成。

5）促进结缔组织形成和修复：促进硫酸软骨素和透明质酸合成，形成、保护和修复软骨。

6）其他作用：促进辅酶 Q10 和辅酶 I 的利用，减轻抗生素的毒副作用。

（2）临床应用

用于白细胞减少症、原发性血小板减少性紫癜及功能性低热。

1）组成能量合剂（辅酶 A 50 单位、ATP 20 毫克及胰岛素 4 单位）。

2）与维生素 B_1 合用，治疗母猪低温症。

（3）药物相互作用、不良反应及注意事项

1）与三磷酸腺苷、细胞色素 C 等合用，效果更好。

2）过敏反应，表现晕头转向、心跳加快，甚至短暂的昏迷。

3）急性心肌梗死禁用。

2. 辅酶 Q10（CoQ10）

辅酶 Q10 也称泛醌、维生素 Q10、癸烯醌、泛癸利酮、辅酵素 Q10

等，1957 年发现，脂溶性醌类化合物，哺乳动物的侧链异戊烯单位是 10，故称辅酶 Q10，结构类似维生素 K 和维生素 E，在呼吸链质子移位及电子传递中起重要作用，黄色结晶粉末，遇光易分解。

（1）作用机制

1）保护心脏和血管：为心肌提供充足氧气，防止血管壁脂质过氧化，预防突发性心脏病和动脉粥样硬化。

2）抗氧化：抗氧化能力是维生素 E 的 50 倍，是细胞自身产生的天然抗氧化剂和细胞代谢启动剂，具有强大的清除自由基能力，保护和恢复生物膜结构的完整性、稳定膜电位作用。

3）是机体的非特异性免疫增强剂。

（2）临床应用

病毒性心肌炎，慢性心功能不全，轻中度心力衰竭的治疗。

3. 细胞色素 C

猪或牛心中提取，还原型为分散的针状结晶，氧化型为花瓣状结晶，两者均易溶于水及酸性溶液，前者水溶液呈桃红色，后者呈深红色。

（1）作用机制

生物氧化过程中的电子传递体，通常外源性细胞色素 C 不能进入健康细胞，但在缺氧时，细胞膜的通透性增加，可能进入细胞及线粒体内，起到矫正细胞呼吸与促进物质代谢的作用。

（2）临床应用

细胞呼吸激活药，用于各种组织缺氧急救的辅助治疗。如一氧化碳中毒、催眠药中毒、氰化物中毒、新生仔畜窒息、严重休克期缺氧、脑血管意外、麻醉及肺部疾病引起的呼吸困难和各种心脏疾患引起的心肌缺氧的治疗。

4. 维生素 C

1911 年，人们才认识到坏血病是因维生素 C 缺乏而引起，维生素 C 是一种多羟基化合物，其分子中第 2 和第 3 位上两个相邻的烯醇式羟基，极易解离而释出 H^+，故具有酸的性质，又称抗坏血酸。

在酸性环境中稳定，遇空气中氧、热、光、碱性物质，特别是由氧化酶及痕量铜、铁等存在时，促进氧化破坏。

维生素 C 可以是氧化型，又可以是还原型存在于体内，所以既可作为供氢体，又可作为受氢体，体内氧化还原过程中必不可少。

（1）生物学作用

1）参与羟化反应：促进胶原合成，维生素 C 缺乏胶原合成障碍，会导致坏血病；促进神经递质，5－羟色胺及去甲肾上腺素的合成；促进类固醇羟化，降低体内胆固醇含量；促进毒物羟化解毒，提升混合功能氧化酶活性，增强药物或毒物的解毒（羟化）过程，还可缓解铅、汞、镉、砷等重金属的毒害，另外可阻断致癌物 N－亚硝基化合物合成，预防癌症。

2）还原作用：清除自由基，自身代谢过程可清除超负氧离子（O^{2-}）、羟自由基（OH^-）、有机自由基（R^-）和有机过氧基（ROO^-）等；促进铁的吸收，使三价铁还原为二价铁，可治疗贫血；促进四氢叶酸形成，能促进叶酸还原为四氢叶酸；促进抗体形成，有助于胱氨酸还原为半胱氨酸，合成抗体；维持巯基酶的活性。

（2）药物相互作用、不良反应及注意事项

1）以空腹服用为宜，但有溃疡时慎用，以免刺激而穿孔。

2）大量用不可突然停药，以免戒断反应症状加重或复发。

3）长期用致胃酸反流，或尿酸、半胱氨酸或草酸盐结石。

4）不宜与氨茶碱、青链霉素、磺胺合用，因在碱性环境中会失效。

5）促进维生素 A、叶酸、阿司匹林的排泄。

（三）镇静、保定类药物

1. 氯丙嗪

氯丙嗪又称冬眠灵、阿米那嗪、氯普马嗪、氯硫二苯胺；1950 年偶然发现可治疗精神分裂，1952 年 12 月在法国上市，号称精神科的"青霉素"；吩噻嗪类的代表药物，中枢多巴胺受体的拮抗药。

（1）作用机制

1）镇静、抗精神病：小剂量对脑干网状结构上行激活系统 α－肾上腺素受体抑制，使动物镇静；大剂量对与情绪思维有关大脑边缘系统的多巴胺受体抑制，抗精神分裂。

2）镇吐：抑制呕吐中枢，但对刺激前庭（如晕车）所致呕吐无效。

3）降温作用：抑制体温调节中枢，与哌替啶、异丙嗪配成冬眠合剂可致人工冬眠（假死），用于各种休克、烧伤、高热等。

4）拮抗外周 α－肾上腺素受体，扩张血管，改善微循环，抗休克。

5）使催乳素抑制因子释放减少，出现乳房肿大、乳溢。抑制促性腺激素释放、促皮质素及促生长激素分泌，延迟排卵。

（2）临床应用

1）用于缓和中枢兴奋引起的惊厥。

2）用于高温转群或其他原因引起的应激反应，可在捕捉、免疫接种、运输及断喙前1小时左右，每千克饲料中加入500毫克氯丙嗪饲喂预防应激反应。

3）对各种原因（除晕车外）引起的呕吐均有效。

4）可治疗左心衰。

（3）药物相互作用、不良反应及注意事项

1）遇碳酸氢钠、有机酸类、巴比妥类沉淀，遇氧化剂变色。

2）引起口干、视物不清、上腹部不适、乏力、嗜睡，大剂量引起低血压，血压过低时可静脉滴注去甲肾上腺素或麻黄碱升压；但不可用肾上腺素，以防血压降得更低。

3）引起眼角膜和晶体混浊，或使眼压升高。

4）可引起持久性不自主的刻板运动，停药后不消失。

2. 普鲁卡因

普鲁卡因又称奴佛卡因，属短效酯类局麻药，易溶于水，毒性比可卡因低，注射液中加入微量肾上腺素可延长20％作用时间。

（1）作用机制

具有外周神经传导阻滞作用，依靠浓度梯度以弥散方式穿透神经细胞膜，在内侧阻断钠离子通道，使神经细胞兴奋阈值升高，丧失兴奋性和传导性，信息传递被阻断，产生局麻作用。

在血浆中被酯酶水解，转变为对氨基苯甲酸（PABA）和二乙氨基乙醇，前者拮抗磺胺类药物的抗菌作用，故应避免同时应用。

（2）临床应用

亲脂性低，对黏膜的穿透力弱，一般不用于表面麻醉，常局部注射用于浸润麻醉、传导麻醉、蛛网膜下腔麻醉、硬膜外麻醉和"封闭疗法"等。

1）浸润麻醉：用于下腹部和四肢需时不长的手术。局部注射时注射液浓度多为0.25％～0.5％，用量视病情需要而定，但每小时不可超过1.5克。

2）用于封闭疗法：与青霉素配合治疗某些损伤和乳腺炎等，封闭时采用菱形皮下注射，便于推注和抽针头。

注意：配制普鲁卡因青霉素合剂时，不能直接用普鲁卡因稀释青霉素（会变浑浊），应先用注射用水把青霉素稀释之后，再与普鲁卡因注射液混合。

3）用于纠正四肢血管舒缩功能障碍。

（3）药物相互作用、不良反应及注意事项

1）用量过大可致脉速、呼吸困难、兴奋、惊厥、恶性高热。

2）腰麻时会血压下降，可在麻醉前肌内注射麻黄碱20毫克预防。

3）不宜与葡萄糖液配伍，因可使其局部麻醉作用降低。

中毒后解救：①出现惊厥时，可静脉注射异戊巴比妥解救；②恶性高热时，用曲丹林1～2毫克快速静脉推注，需要时可每5～10分钟重复1次，直至总量达10毫克/千克。

（四）强心、抢救类

1. 樟脑磺酸钠

一种萜烯酮类有机化合物，天然樟脑提炼自樟树干中，我国的台湾曾有"樟脑王国"之称。现在多是由化学合成的含萘的化合物。天然樟脑气味清香，会浮于水中；合成樟脑气味刺鼻，且沉于水中。樟脑大量用于工业原料、塑料增塑剂，医药上用于中枢神经兴奋剂（不持久）和跌打活血、防腐、防虫等。

（1）作用机制：樟脑吸收后，在体内氧化成氧化樟脑后，能兴奋大脑皮质，延脑呼吸中枢和血管运动中枢，还能直接兴奋心脏。

（2）临床应用：适用于呼吸和循环的急性障碍，对抗中枢神经抑制药中毒等。

（3）配伍禁忌及注意事项

1）久贮澄明度发生变化，析出白点或结晶，不可使用。

2）本品不能与钙剂注射液混合使用。

3）家畜屠宰前不宜应用，以免影响肉质。

4）过量惊厥时，可用水合氯醛、硫酸镁和10%葡萄糖解救。

2. 其他用于强心、抢救类的产品

（1）安钠咖：苯甲酸钠咖啡因，兴奋大脑皮质，用于强心、安眠药中毒解救、颅脑外伤后昏迷，属严格管制的精神药品。

（2）尼可刹米：又称烟酰乙胺，选择性兴奋延髓呼吸中枢，使呼吸加深加快，也可使颈动脉体和主动脉化学感受器敏感，反射性地兴奋呼吸中枢；用于中枢性呼吸及循环衰竭、麻醉药中毒及溺水。

（3）吡拉西坦：γ-氨基丁酸衍生物，对脑缺氧损伤具有保护作用，促进受损大脑的恢复，用于药物或乙醇中毒等。

（4）士的宁：又称番木鳖碱，由马钱子提取的生物碱，能选择性兴奋脊髓，增强骨骼肌的紧张度，用于轻瘫或弱视的治疗。

（五）其他养猪常用药物

1. 曲克芦丁

曲克芦丁又称维生素 P_4、维脑路通、托克芦丁等，系芦丁经羟乙基化制成的半合成黄酮化合物。

（1）作用机制：①抑制红细胞和血小板凝聚，防止血栓形成；②增加血氧含量，改善微循环，对急性缺血性脑损伤有特效；③促进新血管生成，以增进侧支循环；④对抗 5 -羟色胺和缓激肽对血管的损伤，防止因血管通透性升高而引起的水肿。

（2）临床应用：食欲、体温、精神正常，非脑炎性后肢或四肢瘫痪，及慢性静脉功能不全所致的静脉曲张。

2. 环磷腺苷

蛋白激酶致活剂，核苷酸衍生物，由 ATP 经环化酶催化生成。

（1）作用机制：作为激素第二信使，促使钙离子进入肌纤维，增强心肌收缩，增加心排血量；扩张冠状动脉，改善心肌缺氧，促进呼吸链氧化酶活性。

（2）临床应用：心肌炎、心绞痛、心肌梗死及心源性休克，但持续时间短。

3. 呋塞米

呋塞米又称呋喃苯胺酸、速尿、腹安酸、腹水宁、福洛片等。

（1）作用机制：抑制肾小管髓襻厚壁段对 NaCl 的主动重吸收，增加水、钠、氯、钾、钙、镁、磷等的排泄，作用强而短（口服 6 小时，静脉注射 2 小时）；短期用药增加尿酸排泄，长期用药则引起高尿酸血症。

（2）临床应用：用于脑炎及腹水，心、肝、肾等病变引起的水肿和毒物的排泄。

同类产品有双氢氯噻嗪（速尿 1/5 强度，但达 12 小时）。

第七节　驱虫、消杀、灭鼠类药物的中毒与解救

驱虫类指能够驱杀内寄生虫（包括蠕虫和原虫两大类）的药物。消杀类指能够驱杀蚊蝇等滋扰性昆虫和虱、螨等体外寄生虫的药物。

一、抗蠕虫药

蠕虫为多细胞的、身体细长柔软而无附属肢体的各种无脊椎动物，体形呈管状，圆柱形、扁平或叶片状，借由身体的肌肉收缩而做蠕形运动，故通称为蠕虫，全球现有 100 多万种蠕虫。主要包括扁形动物门（常见绦虫、吸虫等）、环节动物门（常见蚯蚓、蚂蟥等）、纽形动物门（多生活于海底，如管居纽虫）、线形动物门（常见线虫、蛲虫、小线虫、毛细线虫、类粪圆线虫等）、星虫动物门（多生活于深海）、螠虫动物门（俗称海肠子，生活于海底）、棘头动物门（常见棘头虫）、须腕动物门（生活于 200 米以下海床上）及毛颚动物门（俗称箭虫，泛指蜈蚣、马陆之类）等。引起人畜患病的蠕虫包括线虫、绦虫和吸虫三大类。

（一）驱线虫药

线虫动物门是动物界中数量最多的物种，为假体腔动物，有超过 28000 个已被记录的种，还有大量的种尚未命名；多样性仅次于节肢动物门；营寄生性的线虫超过 16000 种。

1. 我国发现寄生于人体并导致疾病的有 35 种

有蛔虫、鞭虫、蛲虫、钩虫、旋毛虫和类粪圆线虫等。

2. 常用于驱线虫的药物

（1）阿维菌素类：包括伊维菌素、阿维菌素、多拉菌素（具有长效作用）等。

（2）苯并咪唑类：包括甲苯达唑（安乐士，治旋毛虫首选）、阿苯达唑（内服易吸收）、芬苯达唑（内服吸收少，极强杀虫卵作用）等。

（3）咪唑并噻唑类：包括左旋咪唑（吸收迅速完全、免疫增强）等。

（二）抗绦虫药物

扁形动物门绦虫纲，有 3000 多种，全部营寄生生活。是一种巨大的肠道寄生虫，普通成虫的体长可达 21.9456 米。绦虫多数雌雄同体，通过表皮吸收食物，无口及消化道。成虫寄生于脊椎动物，幼虫寄生于无脊椎动物或以脊椎动物为中间宿主。

1. 常见引起人畜患绦虫病的种类

寄生人畜的绦虫有 30 余种，分属于绦虫纲、多节绦虫亚纲的圆叶目和假叶目（较少寄生于人体）等。

（1）圆叶目：只需 1 个中间宿主，包括裸头科、带科、戴文科、双壳科、中缘科和膜壳科 6 种。

（2）假叶目：需 2 个中间宿主，常见的只有双叶槽科一种。

我国常见的有带绦虫、棘球绦虫、短膜壳绦虫和阔节裂头绦虫。

2. 常用于驱绦虫的药物

吡喹酮（囊尾蚴）（首选）、氯硝硫胺、槟榔（猫敏感）、南瓜子、甲苯咪唑、常山、贯众、仙鹤草、蛇床子、石榴皮等。

（三）抗吸虫药物

吸虫又称为脏虫，属扁形动物门吸虫纲，近 6000 种，全部营寄生，分单殖目、复殖目（主要危害人畜）和盾腹目 3 个月。单殖目常寄生于鱼类、两栖类的皮肤、鳃腔、口腔内；盾腹目和复殖目常寄生于脊椎动物消化系统或其他器官。

1. 复殖目绦虫的种类及寄生器官

表 5 - 3　　　　　　　　复殖目绦虫的种类及寄生器官

后睾科	支睾属	华支睾	肝胆管	并殖科	并殖属	卫氏种	肺或脑
异形科	异形属	异形种	肠管		狸殖属	期氏种	皮下肝
片形科	姜片属	布氏种	小肠	裂体科	血吸虫	日本种	门脉
	片形属	肝片种	肝胆管	棘口科	棘隙属	日本种	小肠

2. 常用于驱吸虫的药物

吡喹酮（血吸虫首选）、硫双二氯酚（又称别丁，华支睾吸虫病首选）、硝氯酚（肝片吸虫首选，抑制三羧酸循环的琥珀酸脱氢酶，使 ATP 生成减少）、三氯苯达唑等苯并咪唑类（肝片吸虫）首选。

（四）临床常见的几种抗蠕虫药

1. 以驱线虫为主的药物

（1）阿维菌素：又称爱比菌素、灭虫丁、灭虫灵、阿巴丁、螨虫素、7051 杀虫素、齐螨素、爱福丁等。1974 年，默沙东公司从全世界收集 4 万多份土壤样本，在其中一份来自东京的土壤样品中，发现了一类具有杀菌、杀虫、杀螨活性的十六元大环内酯化合物，即阿维菌素，存在于链霉菌的阿维链霉菌发酵产物中。阿维菌素的发现使日本大村智和爱尔兰威廉·C. 坎贝尔获得了 2015 年诺贝尔生理医学奖。我国 1993 年由北京农业大学新技术开发总公司立项研究生产。

伊维菌素是阿维菌素的半合成多组分衍生物，二者区别在于：①伊维菌素仅用于动物驱虫，而阿维菌素还用于农药；②动物使用方面，伊维菌素适用于牛、绵羊、驯鹿、猪、马、狗、猫，甚至人类驱虫；而兽用阿维菌素是我国首先研究开发，价格低于伊维菌素，在国外只批准用于牛、羊。

作用机制：增加虫体的抑制性递质 γ-氨基丁酸（GABA）的释放，以及打开谷氨酸控制的 Cl^- 离子通道，增强神经膜对 Cl^- 的通透性，从而阻断神经信号的传递，最终神经麻痹，使肌肉细胞失去收缩能力，虫体不活动、不取食，2～4 天后死亡；对体内外寄生虫特别是线虫和节肢动物有良好驱杀作用，但不能杀卵。由于吸虫和绦虫及原生动物不以 GABA 为传递递质，并且缺少受谷氨酸控制的 Cl^- 通道，故本类药物对其无效。哺乳动物的外周神经递质为乙酰胆碱，GABA 虽分布于中枢神经系统，但由于本类药物不易透过血脑屏障，因此使用安全。

临床应用：广泛应用于牛、羊、马、猪及家禽胃肠道线虫、肺丝虫、心丝虫和体外疥螨、体虱等体内外寄生虫。

不良反应及注意事项：

1）不同佐剂影响药物的作用：若以吐温-80 做佐剂时，绵羊非常安全，但不能用于犬；若用丙二醇做佐剂时，则绵羊出现共济失调和血红蛋白尿。

2）肌内注射会产生严重的局部反应，多内服或皮下给药。

3）易透过幼畜血脑屏障，4 月龄以下犊牛、哺乳仔猪禁用。

4）对牧羊犬类敏感，易在大脑中积蓄产生严重的神经毒性而中毒死亡，奶牛及鱼类等禁用。

中毒后解救：

1）中毒时肌肉震颤、呼吸困难、步态蹒跚等神经抑制症状；最后昏睡、瞳孔散大而死亡。

2）剖检胃肠道出血和充血，脊髓腔内有血液。

3）中毒后用 5%～10% 葡萄糖或生理盐水（250～500 毫升）静脉注射；辅以兴奋中枢、恢复肌张力为主的对症治疗药物。

（2）丙硫咪唑：又称肠虫清、阿苯达唑、抗蠕敏、扑尔虫等，是苯并咪唑的衍生物。1976 年在美国问世，1979 年由中国兽药监察所仿制成功。

作用机制：药物在体内迅速代谢为亚砜和砜，通过抑制寄生虫肠壁细胞胞浆微管系统的聚合，阻断虫体对葡萄糖的吸收，导致虫体糖原耗竭；同时抑制延胡索酸还原酶系统，阻碍三磷酸腺苷的产生。

临床应用：广谱杀虫，用于蛔虫、蛲虫、鞭虫、钩虫、片形吸虫和绦虫等，并杀灭虫卵和幼虫。

不良反应：

1）可引起呕吐、腹痛、腹泻等；并可发生骨髓抑制，影响白细胞生成；产奶牛、妊娠前期45天和哺乳期母猪慎用。

2）绵羊、兔妊娠早期使用芬苯达唑有致畸和胚胎毒性。

同类药物还有左旋咪唑、芬苯哒唑等。

2. 以驱绦虫、吸虫为主的药物

（1）吡喹酮：又称驱绦灵、环吡异喹酮；节松萝提取物。作用于绦虫颈部，增加虫体细胞膜对钙离子通透性，导致细胞内钙丧失。

1）虫体肌肉发生强直性收缩，而产生痉挛性麻痹。

2）损伤虫体皮层，引起合胞体外皮肿胀，出现空泡，形成大疱，突出体表，最终表皮糜烂溃破，环肌与纵肌也先后溶解。

皮层破坏后，一方面虫体细胞膜去极化，皮层碱性磷酸酶活性明显降低，致使葡萄糖的摄取受抑制，造成内源性糖原耗竭；另一方面大量嗜酸粒细胞附着皮损处并侵入，促使虫体死亡。

临床用于：绦虫、囊虫、包虫及吸虫。对于血吸虫、中华肝吸虫、广节裂头绦虫有特效，对尾蚴、毛蚴也有杀灭效力，作为杀灭绦虫、吸虫首选药。

（2）氯硝柳胺：又称灭绦灵、育米生、杀螺胺、血防-67、清塘净等，为水杨酰胺类衍生物。抑制绦虫线粒体的氧化磷酸化作用，ATP生成减少，使绦虫的头节和邻近节片变质，虫体从肠壁脱落，对虫卵无效。

因猪绦虫死亡节片被消化后，虫卵可倒流入胃及十二指肠，引起囊虫病，因此氯硝柳胺不能用于猪绦虫病。氯硝柳胺除杀灭动物绦虫外，农业上也用于杀灭稻田福寿螺、钉螺等中间宿主。

注意：鱼类敏感，易中毒死亡。

（3）槟榔＋南瓜子：对绦虫的头部及前段有麻痹作用，南瓜子主要使绦虫的中、后段节片麻痹。

服用方法：空腹口服南瓜子仁粉50～90克，1小时后服槟榔煎剂（槟榔片80克，加水500毫升，浸泡1夜，煎1小时后浓缩成150～200毫升的滤液），再过半小时服50%硫酸镁60毫升，一般在3小时内即有完整虫体排出。

二、抗原虫药

原虫为单细胞真核动物，体积微小而能独立完成生命活动的全部生理功能。迄今已发现 65000 余种，多数营自生或腐生生活，分布在海洋、土壤、水体或腐败物内。有近万种为寄生性原虫，生活在动物体内或体表，引起人畜患病常见的有球虫、锥虫、焦虫（梨形虫）、滴虫等。

（一）抗球虫药

1. 概述

球虫属原生动物门、孢子虫纲、球虫目、艾美耳科，寄生于无脊椎动物及脊椎动物的肠壁细胞、血细胞和肝细胞中。属细胞内寄生动物，生活史中只需单一宿主，寄生前期行裂体生殖、寄生后期行配子生殖、在宿主体外行孢子生殖。

（1）球虫的分类：依据球虫的孢子化卵囊中有无孢子囊、孢子囊数目和每个孢子囊内所含子孢子的数目，可将球虫分为不同的属。

1）泰泽属：卵囊内含 8 个子孢子，无孢子囊，主要寄生于鸭和鹅，其中毁灭泰泽球虫对家鸭有严重致病性。

2）温扬属：1 个卵囊内含 4 个孢子囊，每个孢子囊内含 4 个子孢子，主要寄生于鸭，其中菲莱温肠球虫对家鸭有中等致病性。

3）艾美耳属：1 个卵囊内含 4 个孢子囊，每个孢子囊内含 2 个子孢子，可寄生于猪、犬、鸽子等各种畜禽。

（2）不同种的球虫有严格宿主特异性：如鸡球虫不会感染猪。

（3）不同种的球虫也有各自固定的寄生部位：如鸡的柔嫩艾美耳球虫寄生于盲肠，毒害艾美耳球虫寄生于小肠的中 1/3 段。

2. 临床常用于抗球虫的药物

（1）聚醚类离子载体抗生素

1）莫能菌素：抗球虫、预防坏死性肠炎、肉牛可促生长。

2）盐霉素：抗球虫、促生长，毒性稍强。

3）拉沙菌素：毒性最小，可与泰妙菌素合用，高剂量使用会导致垫料潮湿。

4）马杜霉素：抗球虫活性最强，毒性更大，限用于肉鸡。其他仅限于肉鸡的还有甲基盐霉素、山杜霉素、海南霉素。

（2）三嗪类

1）妥曲珠利（甲苯三嗪酮、百球清）：抗球虫谱广，可作用于生长期各个阶段，安全范围大。

2）地克珠利：用药浓度极低，连续用药易产生耐药性。

（3）二硝基类

1）二硝托胺（球痢灵）：适用于蛋鸡和肉鸡，产蛋期禁用。

2）尼卡巴嗪：不影响鸡产生免疫力，安全性高，球虫产生耐药性慢；产蛋期禁用，高温季节慎用。

（4）磺胺类：适用于球虫病暴发时治疗用。

1）磺胺喹噁啉（SQ）：常与氨丙啉或 TMP 合用。

2）磺胺氯吡嗪：专用于抗球虫的磺胺药。

（5）其他抗球虫药物

1）氯羟吡啶：仅用于预防，易产生耐药性，产蛋期禁用。

2）氨丙啉：高效、安全、低毒、不易产生耐药性，与乙氧酰胺苯甲酯和磺胺喹噁啉（SQ）合用可导致维生素 B_1 缺乏症。

3）乙氧酰胺苯甲酯：抗球虫药增效剂，多与氨丙啉、磺胺喹噁啉和尼卡巴嗪配成预混剂使用。

4）氯苯胍：耐药性严重，带异臭味，近年来基本不用。

5）常山酮：又名卤夫酮，从中药常山中提取的生物碱，现已能人工合成，作用于子孢子、第一代和第二代裂殖体，但安全范围窄。

（二）抗锥虫药

锥虫属原生动物门、鞭毛纲、动基体目、锥虫科，是一种血鞭毛原虫，1880 年于印度骆驼检出，共有 20 多种。寄生于鱼类、两栖类、爬虫类、鸟类、哺乳类以及人的血液或组织细胞内。寄生于人的锥虫依感染途径分两类，即通过唾液传播的涎源性锥虫（非洲锥虫）和通过粪便传播的粪源性锥虫（美洲锥虫）。家畜中以伊氏锥虫病和马媾疫危害较大。

临床常用于驱锥虫的药物：

（1）萘磺苯酰脲（苏拉明、拜尔205）：用于犬伊氏锥虫早期感染。

（2）三氮脒（贝尼尔）：对锥虫、梨形虫和边虫（无形体）均有作用，毒性大、安全范围小。

（3）喹嘧胺（安锥赛）：传统抗锥虫药，用于预防；不溶解虫体，仅能阻碍锥虫细胞分裂，当剂量不足时易产生耐药性。

（4）锥灭定（沙莫林）：唯一的国产特效抗锥虫药。

（三）抗焦虫药（抗梨形虫药）

焦虫属原生动物门、孢子纲、焦虫目，由蜱为媒介的虫媒传染病，寄生于牛、羊等家畜的红细胞内。引起焦虫病的主要是巴贝西焦虫和环形泰勒焦虫两种。

临床常用于焦虫的药物：

（1）双脒苯脲：治疗巴比斯虫，毒性低，中毒用阿托品解救。

（2）硫酸喹啉脲（阿卡普林）：传统的抗焦虫药，毒性较大。

其他抗焦虫药有三氮脒、黄色素、四环素类、青蒿琥酯等。

（四）抗滴虫药

滴虫属原生动物门、鞭毛纲、动鞭亚纲，一种极微小有鞭毛的原虫生物。组织滴虫引起禽类盲肠性肝炎（黑头病）；毛滴虫寄生生殖器官，导致流产、不孕和生殖力下降。

临床常用于抗滴虫的药物：主要是硝基咪唑类，如甲硝唑（灭滴灵）、地美硝唑（二甲硝咪唑），具有潜在的致突变、致癌作用。

（五）兽医临床常见的几种抗原虫药详解

1. 血虫净

血虫净又称三氮脒、贝尼尔，属芳香双脒类，传统广谱抗原虫药。

（1）作用机制

1）选择性阻断锥虫动基体（动基体目原虫特有的细胞器，含大量动基体 DNA，能自我复制）的 DNA 合成和复制，并与核产生不可逆性结合，从而使锥虫的动基体消失，不能分裂繁殖。

2）梨形虫和锥虫所进行的需氧糖酵解要依靠宿主的葡萄糖，本品可干扰虫体的需氧糖酵解，但会引起宿主低血糖。

（2）临床应用：用于家畜巴贝斯梨形虫病、泰勒梨形虫病、伊氏锥虫病、媾疫锥虫病、附红细胞体病等。

（3）药物相互作用、不良反应及注意事项

1）轻者注射部位疼痛，先兴奋后沉郁，而后逐渐恢复正常。

2）稍重者流涎流泪，腹痛不安，频繁排尿排粪，肌肉震颤。

3）严重者口吐白沫，呼吸困难，剧烈腹痛腹泻，全身震颤。

4）剖检时鼻腔、气管内有白色泡沫状分泌物。

（4）中毒后解救：轻微时可自行恢复，严重时肌内注射阿托品抢救，同时对症治疗。

2. 吖啶黄

消毒防腐药，从煤焦油提取的染料，古老的抗梨形虫药物，1912 年德国医学家 P. 埃尔利希用作抗菌药，2017 年 10 月，世界卫生组织定为三类致癌物（致癌物分为四类：一类对人致癌性证据充分；二类 A 组对人致癌性证据有限，但对动物致癌性证据充分，B 组对人致癌性证据有限，对动物致癌性证据也不充分；三类现有证据未能对人类致癌性进行分级评价；四类对人可能是非致癌物）。

临床应用：静脉注射，对梨形虫、附红细胞体、巴贝斯虫等有效，用药后 12～24 小时体温下降，外周循环虫体消失，但对泰勒虫和无浆体无效。

三、环境消杀类

环境消杀类指对具有虫媒作用的苍蝇、蚊子、蜱等滋扰性昆虫和虱子、疥螨等体外寄生虫有杀灭作用的药物。

（一）环境消杀类杀虫药分类

1. 按杀虫剂的作用方式

（1）胃毒剂：通过消化系统进入虫体使其中毒死亡的药剂，如敌百虫等。

（2）触杀剂：通过接触表皮或渗入虫体使其中毒死亡的药剂，如溴氰菊酯等。

（3）熏蒸剂：以气体状态，通过呼吸系统进入虫体，使其中毒死亡的药剂，如溴甲烷等。

（4）驱避剂：本身基本没有毒杀能力，但可驱散和使害虫忌避，以保护人、畜不受侵害的药剂，如蚊香（避蚊胺）。

（5）诱致剂（引诱剂）：引诱害虫接近，以便集中防治或调查虫情的药剂。一般可分食物诱致剂（如糖醋液诱捕蚂蚁等）、性诱致剂（如透翅蛾性诱致剂等）、产卵诱致剂（如苍蝇产卵引诱剂等）三类，诱致剂与胃毒剂混用非常有效，值得今后大量开发应用。

（6）内吸杀虫剂：经体表吸收分布于全身血液，当昆虫刺吸血时引起中毒，防治家畜体外寄生虫，如皮蝇磷、杀虫畏等。

（7）粘捕剂：为具有不干性饴状黏性物质，用以粘捕害虫的药剂如粘蟑纸、粘蝇纸等。

2. 按杀虫剂的来源

（1）无机和矿物杀虫剂：如砷酸铅、砷酸钙、氟硅酸钠和矿油乳剂等。一般药效较低，对人毒性大，大部分已被淘汰。

（2）植物性杀虫剂：如除虫菊、鱼藤和烟草等。

（3）有机合成杀虫剂：如有机氯类（曾应用最广）、有机磷类（产量最大）、氨基甲酸酯类、拟除虫菊酯类、有机氮类等。

（4）昆虫激素类杀虫剂：如保幼激素、性外激素类似物等。

注意：据法国和阿根廷证实，长期接触杀虫剂对男子生育能力有影响；孕妇接触过多会引起早产，并影响胎儿大脑发育。

（二）农业生产常用的农药类杀虫药物

1. 有机磷类

（1）作用机制：有机磷的磷酰基与胆碱酯酶结合，使胆碱酯酶不能分解乙酰胆碱，致乙酰胆碱蓄积而使中枢神经和胆碱能神经先兴奋后抑制。

（2）常见有机磷类杀虫药：敌百虫、敌敌畏、皮蝇磷、氧硫磷、二嗪农、对硫磷（又称1605）、甲拌磷（又称3911）、内吸磷（又称1059）、乐果、马拉硫磷（又称4049）等。

（3）人畜有机磷农药中毒症状

1）毒蕈碱样症状：副交感神经末梢兴奋导致平滑肌痉挛和腺体分泌增加，主要表现为呕吐、腹痛不安、流泪、流涕、流涎、尿频、大小便失禁、心跳减慢和瞳孔缩小、支气管痉挛和分泌物增加、咳嗽、肺水肿等。

2）烟碱样症状：乙酰胆碱在横纹肌神经肌肉接头处过度蓄积和刺激，使颜面、眼睑、舌、四肢和全身横纹肌发生肌纤维颤动，甚至全身肌肉强直性痉挛，而后发生肌力减退和瘫痪，严重时可致呼吸肌麻痹而死亡。

（4）中毒后解救

1）洗胃：2％碳酸氢钠溶液（敌百虫忌用）或1：5000高锰酸钾溶液（对硫磷忌用）反复洗胃，直至洗清为止。

2）吸附剂：灌服活性炭，减少毒物吸收，增加其排泄率。

3）阿托品：每10～20分钟1次，直至阿托品化（瞳孔正常，流涎停止）；若瞳孔扩大、狂躁、尿潴留提示阿托品中毒。

4）解磷定：每4～6小时肌内注射1次。

5）酸戊己奎醚注射液（长托宁）：30分钟后可再给首剂的半量应用，是救治有机磷中毒合并阿托品中毒时的首选药。

2. 有机氯类

20世纪40年代开始使用DDT、六六六两种有机氯杀虫药。因大量残留于土壤，并通过食物链损伤人畜，我国于20世纪60年代已禁用。杀虫机制至今尚不清楚，负后电位增大可能是杀虫机制的关键因素之一。

（1）常见有机氯类药物

1）以苯为原料的杀虫药（如 DDT 和六六六等）、杀螨剂（如三氯杀螨砜等）、杀菌剂（如五氯硝基苯、百菌清、道丰宁等）。

2）以环戊二烯为原料的有氯丹、七氯、艾氏剂、狄氏剂等。

3）以松节油为原料的茨烯类（如毒杀芬）和以萜烯为原料的冰片基氯等。

（2）人畜有机氯农药中毒

1）急性中毒：共济失调、呕吐、腹痛，阵发性、强直性抽搐。

2）慢性中毒：蓄积达阈值时突然发病，肌肉震颤、后肢麻痹、站立困难；除突然发病外，一般能够治愈。

3）剖检：胃肠道出血，肝淤血水肿，肝小叶坏死。

（3）中毒后解救

1）促进毒物排出：冲洗（肥皂水）、催吐、洗胃（2%碳酸氢钠）后，大量输液。10%硫酸亚铁口服可加速毒物分解。

2）兴奋时：用水合氯醛 2～4 克加水灌服或盐酸氯丙嗪 1～3 毫克/千克体重肌内注射；衰竭时：用安钠咖肌内注射（禁用肾上腺素）。

3）慢性可用绿豆 1000 克、甘草 100 克研末，开水冲调灌服。

3. 有机硫类

（1）杀虫机制：抑制丙酮酸氧化作用，从而阻止有氧呼吸。

（2）常见有机硫类杀虫药：敌克松、代森铵、福美双、乙蒜素、异噻唑啉酮等。

（3）人畜有机硫农药中毒症状：呕吐、腹痛、腹泻；先兴奋后抑制；严重时呼吸、循环衰竭。

（4）中毒后解救：高锰酸钾洗胃，灌盐类泻剂，强心，肌内注射巯基络合物。

4. 氨基甲酸酯

也是抑制胆碱酯酶，但全部反应是可逆的，即氨基甲酸酯可作为胆碱酯酶的底物与乙酰胆碱竞争。

（1）常见的氨基甲酸酯类农药（大多带"威"字）：如呋喃丹、西维因、速灭威、害灭威、残杀威、灭扑威等。

（2）人畜氨基甲酸酯杀虫药中毒症状：中毒后流涎，腹痛，尿失禁，瞳孔缩小，呼吸困难，震颤。

（3）中毒后解救：急救同"有机磷中毒"，但严禁用胆碱酯类复活剂

（如解磷定）解救。

5. 苯甲酰脲类

抑制几丁质合成而导致害虫死亡或不育，被誉为第三代杀虫剂。

（1）常见苯甲酰脲类农药（大多带"脲"字）：如氟苯脲（优乐得）、氟啶脲（定虫隆）、氟铃脲（盖虫散）、氟虫脲（卡死克）、噻嗪酮（扑虱灵）、抑食肼（虫死净）等。

（2）人畜苯甲酰脲类杀虫药中毒与解救：人畜毒性低，但对家蚕有剧毒，在人畜体内、土壤和水中都易分解。

6. 氯化烟酰类杀虫剂

控制烟碱型胆碱酯酶受体，阻断害虫中枢神经传导而麻痹死亡。

（1）常见苯甲酰脲类农药（大多带"虫"字）：如吡虫啉、啶虫脒、烯啶虫胺、噻虫啉、哌虫啶、氯噻啉等。

（2）人畜苯甲酰脲类杀虫药中毒与解救：西咪替丁 0.4 克、维生素 B_6 0.2 克、维生素 C_2 2 克、肌苷 0.4 克等静脉滴注，促进排泄。

7. 吡唑杂环类杀螨剂

线粒体电子传达复合体阻碍剂，使螨不能提供贮存能量。

（1）常见吡啶杂环类农药：哒螨酮、噻螨酮、四螨嗪、苯丁锡等。

（2）人畜吡啶杂环类农药中毒与解救：对蜜蜂、家蚕高毒，呼吸窘迫时不宜吸氧；吡啶和维生素 B_1 有对抗作用，可给予大剂量维生素 B_1。

（三）人畜生活环境常用的消杀类杀虫药物

代表药物举例：拟除虫菊酯类

1. 作用机制

药物接触虫体后可迅速渗透进去，通过特异性受体或溶解于膜内，氰基影响机体细胞色素 C 及电子传递系统，使脊髓神经膜去极期延长，出现重复动作电位，改变神经突触膜对离子的通透性，选择性作用于膜上的钠通道，延迟通道阀门的关闭，造成钠离子持续内流，引起过度兴奋、痉挛，最后麻痹而死。

2. 常见药物

胺菊酯、溴氰菊酯（又称敌杀死）、氯氰菊酯（又称兴棉宝）、氰戊菊酯（又称速灭杀丁）、氟氰菊酯、百树菊酯、除虫精、中西菊酯等。

3. 中毒与解救

（1）对皮肤、黏膜、眼睛、呼吸道有较强的刺激性，特别对大面积皮肤病或有组织损伤者影响更为严重，应注意防护。

（2）不可与碱性物质混用，以免分散失效，可与马拉硫磷等非碱性物质混用，随混随用。

（3）中等毒性，自然界易分解，在动物体内转化迅速，不易污染环境，也不会导致动物性食品的药物残留。

4. 中毒症状

以神经系统和消化系统症状为主，初期沉郁、流涎、口吐白沫，腹痛、腹泻，多汗，呼吸困难，随后兴奋不安、肌肉震颤，甚至惊厥、抽搐。

5. 中毒后解救

（1）催吐时用 2% 碳酸氢钠或 0.01%～0.05% 高锰酸钾洗胃。

（2）3% 亚硝酸钠注射液 10～15 毫升或 25%～50% 硫代硫酸钠注射液 50 毫升稀释后缓慢静脉注射，以加速毒物分解。

（3）吸入中毒可给予乙酰半胱氨酸雾化吸入 15 分钟。

（4）皮肤治疗，用 2% 维生素 E 油剂涂擦，宜及早使用。

（5）与有机磷混合中毒，应先按有机磷中毒抢救处理。

（四）兽医临床常用的内服杀虫药物

代表药物举例：环丙氨嗪

环丙氨嗪又称灭蝇胺、三胺嗪、蝇得净、赛诺玛嗪等，属三嗪类昆虫生长调节剂，由氰脲酰氯与环丙胺反应，再与氨水氨气反应制得。1974 年在美国作为种植业中杀虫剂使用，1984 登记注册作为养殖业中饲料添加剂使用，我国于 1994 年批准为新兽药上市。

环丙氨嗪很难水解和微生物降解，但可通过光降解为三聚氰胺；极少部分能够通过脱氨基作用降解为三聚氰酸。三聚氰酸不能通过任何已知的氧化方式继续降解，只能通过少数假单胞菌属微生物作用降解为缩二脲，再进一步分解为尿素、二氧化碳和氨。

三聚氰胺基本没有肾毒性，但三聚氰胺混上三聚氰酸，两者紧密结合就形成不溶于水的网格结构。摄入人体后在胃酸作用下二者相互解离，并被分别通过小肠吸收，进入血液循环并最终进入肾脏，在肾细胞中两者再次结合沉积从而形成肾结石。

1. 作用机制

内服后不被吸收和降解，以原形通过消化道排泄到动物粪便中，使双翅目幼虫在发育过程中发生形态畸变，干扰蜕皮和化蛹，成虫羽化受抑制或不完全，抑制蝇蛆在粪尿中的繁殖存活。对成虫均无致死作用，但经口摄入后卵的孵化率降低。喷施到植物叶部有很强的内吸传导作用，施到土壤中由根系吸收，向顶传导。

2. 临床应用

用于所有蝇类，并可控制跳蚤及防止羊身上的绿蝇属幼虫等。可拌料混饲，也可按每20平方米以20克溶于15升水中，浇洒于蝇蛆繁殖处。

3. 注意事项

对人畜无害，在蝇害始发期及时使用本品效果较好。

同类产品还有阿特拉津、西玛津、莠灭津、扑灭津等。

四、灭鼠类

（一）敌鼠钠盐

第一代抗凝血杀鼠药，适口性好，用药后4～6天出现死鼠。

1. 毒理作用及使用方法

抑制维生素K，阻碍血液中凝血酶原合成，使摄食该药的老鼠内脏出血而死亡；中毒个体无剧烈不适症状，不易被同类警觉。用1%敌鼠钠粉剂1份，加玉米粉20份和少量食油混合即可作为诱饵。

2. 敌鼠钠人畜中毒症状

中毒后厌食、呕吐，鼻衄，齿龈出血；呼吸迫促，腹痛，跛行；血尿，皮肤出现紫红色溢血斑点；后期卧地不起，四肢冰冷。

3. 中毒后解救

（1）催吐、洗胃、导泻外，为防止继续出血用维生素K制剂（0.05克/次）静脉注射＋仙鹤草素（10毫升/次）肌内注射，每天2次，连用3～5天。

（2）为减少渗出，用维生素C（0.2～0.5克/次）肌内注射。

同类产品有灭鼠灵（又称华法林），加入磺胺喹噁啉（可抑制肠道细菌合成维生素K）又叫普罗灵。

（二）磷化锌

磷化锌又称耗鼠尽，也用作粮食仓库熏蒸剂，连续投药会发生拒食。

1. 毒理作用及使用方法

鼠吞食后与胃液中的盐酸作用，放出剧毒的磷化氢，使鼠类中枢神经系统麻痹，血压下降，休克致死。灭鼠时按0.5%～5%的比例同食物制成毒饵。

2. 磷化锌人畜中毒症状

（1）呕吐物有难闻蒜臭味，暗处可见磷光；呼吸迫促，有喘鸣音或鼾音；后期感觉过敏，稍有刺激即发生痉挛性收缩。

（2）剖检时胃黏膜出血有蒜臭味，肝脏苍白，背面带黄斑。

3. 中毒后解救

（1）催吐、洗胃、导泻，为阻止吸收灌服 0.5％硫酸铜溶液。

（2）防止酸中毒，用 5％碳酸氢钠或 11.2％乳酸钠静脉注射。

（三）氟乙酰胺

氟乙酰胺又称敌蚜胺、氟素儿，有机氟灭鼠药。民间自行配制的一步倒、一扫光、王中王、邱氏鼠药均含氟乙酰胺。为乙酰胺甲基上的氢原子被氟原子取代而成的有机化合物。我国于 1976 年已明令停止生产，1982年 6 月 5 日起禁止使用含氟乙酰胺的农药和杀鼠剂，并停止其登记。

1. 毒理作用及使用方法

进入体内脱胺后形成氟乙酸，干扰正常的三羧酸循环导致 ATP 合成障碍，并且氟柠檬酸直接刺激中枢神经系统引起神经症状。除灭鼠外，对棉花抗性蚜虫特别有效。

2. 氟乙酰胺人畜中毒症状

（1）中毒除出现消化道黏膜刺激症状外，还有中枢神经系统症状；临床表现突然全身无力，不愿走动；磨牙、呻吟、肌肉阵发性痉挛；死前四肢痉挛，瞳孔散大，口吐白沫，角弓反张。

（2）剖检时尸僵很快，心肌呈煮熟样，心内外膜出血斑点。

3. 中毒后解救

（1）高锰酸钾或 1％石灰水上清液洗胃；再用硫酸镁或硫酸钠 20～30克导泻；为保护消化道黏膜，洗胃后给予牛乳或生鸡蛋清或氢氧化铝凝胶内服。

（2）解氟灵（乙酰胺），每天 0.1 克/千克体重，分 3～4 次肌内注射，首次量要达到日用量一半（每 2.5 克解氟灵可与 2％的普鲁卡因 2 毫升混合使用），用药至震颤症状消失。在没有乙酸胺的情况下，可用无水乙醇5 毫升溶于 100 毫升葡萄糖液中静脉滴入，每天 2～4 次。

（3）乙酰辅酶 A、ATP、维生素 B_1 等加入 5％～10％葡萄糖静脉滴注。

（4）乙二醇乙酸酯 100 毫升，加水 500 毫升灌服，或按 0.125 毫升/千克体重肌内注射。

（5）5％醋酸和5％乙醇，各2毫升/千克体重，加水灌服。

同类产品还有氟乙酸钠（氟醋酸钠）、甘氟等。

（四）毒鼠强（TETS）

四亚甲基二砜四胺，一种磺胺衍生物，为剧毒物品，因多次发生人为投毒事件，国家已明令禁止生产使用。可经消化道及呼吸道吸收，不易经完整皮肤吸收，在稀酸和碱中稳定，受热易分解为有毒氧化氮、氧化硫气体。

1. 毒理作用及使用方法

一种 γ-氨基丁酸（GABA）的拮抗物，与神经元 GABA 受体形成不可逆转的结合，使氯通道和神经元丧失功能。作为一种神经毒素能引起致命性的抽搐，效果与印防己毒素相似，毒性是氰化钾的 100 倍，比士的宁更强烈的痉挛剂，是最危险的杀鼠剂，人类的致命剂量被认为是 7～10 毫克。

注意：食用被毒死的牲畜或野生动物的肉会二次中毒。

2. 毒鼠强人畜中毒症状

（1）中毒后惊叫，乱冲乱撞，晕头转向；严重者呕血、腹泻，如醉酒样，后躯无力；有的突然晕倒呈癫痫样大发作，发作过后，自动停止，可自行起立。

（2）剖检时见消化道、呼吸道黏膜瘀血、出血。

3. 中毒后解救

目前无确认特效解毒剂，催吐、洗胃、导泻后采用支持疗法。

（1）内服活性炭、氧化镁、鞣酸溶液等。

（2）抗惊厥：用巴比妥或氯丙嗪肌内注射，推迟死亡时间。

（3）脑水肿：适量、短程用地塞米松加入液体中静脉滴注。

（4）降低颅内压：20％甘露醇或50％葡萄糖静脉注射或快速滴注。

（5）改善脑细胞代谢、促进神经细胞功能恢复：用能量合剂加入25％葡萄糖中缓慢滴注。

（6）呕吐、腹泻时，可用阿托品或654-2肌内注射。

（7）护肝用维生素 C、维生素 E 或 1，2-二磷酸果糖肌内注射。

（8）促进毒物排出：用呋塞米或利尿酸钠缓慢静脉注射。

（9）除支持疗法外，可试用苯二氮䓬类药物和吡哆醇（维生素 B_6）肌内注射。

第八节 有毒的饲料原料及常见食物中毒的解救

一、常用大宗饲料原料有毒成分的中毒及解救

（一）DDGS（干酒糟及可溶物）

DDGS 属蛋白质原料，黄褐色、有酸味。为含有可溶固形物的干酒糟，玉米发酵制取乙醇的过程中，其中的淀粉被转化成乙醇和二氧化碳，其他营养成分（如蛋白质、脂肪和纤维等）均留在酒糟中。由于微生物的作用，酒糟中蛋白质、B 族维生素及氨基酸含量均比玉米高，并含有发酵中生成的未知促生长因子。

1. 市场上的玉米酒糟蛋白饲料产品有两种

（1）DDG：是将玉米酒糟作简单过滤，滤清液排放掉，只对滤渣单独干燥而获得的饲料原料。

（2）DDGS：是将滤清液干燥浓缩后再与滤渣混合干燥而成，约含 70% DDG（干酒糟）和 30% DDS（可溶性酒糟滤液）。

DDGS 的能量和营养物质总量远高于 DDG，粗蛋白质 26% 以上，可替代豆粕、鱼粉，添加比例可达 30%，能够直接饲喂反刍动物。

2. DDGS 常见的有毒有害成分及中毒后临床表现

（1）刚出厂时酒味很浓，添加 5%～6% 就导致适口性下降，但存放一段时间后，刺激性气味明显减弱，适口性提高。

（2）有害成分主要是乙醇、有机酸及霉菌毒素，过量后可见拉稀便秘交替，骨质脆弱，孕畜流产。猪偶见血尿，牛四肢后方可见湿疹。

（3）剖检时皮下组织有出血斑，胃肠内容物有酒味和醋味。

3. DDGS 有毒成分处理及中毒后解救

（1）用量：牛 20%～25%，鸡 5%，仔猪、育肥猪、后备母猪、泌乳母猪 20%，怀孕母猪、种公猪 50%，并注意补充钙。

（2）变质处理：加 1% 石灰水上清液，以中和酸性物质。

（3）中毒后 1%～2% 碳酸氢钠洗胃，并用 5% 葡萄糖氯化钠静脉注射；也可用 50% 葡萄糖、胰岛素和维生素 B_1 混合静脉注射，加速乙醇氧化。

（4）患畜昏睡时用安钠咖解救，呼吸衰竭时用尼可刹米解救，兴奋时

用氯丙嗪解救。

（二）菜籽粕

目前油菜籽的常见榨油工艺有动力旋转压榨和预压浸出工艺两种，前者的副产物是菜籽饼，后者的副产物是菜籽粕。

菜籽粕粗蛋白 36% 左右，消化能 10.46～12.55 千焦/千克，粗纤维在 12% 以下；含硫氨基酸含量高，蛋氨酸、赖氨酸低于豆粕，精氨酸含量低；可利用能量低于豆粕和花生粕但高于棉粕；烟酸和胆碱含量高，胡萝卜素、维生素 D 等含量低；钙 0.61%、磷 0.95%，但磷含量的 60%～70% 属植酸磷，利用率低，硒、锰含量高。

1. 菜籽粕常见的有毒有害成分及中毒后临床表现

含异硫氰酸酯、硫氰酸酯、恶唑烷硫酮、腈、芥子碱、单宁、植酸等有毒有害物质；芥子苷遇芥子酶在消化道内能产生多种有毒物质而使猪甲状腺肿大，消化道和肝、肾损坏；芥酸可以使动物生长受阻；植酸能与钙、镁、锌结合，影响机体发育；单宁除了味苦，还妨碍蛋白质的消化。

（1）菜籽粕常用脱毒方法：以往采用碱液中和法、土埋法、浸泡法、青贮法和氨处理法脱毒，现在多用乳酸菌、酵母菌、芽孢杆菌、纳豆菌及白地霉菌组成复合活干菌制剂发酵脱毒。

（2）菜籽粕过量中毒临床表现

1）呼吸困难、黏膜发紫，从鼻孔流泡沫状分泌物；腹胀、腹痛、腹泻，粪中带血；瞳孔散大；耳尖冰凉；拱腰、站立不稳。

2）剖检时肺水肿，出血性肠炎，弥漫性肝坏死。

2. 菜籽粕有毒成分处理及中毒后解救

（1）未经脱毒处理的菜籽粕用量应控制在 5% 以下，母猪应控制在 3% 以下，而经脱毒处理或新型"双低""三低"品种菜籽粕，其用量可达 10%～15%，但有可能引起猪体脂变软。

（2）中毒后静脉注射 25% 葡萄糖或葡萄糖生理盐水。

（3）患畜心脏衰弱时用安钠咖；呼吸困难时肌内注射 20% 樟脑油；排血便、血尿时肌内注射卡巴克洛；便秘时内服植物油；腹泻时内服鞣酸蛋白。

（三）棉粕

棉籽经压榨后再经过浸出工艺，将里面的大部分残油分离出来，得到的一种微红色或黄色的颗粒状物品，粗蛋白可达 40% 以上。但棉粕蛋白质组成不太理想，精氨酸含量高达 3.6%～3.8%，而赖氨酸含量仅有 1.3%～1.5%，只有豆粕的一半，并且利用率差，蛋氨酸低，约 0.4%；矿物质中钙少磷多，其中 71% 左右为植酸磷，不易被吸收，含硒少；维生素 B_1 含量较多，维生素 A、维生素 D 含量少。

1. 棉粕常见的有毒有害成分及中毒后临床表现

（1）棉粕有毒有害物：棉酚、环丙烯脂肪酸、单宁和植酸等。

1）棉酚：占棉粕干物质 0.03%～2.0%，有结合、游离两种形态。

"结合棉酚"：是高温蒸炒过程中，游离棉酚与棉仁中的蛋白、糖类化合而成，不被消化吸收，随粪便排出体外，毒性很低。

"游离棉酚"：有活性醛基和羟基，导致生长迟缓、中毒及死亡；人类食品中如含量超过 0.045% 就可中毒；乳猪、断奶仔猪及种猪不宜使用。当肥育猪用量在 10% 以下时，除偶见贫血外，没有其他明显的临床表现，但宰后能见脏器病理损害，肉质下降，肝肾等内脏无商品价值，所以即使肥育猪饲粮中棉粕量也不能超过 5%。

2）环丙烯脂肪酸（CPFA）：存在于棉籽油中。当棉粕含残油 4%～7% 时，环丙烯类脂肪酸为 250～500 毫克/千克；而含残油 1% 的棉籽粕中，环丙烯类脂肪酸含量仅在 70 毫克/千克以下。该脂肪酸除可改变鸡蛋卵黄膜的通透性，使蛋黄 pH 值不断升高，蛋白 pH 下降，导致因蛋黄铁向蛋白转移而使蛋白变红。

3）植酸和单宁：我国棉粕的植酸含量平均为 1.66%，单宁含量为 0.3%；植酸有碍于动物对饲料中钙、磷、铁、锰、锌等矿物元素的利用；单宁则主要降低蛋白质的消化率和利用率并影响适口性。

（2）棉粕常用脱毒方法

1）水溶液浸泡法：将 1.25 千克工业用硫酸亚铁溶于 125 千克水中，浸泡 50 千克粉碎的粕，中间搅拌几次，一昼夜即可使用。

2）蒸煮法：加水蒸煮并搅拌，沸腾 0.5 小时，冷却后饲用。

（3）棉粕中毒后临床表现

1）贫血，不育或流产，呼吸困难，呕吐、厌食、低头、拱腰、拉稀、便秘交替出现，稀便恶臭、黑褐色、混大量黏血液；排尿次数增多，频频举尾，有痛感，尿液桃红色；流浆液性鼻液，喜卧阴暗处，后肢软弱无力；耳尖、尾尖紫红色，皮肤有暗紫红色疹块；眼睑、四肢、腹下水肿。

2）剖检时三腔积多量淡红色透明渗出液；气管内泡沫状分泌物；肝质脆、发黄；肾被膜下针尖状出血点；膀胱内积红褐色尿液，有针尖状出血点。

2. 棉粕有毒成分处理及中毒后解救

（1）未去毒棉粕成年牛不超过 1～1.5 千克/天，猪不超过 0.5 千克/天，喂半个月停半个月；去毒棉粕的家畜不超过日粮 30％，鸡不超过日粮 20％；孕畜、幼畜、种公畜、种鸡、蛋鸡不用。

（2）增加日粮中蛋白质、维生素 A、钙、磷含量，增强畜禽对棉酚的耐受力。

（3）中毒后无特效药物解救；有出血者用安络血；出现溶血性贫血时肌内注射牲血素或内服 1％硫酸亚铁（猪 1～2 克）；出现水肿者将 5％葡萄糖酸钙或 10％氯化钙加入 25％～50％葡萄糖中，缓慢滴注；视力减退的可内服维生素 A、维生素 C、维生素 D 等。

（四）豆粕

大豆提取豆油后的副产品，以浸提法提取豆油后的副产品为一浸豆粕，而先以压榨取油，再经过浸提取油称为二浸豆粕。一浸豆粕的生产工艺先进，蛋白质含量高，是目前流通的主要品种。蛋白质 40％～48％，赖氨酸 2.5％～3.0％，色氨酸 0.6％～0.7％，蛋氨酸 0.5％～0.7％。

大豆中抗营养因子：抗胰蛋白酶、抗糜蛋白酶抑制因子、凝集素、脲酶、致甲状腺肿因子及抗维生素因子对热敏感，加工过程即可一定程度被破坏；而皂苷、单宁、异黄酮、寡糖、致过敏反应蛋白及植酸等对热较稳定（李德发，2003）。

豆粕无须经过脱毒即可用作饲料，仅豆粕即可平衡猪的营养所需。

二、常用微量元素及饲料添加剂的中毒及解救

（一）硫酸铜

1. 硫酸铜在养猪生产上的应用

（1）活化胃蛋白酶。

（2）1％～2％浓度治疗牛羊莫尼茨绦虫和血矛线虫病。

（3）对仔猪有明显促生长作用，但对中大猪作用不大。

（4）影响肠道内微生物群落而提高饲料营养物质的吸收。

（5）铜是几种酶的必需成分和许多酶的辅助因子。

（6）1％浓度用作猪、犬等中毒时的催吐。

（7）铜与铁、锌、锰竞争抑制，仔猪料中铜添加量为 200～250 毫克/

千克时，铁、锌及锰添加量分别为 120 毫克/千克、130 毫克/千克和 40 毫克/千克。

2. 硫酸铜的中毒症状

猪对铜最大耐受量是 250 毫克/千克，超过这个极限，就会铜中毒。

（1）急性中毒：流涎、呕吐、腹痛、腹泻；全身衰弱、步态不稳，皮肤反射功能降低。

（2）慢性中毒：高铜的粪呈黑色，黏性强，易结团；猪长期食入过量的铜，会在肝中蓄积而不表现临床症状，但以后会突然出现溶血和伴有重度黄疸，以及肝、肾损伤而死亡。

（3）剖检：血液呈褐色，迅速凝固；胃黏膜有溃疡和坏死，表面覆盖一层白色或淡黄色痂皮。

3. 中毒后解救

（1）用硫酸铜治疗动物寄生虫时，一般以 1‰～2‰ 为宜；配制溶液时最好用蒸馏水，不能用有机物含量高的河水或溪水。

（2）急性中毒：用 0.2%～0.3% 亚铁氰化钾洗胃，或用 0.1% 亚铁氰化钾内服，猪 20 毫升/次；若无亚铁氰化钾可用氧化镁，猪 10～20 克/次，加水内服；也可用牛奶、豆浆、鸡蛋清加水内服。

1）依地酸钙钠：15～20 毫克/千克体重，用 5% 葡萄糖或生理盐水稀释成 0.25%～0.5% 静脉注射，1～2 次/天，连用 3～4 天。

2）二巯基丙醇：2.5～5 毫克/千克体重，肌内注射。

（二）砷制剂

无机砷有砒霜（As_2O_3）、砷酸钙（铅、锰）、亚砷酸钙（钠）；有机砷有甲基硫砷、稻脚青、退菌特、田安、稻宁等。

1. 砷制剂在养猪生产上的应用

饲料常用洛克沙胂（硝基羟基苯砷酸）、阿散酸（氨苯砷酸）。广谱杀菌促生长，并杀灭肠道寄生虫，防治仔猪腹泻；还能使毛细血管通透性增强，改善外观；因残留和环境毒性，已禁止使用。

2. 砷制剂的中毒症状

（1）急性中毒：拒食，齿龈暗黑色，有蒜臭；腹痛、腹泻、腹胀，间有血痢；血尿、少尿或尿闭；公畜阴茎脱出，孕畜流产。

（2）慢性中毒：后肢轻瘫，视力减退或失明，麻痹。

（3）剖检：尸体不易腐败，咽喉黏膜溃疡，胃、小肠溃疡。

3. 中毒后解救

（1）防止继续吸收：灌服临配氢氧化铁溶液（硫酸亚铁 100 克，加水 250 毫升溶解；另取氧化镁 15 克，加水 250 毫升溶解；临时二液混合成糊状，猪灌服 30～60 毫升/次，间隔 4 小时 1 次），或灌服牛奶、鸡蛋清、豆浆、木炭末也可。

（2）特效药物

1）二巯基磺酸钠注射液：5～8 毫克/千克体重，肌内注射，第 1 天每隔 6～12 小时 1 次，第 2 天延长时间间隔，7 天 1 疗程。

2）二巯丁二钠注射用粉剂：3～5 毫克/千克体重，溶解在 5% 葡萄糖溶液中（不能加热）缓慢静脉注射。

3）二巯基丙醇：首次 2.5～5 毫克/千克体重，以后减半，每隔 6 小时 1 次，连用 3～5 天后改为 1 天 1 次。

有机汞类中毒，如西力生、赛力散等解救药物同上。

同时，配合 10%～25% 葡萄糖（禁用氯化钠、氯化钾制剂）＋维生素 C 静脉注射；腹痛不安时，用 30% 安乃近肌内注射。

（3）无巯基络合物解救时，可用 5%～10% 硫代硫酸钠替代，猪 1～3 克/次肌内注射，同时用 0.1% 盐酸肾上腺素，0.2～1 毫升/次皮下注射。

三、常见食物中毒及解救

（一）亚硝酸盐

硝酸盐和亚硝酸盐是自然界中最普遍的含氮化合物，畜体内的硝酸盐在微生物的作用下，可还原为亚硝酸盐。

1. 亚硝酸盐的危害

（1）中毒：食入 0.3～0.5 克亚硝酸盐即可中毒，3 克导致死亡。亚硝酸盐类中毒又称肠源性青紫病、发绀症、乌嘴病。

（2）致癌、致畸：在胃酸等环境下，亚硝酸盐与食物中的仲胺、叔胺和酰胺等反应，生成强致癌物 N-亚硝胺。亚硝胺还能够透过胎盘进入胎儿体内，对胎儿有致畸作用。2017 年 10 月 27 日，世界卫生组织将其列入 2A 类致癌物清单。

2. 亚硝酸盐的中毒症状

（1）采食半小时后口流白沫，呼吸困难，腹痛腹泻，多尿。

（2）黑猪鼻盘乌青、白猪鼻盘灰白带暗紫色；结膜、舌头、耳尖、皮肤青紫甚至乌黑色，最后窒息而死。

（3）剖检时尸体腹胀、皮肤和可视黏膜灰紫色；血液暗褐色似酱油，凝固不良；切开肺脏有红黄色泡沫状液体流出。

3. 中毒后解救

（1）煮熟的菜类每 30 千克加入 15 克碳酸氢铵，搅拌均匀，可使亚硝酸盐转化为氮气逸出。

（2）中毒后用 1％美蓝（也称亚甲蓝或甲烯蓝）1 克先溶在 10 毫升无水乙醇中，再加生理盐水至 100 毫升，完全溶解摇匀即成，按 1～2 毫克/千克体重缓慢静脉注射。注射 1～2 小时不好转，按等量或半量再用 1 次；无美蓝时，可用 5％甲苯胺蓝注射液，按 5 毫克/千克体重肌内注射。

（3）配合使用维生素 C 0.5～1 克/次，加入 25％～50％葡萄糖注射液 50～500 毫升，静脉注射。

（4）用药同时，初期洗胃、催吐、导泻；中、后期用尼可刹米、樟脑兴奋呼吸中枢和强心。

（二）氢氰酸

氢氰酸又名甲腈、氰化氢，属于剧毒类。第二次世界大战中纳粹德国常作为毒气室的杀人毒气。空气中可燃烧，含量 5.6％～12.8％时有爆炸性。高粱再生苗、亚麻饼、杏仁、桃仁、白果、枇杷仁、梅子仁等含有一种"苦杏仁苷"的物质，经自身含有的苦杏仁酶作用，或在胃酸的作用下，可水解或分解出氢氰酸，加热煮沸可使其挥发掉。

1. 氢氰酸的危害

氢氰酸进入血液后，迅速与氧化型细胞色素氧化酶的三价铁结合成稳定的六氰合铁（Ⅲ）配离子 $[Fe(CN)6]^{3-}$，阻止其被细胞色素还原为还原型细胞色素氧化酶 $[Fe(Ⅱ)]$，从而使红细胞丧失传递氧的能力，造成细胞内窒息，而静脉血呈鲜红色。

2. 氢氰酸的中毒症状

口服 0.06 克氢氰酸就会死亡；成人吃苦杏仁 40～60 粒，小孩吃 10～20 粒即可引起中毒。

（1）急性：突然蹦跳几下惨叫死亡，呼出气体有苦杏仁味。

（2）慢性：突然腹胀腹痛，呕吐、视物模糊，呼吸浅快，后期阵发性抽搐至强直性痉挛，瞳孔散大，呼吸中枢麻痹而死。

（3）剖检：尸体不易腐败；血液凝固不良，鲜红色；胃内充满带苦杏仁味的气体。

3. 中毒后解救

（1）含氰苷的植物煮 30 分钟，加适量食盐，并打开锅盖，促进氰苷转化为氢氰酸，随蒸汽蒸发掉。

（2）中毒初期可用 0.01%～0.05%高锰酸钾或 0.03%过氧化氢洗胃或内服，也可用 10%硫代硫酸钠或 1%硫酸亚铁内服。

（3）用 1%～3%亚硝酸钠注射液 0.1～0.2 克/次静脉注射，或 1%美蓝注射液 2.5～10 毫克/千克体重静脉注射。随后静脉注射 5%～10%硫代硫酸钠注射液 1～3 克；用药 0.5～1 小时不见效，用硫代硫酸钠等量或半量再用 1 次。

（三）食盐中毒

1. 食盐的作用

钠主要存在于细胞外液，对维持体内渗透压平衡、酸碱平衡、细胞的正常兴奋性和神经冲动的传递等生理功能起重要作用。

氯是胃液中盐酸的组成成分，有助于蛋白质的初步消化。

食盐还刺激唾液分泌，增强消化酶活性，促进食欲。

食盐缺乏引起蛋白质消化不良、皮毛粗糙、生长缓慢，产生异嗜癖，舔食污水、尿液，并易感染疾病。

食盐的供给量，以占风干饲粮的比例计算，一般仔猪 0.25%，生长猪 0.3%，妊娠母猪 0.4%，哺乳母猪 0.5%为宜。

2. 食盐的中毒症状

猪、马、牛的急性中毒剂量为每千克体重 2.2 克，绵羊为 6 克，鸡的最小致死量为 4 克。

（1）初期喝脏水，不断咀嚼并流出白沫；皮肤瘙痒，尿少。

（2）随后无目的徘徊或转圈，癫痫样惊厥，抽搐从鼻盘和颈部开始，并向全身发展，7 分钟发作 1 次；惊厥期咀嚼、口流白沫和呼吸困难。

（3）剖检时可见胃肠黏膜出血，组织及器官水肿，脑灰质软化。

3. 中毒后解救

（1）没有出现症状时：可用 5%～10%葡萄糖或白糖大量饮水或灌服；若已出现症状，暂时禁止饮水，以减少钠的扩散。

（2）初期：灌服食醋或生豆浆；也可用甘草 30～120 克、绿豆 120～500 克煎汤后灌服；还可用茶叶 15～50 克、菊花 20～100 克煎汤灌服；也可用白糖 125～500 克加温水适量溶解后灌服。

（3）中期：为缓解兴奋和痉挛，用5％葡萄糖酸钙50～80毫升静脉注射或5％溴化钾（溴化钙）10～30毫升静脉注射；同时，可口服0.05～0.2克双氢克尿噻利尿，以排出钠、氯离子。

（4）后期：有神经症状要缓解脑水肿，降低颅内压，用20％甘露醇或25％山梨醇100～250毫升，加入50％葡萄糖中静脉滴注。

（四）肉毒梭菌中毒

肉毒杆菌是一种生长在缺氧环境下的细菌，在罐头、香肠、火腿及密封腌渍食物（如榨菜）中具有极强的生存能力，在繁殖过程中分泌肉毒毒素。该毒素是目前已知的最剧毒物，毒性比氰化钾强一万倍，1毫克能杀死2亿只老鼠，对人的致死剂量约0.1微克，常用作生化武器。因消除皱纹效果显著而风靡美容界。

肉毒杆菌在自然界分布广泛，土壤中常可检出，是一种腐生菌，根据所产生毒素的抗原性不同，分为A、B、Ca、Cb、D、E、F、G 8个型，能致病的有A、B、E、F型，其中A、B型最常见。

1. 肉毒梭菌的危害

肉毒毒素与典型的外毒素不同，并非由活的细菌释放，而是先在细菌细胞内产生无毒的前体毒素，等待细菌死亡自溶后游离出来，再经肠道中的胰蛋白酶或细菌产生的蛋白酶激活后方具毒性，且能抵抗胃酸和消化酶的破坏。

肉毒杆菌A型毒素毒性极强，是一种神经毒素，能透过机体各部的黏膜。由胃肠道吸收后，经淋巴和血行扩散，作用于颅脑神经核和外周神经肌肉接头以及自主神经末梢，破坏一种名为SNAP-25的蛋白质，抑制胆碱能神经末梢释放乙酰胆碱，从而切断神经细胞间的通信使肌肉麻痹。

2. 肉毒梭菌的中毒症状

食入和吸收这种毒素后，神经系统将遭到破坏，出现眼睑下垂、复视、斜视、吞咽困难、流涎；两耳下垂，视力障碍；四肢麻痹，呼吸麻痹、窒息而死。

3. 中毒后解救

（1）用多价肉毒梭菌抗毒素抢救。

（2）内服泻剂或洗胃、灌肠，同时用葡萄糖或白糖饮水，用0.05％维生素C拌料，并及时输液、强心等。

第六章　猪场的免疫

第一节　认识病毒

一、病毒的前世今生

（一）病毒的起源

1. 退化假说

认为病毒曾是一些寄生在较大细胞内的"小细胞"，逐渐丢掉了"过寄生生活"所不需要的"非必需基因"发展而来。

（1）退化假说把病毒的起源解释为两个阶段

1）第一阶段：寄生物（即小细胞）寄生的大细胞内，先产生能独立复制的"DNA质粒"，这个质粒只保留了可进行自主复制的"DNA复制原点"（顺式元件）和可对复制进行调控的"反式调控蛋白"，以及能与宿主生物合成及复制系统相互作用的"顺式和反式功能"。即寄生物先形成一个保留自己血脉的"种子"。

2）第二阶段：寄生物"亚细胞结构单位"的基因发生突变，形成衣壳蛋白。即原寄生物一部分形成了"种子"，保留了自己的血脉之后，剩下的部分变成了"果壳皮"来保护"种子"。至此，一个不同于原寄生物，但保留了原寄生物血脉的"新变种"（准病毒）诞生了，但这个新变种没侵袭性，不能壮大家族。

（2）随着进化的发展，新获得的可在"细胞间转移"的特性被进一步选择下来

即这个新变种慢慢又长了"藤蔓"，能从这棵树爬到另一棵树，具有了"侵袭性"。于是，既保留了原寄生生活的小细胞的"血脉"，又有了保护血脉的"衣壳"，还具有"侵袭性"的"病毒"就出现了。

（3）形象描述退化假说

即打工的弟弟靠当老板的哥哥混饭也混出了个人样。退化假说是基于"用进废退"的理念，属狭义的进化论思维。

2. 飘荡假说（也称细胞起源理论）

该假说能解释所有病毒的起源，认为病毒是从较大生物体的基因中"逃离"出来的一小段 DNA 或 RNA 进化而来。

（1）逃离的 DNA 或 RNA 来自较大生物体

1）质粒：在细胞间传递的裸露 DNA 分子，进化成 DNA 病毒。

2）转座子（1950 年由巴巴拉·麦克林托克在玉米中发现）：可在细胞基因内不同位置复制和移动的 DNA 片断，曾称为"跳跃基因"，属可移动遗传元件，进化成反转录病毒。

3）能够自主复制的 mRNA：最终进化成 RNA 病毒。

（2）形象描述飘荡假说

即先有细胞后有病毒，病毒是细胞离家出走的坏儿子。飘荡假说是基于"先有鸡后有蛋"的理念。

3. 共进化假说

病毒与细胞同时出现在远古地球，且一直依赖细胞生存至今。该假说认为不管细胞和病毒，都是起源于突然出现的 RNA，RNA 是现今生物进化的起源。首先是 RNA 的形成和复制，然后演变出 RNA - 蛋白介导的一系列反应，第三步产生 DNA；DNA 比 RNA 稳定而最终成为遗传信息。

①有些分子被包装在细胞和组织中，形成宿主细胞。

②另一些分子自我复制或寄生在宿主细胞，进化成为病毒。

现今的类病毒和卫星病毒，仍保留有部分的 RNA 催化性能，因而被认为是生命形式出现以前的 RNA 世界的活化石。

（1）RNA 分子可独立进行与复制和进化相关的三个反应

1）具有核糖核酸酶的活性。

2）能自我拼接去掉内部的核酸序列（剪辑功能）。

3）以 RNA 作引物可合成依赖于模板的多聚胞嘧啶核酸。

（2）形象描述共进化假说

即细胞和病毒是一个爷的堂兄弟，天生死磕到底。共进化假说是基于"同时起源"的理念。

小知识：病毒进化的活化石（中间体）

（1）类病毒（亚病毒）：具有 RNA 分子，但缺少蛋白质衣壳的物质，不归入病毒类别，但具有多种病毒的普遍特征。

（2）卫星病毒：如丁肝病毒是一种缺陷型病毒（具有 RNA 基因组，但没有蛋白质衣壳），需要借助乙肝病毒的衣壳帮助才能复制称为"卫星病毒"，是介于类病毒和病毒之间的进化中间体。

（3）朊病毒：是具有感染性的蛋白质分子，不含 DNA 或 RNA。朊病毒引起绵羊瘙痒症或疯牛病。朊病毒虽缺乏核酸，但生物体内存在与朊病毒相同序列而结构不同的正常蛋白质，朊病毒可使这些正常蛋白质的结构发生变化，转化为朊病毒。朊病毒的发现说明病毒可能进化自能够自我复制的分子。

因为以上"中间体"的存在，当今大部分学者偏向于"共进化假说"，但是该假说无法解释最初的、分别进化成细胞和病毒的那个"RNA"来自哪里？外星球来的？共进化假说有进化过程的证据（中间体），但找不到进化前的"根儿"。

同样，"退化假说"最具备进化论"用进废退"的理念，但是找不到进化过程中的"中间体"，即病毒在没有丢掉那些没用的包袱之前，是个什么样子？在一件一件丢掉包袱的过程中，分别又是什么样子？找不到进化过程的证据。

而"飘荡假说"解决了病毒起源的"根儿"的问题，即从细胞里逃出来的小坏蛋，但解释不了这个小坏蛋（病毒 DNA 或 RNA）和细胞的基因片段原本是一样的，那为什么逃出来的就成了病毒，而留在细胞里面的怎么还是原来的样子？

那么，您认为病毒的起源是：依附于哥哥混饭吃的弟弟（退化假说）？还是离家出走的不孝儿子（飘荡假说）？还是一对死磕到底的堂兄弟（共进化假说）？

（二）病毒的本质

1. 病毒趣话

（1）病毒的概况

病毒是地球上数量最为庞大的生命形式，如果把地球上的病毒首尾相接，能连成一条 2 亿光年的长链。病毒是地球上最原始的生命物质。既有非生物化学大分子可结晶的特点（非生物物质的属性），又有生物以自身为模板复制产生后代的特征（生物与非生物的区别在于能否繁殖）。所以，病毒是介于生命与非生命之间的一种物质形式。

（2）人类与病毒的关系

目前，已有超过 5000 种类型的病毒得到鉴定。病毒无处不在，我们生活在病毒的海洋中，每天都吸入和吃入数十亿的病毒，我们的基因组中也有病毒基因存在。每个人身上至少会携带 4 种病毒，常见种类如肠道病毒、水痘病毒、疱疹病毒和疣病毒等。人一生会受到各种病毒家族 500～1000 种病毒所攻击。人类最早有记载的病毒性疾病是小儿麻痹症，出现在公元前 3700 多年前的古埃及。

（3）病毒的存在对人类的意义

1）病毒是生物进化的强大驱动力：病毒感染是一种选择压力，适者生存，在病毒面前弱不禁风的个体会被淘汰。人类的基因组中，一些具有重要功能的基因，可能最初就是来源于病毒。

2）病毒促进免疫系统的建立和完善：人类能够生存是因为我们拥有完善的防御系统来监视和清除病毒，而强大的免疫系统是在病毒等各种病原体的刺激下进化才越来越完善。

3）病毒是食物链的重要参与者和支撑者：一杯海水（大约半升）中大约含有 10 万个种类约 300 亿个病毒，病毒每天杀死海洋中 20％的生命，如果没有病毒，物质循环就会中断。

（4）有纪念意义的 9 个病毒

1）第一个被人类发现的病毒：烟草花叶病毒。1886 年，德国阿道夫·麦尔把花叶病烟叶加水研磨，再注射到健康烟草叶脉，发现该病可传染，但因巴斯德已提出"细菌致病"学说，所以他认为是一种细菌。1892 年，俄国伊万诺夫斯基重复麦尔的实验，他用细菌过滤器滤过细菌后仍传染，证明不是细菌，但他太胆小，不敢想象这是另一种致病微生物。1898 年，荷兰贝杰林克做了同样实验，认为不是细菌，而是全新物种，并取名为"病毒"。

2）已知的最大病毒：阔口罐病毒（1.5 微米长，直径 0.5 微米，比之前认为最大的潘多拉病毒还要大 50％）。2014 年，法国尚塔尔·阿伯杰尔和米歇尔·克拉弗里，在西伯利亚永久冻土中发现了一个 3 万年前的阔口罐病毒样本。

3）一年中杀死人最多的病毒：流感病毒。1918 年，西班牙流感使世界 1/5 的人口感染，当年造成全世界 2000 万～4000 万人丧生，仅西班牙就死亡 800 万人，军人死亡 43000 人，迫使第一次世界大战提前结束，美军因流感死亡的人数占死亡总数的一半。

4）致死率最高的病毒：狂犬病毒。2014 年，埃博拉病毒致死率 90％

而使人心惶惶，但狂犬病毒一旦感染，不注射疫苗和抗体的话，致死率100%。

5）已被人类控制的病毒：天花病毒。距今一万年前的史前时代就已经有了天花病。在人体内可致病的最大病毒就是天花病毒（边长0.4微米的长方体）。1967年，世界卫生组织公布数据，当年1500万人感染天花，200万人死亡，活下来的也成了"麻脸"。1958年，世界卫生组织接受苏联建议，展开全球消灭天花行动，20年后的1978年，一名英国医学女摄影师在实验室染上天花，成为全球最后一名患者。1980年5月8日，世界卫生组织正式宣布，天花病毒已从地球灭绝。

6）数量最多的病毒：噬菌体。也是地球上数量最多的生命形式，以细菌为宿主。原苏联和法国在长达90年的时间里，把噬菌体作为抗生素的替代品。

据哥伦比亚大学文森特·拉卡涅洛教授的数据，全球水域中蕴含的噬菌体粒子数量超过10^{30}，把地球上所有噬菌体首尾相连，长度达2亿光年。每个噬菌体粒子的平均重量是10^{-13}克，全球所有噬菌体全部加起来，重量超过1000头大象。

7）病毒中的"狼"角色：埃博拉病毒。截至2015年2月，已有超过8500人死于埃博拉病毒。最可怕的是"死相"恐怖患者内脏碎裂，每个毛孔都往外冒血，坏死内脏组织还从嘴里呕出来。

8）抵抗力最强的病毒：朊病毒。病毒界里打不死的"小强"，让它接受120℃～130℃的高温加热4小时，或者用紫外线、离子照射，或甲醛消毒，都不能将它的传染因子杀灭。

9）有记录的最小病毒：鼻病毒。直径只有20纳米（1995年定名的圆环病毒14～17纳米，是迄今为止最小的病毒），普通感冒的元凶，它最喜欢的温度是33℃～35℃，鼻腔温度恰好适合。

2. 病毒是什么

（1）病毒颗粒很小：以"纳米"为测量单位，要用电子显微镜才能观察到。如最大的痘病毒科病毒，大小为（170～260）纳米×（300～450）纳米，最小的为双联病毒科，直径18～20纳米。引起一般感冒的鼻病毒直径约20纳米，把它排成列，大约需要5万个才能跨过一个普通的针头（1微米=1000纳米）。

（2）病毒结构简单：没有细胞结构，由蛋白质和核酸组成；每一种病毒只含一种核酸，不是DNA就是RNA。

（3）病毒呈严格寄生性：病毒既无产能酶系，也无蛋白质和核酸合成酶系，只能在活细胞中增殖，利用宿主活细胞系统的"中心法则"，进行转录和翻译进而自我"复制"，无法独立生长和复制。

小知识：细胞结构生物的"中心法则"：指遗传信息从 DNA 传递给 RNA，再从 RNA 传递给蛋白质的转录和翻译的过程，以及遗传信息从 DNA 传递给 DNA 的复制过程。这是所有有细胞结构的生物所遵循的法则。以 RNA 为模板的反转录是对"中心法则"的补充。

（4）病毒同宿主共进化：使自己具有更强的感染能力和更低的细胞毒性，这样才能更好地寄生在宿主细胞内完成生命周期。病毒在离体条件下，能以无生命的生物大分子状态存在，并长期保持其侵染活力，有些病毒的核酸还能整合到宿主的基因组中，并诱发潜伏性感染。

（5）病毒属非细胞型微生物：可以感染所有的具有细胞结构的生命体。

（6）病毒对一般抗生素不敏感：但对干扰素、血清、球蛋白等生物制品敏感。

3. 病毒的结构形态

病毒具有对称性，包括螺旋对称和二十面体对称。螺旋对称如正黏病毒、副黏病毒及弹状病毒等。二十面体对称形成 20 个等边三角形的面，12 个顶和 30 条棱，如腺病毒、脊髓灰质炎病毒。另有复合对称（如噬菌体）和包膜型（如疱疹病毒）等。

4. 病毒的分类

病毒依寄主分为植物病毒、动物病毒和细菌病毒。1999 年，国际病毒分类委员会第七次报告，将所有已知的病毒根据核酸类型分为三个病毒目，64 个病毒科，9 个病毒亚科，233 个病毒属，其中 29 个病毒属为独立病毒属。三个病毒目分别是有尾噬菌体病毒目、单分子负链 RNA 病毒目和成套病毒目。亚病毒因子类群不设科和属，包括卫星病毒和朊病毒。

5. 常见的 7 种病毒类型

单股 DNA 病毒，双股 DNA 病毒，DNA 与 RNA 反转录病毒，双股 RNA 病毒，单链单股 RNA 病毒，裸露 RNA 病毒，亚病毒因子（包括类病毒、卫星病毒和朊病毒）。DNA 病毒相对比较稳定，容易在宿主体内形成持续性或慢性感染，可在宿主体内存在多年而后暴发，其间可能几乎不发生变异，不像 RNA 病毒易变异，动辄引起世界范围内的大流行。

单股正链 RNA 可直接起 mRNA 作用；单股负链 RNA 需先合成互补

股（正股）才能作为 mRNA。

小知识：

（1）囊膜（也称包膜）：指病毒粒外被覆的由糖蛋白和脂肪形成的外膜。糖蛋白在膜上形成各种形状的突起叫棘突。囊膜既保护衣壳，又是病毒"吸附"宿主细胞的钥匙。

（2）血清型：抗原和特异抗体结合形成免疫复合物，据此可鉴定不同抗原，可用血清学方法检测出来，称为血清型。

（三）猪常见 23 种病毒性疾病的病原分类

常见猪病有 70 余种，其中细菌性疾病 27 种、病毒性疾病 23 种、寄生虫病 29 种，国内常见猪病毒病有 11 种（姚龙涛）。

1. 猪瘟（SF、HC）

单股正链 RNA 黄病毒科猪瘟病毒属，有囊膜，1 个血清型。

2. 乙脑（EBV）

单股正链 RNA 黄病毒科黄病毒属，有囊膜，1 个血清型。

认识黄病毒科：包含黄病毒属、瘟疫病毒属、肝炎病毒属 3 个属。

（1）黄病毒属：常见乙脑、森林脑炎、圣路易脑炎、羊跳跃病、登革热、黄热病等病毒。

（2）瘟疫病毒属：常见猪瘟、牛腹泻-黏膜病病毒、羊边界病病毒、马动脉炎病毒、猴出血热病毒、小鼠乳酸脱氢酶病毒、胡萝卜斑纹病毒、白纹伊蚊融合因子等病毒。

（3）肝炎病毒属：常见丙肝病毒。

3. 蓝耳病（PRRS）

单股正链 RNA 套病毒目，动脉炎病毒科动脉炎病毒属，有囊膜，2 个血清型（VR 株美洲型和 LV 株欧洲型）。

4. 传染性胃肠炎（TGE）

单股正链 RNA 套病毒目冠状病毒科冠状病毒属，有囊膜，1 个血清型，与流行性腹泻无共同抗原性。

5. 猪流行性腹泻（PED）

套病毒目冠状病毒科冠状病毒属，有囊膜，1 个血清型。

认识套病毒目：包括动脉炎病毒科和冠状病毒科 2 个科。

（1）动脉炎病毒科：只有 1 个属，即动脉炎病毒属，常见马动脉炎病毒、乳酸脱氢酶增高症病毒、蓝耳病毒和猴出血热病毒等。

（2）冠状病毒科：包括冠状病毒属和环曲病毒属 2 个属。

1）冠状病毒属家族分为 4 个群，α 群包括猪传染性胃肠炎病毒和流行性腹泻病毒（两者都是引起猪水样剧烈腹泻）、猪呼吸道冠状病毒（无明显致病性）、猫传染性腹膜炎病毒（引起腹膜炎、肺炎、脑膜炎、全眼球炎和消瘦综合征）、犬冠状病毒（引起肠炎）及人冠状病毒 229E 和 NL63（引起普通感冒）等；β 群又分 A、B、C、D 四个亚群，包括小鼠肝炎病毒（引起肝炎、肠炎、脑脊髓炎）、大鼠唾液腺炎病毒（引起唾液腺炎）、牛冠状病毒（引起胃肠炎）、猪血凝性脑脊髓炎病毒（引起呕吐、消瘦、脑脊髓炎）、人冠状病毒 OC43 和 HKU1（属 A 亚群，引起普通感冒）、SARS 病毒（属 B 亚群，引起非典型肺炎，2003 年波及 29 个国家，共确诊 8096 例，死亡 774 例，病死率 9.6%）及 MERS 病毒（属 C 亚群，引起中东呼吸综合征，2012 年波及 27 个国家，共确诊 2468 例，死亡 851 例，病死率高达 34.4%）；γ 群包括禽传染性支气管炎病毒（引起支气管肺炎、肾炎）和白鲸冠状病毒 SW1 等 2 个种；δ 群见于兔冠状病毒（引起腹泻）。2020 年春节暴发的武汉新冠肺炎病毒（病死率 2.1%）隶属于哪个群尚无定论，但能够确定的是新冠病毒与 SARS 病毒基因序列的相似度只有 80%。

2）环曲病毒属（也称凸隆病毒属），常见的有伯尔尼病毒（也称马环曲病毒，简称 BEV，1972 年瑞士伯尔尼发现，引起马腹泻）、布雷达病毒（也称牛环曲病毒，简称 BRV，1982 年美国沃德在艾奥瓦州布拉德市发现，引起牛腹泻，死亡率高达 15%）、里昂病毒和人环曲病毒（简称 BIV，1984 年比尔兹在英国伯明翰和法国波尔多的胃肠炎病人粪便中分离，主要引起阿拉伯后裔 5 岁以下儿童胃肠炎）等。

6. 口蹄疫（FMD）

单股正链 RNA 小 RNA 病毒科口蹄疫病毒属，无囊膜，7 个血清型（O、A、C、非洲 1 型、非洲 2 型、非洲 3 型和亚洲 1 型），65 个亚型。

7. 水疱病（SVD）

单正链 RNA 小 RNA 病毒科肠道病毒属，无囊膜，1 个血清型。

8. 血凝性脑脊髓炎（PHE）

乳猪触摸过敏，昏睡、呕吐。单股正链 RNA 小 RNA 病毒科肠道病毒属。

9. 脑心肌炎病毒（EMCV）

突然死亡，以脑炎、心肌炎为特征。单股正链 RNA 小 RNA 病毒科心肌炎病毒属，无囊膜。

认识小RNA病毒科：包含肠道病毒属、鼻病毒属、心病毒属和口疮病毒属4个属。

（1）肠道病毒属：常见脊髓灰质炎病毒（小儿麻痹）、库克萨基病毒（手足口病）、甲肝、猪（鸡）脑脊髓炎、鸭肝炎等。

（2）鼻病毒属：引起一般感冒。

（3）心病毒属：常见脑心肌炎病毒。

（4）口疮病毒属：常见口蹄疫病毒。

10. 水疱性疹（VES）

单股正链RNA嵌杯（杯状）病毒科猪水疱疹病毒属，无囊膜，15个血清型，各血清型之间无交叉免疫性（常见A、B、C、D四型）。

认识杯状病毒科：包含兔出血症病毒属、诺瓦克病毒属、札幌病毒属和水疱性病毒属4个属。

（1）兔出血症病毒属：常见兔出血症病毒。

（2）诺瓦克病毒（又称诺如病毒）属：常见诺瓦克病毒引起初生仔猪腹泻。

（3）札幌病毒属：常见札幌病毒引起初生仔猪腹泻。

（4）水疱性病毒属：常见猪水疱性疹病毒。

11. 盖他病毒（GETV）

单股正链RNA披膜病毒科甲病毒属，有囊膜，虫媒季节病引起妊娠初期胎儿死亡的繁殖障碍性疾病。

认识披膜病毒科：包含甲病毒属和风疹病毒属2个属。

（1）甲病毒属：常见辛德毕斯病毒，基孔肯亚病毒，东部、西部、委内瑞拉马脑炎病毒等。

（2）风疹病毒属：常见风疹病毒。

12. 猪流感（SI）

单股负链RNA正黏病毒科流感病毒属，有囊膜，依据核蛋白抗原性分A、B、C 3个血清型。

认识正黏病毒科：包含甲型流感病毒属、乙型流感病毒属、丙型流感病毒属、索戈托病毒属和传染性鲑鱼贫血症病毒属5个属。

（1）甲型流感病毒属：常见甲型流感病毒易变异，如禽流感。

（2）乙型流感病毒属：常见乙型流感病毒传染性强，如人的病毒性感冒。

（3）丙型流感病毒属：常见丙型流感病毒只引起人轻微上呼吸道感

染，不流行。

（4）索戈托病毒属：常见索戈托病毒虫蝶传播。

（5）传染性鲑鱼贫血症病毒属：常见鲑鱼贫血症病毒。

13. 水疱性口炎（VS）

单股负链 RNA 弹状病毒科水疱病毒属，有囊膜，2 个血清型（新泽西型和印第安纳型）。

14. 狂犬病（RABV）

单股负链 RNA 弹状病毒科狂犬病毒属，有囊膜，6 个血清型（1 型为典型攻击毒株）。

认识弹状病毒科：包含水疱病毒属、狂犬病毒属、短暂热病毒属、非毒粒蛋白弹状病毒属、细胞质弹状病毒属和细胞核弹状病毒属 6 个属。

（1）水疱病毒属：常见水疱性口炎、印第安纳病毒。

（2）狂犬病毒属：常见狂犬病病毒。

（3）短暂热病毒属：常见牛短暂热病毒。

（4）非毒粒蛋白弹状病毒属：常见造血器官坏死病毒。

（5）细胞质弹状病毒属：常见莴苣坏死黄化病毒。

（6）细胞核弹状病毒属：常见马铃薯黄矮病毒等。

15. 蓝眼病（BED）

单股负链 RNA 副黏病毒科，引起 2～15 日龄仔猪脑炎，角膜混浊。

认识副黏病毒科：包含副黏病毒亚科和肺病毒亚科两种。

（1）副黏病毒亚科包含 5 个属

1）腮腺炎病毒属：常见腮腺炎病毒。

2）禽腮腺炎病毒属：常见新城疫病毒啮齿类。

3）呼吸道病毒属：常见仙台病毒引起动物（如老鼠）急性肺炎，但不会传染人。

4）亨德拉尼巴病毒属：常见亨德拉尼巴病毒引起马麻疹，表现发热、呼吸困难、肺水肿和神经系统损伤。

5）麻疹病毒属：常见麻疹病毒等。

（2）肺病毒亚科包含 2 个属

1）肺病毒属：呼吸道合胞病毒引起普通感冒。

2）异肺病毒属：常见异禽肺病毒等引起禽产蛋量下降、产异形蛋，但无呼吸症状。

16. 轮状病毒（RV）

双链 RNA 呼肠孤病毒科轮状病毒属，无囊膜，共有 A～H8 个群，A

群为典型轮状病毒，感染人，C群、E群感染猪。

认识呼肠孤病毒科：包含正呼肠孤病毒属、环病毒属、轮状病毒属、科罗拉多蜱传热症病毒属、东南亚十二RNA病毒属和水生动物呼肠孤病毒属6个属。

（1）正呼肠孤病毒属：常见哺乳动物正呼肠病毒引起人畜轻度呼吸道和消化道感染。

（2）环病毒属：常见蓝舌病毒库蠓传播，引起羔羊发热、口腔周围糜烂、发绀、头颈水肿等。

（3）轮状病毒属：常见轮状病毒A型。

（4）科罗拉多蜱传热症病毒属：常见科罗拉多蜱传热病毒感染人，表现发热、头痛、肌痛、畏光等。

（5）东南亚十二RNA病毒属：常见班纳病毒与神经疾病相关。

（6）水生动物呼肠孤病毒属：常见水生动物呼肠孤病毒等。

17. 圆环病毒（PCV）

单链DNA圆环病毒科圆环病毒属，无囊膜，2种血清型。

认识圆环病毒科：包含圆环病毒属和鸡贫血病毒属2个属。

（1）圆环病毒属：常见猪圆环病毒。

（2）鸡贫血病毒属：常见鸡贫血病毒等。

18. 细小病毒（PPV）

单链DNA细小病毒科细小病毒属，无囊膜，1个血清型。

认识细小病毒科：分为细小病毒亚科、浓核症病毒亚科两种。

（1）细小病毒亚科包含5个属

1）细小病毒属：常见猪细小病毒产大小不等能按比例排列的木乃伊胎。

2）红细胞病毒属：常见人细小病毒B19引起传染性红斑急性关节病、慢性溶血性贫血、孕期流产、死胎。

3）依赖病毒属：常见腺联病毒一种缺陷病毒，不同于双链DNA的腺病毒，与腺病毒相伴完成生活周期，不致病，用于基因转移载体。

4）阿留申水獭病毒属：常见阿留申水獭病毒。

5）牛犬细小病毒属：常见犬细小病毒等引起出血性肠炎。

（2）浓核症病毒亚科包含4个属

1）浓核症病毒属：常见鹿眼蛱蝶浓核症病毒。

2）艾特拉病毒属：常见家蚕浓核症病毒。

3）短浓核症病毒属：常见埃及伊蚊浓核症病毒。可杀死伊蚊和库蚊，可作为生物杀虫剂。

4）烟色大蠊浓核症病毒属：常见烟色大蠊浓核症病毒等。

19. 伪狂犬（PR）

双链 DNA 疱疹病毒科 α 亚科猪水痘病毒属，有囊膜，1 个血清型。

20. 巨细胞病毒（包涵体鼻炎 PCMV）

双链 DNA 疱疹病毒科 β 亚科巨细胞病毒属，有囊膜。侵害鼻黏膜黏液腺、泪腺、唾液腺及胃小管上皮，引起仔猪上眼睑肿胀、鼻炎、增重缓慢，但无明显全身症状。

认识疱疹病毒科：分为 α、β、γ 疱疹病毒亚科 3 种。

（1）α-疱疹病毒亚科包含 4 个属

1）单纯疱疹病毒属：常见人疱疹病毒 1 型。

2）水痘病毒属：常见人疱疹病毒 3 型。

3）马立克病毒属：常见禽疱疹病毒 3 型。

4）传染性喉气管炎病毒属：常见禽疱疹病毒 1 型等。

（2）β-疱疹病毒亚科包含 4 个属

1）巨细胞病毒属：常见人疱疹病毒 5 型。

2）鼠巨细胞病毒属：常见鼠巨细胞病毒 1 型。

3）玫瑰疹病毒属：常见人疱疹病毒 6 型。

4）长鼻动物病毒属等。

（3）γ-疱疹病毒亚科包含 5 个属

1）淋巴滤泡病毒属：常见人疱疹病毒 4 型。

2）蛛猴疱疹病毒属：常见松鼠、猴疱疹病毒 2 型。

3）鲫鱼疱疹病毒属：常见鲫鱼疱疹病毒 1 型。

4）玛卡病毒属：常见猪疱疹病毒 3 型、4 型、5 型，单疱疹病毒 2 型，牛疱疹病毒 6 型等。

5）马疱疹病毒属等。

21. 猪痘（WP）

双链 DNA 痘病毒科猪痘病毒属，有囊膜，1 个血清型。猪痘由猪痘病毒（只感染猪）和痘苗病毒（感染牛、鸡等多种动物，属正痘病毒属）两种病原引起。

认识痘病毒科：分为脊椎动物痘病毒亚科、昆虫痘病毒亚科。

（1）脊椎动物痘病毒亚科包含 8 个属

1）正痘病毒属：常见痘苗病毒。

2）副痘病毒属：常见口疮病毒。

3）禽痘病毒属：常见鸡痘病毒。

4）山羊痘病毒属：常见绵羊痘病毒。

5）野兔痘病毒属：常见黏液瘤病毒。

6）猪痘病毒属：常见猪痘病毒。

7）软疣痘病毒属：常见人传染性软疣病毒。

8）亚塔痘病毒属：常见亚巴猴肿瘤病毒等。

（2）昆虫痘病毒亚科包含 3 个属

1）α-昆虫痘病毒属：常见金龟子昆虫痘病毒。

2）β-昆虫痘病毒属：常见桑灯蛾昆虫痘病毒。

3）γ-昆虫痘病毒属：常见淡色摇蚊昆虫痘病毒等。

22. 腺病毒（Adv）

引起急性上呼吸道感染，持续发热尤以鼻炎为主，也可引起病毒性胃肠炎、出血性膀胱炎等。

双链 DNA 腺病毒科哺乳动物腺病毒属，4 个血清型。

认识腺病毒科：包含哺乳动物腺病毒属、禽腺病毒属、富 AT 腺病毒属、唾液酸酶腺病毒属 4 个属。

（1）哺乳动物腺病毒属：常见人腺病毒 C 型。

（2）禽腺病毒属：常见禽腺病毒 A 型。

（3）富 AT 腺病毒属：常见绵羊腺病毒 D 型。

（4）唾液酸酶腺病毒属：常见蛙腺病毒等。

23. 非洲猪瘟（ASF）

双链 DNA 非洲猪瘟科非洲猪瘟属，有囊膜，1 个血清型。非洲猪瘟科只有一个属一个种，即非洲猪瘟病毒。

二、病毒的复制与变异

（一）病毒的复制

1. 复制周期

（1）病毒种类不同，一个复制周期的时间不同：如口蹄疫病毒复制周期为 6～8 小时，猪流感病毒为 15～30 小时。

（2）一个感染细胞能够复制的病毒数量也不同：每个细胞产生子代病毒的数量因病毒和宿主细胞不同而异，一个感染细胞一般释放的病毒数为

100～1000 个，多者可达 10 万个。

2. 病毒的吸附

病毒的吸附在几分钟到几十分钟的时间内完成，如口蹄疫对悬浮培养的牛舌上皮吸附需要 15～30 分钟，而在牛肾单层细胞吸附则需要 80～90 分钟。吸附过程一般分为两步：

第一步，病毒与细胞以静电引力相结合：在细胞表面任何部位都可吸附，无选择性。这种吸附是可逆的，稀释、冲洗、应用抗病毒血清、高浓度盐类和一定的 pH 环境，都可使病毒从吸附物上重新脱离。拉稀、咳嗽等都是脱离病毒静电吸附的保护性反应。

第二步，病毒蛋白与细胞膜表面受体特异性结合：这种吸附是不可逆的，大部分动物病毒的受体都是镶嵌在细胞膜脂质双分子层中的糖蛋白，也有的是糖脂或唾液酸寡糖苷，细胞有无特定病毒的受体，决定是否对该病毒具有易感性，如猪不感染鸡瘟，就是因为猪体内细胞没有鸡瘟病毒的受体。

形象描述病毒的吸附：就像病毒身上有一把钥匙（如流感血凝素糖蛋白），插入细胞身上的锁孔（如细胞唾液酸）的开锁过程。

3. 关于病毒吸附的受体

（1）受体：是宿主细胞的正常成分，主要是糖脂、脂类及糖蛋白，可以是单体，也可以是多分子复合物，具有特异性、高亲和性、饱和性、结合位点及靶细胞部位的有限性，以及独特的生物学活性等，一个细胞有 10^4～10^5 个受体，已发现的受体有 20 多种。20 世纪 80 年代首次发现正黏病毒（如流感等）和副黏病毒（如麻疹等）的受体。

（2）受体的类型

1）免疫球蛋白超家族成员：如艾滋病 CD4 分子、麻疹 CD46 分子、丙肝 CD81 分子等。

2）细胞因子：如牛痘（CPV）的受体表皮生长因子等。

3）趋化因子：如艾滋病的受体 CCR5 等。

4）生理活性物质：如口蹄疫、鸡传支、狂犬病（RV）的共同受体硫酸乙酰肝素等，另如狂犬病病毒可利用乙酰胆碱受体进入细胞。

5）细胞表面受体家族：如口蹄疫 4 种整合素（又称整联蛋白，αVβ1、αVβ3、αVβ6、αVβ8）等。

（3）病毒对受体的识别不是一对一的关系

1）同一病毒可使用不同受体进入细胞。如蓝耳病可有 3 个细胞膜受体：硫酸乙酰肝素、唾液酸黏附素（SN）和 CD163 分子等；轮状病毒可识别的受体：唾液酸、整合素（αVβ1、αVβ3），以及热休克蛋白 70 家族的 Hsc70 等。

黏附增强：病毒结合第一个受体之后，病毒或宿主发生一些变化，更有利于结合第二个受体，形成牢固结合，增加病毒结合的有效性或专一性，为病毒通过融合或胞饮方式侵入所必需。

2）一个受体也可能接受不同的病毒。如唾液酸等，既可结合蓝耳病毒又能结合轮状病毒。

（4）病毒受体模拟分子：除细胞表面的病毒受体可结合病毒外，病毒受体模拟分子也可结合病毒，从而阻断细胞感染。病毒受体模拟分子包括抗体、抗个体基因型抗体，可溶性受体、人工设计的受体类似物等。即设置一个假目标，让敌方（病毒）攻击，保护易感细胞。

（5）病毒编码受体：由病毒编码，可与一些调节因子或效应因子结合的细胞受体类似物，主要是阻断和抑制细胞因子与其受体结合，从而抑制宿主细胞的免疫反应，使病毒自身得到保护。即敌方（病毒）设置了一个假目标，让细胞因子去攻击，从而保护病毒自己。

4. 病毒的侵入和脱壳

（1）病毒侵入细胞的方式

1）注射式侵入——好比衣服（衣壳）扔到外边，裸体进入。小 RNA 病毒是以此种方式侵入细胞，小 RNA 病毒抗受体 VP1 吸附后，衣壳发生微细空间变化，失去 VP4，形成 A 粒子穿膜。穿膜后有两种情形，一是像肠道病毒和鼻病毒，衣壳相对致密，A 粒子穿膜时失去 VP2，形成 B 粒子再进入胞质；二是像心病毒和口蹄疫病毒，衣壳相对疏松，A 粒子穿膜时就被彻底裂解，直接以 RNA 形式释入胞质。

2）细胞吞饮病毒——好比连衣服带人被吞进去了。如多瘤病毒以此种方式侵入胞质；细胞膜内陷形成吞噬泡，完整病毒粒子进入细胞质。

3）病毒囊膜同细胞膜融合——好比水乳交融。囊膜病毒以此种方式侵入细胞。如流感病毒囊膜上血凝素（HA）蛋白吸附后，受宿主蛋白酶水解成为 HA1 和 HA2，HA2 氨基末端 20 个氨基酸呈疏水性，插入胞膜磷脂层疏水区，病毒囊膜与胞膜融合进入胞质。

一般无囊膜病毒以注射式和细胞吞饮式侵入；而囊膜病毒多以病毒囊膜同细胞膜融合的方式侵入。

（2）病毒的脱壳

　　指病毒感染性核酸从衣壳内释放出来的过程，有包膜病毒脱壳包括脱包膜和脱衣壳两步，无包膜病毒只需脱衣壳。

　　注射式侵入的病毒直接在细胞膜表面同步完成侵入和脱壳；内吞侵入的病毒进入细胞后，经蛋白酶的降解，先后脱去包膜和衣壳；膜融合侵入的病毒，包膜在与细胞膜融合时即已脱掉，核衣壳被移至脱壳部位，并在脱壳酶的作用下进一步脱壳。

　　脱壳酶来自宿主细胞或病毒基因编码，如痘病毒脱壳分两步：先由细胞溶酶体脱去外壳蛋白，再经病毒编码产生的脱壳酶脱去内层衣壳才能使核酸完全释放。

5. 病毒的生物合成

　　以病毒核酸为模板，在 DNA 多聚酶或 RNA 多聚酶及其他必要因素作用下，合成子代病毒的核酸和蛋白质。病毒生物合成阶段，用电镜方法和血清学方法都测不到病毒抗原，故称隐蔽期。

　　（1）病毒生物合成一般分早期和晚期两个阶段

　　1）早期蛋白合成阶段：病毒早期基因组在细胞内转录、翻译，而产生病毒生物合成必需的酶及抑制或阻断细胞核酸和蛋白质合成的"非结构蛋白"。

　　2）晚期蛋白合成阶段：根据病毒基因组指令，开始复制病毒核酸，并经过病毒晚期基因的转录、翻译而产生"病毒的结构蛋白"。

　　（2）病毒生物合成过程分为 6 个类型

　　双链 DNA 病毒、单链 DNA 病毒、单股正链 RNA 病毒、单股负链 RNA 病毒、双链 RNA 病毒及反转录病毒。

　　1）双链 DNA 病毒（如伪狂犬病毒、猪痘病毒等）：该类型病毒在宿主细胞核内合成核酸，胞质核糖体内合成核衣壳。早期利用宿主细胞核内的 RNA 聚合酶，转录早期 mRNA，再于胞质内的核糖体翻译出早期非结构蛋白（如 DNA 多聚酶）。晚期在解链酶作用下亲代 DNA 的双链解开为正、负两个单链；再分别以这两条单链为模板，利用早期合成的 DNA 多聚酶，复制出子代 DNA。再以子代 DNA 为模板转录晚期 mRNA，继而在胞质核糖体内翻译衣壳蛋白。

　　2）单链 DNA 病毒（如圆环病毒、细小病毒等）：该类型病毒以亲代 DNA 作模板合成互补链，并与亲代 DNA 链形成双链 DNA，作为复制中间型（RI），然后解链，以半保留形式进行复制，并以新合成互补链为模板复制出子代 DNA，再以子代 DNA 为模板转录晚期 mRNA 并翻译合成病毒核衣壳。

3）单股正链RNA病毒（＋ssRNA，如猪瘟病毒、蓝耳病毒等）：病毒复制在宿主细胞滑面内质网进行（粗面含核糖体，滑面不含），该类型病毒本身具有mRNA功能，直接附着于宿主胞质的核糖体上合成多聚蛋白前体，在细胞或病毒编码的蛋白酶作用下切割成为结构蛋白（核衣壳）及功能蛋白（RNA聚合酶）。然后，在功能蛋白（RNA聚合酶）作用下，转录出与亲代互补的负链RNA，形成双股RNA（±RNA），即复制中间型。其中，以正链RNA为mRNA翻译病毒晚期蛋白（核衣壳），以负链RNA为模板复制子代病毒RNA，进而装配成完整的病毒子。

4）单负链RNA病毒（－ssRNA，如猪流感病毒等）：该类型病毒首先转录出互补正链RNA，形成复制中间体（±RNA），以其中部分正链RNA为模板，复制出子代负链RNA。部分正链RNA起mRNA作用，翻译出病毒的结构蛋白。

5）双链RNA病毒、反转录病毒：此两种病毒类型不多见，故不详述。

（3）病毒的干扰

指两种病毒感染同一种细胞时，常常发生一种病毒抑制另一种病毒复制的现象；干扰现象可在同种、异种、同株以及异株的病毒间发生。如流感病毒的自身干扰（属同种干扰），伪狂犬病毒和无亲缘关系的蓝耳病毒之间的干扰（属异种干扰）等。病毒之间干扰现象能够阻止发病，但也能导致疫苗免疫失败。

1）产生干扰素：最主要的干扰方式，一种病毒诱导细胞产生干扰素（IFN）抑制另一病毒的增殖。

2）干扰病毒的吸附：阻断细胞表面病毒受体。

3）改变宿主细胞的代谢途径：争夺宿主细胞的酶及生物合成原料，干扰病毒的复制。

4）自身干扰：在复制过程中产生了DIP（缺陷干扰颗粒），能干扰同种的正常病毒在细胞内的复制。

缺陷干扰颗粒：具有正常病毒的衣壳和包膜，只是内含缺损的基因组，不仅能干扰非缺陷病毒的复制，还能影响细胞的生物合成。

6. 病毒的装配

（1）病毒装配的车间

1）DNA病毒、正黏病毒、反转录病毒（如艾滋病毒、人类T淋巴细胞白血病病毒等）在宿主细胞核内组装。

2）RNA病毒、痘病毒等在宿主胞质内组装。

（2）病毒装配的方式

1）无包膜病毒：先形成空心衣壳，病毒核酸从衣壳裂隙间进入壳内装配为成熟的病毒体。

2）有包膜病毒：包膜是在宿主细胞膜系统（浆膜或核膜）的特定部位，由病毒编码的特异糖蛋白插入宿主细胞膜，使核衣壳与此处细胞膜结合，则形成病毒包膜，形象描述：病毒包膜就是宿主细胞一小块被病毒渗透而叛变的细胞膜。

（3）包膜病毒形成包膜材料的来源

1）包膜的脂类：来源于细胞。

2）包膜的蛋白质（包括糖蛋白）：是由病毒基因组编码，具有病毒的特异性和抗原性。

7. 病毒的释放

（1）无囊膜病毒：以破胞方式一次同步释放，破坏宿主细胞膜，细胞迅速死亡。就像一个房间内有很多坏蛋，把房屋弄塌了，一下子全跑出来了。

（2）囊膜病毒：以出芽方式不同步逐个释出，释出时包上细胞核膜或细胞膜而成为成熟病毒，细胞不死亡仍能继续分裂增殖。就像坏蛋在房间墙上打洞，一个一个逃出来。

（3）巨细胞病毒：很少释放到细胞外，而是通过细胞间桥或细胞融合，在细胞之间传播。就像把几个房间打通，病毒只从这个房间到那个房间，而不跑出房间外。

（4）某些肿瘤病毒：其基因组以整合方式随细胞的分裂而出现在子代细胞中。就像渗透到建房的砖头里面，随着房屋的扩建，病毒跟着扩散。

8. 兽医临床了解病毒的复制过程的意义

（1）有利于掌握传染病病程的发展，依据病毒的复制规律，可在病程的不同阶段，采取不同的阻断病毒复制的方案。

（2）有利于抗病毒药物的选择，明确其作用机制。

（二）病毒的变异

病毒的基因组在其增殖过程中，时刻自动发生着突变，但大多数突变是致死性的，只有少数能生存下来。一个病毒粒子在一次感染中要增殖几百万次，概率事件及化学和物理因素，都会使病毒核酸的基因组发生变化；病毒的自然变异非常缓慢，但通过外界因素的刺激，就会加快变异。

1. 基因产物的相互作用

（1）表型混合：两种病毒混合感染后，一个病毒的基因组偶尔装入另一病毒的衣壳内，或装入两个病毒成分构成的衣壳内。

（2）基因型混合：指两种病毒的核酸偶尔混合装在同一病毒衣壳内，或两种病毒的核衣壳偶尔包在一个囊膜内，但它们的核酸都没有重新组合，所以没有遗传性。

（3）互补：指两种病毒通过其产生的蛋白质产物（如酶、衣壳或囊膜）相互间补充不足。

（4）增强：指两种病毒混合培养时，一种病毒能增强另一种病毒的产量。

2. 病毒变异的类型

（1）基因组突变

指病毒基因组中核酸的组成或结构发生改变，可以是一个核苷酸的改变，也可为成百上千个核苷酸的缺失或易位（如伪狂犬基因缺失苗，就是几个毒力基因缺失掉了）。突变株与原先的野生型特性不同，在毒力、抗原组成、温度和宿主范围等方面都有所改变。基因组突变分为自发突变和诱导突变两种类型。

1）自发突变：在没有任何已知诱变剂的条件下，病毒子代产生高比例的突变体，最后导致表型变异（如江西株蓝耳病毒）。

病毒复制中的自然突变率：DNA病毒为 $1/10^8 \sim 1/10^{11}$，RNA病毒为 $1/10^3 \sim 1/10^4$。RNA病毒容易发生变异，是因为RNA复制酶缺少矫正阅读活性。

2）诱导突变：是利用不同的物理或化学诱变剂处理病毒，提高病毒群体突变率，诱导病毒子代出现特定的突变类型。

①体外诱变剂：对病毒静态核苷酸进行化学修饰，使其在后面的复制中发生错配，包括亚硝酸、羟胺、烷化剂等。

②体内诱变剂：是代谢活跃的核苷酸，一组为碱基类似物，另一组为插入剂。

3）病毒基因组突变体的类型

①温度敏感突变体（也称 ts 株）：$28℃ \sim 35℃$ 可增殖，$37℃ \sim 40℃$ 不能增殖，具有减低毒力而保持免疫原性的特点。

②蚀斑突变体：指造成宿主细胞噬菌斑形态改变的突变体。

噬菌斑：噬菌体侵染细菌细胞，导致寄主细胞溶解死亡，而在琼脂培养基表面形成肉眼可见的空斑，用于检查菌种是否被噬菌体污染，测定噬菌体效价及分离，纯化噬菌体。

③宿主范围突变体：病毒基因组改变影响了对宿主细胞的感染范围，可感染野生型病毒不能感染的细胞。

④回复突变体：突变体经二次突变，又恢复为原来的基因型。

另外还有无效突变体、抗药性突变体、抗原突变体等类型。

（2）基因重组

当两种或多种病毒感染同一宿主细胞（混合感染）时，发生两株病毒基因组之间基因的交换、重配等变化。基因重组分为分子内重组和基因重配两种机制。

1）分子内重组：单一分子基因组内重组，分断裂连接和拷贝选择模式。

①断裂连接模式（偷梁换柱方式）：重组需要核酸分子的共价键的断裂，然后与其他核酸分子的再连接，即需要病毒的交配。如腺病毒分子内重组。

②拷贝选择模式（偷汉子方式）：不涉及核酸分子共价键断裂，RNA聚合酶选择性连接的模板链上合成子代链，子代链是不同模板链的拼接。

如脊髓灰质炎病毒、口疱疹病毒、冠状病毒、口蹄疫病毒等。多为拷贝选择模式重组。

2）基因重配（猫＋狗＝狐狸方式）。是分段基因组病毒之间核酸片段交换，基因组各片段在子代病毒中随机分配。RNA分段基因组病毒同型不同株病毒间的重组率可高达50%。通过病毒重配，可使灭活病毒经交叉感染或复感染得以复活。如流感病毒、呼肠孤病毒、布尼安病毒和沙粒病毒等变异多为基因重配。

（3）病毒的复活

一个细胞被多个病毒同时感染时，灭活病毒之间或灭活病毒与有活力的病毒间发生重组，而产生有感染活性重组子代病毒。

1）交叉复活（打补丁方式）：一株活性病毒与另一株相关但具有不同遗传标记的灭活病毒复合感染细胞，产生具有灭活病毒遗传标记的活性病毒重组体。交叉复活可以选择性地获得病毒重组体。如伪狂犬基因缺失苗（F61毒株）遇伪狂犬灭活苗，灭活苗补充了F61毒株缺失的基因就可重组为有感染性的野毒株。

2）多重复活（碎布做衣服方式）：当基因型相同的多个灭活病毒颗粒

感染同一细胞时，因两种病毒核酸上受损害的基因部位不同，相互弥补而复活，产生有感染性的重组体子代病毒。如口蹄疫 O 型灭活苗和 A 型灭活苗，可能会重组为有感染性的活病毒。举例说明：假如一个病毒由 A、B、C、D 四个基因组成一种灭活苗提供了 A、B，另一种灭活苗提供了 C、D，那么 A、B、C、D 四个基因凑到一起病毒就活了。

3. 认识病毒变异的意义

（1）研制减毒活疫苗：如研发 ts 株（温度敏感突变株）、宿主适应性突变株等疫苗。

（2）应用于基因工程：将一个生物体携带遗传信息的 DNA 片段（基因）转移到另一个生物内，与原有生物体的 DNA 结合，实现遗传性状的转移和重新组合，从而使人们能够定向地控制、干预和改变生物体的变异和遗传。

1）将编码病毒表面抗原的基因移植到质粒中去，在大肠杆菌中产生大量表面抗原物质，以制备疫苗或诊断用抗原。

2）探索病毒作为基因工程载体的可能性，将所需要的外源基因带入人体或生物体内，治疗人类遗传疾病或创造动物新品种。

第二节　认识免疫

一、免疫系统

由免疫器官、免疫细胞和免疫分子三部分组成，具有免疫防御（抗感染）、免疫稳定（消除炎症或衰老细胞）、免疫监视（防止正常细胞突变）三大功能。分为固有免疫（又称非特异性免疫）和适应免疫（又称特异性免疫）两大类，其中适应免疫又分为体液免疫和细胞免疫。

（一）免疫器官

1. 中枢免疫器官

包括禽类的法氏囊（腔上囊）、哺乳动物与人的胸腺和骨髓。

（1）骨髓：是造血干细胞和 B 细胞发育分化的场所。

（2）胸腺：是 T 细胞发育分化的器官。

（3）法氏囊：是禽类 B 细胞发育分化的器官。

2．周围免疫器官

包括脾脏和全身淋巴结，是成熟 T 细胞和 B 细胞定居的部位，也是发生免疫应答的场所。

（二）免疫细胞

包括造血干细胞、淋巴细胞系、单核吞噬细胞系、粒细胞系、红细胞、肥大细胞和血小板等。

（三）免疫分子

包括细胞膜型分子和分泌型分子。

1．细胞膜型分子

包括抗原识别受体分子（TCR、BCR）、分化抗原分子（CD 分子）、主要组织相容性分子（MHC 分子）及受体分子等。模型分子对猪群免疫反应的发生关系密切。

2．分泌型分子

指由免疫细胞和非免疫细胞合成和分泌的分子。如免疫球蛋白（Ig）、补体（C 分子）、细胞因子（CKs）等。

（四）机体对病毒的抵抗机制

包括非特异性免疫和特异性免疫两种。前者指获得性免疫力产生之前，机体对病毒初次感染的天然抵抗力，主要为单核吞噬细胞、自然杀伤细胞及干扰素等的作用。后者指抗体介导的或致敏淋巴细胞介导的抗病毒作用。

1．非特异性免疫（也称固有免疫）

天然存在（种系发育，进化形成，生来具备），针对一切入侵的异体物质，在病毒侵入和感染早期（尤其是特异性免疫反应尚未形成前），对防止病毒入侵、杀灭和清除病毒、终止病毒感染起主要作用。

（1）非特异性免疫的特点：作用范围广、反应快、有相对稳定性、有遗传性，是特异性免疫发展的基础。

（2）非特异性免疫共包括：①12 种常见屏障功能；②9 种固有免疫细胞；③7 种固有免疫分子。

2．特异性免疫（也称适应性免疫）

后天获得，只针对一种病原，是后天感染（病愈或无症状感染）或人工预防接种（菌苗、疫苗、类毒素、免疫球蛋白等），而使机体获得抵抗感染能力。

（1）特异性免疫的特点：后天获得有个体特性、特异性和记忆性，作用时间慢，维持时间长。

（2）特异性免疫的获得方式：①自然自动免疫，即感染后痊愈俗称"康复猪"；②人工自动免疫，即接种疫苗（分为细胞免疫和体液免疫）；③自然被动免疫，即获得母源抗体；④人工被动免疫，即注射免疫球蛋白。

二、非特异性免疫

由 12 种屏障、8 种固有免疫细胞和 7 种固有免疫分子构成。

（一）常见的 12 种屏障功能

1. 物理屏障

皮肤、黏膜的阻挡作用和附属物（如呼吸道纤毛系统）的清除作用。

2. 化学屏障

指皮肤黏膜分泌物，如汗腺分泌的乳酸、胃黏膜分泌的胃酸、皮脂腺分泌的脂肪酸等。

3. 生物屏障

指口腔、鼻腔、生殖道等腔道中寄居的正常微生物，对入侵微生物起拮抗作用等。

4. 排泄屏障

指排出大小便、废气、代谢产物和散热等。

5. 反射屏障

包括先天非条件反射和后天性条件反射，如触觉、吞咽、呕吐、疼痛、咳嗽、发热反应、炎症反应等非条件反射和三点定位定时哺乳等条件反射。

6. 胃黏膜屏障（又称黏液-碳酸盐屏障）

由覆盖于胃黏膜上皮表面、富含碳酸根离子（HCO_3^-）的不可溶黏液凝胶构成，具有隔离和抑制胃蛋白酶活性及中和氢离子（H^+）的作用，防治胃酸和胃蛋白酶对胃黏膜自身的消化。

7. 血脑屏障

指脑毛细血管壁与神经胶质细胞形成的血浆与脑细胞之间的屏障和由脉络丛形成的血浆和脑脊液之间的屏障，是血-脑组织、血-脑脊液、脑脊液-脑组织等 3 个屏障的总称。这些屏障能够阻止某些物质（多半是有害的）由血液进入脑组织。

8. 血气屏障

由肺泡表面液体层、肺泡上皮细胞层、上皮基膜、间质层、毛细血管内皮基膜和内皮细胞等 6 层组成，能够使 O_2 和 CO_2 通过而血液不能通过。

9. 胎盘屏障

胎盘由母体和胎儿双方的组织共同组成，包括绒毛膜、绒毛间隙和基蜕膜等。其中，绒毛膜内含有脐血管分支，从绒毛膜发出很多大小不同的绒毛，这些绒毛分散在母体血之中，并吸收母血中的氧和营养成分，同时排泄胎儿代谢产物。

胎盘屏障是胎盘绒毛组织与子宫血窦间的屏障，由子宫内膜的基蜕膜和胎儿绒毛膜滋养层细胞组成。胎盘屏障对阻断药物对胎儿的毒害有重要意义：一般弱酸、弱碱性药物易于通过；脂溶性大的药物易通过；但给药量大时，由于蛋白结合率降低，游离药的浓度增多，脂溶性低的一些药也能通过胎盘；相对分子质量 600 以下的药物易通过，而相对分子质量 1000 以上时则通过困难；随着妊娠时间延长，绒毛表面积增加，膜厚度下降，药的通透性也可增加。

10. 血-生精小管屏障

由毛细血管内皮细胞、基底膜、肌样细胞、曲细精管基底膜及支持细胞构成；能够阻止机体对精子产生抗体而发生自身免疫反应。

11. 血尿屏障

包含机械屏障和电屏障两种。机械屏障由肾小球滤过膜、肾小球毛细血管内皮、基膜和肾小囊上皮组成，能够阻止大分子通过。电屏障指上述三层结构都覆盖有带负电荷的唾液蛋白，从而使带负电荷的蛋白质不能通过，而带正电荷的离子可以通过。

12. 血胸腺屏障

由胸腺皮质毛细血管内皮、基膜、血管周隙巨噬细胞、上皮基膜和胸腺上皮组成，能够维护胸腺内环境稳定。

（二）8 种固有免疫细胞

免疫细胞是指参与免疫应答或与其相关的细胞，俗称白细胞。

1. 白细胞的分类

白细胞根据形态差异可分为颗粒和无颗粒两大类。

（1）颗粒白细胞：又称粒细胞，含有特殊染色颗粒，用瑞氏染色可分辨出 3 种颗粒白细胞。

1）中性粒细胞：约占全部白细胞的 53％，紫红色微粒。

2）嗜酸性粒细胞：约占白细胞总数的 4％，大深红色颗粒。

3）嗜碱性粒细胞：约占白细胞总数的 0.6％，大蓝紫色颗粒。

（2）无颗粒白细胞：包括单核细胞和淋巴细胞系。

1）单核细胞：血液中最大的血细胞，来源于骨髓中的造血干细胞，并在骨髓中发育，从骨髓进入血液时尚未成熟，是巨噬细胞的前身，有明显的变形运动，能吞噬、清除受伤、衰老的细胞及其碎片；还参与免疫反应，在吞噬抗原后将所携带的抗原决定簇转交给淋巴细胞，诱导淋巴细胞的特异性免疫反应。

2）淋巴细胞系：占白细胞总数 20％～40％，绝对值（1.1～3.2）×10^9。①由胸腺产生的 T 细胞（胸腺内发育）；②由胸腺产生的淋巴杀伤细胞（NKT 细胞，胸腺外发育）；③由骨髓分化而来的自然杀伤细胞（NK 细胞）；④由骨髓分化而来的能够产生抗体的 B 细胞等。

3）T 细胞的分类

①辅助 T 细胞（Th，CD4＋细胞）：协助体液免疫和细胞免疫。

②抑制性 T 细胞（Ts）：抑制细胞免疫及体液免疫的功能。

③效应 T 细胞（Te）：释放淋巴因子（细胞因子）。

④细胞毒性 T 细胞（Tc，CD8＋细胞）：杀伤靶细胞。

⑤迟发性变态反应 T 细胞（Td）：参与Ⅳ型变态反应。

⑥放大 T 细胞（Ta）：作用于 Th 和 Ts，扩大免疫效果。

⑦原始 T 细胞（Tv）：与抗原接触后分化成 Te 和 Tm。

⑧记忆 T 细胞（Tm）：有记忆特异性抗原刺激的作用。

2. 常见的 9 种固有免疫细胞

（1）吞噬细胞

1）吞噬细胞的分类

①小吞噬细胞：外周血中的中性粒细胞，来源于骨髓造血干细胞，寿命 2～3 天，体小，圆形，量大，更新迅速。

②大吞噬细胞：血中的单核细胞，由骨髓粒-单系祖细胞发育分化而成，在血中仅停留 12～24 小时。进入表皮棘层分化为朗格汉斯细胞，进入结缔组织分化为巨噬细胞。

③巨噬细胞：肝中为库普弗细胞、脑中为小胶质细胞、骨中为破骨细胞、关节中为滑膜 A 型细胞；寿命长达数月、体大多形性、胞质富含溶酶体、MHC－Ⅰ/Ⅱ（主要组织相容性复合体）和多种黏附分子及多种受

体等。

2）吞噬细胞功能

①杀菌溶菌：分为氧依赖性和非氧依赖性两种。

②分泌因子：分泌细胞因子和炎性介质等。

③抗原提呈：分为内源性和外源性两种。

④抗肿瘤作用。

注意：结核杆菌、布氏杆菌、伤寒杆菌等被吞噬细胞吞入后可不被杀灭，而在吞噬细胞内存活和繁殖，称为不完全吞噬。

（2）自然杀伤细胞（NK 细胞）

自然杀伤细胞是一种细胞质中含大颗粒、具有非专一性的细胞毒杀作用的细胞，来源于骨髓淋巴样干细胞，主要分布于外周血和脾脏，是表面具有 IgG 的 Fc 受体细胞。

当已进入细胞内的病毒与 IgG 的（V 端）结合后，NK 细胞可与另一端 "Fc" 端结合，从而使自身活化，释放细胞毒素，裂解受感染细胞（IgG 仅是一个桥梁）。

IgG 抗体是呈 "Y" 型的蛋白，"Y" 的上面 "V" 端与病毒棘突结合，下面那一竖就叫 "FC"，即可结晶片段。FC 与巨噬细胞或 NK 细胞等的 FC 受体结合，让巨噬细胞吞噬被 "V" 端结合的病毒或由 NK 细胞释放细胞毒素，裂解受感染细胞。

（3）树突状细胞（DC）

广泛分布于全身各组织和脏器，占外周血单核细胞的 1%，是功能最强的专职抗原摄取、加工和递呈细胞（APC）。

朗格汉斯细胞存在于表皮和胃肠上皮；间质性树突状细胞存在于结缔组织；并枝树突细胞存在于胸腺；滤泡样树突细胞存在于外周免疫器官。

（4）NKT 细胞

NKT 细胞是一群细胞表面既有 T 细胞受体（TCR），又有 NK 细胞受体（NKR - P1）的特殊 T 细胞亚群，分布于骨髓、肝脏和胸腺。

1）NKT 细胞与 T 细胞的区别点

①T 细胞识别的抗原是蛋白质，而 NKT 细胞识别的抗原是 α - Gal - Cer（半乳糖苷基神经酰胺），即所谓的脂多糖。

②T 细胞分化为 Th1 和 Th2 细胞群，而 NKT 细胞不但能分泌 Th1 和 Th2 细胞因子，还有与 CD8＋杀伤性 T 细胞（Tc）相同的杀伤靶细胞作用。

th：又称 CD4＋细胞、辅助性 T 细胞，分泌多种细胞因子。Th1 细胞产生 INFγ（γ-干扰素）及 IL－2（白介素－2），引起迟发性过敏等细胞性炎症；Th2 细胞能产生 IL－4（白介素－4）和 IL－10（白介素－10），参与变态反应及抗体产生等。

③T 细胞在胸腺内发育，而 NKT 细胞在胸腺外发育。

2）NKT 细胞生物学功能

①免疫调节：NKT 细胞受到刺激后，分泌大量的 IL－4（白介素）、IFN－γ（干扰素）、GM－CSF（巨噬细胞集落刺激因子）、IL－13（白介素）及其他细胞因子和趋化因子，发挥免疫调节作用。NKT 细胞是联系固有免疫和获得性免疫的桥梁之一。

②细胞毒作用：NKT 细胞活化后具有 NK 细胞样细胞毒活性，可溶解 NK 细胞敏感的靶细胞，主要效应分子为穿孔素、Fas 配体（又称 CD95，引起细胞凋亡）以及 IFN－γ（干扰素）等。

（5）γδT 细胞

T 细胞表面存在很多标记，如 T 细胞受体（TCR）、白细胞分化抗原（CD）等。根据这些标记可将 T 细胞分为 αβT 细胞（即通常所称的 T 细胞，占 T 细胞总数的 95％以上）和 γδT 细胞两类。

γδT 细胞由 γ 和 δ 链组成，在外周血中只占 CD3＋T 细胞的 0.5％～1％。分布于肠道、呼吸道、泌尿生殖道等黏膜和皮下组织，会识别组织损伤，并激活免疫系统。因此，对这方面的癌症效果显著。CD3＋：存在于所有成熟 T 细胞的表面，一般用它来间接检测 T 细胞的数目。CD3＋高低决定免疫力的强弱，HIV（艾滋病）、化学中毒、辐射都显著影响细胞计数结果。

γδT 细胞所识别的抗原种类：①HSP（热休克蛋白，高温应激可诱导该蛋白形成）；②感染细胞表面 CD1 分子提呈的脂类抗原（脂类抗原不能被 MHC 限制的淋巴细胞识别，可与表达于抗原提呈细胞表面的 CD1 分子结合而被提呈）；③某些病毒蛋白或表达于感染细胞表面的病毒蛋白；④细菌裂解产物中的磷酸化抗原。

γδT 细胞的作用：是一种既能杀伤癌细胞、肿瘤干细胞，又能协助 DC 细胞（树突状细胞）识别发现癌细胞抗原，然后将这些抗原进行杀伤或是传递给其他细胞。

（6）B1 细胞

占 B 细胞总数的 5％～10％，针对碳水化合物（如脂多糖）产生应答，无须 Th（辅助性 T 细胞）的辅助。能产生针对自身抗原的抗体，与自身免疫病有关。个体发育中出现较早，分布于胸腔、腹腔和肠壁固有层。

IL-5（白介素-5）可作为 B1 细胞活化第二信号，协助和增强 TI-2 型多糖抗原对 B1 细胞的激活和分泌功能。B1 细胞在接受 TI-2 型抗原刺激后，在短时间内（48 小时）即可产生低亲和力的 IgM 抗体，并通过补体清除病原微生物。

关于 TI-2 型抗原：根据是否需要 T 细胞和巨噬细胞的参与才能激活 B 细胞产生抗体，而将抗原分为 TD 抗原（胸腺依赖性抗原）和 TI 抗原（非胸腺依赖性抗原）。

TD 抗原大部分为蛋白质类天然抗原，如羊红细胞、类毒素、牛血清蛋白等，既能诱发细胞免疫又能诱发体液免疫。主要产生 IgG 抗体。有免疫记忆，可引发再次免疫应答。

TI 抗原不需要胸腺辅助可直接刺激 B 细胞产生抗体，只能刺激机体产生体液免疫，分为 TI-1 抗原和 TI-2 抗原。TI-1 抗原为多糖类，如细菌脂多糖，能使不成熟的 B 细胞发生免疫应答；TI-2 抗原如荚膜多糖，只能使成熟的 B 细胞应答，只产生 IgM 抗体，无免疫记忆，不能引发再次免疫应答。

1）B-1 细胞与传统 B 细胞在来源分布、免疫学作用与疾病关系等方面都不同：①传统 B 细胞是通过 Th 辅助，产生高亲和性、特异性抗体；②B1 细胞是直接接受抗原刺激，产生低亲和性多效价抗体。

2）B1 细胞为 CD5＋B 细胞，所介导的免疫应答特点：不发生体细胞突变，仅产生低亲和力的 IgM 抗体，不产生记忆细胞。

①产生的天然 IgM 是预存抗体的主要成分，主要由 B1 细胞分泌。这种抗体是多反应性的，能与许多病原体相关糖类抗原结合，属多效价抗体。

②介导黏膜免疫的肠固有层和肠系膜淋巴结的 B1 细胞能分泌 IgA，这种 IgA 的产生需要有外源性抗原的刺激，但不依赖 T 细胞的辅助作用。B1 细胞源性的分泌性 IgA，有助于肠道内共生细菌的维持。

③TI-2 型抗原为结构重复的多糖分子（如荚膜多糖），B1 细胞与之结合后，通过受体交联而被活化。

（7）嗜酸性粒细胞

胞质内充满粗大、整齐、均匀、紧密排列的砖红色或鲜红色嗜酸性颗粒，折光性强。颗粒内含有过氧化物酶和酸性磷酸酶。血液中嗜酸性粒细胞的数目有明显的昼夜周期性波动，与肾上腺皮质释放糖皮质激素量的昼夜波动有关。当血液中皮质激素浓度增高时，嗜酸性粒细胞数减少；而当皮质激素浓度降低时，嗜酸性粒细胞数增加。

嗜酸性粒细胞的作用：

1）限制嗜碱性粒细胞在速发性过敏反应中的作用。当嗜碱性粒细胞被激活时，释放出趋化因子，使嗜酸性粒细胞聚集到同一局部，并从3个方面限制嗜碱性粒细胞的活性：一是嗜酸性粒细胞可产生前列腺素E，使嗜碱性粒细胞合成释放生物活性物质的过程受到抑制；二是嗜酸性粒细胞可吞噬嗜碱性粒细胞所排出的颗粒，使其中含有的生物活性物质不能发挥作用；三是嗜酸性粒细胞能释放组胺酶等酶类，破坏嗜碱性粒细胞所释放的组胺等活性物质。

2）参与对蠕虫的免疫反应。嗜酸性粒细胞的细胞膜上分布有免疫球蛋白Fc片断和补体C3的受体。在对蠕虫等具有免疫性的动物体内，产生了特异性的免疫球蛋白IgE。蠕虫经过特异性IgE和C3的调理作用后，嗜酸性粒细胞可借助于细胞表现的Fc受体和C3受体黏着于蠕虫上，并且利用细胞溶酶体内所含的过氧化物酶等酶类损伤蠕虫体。所以，寄生虫感染、过敏反应等情况下，常伴有嗜酸性粒细胞增多。

（8）嗜碱性粒细胞

胞质内含粗大、大小分布不均、蓝紫色的嗜碱性颗粒。起源于骨髓造血多能干细胞，在骨髓内分化成熟后进入血流，数量最少，占血液白细胞总数的0.2%，有趋化作用，招募到组织中后可存活10～15天。

嗜碱性粒细胞的作用：细胞的颗粒内含有组胺、肝素和过敏性慢反应物质等。肝素有抗凝血作用；组胺可改变毛细血管的通透性；过敏性慢反应物质是一种脂类分子，能引起平滑肌收缩。机体发生过敏反应与这些物质有关。

肥大细胞：嗜碱性细胞在结缔组织和黏膜上皮内时，称肥大细胞，分布于皮肤、呼吸道、胃肠道黏膜下结缔组织和微血管壁周围组织中。肥大细胞来自骨髓的造血多能干细胞，在各种组织的微环境内成熟，形成结缔组织肥大细胞和黏膜肥大细胞。结缔组织肥大细胞体积较大，胞质颗粒多，组胺含量高，对药物比较敏感。

嗜碱性粒细胞（肥大细胞）的功能：

1）分泌细胞因子，参与免疫调节T、B细胞，APC细胞（抗原呈递细胞）活化。

2）表达 MHC 分子（组织相容复合体，绑定病原体，显示于细胞表面，有利于 Th 细胞识别）和 B7 分子（在抗原呈递细胞表面，促进或抑制 T 细胞增殖和产生细胞因子），具有 APC（抗原呈递细胞）功能。

3）表达大量的 IgEFc 受体，释放过敏介质。

在肥大细胞上结合的 IgE 抗体和抗原接触，使细胞多陷于崩坏。由细胞崩解释放出的颗粒及颗粒中的物质，可在组织内引起速发型过敏反应。

4）具有弱吞噬功能。

（三）7 种固有免疫分子

免疫分子即体液中的非特异杀菌物质，包括补体、细胞因子、酶类、调理素、乙型溶素、吞噬细胞杀菌素、备解素 7 种。

1. 补体（C）

补体是正常血清成分，与抗原刺激无关。以酶原形式存在，激活后才能发挥生物学作用。由肝细胞、巨噬细胞及肠黏膜上皮细胞产生，是存在于血清与组织液中的一组不耐热、经活化后具有酶活性和能自我调节，可介导免疫和炎症反应的非特异性球蛋白。19 世纪末，在研究免疫溶菌和免疫溶血反应中，认为这种球蛋白对抗体的溶细胞有辅助作用，所以叫"补体"。

（1）抗体与补体的区别

1）特异性的差别：抗体是特异性免疫，由浆细胞产生，可与相应的抗原形成抗原抗体复合物。补体是非特异性免疫，是机体免疫系统中一种独立的系统，主要存在于血清、体液及组织细胞表面的特殊蛋白，补体系统的激活须有抗原抗体复合物的参与（经典途径）。

2）作用于抗原数目的差别：抗体只能用于一种抗原，补体可以用于多种抗原。

3）有无补体对自身免疫性溶血的作用：若有补体参与时，补体经激活后形成膜攻击复合物（MAC），它可以直接攻击红细胞膜，导致红细胞破裂（这就是所谓的"血管内溶血"）。而没有补体参与的免疫性溶血，抗体与红细胞膜上抗原结合后，没有直接把红细胞破坏，而是把红细胞"致敏"，致敏红细胞在通过脾脏等网状内皮系统时，被吞噬细胞"吃掉"（这就是所谓的"血管外溶血"）。

（2）补体分类

包括 30 余种可溶性蛋白和膜结合蛋白，分为补体固有成分、补体调控成分和补体受体三大类。

1）补体固有成分：C1q、C1r、C1s、C2～C9、D 因子、B 因子、P 因子、MBL（甘露糖结合凝集素，急性期蛋白，直接识别病原表面甘露糖）、丝氨酸蛋白酶，其中 C3 含量最高。

2）补体激活分为经典激活途径和旁路激活途径两种：

①补体的经典激活途径：除 C1q 外，其他大多以酶的前体形式存在于血清中，需经过抗原（Ag)-抗体（Ab）复合物激活后，才能发挥生物活性作用。经典激活的过程中，11 种成分可分为 3 个功能单位：识别单位包括 C1q、C1r、C1s；活化单位包括 C2、C3、C4；膜攻击单位包括 C5、C6、C7、C8 和 C9。

②旁路激活：激活物质（如细菌脂多糖、肽聚糖等）出现时，即启动旁路激活。激活途径是越过了 C1、C2 和 C4 三种成分，直接激活 C3，继而完成 C5～C9 各成分的连锁反应。旁路激活的激活物质不是抗原抗体复合物，而是细菌细胞壁成分。旁路激活途径在细菌性感染早期，尚未产生特异性抗体时即可发挥重要的抗感染作用。

3）补体调控成分：有 10 种，调控补体和活化强度及范围。

4）补体受体：有 10 种，即 C1qR、CR1、CR2、CR3、C3aR、C5aR 等。

（3）补体的生物学作用

1）溶菌和细胞溶解作用：包括所有类型细胞和有包膜的病毒，补体激活形成膜攻击复合物，使细菌和细胞溶解破坏。

2）调理吞噬作用：补体裂解产物（C3b、C4b）通过"N"端非稳定结合部位与细菌等颗粒抗原或免疫复合物结合；"C"端稳定结合部位再与表面具有相应补体受体的吞噬细胞结合，促进吞噬细胞吞噬。

3）免疫黏附作用：C3b、C4b 与细菌等颗粒抗原或免疫复合物结合后，再与表面具有相应补体受体的红细胞或血小板结合，形成大分子复合物，易被吞噬，促进抗原抗体复合物的清除。

4）中和和溶解有包膜病毒：某些病毒（如 C 型 RNA 肿瘤病毒）包膜上存在 C1 特异性受体，不依赖抗体参与而能被血清溶解；C3a、C4a、C5a 具有过敏毒素作用，能使肥大细胞和嗜碱性粒细胞脱颗粒，释放组胺等血管活性物质，引起血管扩张、通透性增强（吞噬细胞易透过血管壁）、平滑肌收缩和支气管痉挛等过敏症状；C3a、C5a、C5b 有趋化作用，能吸引中性粒细胞和单核-吞噬细胞向炎症病灶部位聚集（吞噬细胞集中于抗原周围），释放炎性介质，引起或增强炎症反应。

（4）补体检测的临床意义

1）补体量不足见于系统性红斑狼疮、链球菌感染后肾小球肾炎、类风湿关节炎、肝硬化、慢性活动性肝炎、先天性补体缺乏、大面积烧伤、失血等。

2）补体量增高见于炎症感染、肿瘤等。

2. 酶类

旧称酵素、生物催化剂，是动植物、微生物活细胞分泌的具有催化能力的蛋白质或 RNA，催化作用具有高度的专一性。

根据酶所催化的反应性质不同，将酶分为六大类：

（1）氧化还原类：脱氢酶、氧化酶、还原酶、过氧化物酶。

（2）转移酶类：甲基转移酶、转氨酶、多聚酶、乙酰转移酶、激酶、转硫酶等。

（3）水解酶类：如淀粉酶、蛋白酶、脂肪酶、磷酸酶、糖苷酶等。

（4）裂解酶类：如脱水酶、脱羧酶等。

（5）异构酶类：如表构酶、异构酶等。

（6）合成酶类：如谷氨酰胺合成酶等。

代表药物举例：溶菌酶

溶菌酶属水解酶类，又称胞壁质酶或 N-乙酰胞壁质聚糖水解酶，是能水解致病菌中黏多糖的碱性酶。通过破坏细胞壁中的 N-乙酰胞壁酸和 N-乙酰氨基葡萄糖之间的 β-1，4 糖苷键，使细胞壁不溶性黏多糖分解成可溶性糖肽，导致细胞壁破裂内容物逸出而使细菌溶解。还可与带负电荷的病毒蛋白直接结合，与 DNA、RNA、脱辅基蛋白形成复盐，使病毒失活。

3. 调理素（三方结合，增强吞噬）

凡具有调理作用的免疫活性分子均称为调理素。是与抗原相结合而产生促进巨噬细胞或粒细胞吞噬作用的物质的总称，也是一类能增强吞噬细胞吞噬功能的血浆中的可溶性分子，如抗体（特别是 IgG 抗体）和补体 C4b、C3b、iC3b 等。

调理作用：是指抗体、补体与抗原结合形成复合物，能通过 Fc 段、C3b 与吞噬细胞表面的 Fc 受体、C3b 受体结合，从而固定在吞噬细胞表面，有利于吞噬细胞对抗原抗体/补体复合物的吞噬、清除。如果抗原是细菌，则有助于吞噬细胞对细菌的吞噬和杀灭。

4. 乙型溶素

在血浆凝固时由血小板释放出的一种碱性、对热稳定的特异性的杀菌多肽。作用于G＋菌细胞膜，产生非酶性破坏效应，但对G－菌无效。

5. 吞噬细胞杀菌素

吞噬细胞杀菌素也称急性期蛋白（APP），感染、烧伤、手术、创伤可迅速诱发机体产生以防御为主的非特异性反应，如体温升高、血糖升高、分解代谢增强、负氮平衡及血浆中某些蛋白质浓度迅速升高，这种反应称为急性期反应，所表达的蛋白质称为急性期蛋白。

正常血浆中APP浓度较低，在多种应激原作用下，有些APP可增加1000倍以上，如：C-反应蛋白、血清淀粉样蛋白A等；有些APP只升高数倍，如α1-抗胰蛋白酶、α1-酸性糖蛋白等；有些APP只升高50%左右，如铜蓝蛋白、补体C3等；还有少数APP在急性期反应时减少，称为负APP。

6. 备解素

备解素又称P因子，促进补体旁路途径激活。血清中的P因子与C3bBb（旁路途径的C3转化酶）结合后发生构象改变，可使C3bBb半衰期延长10倍，从而加强C3转化酶裂解C3的作用，因此对补体旁路途径具有正性调节作用。

（1）P因子以聚合体形式存在：即三聚体（54%）、二聚体（26%）和四聚体（20%）都有，但特异活性的顺序依次为四聚体＞三聚体＞二聚体。另外，P因子还可封闭H因子（C3b灭活剂加速因子）的抑制作用，更增加了C3转化酶的稳定性及活性，有利于促进替代途径级联反应的继续进行。

（2）H因子：抑制补体旁路途径激活。①是I因子的辅助因子，可增加C4b对I因子的敏感性；②加速C3b转化酶的衰变；③阻止替代途径中初始和放大C3转化酶的形成。

（3）I因子：旧称C3bINA，为异源二聚体血清蛋白，呈双球状结构。其中小球（L链）具有丝氨酸蛋白酶活性，大球（H链）可与C3b结合。生物活性是在C4bp、MCP（膜辅蛋白）、H因子和CR$_1$等辅助因子协同下，将C4b裂解为C4c和C4d，使C3b裂解出C3f形成C3bi。后者再进一步裂解为C3dg和C3c，由此控制补体系统的活化。

三、特异性免疫

(一) 特异性免疫的种类及免疫过程

1. 细胞免疫

T 细胞 (在胸腺内发育成熟) 受抗原刺激后, 转化为致敏淋巴细胞, 并表现出特异性免疫应答, 因免疫应答只能通过致敏淋巴细胞传递, 故称细胞免疫。细胞免疫通过抗感染、免疫监视、移植排斥、参与迟发型变态反应起作用。

2. 体液免疫

B 细胞 (在骨髓内发育成熟) 受抗原刺激后, 转化为浆细胞, 合成免疫球蛋白, 能与靶抗原结合的免疫球蛋白即为抗体, 浆细胞产生的抗体存在于血液和体液中, 故称为体液免疫。血清中五类免疫球蛋白分子为 IgG、IgM、IgA、IgE、IgD。

3. 免疫过程

(1) 感应阶段: 是抗原处理、呈递和识别的阶段。巨噬细胞吞噬异物 (如细菌、肿瘤细胞等) 后, 对异物进行加工处理; 处理后的异物 (抗原) 就与 T 淋巴细胞和 B 淋巴细胞发生免疫反应, 进入反应阶段。

(2) 反应阶段: 是 B 细胞、T 细胞增殖分化和记忆细胞形成的阶段。受经巨噬细胞处理过的病原体刺激后, T 淋巴细胞最终转化成能释放淋巴因子的致敏淋巴细胞, B 淋巴细胞最终转化成为浆细胞, 产生相应的抗体。

(3) 效应阶段: 是效应 T 细胞、抗体和淋巴因子发挥免疫效应的阶段。当机体再次与抗原接触时, 致敏 T 淋巴细胞释放多种淋巴因子 (如转移因子、移动抑制因子、激活因子、皮肤反应因子、淋巴毒素、干扰素等) 与巨噬细胞, 杀伤性 T 细胞协同发挥免疫功能。而抗体则溶解病原体, 中和病原体产生的毒素, 凝集病原体使之成为较大颗粒易于让吞噬细胞吞食消灭。

(二) 认识免疫球蛋白 (Ig)

1. 免疫球蛋白分子的基本结构

由两条轻链 (L 链) 和两条重链 (H 链) 由二硫键连接, 构成 "Ig 分子的单体"; 单体中四条肽链两端, 游离的氨基或羧基分别称为氨基端 (N 端) 和羧基端 (C 端)。

（1）可变区

氨基端（N-末端）氨基酸序列变化很大，称为可变区（V区）；位于L链靠近N端的1/2和H链靠近N端的1/5或1/4区域。L链和H链的可变区（V区）分别称为VL和VH。在VL和VH的某些区域，氨基酸组成和排列顺序具有更高的变化程度，称为高变区（HVR），是抗体与抗原结合的位置，即"决定簇互补区"。

表面决定簇：又称表位，存在于抗原分子中，其性质、数目和空间构象决定着抗原的特异性。

（2）恒定区

羧基末端（C-末端）变化很小，称为恒定区。位于L链靠近C端的1/2和H链靠近C端的3/4或4/5区域，决定抗原性。如人抗白喉外毒素的IgG与人抗破伤风外毒素的IgG，它们的V区不相同，只能与相应的抗原发生特异性的结合；但其C区的结构是相同的，即"具有相同的抗原性"。

（3）单体、双体、五聚体、裂解片段

单体：由一对L链和H链组成，如IgG、IgD、IgE、血清型IgA。

双体：是指由J链（一种多肽链，富含半胱氨酸，由浆细胞合成，以二硫键的形式共价结合到Ig的重链上，存在于分泌型IgA和五聚体IgM中）连接的两个单体，双体结合抗原的亲和力要比单体高。

五聚体：由J链和二硫键连接五个单体，如IgM。

裂解片段：共裂解为两条Fab段（抗原结合段，一条由完整的L链组成，另一条由1/2的H链组成）和一个Fc段（可结晶段，无抗原结合活性，是抗体分子与效应分子和细胞相互作用的部位，由连接H链二硫键和近羧基端两条约1/2的H链所组成）。

2. 五种免疫球蛋白分子

（1）IgG数量多，母源抗体就靠它

1）IgG是血清中含量最多的球蛋白，约占血清总Ig的75%；半衰期相对较长，为20～30天。由脾、淋巴结中的浆细胞合成和分泌，以单体形式存在。对毒性产物起中和、沉淀、补体结合作用，具有抗菌、抗病毒、抗毒素功能。

2）IgG是唯一能"通过胎盘"的球蛋白（母源抗体），在自然被动免疫中起重要作用。

3）临床上所用丙种球蛋白即为IgG。不少自身抗体如抗甲状腺球蛋白抗体、系统性红斑狼疮的 LE 因子（抗核抗体），以及引起 Ⅲ 型变态反应免疫复合物中的抗体也大都属于 IgG。

（2）IgA 有两型，封闭门户不放松

1）IgA 有两型，即分泌型与血清型，占总 Ig 的 10％左右，半衰期为 5～6 天。

①分泌型 IgA：由 J 链连接的双体和分泌成分（又称分泌片，由黏膜上皮细胞合成和分泌，以非共价形式结合到二聚体上，保护 IgA，使之不受环境中酶的破坏，并介导 IgA 的转运）所组成。存在于鼻、支气管分泌物、唾液、胃肠液及初乳中，是黏膜局部免疫的最重要因素。其作用是将病原体黏附于黏膜表面，阻止扩散。

②血清型 IgA：主要存在于血清中，免疫功能尚不完全清楚，主要由黏膜相关淋巴样组织产生，其中大部分是由胃肠淋巴样组织所合成。

2）IgA 是能"通过初乳"传递的球蛋白，也是一种重要的自然被动免疫；新生仔猪发生呼吸道、胃肠道感染与吃初乳太晚，获取 IgA 不足有关。

（3）IgM 是先锋，早期诊断指示灯

1）IgM 是由 5 个单体通过一个 J 链和二硫键连接成五聚体，是相对分子质量最大的免疫球蛋白，也是个体发育中最先合成的抗体。占血清总 Ig 的 5％～10％，具有调理、杀菌、凝集作用。因太大不能通过胎盘，血清中检出特异性 IgM，作为传染病早期诊断的标志，揭示新近感染或持续感染。

2）天然的血型抗体（凝集素）为 IgM，血型不符的输血，易发生严重的溶血反应。

3）细胞膜表面 IgM 是 B 细胞识别抗原受体的主要膜表面识别球蛋白。

（4）IgD 寿命短，免疫耐受有相关

IgD 不到血清总 Ig 的 1％，因为对蛋白酶水解敏感，所以 IgD 半衰期很短，仅 2.8 天。主要由扁桃体、脾等处浆细胞产生，在个体发育中合成较晚。作用机制不完全清楚，在 B 细胞分化到成熟 B 细胞阶段，能够表达膜表面识别功能，抗原刺激后表现为免疫耐受。

免疫耐受指对抗原特异性应答的 T 细胞与 B 细胞，在抗原刺激下不能被激活，不能产生特异性免疫效应细胞及特异性抗体，从而不能执行正免疫应答的现象。

（5）IgE 出现晚，过敏反应招人烦

1）IgE 是出现最晚的免疫球蛋白，仅占血清总 Ig 的 0.002%。主要由鼻咽部、扁桃体、支气管、胃肠等黏膜固有层的浆细胞产生，这些部位常是变应原入侵和Ⅰ型变态反应发生的场所。

2）IgE 为亲细胞抗体，可与嗜碱性粒细胞、肥大细胞结合，使之脱颗粒，释放组胺。变应原再次进入机体与已固定在嗜碱性粒细胞、肥大细胞上的 IgE 结合，可引起Ⅰ型过敏反应。

3）寄生虫感染时，血清 IgE 含量增高。

（三）影响猪群免疫力的因素

1. 营养因素

（1）微量元素对免疫的影响：微量元素是酶系统的辅助因子和金属酶的构成成分。如缺铁时仔猪免疫功能受损，抑制抗体的产生；哺乳仔猪 4 周龄内若不补铁，则对细菌内毒素致死作用的感受性提高。又如锌是铜锌超氧化物歧化酶的活性成分，缺锌使猪体内过氧化物增多，维生素 C 需求加大，生物膜上的脂肪和硫基氧化受损；锌对溶酶体也有稳定作用；锌还显著影响胸腺、T 细胞的发育以及白细胞对疾病的吞食和杀灭作用，缺锌时肠系膜淋巴结、脾、胸腺的重量明显减轻，免疫反应降低，易感性增强。另外，缺锌还会减少猪对 T 细胞外凝集素的多重反应。

（2）能量对免疫的影响：能量严重缺乏时，猪群消瘦、活动力差，免疫器官和免疫力明显降低，一旦发生疫病，死亡率明显上升。

（3）蛋白质和氨基酸对免疫的影响：氨基酸是合成抗体、淋巴细胞、细胞因子、急性期蛋白的基本原料；某些氨基酸还是体内抗氧化体系的重要组成部分。

（4）原料加工处理对免疫的影响：膨化处理可减少豆类的抗原物质，还可破坏其细胞壁，增加消化率。膨化豆粕比膨化大豆、普通豆粕在减轻超敏反应和断奶腹泻方面具有明显优势。

2. 品种因素

为什么品种越好的猪越难喂养？现代猪瘦肉生长潜力非常高，高度选育猪的代谢特征是可利用氨基酸较多分配给肌肉的生长方面，较少分配给免疫器官和组织。所以，一旦蛋白质和氨基酸缺乏，就会先牺牲猪的免疫力，而不是先牺牲猪的生产性能。条件较差的猪场饲养这类良种猪，防治疫病的压力就很大，健康水平明显降低。

3. 疾病因素

（1）当猪群处于疾病潜伏期或隐性感染时，接种疫苗后会出现：①接种后猪群随即出现发热、不食等病症；②免疫耐受，如母猪感染猪瘟野毒或怀孕期普防猪瘟疫苗后，母猪本身无临床症状，但长期带毒，致使胎儿对猪瘟产生免疫耐受，仔猪出生后再做猪瘟免疫时几乎不产生猪瘟抗体。解决的办法是及时调整母猪免疫程序或淘汰带毒母猪。

（2）免疫抑制：蓝耳病、圆环病毒、流感、附红体等疾病均可降低猪免疫系统功能，引起免疫抑制。加大母猪更新率、净化母猪群是提高机体免疫力的重要措施。

4. 预防接种因素

（1）免疫操作失当：①疫苗冷链出问题，导致疫苗失效；②使用不恰当的稀释液稀释疫苗；③疫苗血清型选择不合理；④不更换针头等各种因素造成疫苗污染等。

（2）免疫程序不合理：①免疫时间、免疫的疫苗种类和血清型随心所欲，免什么？怎么免？都是听别人说，而造成母源抗体中和或疫苗交叉污染；②两种疫苗同时使用、免疫次序不对或免疫间隔时间过短，而出现相互干扰，致使某种疫苗不能产生很高的抗体水平；③病急乱投医，疫苗使用过多过勤，造成免疫疲劳。

5. 应激因素

猪的免疫功能受到神经、体液和内分泌的调节，断奶、转群等应激，会使肾上腺皮质激素分泌增加，而肾上腺皮质激素能显著损伤 T 淋巴细胞，对巨噬细胞也有抑制作用。因此，猪群处于应激反应敏感期时接种疫苗，就会导致免疫失败和出现多种疾病混合感染。

第三节　认识疫苗

一、疫苗

疫苗是将病原微生物（如细菌、立克次体、病毒等）及其代谢产物，经过人工减毒、灭活或利用转基因等方法制成的生物制品。疫苗保留了病原菌的抗原性，当动物接触到这种不具伤害力的病原菌后，免疫系统便会产生抗体和致敏淋巴细胞等。而当再次接触到这种病原菌（野毒）时，动物的免疫系统便会依循其原有的记忆，发生特异性免疫效应，消灭病原体。疫苗的本质是低致病性病原体，具有免疫原性和反应原性。免疫原性是指能刺激机体产生抗体和致敏淋巴细胞的能力，反应原性是指抗原与抗体或致敏淋巴细胞发生特异性结合的能力。

（一）疫苗的前世今生

世界上最早的疫苗源自中国，据英国国民保健署记录，在公元 10 世纪，中国人就将天花病痘痂捣碎成粉吸入鼻内预防天花。

1796 年，被誉为"免疫学之父"的英国医生爱德华·詹纳，受挤奶工人不会感染天花的启发，将新鲜的牛痘浆液接种给一个 8 岁小男孩，并将这种方法称为"预防接种"，一直沿用至今。

1998 年，因英国安德鲁·维克菲尔德的一篇《接种麻疹可引起自闭症》的造假文章，催生了反疫苗运动在美国兴起。

目前，一些特殊疫苗的研制成为热门，比如癌症疫苗、艾滋病疫苗等；而且除注射外，也有喷剂、贴片等其他接种方式。

（二）疫苗的类型及优缺点

常规疫苗：用细菌制成的为菌苗，由病毒、立克次体、螺旋体、支原体制成的为疫苗。按其微生物性质分为活疫苗、灭活疫苗和类毒素。

新型疫苗：利用分子生物学、生物工程学、免疫化学等技术，研制的亚单位疫苗、基因工程疫苗、合成肽疫苗、核酸疫苗等。

1. 灭活疫苗

收获经培养增殖的免疫原性强的病原体，用理化方法灭活而制成，通常只激发体液免疫应答，如口蹄疫灭活疫苗等。

（1）优点：①便于保存和运输；②无复毒危险；③生产方法简单。

（2）缺点：①不能产生局部免疫；②需多次接种，每次接种剂量较大；③局部和全身反应明显。

2. 减毒活疫苗

指用通过人工诱变获得的弱毒株，或者是自然减弱的天然弱毒株（但仍保持良好的免疫原性），或者是异源弱毒株所制成的疫苗，如猪瘟兔化弱毒疫苗等。

（1）优点：①用量小，次数少，产生免疫快，抗体滴度高；②可通过滴鼻、点眼、饮水、口服、气雾等途径，可刺激机体产生细胞免疫、体液免疫和局部黏膜免疫；③增殖而不致病，有扩大的免疫效应，免疫力持久。

（2）缺点：①易失活，运输和保存不便；②毒力会恢复（虽然极少发现）；③引起其他部位并发症，如种痘后脑炎；④引起持续性感染等；⑤免疫效果受免疫动物用药状况影响；⑥免疫缺陷和免疫抑制者禁用。

免疫缺陷：由于免疫系统发育缺陷或免疫反应障碍，致使抗感染能力低下，临床表现为反复感染或严重感染性疾病。

免疫抑制：指外来化合物或其他环境因子对机体免疫系统产生的抑制功能，主要表现：①抑制非特异性免疫，可使呼吸道黏膜纤毛清除能力及巨噬细胞吞噬能力下降，体液中抗体、溶菌酶等抗菌物质减少；②抑制特异性免疫，造成淋巴器官萎缩、周围淋巴细胞减少及功能抑制、抗体形成抑制；③抑制免疫监视功能，动物实验表明免疫抑制物可使植入肿瘤细胞的成瘤率增加。

3. 类毒素

将细菌产生的外毒素，用 $0.3\%\sim0.4\%$ 的甲醛溶液处理（脱毒）后，其毒性消失而仍保留其免疫原性为类毒素。

类毒素经过盐析并加入磷酸铝或氢氧化铝胶体等，即为吸附精制类毒素，注入动物机体后吸收较慢，可较久地刺激机体产生高滴度抗体，以增强免疫效果。

用类毒素注射动物（如马），以制备外毒素的抗体，称为抗毒素，如破伤风抗毒素，注射1次，免疫期1年，第二年再注射1次，免疫期可达4年，使用时应注意防止Ⅰ型超敏反应。

4. 基因工程基因缺失疫苗

获得带有病原体保护性抗原表位的目的基因，将其导入原核或真核表达系统，从而获得该病原的保护性抗原，如猪伪狂犬病毒 TK/gG 双基因缺失活疫苗、猪伪狂犬病毒 gG 基因缺失灭活疫苗等，具有安全、高效、经济、可批量生产的优点。

5. 基因工程重组载体疫苗

将编码某一蛋白抗原的基因，转入减毒的病毒而制成的疫苗。优点是不需添加佐剂，同时启动体液和细胞免疫，使用疫苗不影响该病的监测，缺点是毒力返强，甚至进化出对人有致病性的新病毒，如禽流感重组鸡痘病毒载体活疫苗。

6. 基因工程亚单位疫苗

指用人工方法裂解病毒，提取衣壳或包膜上的与感染有关的亚单位成分制成的疫苗。如仔猪大肠埃希菌病 K88、K99 双价基因工程疫苗，仔猪大肠埃希菌病 K88、LTB 双价基因工程疫苗。优点是除去病毒核酸和其他有害成分（如可能引起发热等副作用的成分）。

7. 合成肽疫苗

合成肽疫苗是一种仅含免疫决定簇组分的小肽，即用人工方法按天然蛋白质的氨基酸顺序合成保护性短肽，与载体连接后加佐剂制成的疫苗。优点是不需培养病原体，可大量生产，不含病毒核酸，无毒力返强危险，在同一载体上可连接多种人工合成的氨基酸序列，可制备多价合成肽苗；缺点是免疫原性弱，多肽合成和纯化技术不成熟，如猪口蹄疫 O 型合成肽疫苗。

8. DNA 疫苗

DNA 疫苗又称基因疫苗或核酸疫苗，是将能编码引起保护性免疫应答的病原体免疫原基因片段和质粒重组，重组体直接注入宿主机体，使体内持续表达该抗原，进而诱导出保护性体液免疫和细胞免疫。这种核酸既是载体，又能在真核细胞中表达抗原，刺激机体产生特异而有效的免疫反应。

核酸疫苗的优点是免疫效果好，可激发机体产生全面免疫应答，不受母源抗原干扰免疫力持久，制备简单，成本低廉，便于储存和运输，既能联合免疫，又具有预防和免疫治疗双重功能，可用于防治肿瘤。缺点是安全性需进一步研究证实。

9. 转基因植物疫苗

将编码某一病原保护性抗原的基因转入植物，并在植物中表达，吃这些植物性食物的同时，就完成了一次预防接种。

10. 治疗疫苗

以治疗疾病为目的的新型疫苗，如葡萄球菌的自身疫苗。

（三）对疫苗的错误认识

1. 疫苗接种的种类越多，猪场越安全

接种哪一种疫苗、哪一个毒株？什么时间接种？接种多大剂量？要有科学规范的免疫程序来指导。

同在一个养殖小区内喂猪，可以不喂同一家饲料，也可以不用同一家兽药，但免疫程序必须统一，不单选择的疫苗种类要统一（避免疫苗交叉污染），并且疫苗的毒株（避免造成基因重组）和免疫剂量（避免造成免疫高压）也需要统一。

如果盲目听信别人建议，随意更改猪群所接种疫苗的种类，或期望独善其身，只管自己接种疫苗全面，最终都会造成疫苗污染，不利于整个养殖小区的安全。

2. 疫苗接种剂量越大，效果越好

疫苗不是抗生素，在一定范围内剂量和效果呈正比关系；疫苗本身是细菌或病毒，如果盲目过量接种，会造成免疫麻痹，反而不产生抗体，甚至引发相应疾病。

3. 多次接种效果好

抗体与病原是一个动态的"量"的较量，盲目多次重复接种，反而可能会中和体内保护抗体，造成机体处于无抗体状态。

近年来，某些地方蓝耳、温和型猪瘟多发，一定程度上就和一年三四次的"普防"、免疫过频过密有直接关系。再如细小病毒在后备期接种1~2次后，就可终身免疫，但有些猪场仍然采用每胎都接种的方法，反而造成死胎率增加的现象。

不管哪一种疫苗，在产品说明书上都有该疫苗的免疫保护期，按不同类型疫苗的不同保护期，确定重复接种的时间才合理。

4. 病毒苗和细菌苗可同时接种

在以往经验中，除猪瘟和猪丹毒猪肺疫二联苗外，任何两种疫苗不能同时接种。两种病毒性疫苗同时接种会相互干扰。病毒性苗和细菌性苗同时接种，有可能会相互竞争同种受体。两种细菌性苗同时接种，会加重应激，直接导致猪群发病。

5. 进口苗效果比国产苗效果好

国产疫苗和进口疫苗主要区别在于生产工艺和佐剂选择的略微差别上，在效果和安全性上没有多大实质性差别。选择疫苗要着重看"毒株"，生产厂家仅仅是个参考而已。如果看重疫苗的性能、稳定性和应激性，可考虑使用高成本的进口苗；而如果看重疫苗的性价比，还是选择国产苗、花钱少，效果也不会差到哪里。

6. 新上市的疫苗毒株更贴近当前流行的猪病

毋庸讳言，近几年国内的兽用疫苗市场乱成了一锅粥，疫苗被过度商业化，并且呈愈演愈烈之势。某些厂家两三年就会推出一种新疫苗，这些所谓的新疫苗或新毒株，其实就是为了追求市场份额。疫苗的营销不是看生产实际需不需要，而是联合一些不负责任的专家，依靠概念炒作营销；有些推出的新产品，在上市之前根本就没有经过大面积临床验证，造成了越接种新毒株疫苗，猪病越复杂难治的现实。

7. 疫苗越打病越多，不打疫苗病反而就少了

不可否认，近几年养猪生产上确实存在疫苗种类接种的少了，疾病发生也少了的现象。但这种安全是暂时的，毕竟身处一个疫苗严重污染的大环境，你躲过了初一，但逃不过十五。凡是从滥用疫苗的一个极端走入不用疫苗的另一个极端，认为疫苗无用甚至有害论的猪场，三五年后都会发生一次高死亡率的大疫情。

其实，很多时候打过疫苗之后没有达到期望的效果，跟疫苗本身没有直接关系，而是因为自身猪群大小混群、每一栋舍不能独立隔离、工具同用、人畜乱窜等原因造成的。

另一方面，接种疫苗更重要的意义是在一定区域，形成一道群体性的免疫屏障，阻断疾病在区域性内的流行。要知道正是有了牛痘疫苗，天花病才被全球彻底消灭。

8. 打过疫苗，猪就不会生病了

影响疫苗效果的因素很多，有疫苗本身的问题，有接种动物的健康问题，也有操作者的技术问题等。即使抛开这些客观的、人为的因素，世界卫生组织数据表明，多数疫苗的保护率也只在 80% 左右，而不是 100%，疫苗仅仅是能起到一定预防作用的致弱病原体或病原体的某些组分而已，不是神仙的灵丹妙药。不过，大量研究和临床实践表明，打过疫苗的猪群，发生相关传染病时，临床表现相对较轻。

9. 政府免费发放的疫苗都不能用

疫苗免不免费与疫苗的质量没有任何关系。免费疫苗都是国家强制免疫的疾病种类，这些疫苗也是按照正规招标程序采购的正规厂家的合格疫苗。这些疫苗之所以免费，主要是因为这类疾病危害极大。如果政府有足够的钱，有可能所有疫苗都会免费。

生产上养殖户感觉免费疫苗不管用，一方面是因为当地有发言权的卖商品疫苗的经销商误导；另一方面免费疫苗在个别地方，在给养殖户发放的过程中也确实存在"失冷链"的情况。

10. 猪必须在完全健康状态下才能打疫苗

养猪生产上经常出现饲养外购仔猪的养殖户，仔猪购进后因个别拉稀，而不敢接种疫苗；后来，个别猪又发热，还是不敢打疫苗；最后造成仔猪买回来一两个月了什么疫苗也没接种，结果一旦猪群发病，就是全群感染，并且是极其严重的混合感染。

其实，消化不良性腹泻和普通感冒，不影响任何疫苗的接种。不过，以感冒为例，一般感冒有并发肺炎的可能性，如果在感冒诱发肺炎之前接种了疫苗，很可能就会被认为是接种疫苗引起的肺炎，所以疫苗经营者为避免麻烦，就往往要求养殖户必须在完全健康下才能接种疫苗。

二、认识免疫程序

免疫程序是指依据当地疫情、动物机体状况及现有疫（菌）苗的性能，选用适当的疫苗，安排合适的时间，给动物免疫接种，使动物机体获得稳定的免疫力。

（一）怎么才能制定一个科学、完善的免疫程序

1. 制定免疫程序要考虑的因素

（1）横向评估：当地猪场疾病的流行情况及严重程度，及当地大部分猪场的免疫习惯。在免疫上标新立异，往往会成为当地疫苗污染的源头，最终的结果是害人害己。

（2）纵向评估：自己猪场与邻近猪场的历史发病情况，及历史免疫疾病的种类、毒株选择和免疫剂量等。虽然防重于治的思想很正确，但"防"的前提是防当地发生过的疾病。不能一听说在北京某猪场发现了欧洲原型的蓝耳毒株，你一个河南的小猪场，又没在北京引过种猪，就慌忙把蓝耳疫苗更换为欧洲原型的疫苗，这样会造成当地疫苗污染。

制定免疫程序时，选择新疫苗不能过于"主动"，只有通过血清学检测并分离毒株，在确认是新毒株引起感染的前提下，才能更换新毒株疫苗。

（3）猪群状态评估：猪群的健康状况、体重大小、用药状况和免疫应答能力都会影响免疫的实际效果。

猪群处于发病或亚健康状态时，以及长途运输、断奶、转群、去势、换料、气候突变等中、强度应激时，都会影响免疫效果。

药物方面，接种活菌疫苗前后1周，禁用抗生素；接种弱毒疫苗前后1周，禁用抗病毒药物；接种疫苗前后1周，尽量避免使用免疫抑制类药物，如氟苯尼考、磺胺类、地塞米松等。接种途径也会对免疫应答能力造成影响。如传染性胃肠炎流行性腹泻二联苗，后海穴注射的效果要优于肌内注射。

（4）干扰评估：母源抗体的消长规律，及上次接种后存余抗体水平，决定各种疫苗接种的先后和间隔期等。

几个常见疾病的母源抗体消长规律：

1）圆环病毒：仔猪哺乳前体内无 PCV2 母源抗体，吮初乳后则逐渐上升，在 20 日龄左右达到峰值，30 日龄以后迅速下降，40 日龄左右降至临界值。因此在 14～20 日龄免疫圆环病毒疫苗最佳。仔猪早期初乳摄入量少，摄取母源抗体量不足是引起断奶仔猪衰竭综合征的主要因素。

2）口蹄疫：未吃初乳的仔猪无母源抗体，1 日龄仔猪母源抗体滴度达到高峰，以后逐渐降低；口蹄疫母源抗体对 1～14 日龄的仔猪有保护，部分仔猪在 21 日龄还有保护。若 28～35 日龄首免，21 天后免疫抗体合格率低于 70%，28 天后达到峰值 86.7%，1 个月后再免 1 次，则有效免疫抗体水平可维持较长时间，以后逐渐降低，至 5 个月后已不能保护。

3）猪瘟：0 日龄仔猪无猪瘟母源抗体，1 日龄仔猪猪瘟母源抗体达到高峰，以后逐渐降低。猪瘟母源抗体对 1～28 日龄的仔猪有保护，少部分猪在 35 日龄还有保护。于 28～35 日龄对仔猪进行首免，可获得合格的免疫保护率。

4）伪狂犬：仔猪随着日龄的增大母源抗体开始下降，抗体阳性率由 4 周的 100% 下降到 10 周龄的 54.55%，其中 6～8 周龄下降最快。首免日龄安排在 6～8 周龄，在 10～12 周龄加强免疫 1 次。

5）蓝耳病：杜喜忠等（2012）的研究表明，蓝耳病母源抗体 21 日龄开始急剧下降，半衰期 9 天左右，断奶前后母源抗体下降到临界值。韩先桂（2011）的研究结果显示，14～21 日龄免疫效果最好。

抗体产生的一般规律：当第一次用适量抗原给动物免疫，需经一定潜伏期才能在血液中出现抗体，含量低且维持时间短，这种现象称为初次免疫应答。若在抗体下降期再次给予相同抗原免疫时，则发现抗体出现的潜伏期较初次应答明显缩短，抗体含量也随之上升，而且维持时间长，称这种现象为再次免疫应答或回忆应答。初次应答产生的抗体主要是 IgM 分子，对抗原结合力低，为低亲和性抗体；而再次应答主要为 IgG 分子，且为高亲和性抗体。TD 抗原可引起再次应答，而 TI 抗原只能引起初次应答。

TD 抗原（又称胸腺依赖性抗原）：指需要 T 细胞辅助和巨噬细胞参与才能激活 B 细胞产生抗体的抗原性物质，如细胞、病毒及各种蛋白质等。

TI 抗原（又称非胸腺依赖性抗原）：指不需 T 细胞辅助即可刺激机体产生抗体，只引起体液免疫，无免疫记忆，故无再次免疫应答，如细菌多糖、聚合鞭毛蛋白等。

为了避免母源抗体干扰，母源抗体合格率下降到 $65\%\sim70\%$ 首免最适宜，免疫过早疫苗抗原可能被母源抗体中和而造成免疫失败，免疫过迟可能造成免疫保护空白而发病。为了避免疫苗之间干扰，接种两种疫苗时一般间隔 1 周，接种蓝耳病弱毒疫苗后最好间隔 2 周以上。

（5）疫苗评估：指疫苗的种类、特性、免疫期及合适接种途径的选择；同一个厂家会生产不同毒株的疫苗，而不同厂家也会生产同一个毒株的疫苗，但有可能头份、稀释液、佐剂等不一样，要依据自己猪场检测结果，选择适合自己的疫苗。

（6）免疫预后评估：指对猪群应激大小及对猪群整体健康和生产能力的影响等。免疫后评估分为临床评价和血清学评价，后者主要是抗体的转阳率和抗体的几何平均滴度，要绘制抗体曲线或做攻毒实验。

2. 制定免疫程序的原则

（1）依据猪场的生物安全防护程度决定程序的繁简

1）能简不繁：2006 年高热病之后，猪病混合感染确实严重，有些养殖户就把疫苗当作最后的救命稻草，认为防疫是包治百病的灵丹妙药。殊不知，复杂的免疫程序是建立在完善的生物安全防护的基础之上。如果大小混群、每栋舍工具不专用，人员乱窜舍，甚至还养有鸡、狗等其他动物，疫苗种类注射得越全，猪场发病就会越严重。

2）重点突出：就中原地区而言，猪瘟和伪狂犬是必须重点防疫的两个疾病。猪瘟采用二次免疫：第一次 $21\sim28$ 天，第二次 $55\sim60$ 天；伪狂犬采用三次免疫：3 日龄内滴鼻，35 日龄或 42 日龄 1 次肌内注射，70 日龄 1 次肌内注射。

（2）疫苗导致猪群发病的常见原因

1）弱毒疫苗的返强现象：如长期使用伪狂犬基因缺失疫苗，一旦引入所缺失的基因片段，则完整病毒就会导致猪群发生伪狂犬病。

2）免疫缺陷个体危害：有些敏感猪群会对相对安全的弱毒疫苗就会产生强烈的感染性反应而发病，如有些猪群接种猪瘟兔化弱毒苗后，会出现呕吐、发热，甚至继发呼吸系统疾病。

3）过敏反应：如有的猪群接种口蹄疫 O 型灭活苗后，突然倒地、皮肤发红，甚至发生休克，但十几分钟后一般会自然恢复。

4）持续性感染：如蓝耳病毒是一个容易导致持续性感染的病原，可能与侵害的是宿主巨噬细胞有关。

5）灭活苗灭活不彻底：如口蹄疫灭活苗有混入口蹄疫活病毒的可

能性。

6）弱毒苗中含有强毒：如猪瘟兔化弱毒苗有混入猪瘟强毒的可能性。

7）其他病毒污染：如猪瘟疫苗有混合牛病毒性腹泻病原的可能性。

8）内毒素污染：一些细菌性疫苗往往混有内毒素污染。

（3）保护胎儿和哺乳仔猪

很多病毒（如细小病毒、猪瘟病毒、蓝耳病毒等）可通过胎盘屏障进入胎儿体内引起胎儿畸形、流产及死胎。一般细菌、弓形体、衣原体、支原体、螺旋体等不透过胎盘屏障，但可在胎盘上形成病灶，破坏绒毛结构后进入胎儿体内引起感染。

有养殖户反映，如链球菌苗产前 4 周和产前 18 天免疫，可保护哺乳仔猪；产前 40 天免疫病毒性腹泻活苗，产前 20 天免疫病毒腹泻灭活苗，能有效控制病毒性腹泻的发生。

（4）保护同群健康猪

如猪瘟、伪狂犬病在猪群发病时可全群紧急免疫。

实行紧急免疫的疫苗一般要满足 3 个条件：①迅速产生免疫保护，即一般选用弱毒苗，并且加大剂量；②安全性高，即应激小、毒力弱；③同源毒株或交叉保护毒株。

蓝耳疫苗、口蹄疫疫苗毒力较高，产生抗体较慢，不适宜用于紧急免疫，如果实施紧急免疫可能会造成发病率与死亡率急剧增加。

（5）病毒优先原则

1）基础免疫：猪瘟、伪狂犬病、口蹄疫的免疫必须放在最优先考虑，因为这些病的发生关系到猪场生死存亡。

2）关键免疫：蓝耳病和圆环病毒病引起免疫抑制，会导致严重的混合感染，可能造成重大损失，有条件的猪场可做好这两个病的免疫。

（6）明确免疫目的

为保护胎儿，母猪重点免疫好乙脑和细小病毒苗；为预防哺乳仔猪腹泻，产前母猪重点免疫好病毒性腹泻苗；为预防育肥猪呼吸道综合征，仔猪重点免疫好支原体苗和伪狂犬疫苗。

（7）选择免疫

链球菌病、猪丹毒、猪肺疫、猪大肠杆菌病、副猪嗜血杆菌病，可根据猪场具体发病情况进行选择性免疫。

（8）经济性原则

圆环病毒病、支原体肺炎、传染性萎缩性鼻炎等病，感染发病后会严重影响生长速度、耗料增加，造成较大经济损失，应根据猪场损失情况计算投入产出比，选择合适疫苗进行科学免疫。

（9）阶段性原则

一般在易感染阶段前 4 周免疫，或在野毒抗体转阳提前 4 周免疫，必要时一个月后要加强免疫。

易感染阶段是指大约有 5% 的猪只出现该病的临床症状时并检测到该致病原。

（10）安全性原则

首次应用新厂家、新品种疫苗，或者使用不同毒株的同种疫苗，建议最好先进行小群试验，确认安全后再大群使用。有的疫苗接种后会出现免疫副反应，如厌食、发热，甚至出现倒地痉挛、瘫痪、休克、流产等，免疫前要准备好相应急救药物。

猪群在以下几种情况下接种疫苗易出现副反应：①猪群处于疾病潜伏期、隐性感染期，或怀孕母猪处于怀孕早期或重胎期，要尽可能避开这些阶段接种疫苗；②疫苗毒株毒力强（如高致病性蓝耳苗免疫剂量过大或口蹄疫疫苗等）；③疫苗保存不当而破乳，疫苗过期变质，免疫时应避免；④恶劣天气，或转群、断奶、阉割应激时应避免接种疫苗。

3. 对免疫程序的正确认识

（1）免疫程序是个性化的：不同地区、不同猪场的疾病情况不同，免疫程序也各不相同。所以免疫程序具有个性化特征，要因地制宜，视自己猪场的实际情况，制定适合自己猪场的免疫程序。

（2）免疫程序是动态的：近 30 年来，猪病在不断的发展变化中，附红细胞体病、蓝耳病、圆环病毒病、副猪嗜血杆菌病，都是这 20 年内才广泛出现。一个猪场的猪病也是不断变换的，一个合理的免疫程序不是一成不变的，要根据当地的疫病流行情况及自己猪场的发病特征适时调整。整体而言，一个猪场养猪时间越长，接种的疫苗种类越多；规模越大，免疫的密度越大。

（3）免疫程序的调整时机：调整免疫程序的主要参考依据是当时猪场的稳定状况和母猪重大疾病的抗体检测数据。针对规模猪场而言，母猪群体的抗体定期检测很重要，它决定着整个猪场的命运。

（4）免疫程序的稳定执行：尽管在一个大的时间段内，免疫程序不是一成不变而是适时调整的，但免疫程序调整之后，一定时间内的执行要保持稳定性，不能轻易"听别人说"应该怎么免疫，免疫程序执行一旦混乱，猪病就会变得复杂化。

（5）重视免疫程序落实后的猪群反馈信号：曾有猪场保育猪出现喘气病例，有人建议接种支原体疫苗，没想到接种后不久全场暴发支原体，保育猪伤亡更大；于是，建议畜主取消支原体疫苗的免疫，结果畜主坚决不接受。免疫是为了防病，越防病越多就不如不防。

（6）免疫档案的建立：每一批次的猪免疫之后，必须详细记录免疫档案，包括免疫时间，疫苗名称、毒株、生产厂家、有效期，免疫剂量，免疫后猪群反应及采取的措施等内容。

（二）家庭农场推荐免疫程序

免疫程序与当地疫病流行状况和本场历史免疫相关，本程序借鉴2009 年农业部推广"猪重大疾病免疫程序"，仅供参考（表 6 - 1）。

表 6 - 1　　　　　　　　　猪重大疾病免疫程序

阶段	接种时间	疫苗名称	接种量
仔猪	3 日龄内	伪狂犬基因缺失苗（宜采用巴萨 K61 毒株）	2 毫升滴鼻（占位三叉神经）
	14 日龄	圆环病毒苗（选做）（呼吸道综合征严重时，可在 50 日龄考虑二免）	1 头份
	21 日龄	猪瘟兔化弱毒苗（不宜采用传代苗）	5 头份
	35 日龄	伪狂犬基因缺失苗（毒株选择要有连续性）	1 头份
	45 日龄	链球菌三价蜂胶苗（选做）（极易疫苗污染）	1 头份
	55 日龄	猪瘟兔化弱毒苗（可采用传代苗）	一般苗 10 头份、传代苗 2 头份
	65 日龄	O 型口蹄疫灭活苗（合成肽或三价苗）	2 毫升
	70 日龄	伪狂犬基因缺失苗	2 头份
	90 日龄	O 型口蹄疫灭活苗	3 毫升
	120 日龄	O 型口蹄疫灭活苗	3 毫升
后备母猪	配前 1 个月	细小病毒灭活苗（配前 3 周可加强一次）	2 毫升
	配前 3 周	猪瘟疫苗（与细小病毒冲突时，往后推迟一周）	一般苗 10 头份传代苗 2 头份
	配前 2 周	蓝耳病灭活苗（选做）（蓝耳污染严重场选做）	2 毫升
	配前 1 周	链球菌三价蜂胶苗（选做）	1 头份

续表

阶段	接种时间	疫苗名称	接种量
怀孕母猪	产前 45 天	蓝耳病灭活苗（选做）（不建议选择变异毒株）	2 毫升
	产前 1 个月	伪狂犬基因缺失苗（不建议使用灭活疫苗）	2 头份
空怀母猪	断奶当天	猪瘟疫苗（经产母猪也可和仔猪 21 日龄首免时，同时免疫）	一般苗 10 头份、传代苗 2 头份
	断奶 1 周	链球菌三价蜂胶苗（选做）	5 毫升
种公猪	春秋两季：相继免疫猪瘟（一般苗 10 头份、传代苗 2 头份）；链球菌铝胶苗（选做）5 毫升；伪狂犬基因缺失苗 5 毫升；蓝耳病灭活苗（选做）2 毫升；每次间隔 7 天		
季节免疫	每年 3 月底和 9 月底	乙脑苗（种猪普放 2 毫升）	首次接种，隔 15 天，加强 1 次
		口蹄疫（种猪普放 3 毫升）	母猪避开怀孕期前、后各 30 天
选择免疫	萎缩性鼻炎灭活苗；产前 35 天，皮下注射 2 毫升		
	传胃＋腹泻二联苗；产前 25 天后海穴注射 4 毫升；仔猪断奶后 7 天 1 毫升		
	猪支原体灭活苗；7～10 日龄，右胸腔（肩胛骨后 3～7 厘米，两肋骨间）注射 5 毫升		
特殊免疫	若疑似细小病毒感染时：第一胎产后 10 天加强免疫细小病毒灭活苗 2 毫升，不可每胎跟胎免疫		
	若大肠杆菌 K88、K99 免疫无效时：可做自家苗或新鲜黄白痢粪便返饲怀孕中期母猪		
干扰免疫	发生伪狂犬后，使用伪狂犬基因缺失疫苗 2 头份，紧急接种；已出现症状的患猪，滴鼻效果优于皮下或肌内注射		
	重症病例后期可使用 50 头份猪瘟普通细胞苗（不宜选择传代苗和脾淋苗，有可能造成大批死亡）1 次肌内注射，隔天强化 1 次		

三、关于免疫接种

疫苗接种的途径不一样，产生的免疫效果也不一样。以伪狂犬为例：同种疫苗 3 天滴鼻，疫苗作用的是鼻腔黏膜，产生的是细胞免疫，以细胞因子为主，能起到治疗作用。而肌内注射产生的是体液免疫，产生的是抗体，主要起预防作用。

（一）常见疫苗接种途径

常见的接种途径有注射免疫法（皮下注射、皮内注射、肌内注射、胸腔注射等）、经口免疫法、气雾免疫法、滴鼻、点眼等。

（1）皮下注射：最常用，适用于易溶解的无强烈刺激性的菌苗和疫苗等，猪在耳根或股内侧。优点：操作简单，吸收较皮内接种为快，免疫效果好；缺点：工作量大，需要逐只免疫，注射剂量大，有刺激性等。

（2）皮内注射：目前仅有羊痘弱毒菌苗、猪瘟结晶紫疫苗等少数制品用皮内接种，其他均属于诊断液方面。

（3）肌内注射：除猪瘟弱毒疫苗、牛肺疫弱毒疫苗、新城疫Ⅰ系苗以及在某些情况下接种血清，宜采用肌肉接种外，其他生物制品一般都不应用此法进行接种。优点：药液吸收快，操作方便；缺点：同皮下注射，若臀部接种部位不当易引起跛行。

（4）胸腔注射：目前仅见猪喘气病弱毒疫苗的免疫，它能很快刺激胸部的免疫器官产生局部的免疫应答，直接保护被侵器官，但是免疫时需要保定猪只，免疫刺激大，接种技术要求较高。

（5）经口免疫法：分直接口服、饮水免疫和拌料免疫3种。优点：省时、省力、应激小，适用规模化养猪场的免疫；缺点：饮水或吃食量有多有少，免疫后抗体不均匀，较离散，而且易被消化酶降解，用量大、效力不高，免疫持续期短。

（6）滴鼻、点眼：是一种有效的黏膜免疫途径，主要用于弱毒疫苗基础免疫，一般5～7天就能产生免疫力，尤其对预防呼吸道感染效果较好，临床常用的有伪狂犬3天内滴鼻免疫。

（二）免疫接种注意事项

1. 检查疫苗

（1）检查瓶签

购买疫苗时一定要检查生产厂家及瓶签字迹，并扫描二维码，杜绝无批号、生产许可证号和批准文号的假疫苗及过期失效疫苗。

（2）检查性状

1）冻干苗：检查瓶口是否松动？瓶口松动会进气失效；检查冻干块儿是否膨胀变大？如果膨胀一般是在保存或运输途失冷链而造成疫苗受热失效。

2）灭活苗：检查是否破乳（水乳分离）？破乳一般是受到强烈震荡；

检查是否变色？变色即已失效，一般是保存出现了问题。

（3）查看使用说明

1）检查毒株：依据自己猪场的需要选择合适的毒株，不能盲目听信宣传和商家利益驱动下的推荐。如伪狂犬有巴萨 K61 毒株、HB98、HB2000 等毒株类型，猪群没有发病或无检测报告数据支持，切勿更换疫苗毒株。

2）检查头份数：不同厂家生产的疫苗价格不同，接种头数也不同，如猪瘟有 50 头份的，也有 20 头份的疫苗。

3）检查稀释液：常用稀释液有生理盐水和专用稀释液（多为氢氧化铝等胶体）。生理盐水一般稀释分子颗粒小的疫苗，若用氢氧化铝稀释，因胶体有电荷，可使疫苗出现簇状聚集；氢氧化铝一般稀释分子颗粒大的疫苗，若用生理盐水稀释会出现沉淀分层。

2. 疫苗临床使用

（1）正常接种：用于正常猪群，按免疫程序规定的日龄及规定剂量接种。

（2）紧急接种：用于受威胁猪群，免疫程序无规定，一般按加倍剂量接种。

（3）用于疾病治疗：用于发病猪，不属于免疫范畴，宜大剂量使用，刺激机体产生内源干扰素等。

3. 选好猪群

（1）发热或表现典型病理症状的发病猪，不能接种疫苗。

（2）用干扰素、球蛋白、高免血清后 72 小时内不能接种。

4. 疫苗要低温保存

冻干苗一般是冷冻保存，灭活苗和专用稀释液一般是冷藏保存。要求冷藏的疫苗或稀释液若冷冻保存，冰晶会破坏疫苗和稀释液胶体结构。

5. 疫苗稀释或开启后 2～4 小时内用完

疫苗瓶内一般填充的是氮气，相对分子质量为 28，而空气相对分子质量为 29，疫苗瓶开启后，氮气逸出空气即进入，会引起疫苗变性。

6. 关于针头

（1）最好一猪一针头，针头要高压灭菌。

（2）若一圈一针头，消毒棉球必须捏干，防治虹吸作用使针孔吸入微量酒精破坏疫苗。消毒针头时，从针孔向针尾方向擦拭。

（3）疫苗不含抗生素，用过的针头抽取疫苗会污染整瓶疫苗。

7. 免疫事故处理

疫苗不小心洒到圈舍属生产事故，需专门程序消毒处理。

8. 免疫后禁忌

（1）用过的疫苗瓶及其他废弃物应深埋或焚烧，严防扩散。

（2）菌苗免疫前后 3 天，不得消毒和使用抗生素类药物。

（3）某些疫苗刺激性强，接种后会出现发热、采食量下降等症状，属正常免疫反应，添加维生素 C 抗应激和对症治疗即可。

第四节　实验室检测

一、简易猪病诊断实验室的筹建

（一）筹建简易猪病诊断实验室的目的

用于对隐性感染、混合感染及非典型病例的准确诊断；疫情的预测与预警；免疫程序的监测与修正。

（二）需要的器械（依据设定的试验项目适当增减）

1. 大件

显微镜、荧光显微镜、恒温培养箱、干燥箱、离心机、高压灭菌锅、稳压器、分析天平、全自动酶标仪、洗板机、打印机等。

2. 小件

（1）卫生防护类：白大褂、头套、鞋套、医用口罩、橡胶手套、消毒清洁品等。

（2）基本件：酒精灯、镊子、手术剪、手术刀柄及刀片、试管、烧杯、三角烧瓶、量筒、铁架台、滴定管、普通吸管、吸球、游标卡尺、玻璃球、研钵、搪瓷缸、水浴锅、电炉、打孔机、吹风机等。

（3）采血取样用：保定器、真空采血管、V 形管、V 形管架等。

（4）镜检用：载玻片、盖玻片、血红蛋白吸管、计数板、香柏油等。

（5）细菌培养用：培养皿、取菌环、接种针、药敏试纸、牛津杯等。

（6）血清学检测用：微量移液器、96 孔酶标板（盛装待测溶液）、血凝板、计时器等。

3. 低值易耗品

无水酒精、脱脂棉、洁净纱布、蒸馏水、定性滤纸、pH 试纸、擦镜纸、牛皮纸、打印纸、记号笔等。

4. 必备化学试剂

（1）试剂

1）通用类：冰醋酸、盐酸、甲醇、浓硫酸、氢氧化钠、碘、碘化钾、甘油、葡萄糖、醋酸钠等。

2）生化检查用：乙二胺四乙酸（EDTA）、福尔马林、联苯胺、过氧化氢、一水磷酸二氢钠、七水磷酸氢二钠等。

3）染色用：美蓝（亚甲蓝）、结晶紫、草酸铵、石碳酸（苯酚）、碱性复红、姬姆萨粉、瑞氏染料粉等。

4）细菌培养用：琼脂粉、牛肉膏、蛋白胨、氯化钠等。

（2）胶体金检测卡

当前兽药市场常见的有猪瘟抗原快速检测卡、猪瘟抗体快速检测卡、猪伪狂犬抗体检测卡、猪蓝耳抗体快速检测卡、猪口蹄疫抗体快速检测卡、猪圆环抗体快速检测卡等。

（3）试剂盒

常用的有 Ag 猪瘟病毒抗原检测试剂盒（阻断 ELISA），Ab 猪瘟病毒抗体检测试剂盒（阻断 ELISA），猪蓝耳病抗体检测试剂盒，圆环病毒 2型抗体检测试剂盒，口蹄疫病毒非结构蛋白 3ABC 抗体检测试剂盒，弓形虫 IHA 诊断试剂盒，猪传染性胸膜肺炎间接血凝试验抗原，副猪嗜血杆菌间接血凝抗体检测试剂，非洲猪瘟（ASF）EUSA 检测试剂盒、非洲猪瘟快速免提取荧光 PCR 检测试剂盒等。

二、实验室检测样品采集

（一）血液样本

1. 采血准备

待采血的猪应禁食 12 小时。刚吃完食的猪血糖、甘油三酯增高，无机磷降低，麝香草酚浊度增加。进食富含脂肪的饲料，常导致血清混浊，而干扰很多项目的生化检测。

2. 血液的采集

临床检验采用的血液样品分为全血、血清和血浆。全血主要用于血细胞成分的检验，血清和血浆主要用于大部分临床化学检查和免疫学检验。

（1）耳静脉采血：猪保定后助手将耳根捏紧显露静脉，术者左手平拉猪耳并使部位稍高，右手持采血器，以 30°～40°角沿血管刺入，随即轻抽针芯，如见回血即为已刺入血管，进而压低采血器，再顺血管向内送入 1 厘米，然后去除捏压血管的手指或胶带，左手将采血器与耳一起固定，右手缓缓地将血液抽出。黑皮猪耳静脉看不清，可用手电筒在耳腹面照射利于采血。

（2）前腔静脉采血：保定后将猪头上举，使猪的头颈与水平面呈 30°以上，身体平直，前肢伸向后方，在胸腔入口前下方两侧的凹陷处（第一对肋骨与胸骨柄结合处直前），向心脏位置的胸腔方向进针 1～3 厘米，边进针边抽吸，当有大量血液进入针管时，说明刺中了前腔静脉，此时停止进针，采到足量血样。因采血部位左侧靠近膈神经，故以右侧为宜，以免刺到神经。适用针头：种猪 16×38，中大猪 12×38，仔猪 9×20 或 9×25。

（3）注意事项：采完血后拿取过程中要避免振荡，离心速度过快、温度过低或者过高等均会导致溶血而影响结果。一般采血量不少于 3 毫升，血清不少于 1 毫升。

3. 血样处理

（1）做血常规检验或全血分析时（血浆和全血制备）：采血器应先加入一定比例的抗凝剂，采血后反复颠倒采血器，使抗凝剂与血液充分混匀，以防血液凝固。

常见的抗凝剂：乙二胺四乙酸（EDTA）、草酸钠、肝素、枸橼酸钠等。主要用于血液 pH 值和血液电解质测定时，应选用肝素；主要用于血液促凝时间的测定时，应选用枸橼酸钠；主要用于血液有形成分检查的全血，应选用 EDTA。

注意：草酸盐不能用作血小板计数和尿素、血氨、非蛋白氮等含氮物质的检测。

（2）做 ELISA 抗体检测时（血清制备）：不能加抗凝剂，采集的血样要平放或斜放于容器中。

若就注射器保存，采血时应吸 2 毫升空气，以利血清析出。也可将血液立即注入 V 形管中，常温下 1～2 小时，血样即可析出血清；还可将血样置于 37℃恒温箱中 2 小时，待其析出血清。用离心机分离血清：方法是室温静置 3～5 小时，待血液凝固有血清析出时，低速离心（2000～3000 转、5～10 分钟）分离血清，装入 1.5 毫升离心管，置 4℃冰箱保存。

（3）做 PCR 检测病原时：可以采集病变组织或者血液，采集病变组织要求是具有典型病变的部位，采集血液最好是发病期的血液，采集后置于－20℃冰箱保存。

（二）组织样本

采集猪的内脏时，夏天死亡时间不超过 2 小时，冬天不超过 6 小时。若用于微生物学检验的内脏：组织块 1～2 厘米见方，存放在消毒过的容器内。若用于病理组织学检查，要采集病灶及邻近正常组织，并存放于10％福尔马林溶液中。若做冷冻切片应将组织放在冷藏容器中，并尽快送检。

三、显微镜检查

（一）直接镜检法

通过提取血液、尿液、粪便、精液等，直接在显微镜下计数或观察其形态及变化，主要用于人工授精、基本病理判断和寄生虫检测。

1. 血液检查（现多用全自动血液细胞分析仪分析）

采用 25×16 型的计数板：中央大方格以双线等分成 25 个中方格，每个中方格又分成 16 个小方格，一般在 100 倍显微镜下，计数四个角和中央的五个中方格（80 个小方格）的细胞数。

（1）红细胞计数

1）普通吸管吸取生理盐水 4 毫升置于小试管中。

2）稀释血液：用血红蛋白吸管吸取供检血样 20 立方毫米，用脱脂棉拭去管尖外壁附着的血液，然后将血红蛋白吸管插入已装稀释液的试管底部，缓缓放出血液，再吸取上清液反复洗净沾在吸管内壁上的血液数次，立即振摇试管 1～2 分钟，使血液与稀释液充分混合，即得 200 倍的稀释血液。

3）充液：将盖玻片紧密覆盖于血细胞计数板上，并将血细胞计数板置于显微镜台上，用低倍镜先找到计数室，然后用小吸管吸取已摇匀的稀释血液 1 滴，使吸管尖端接触盖玻片边缘和计数室空隙处，稀释的血液即可自然引入并充满计数室。

4）计数：计数室充液后，应静置 1～2 分钟，待红细胞分布均匀并下沉后开始计数，计数红细胞用高倍镜，一般计数中央大方格中四角的 4 个及中央 1 个中方格（共计 5 个中方格，即为 80 个小方格）内的红细胞，5个中方格内红细胞的最高数和最低数相差不得超过正负 10％，否则表示血液稀释混合不均。

注意：只计算上边和左边压线的细胞，而右边和下边压线的细胞不予计算。如果有多个细胞没有吹散成团存在，此时只可记为一个细胞，计数重复3次，取其平均值。

计数完毕后，依下列公式计算：血细胞个数/毫升＝80个小方格细胞总数/80×400×10000×稀释倍数。

（2）白细胞计数：用低倍显微镜即可，稀释液采用1％～3％醋酸（或1％盐酸），为使白细胞核着色而便于识别，并与红细胞稀释液相区别，可于稀释液中加入1％亚甲蓝或1％结晶紫溶液数滴。

（3）临床意义

1）红细胞总数（RBC）：正常值为（9.26±0.38）×10^{12}/升。

增高：常见于肺心病、先心病、脱水、真性红细胞增多症等。

降低：常见于贫血、失血、白血病等。

2）网织红细胞（RET）：正常值为（1.35±0.37）％。

增多：骨髓红细胞系增生活跃，常见于溶血性贫血、失血等。

减少：骨髓造血功能减低，常见于再生障碍性贫血。

3）红细胞压积（HCT）：正常值为（47.6±1.4）％。

偏高：血液浓缩，见于应激、血浆量减少、高原缺氧等。

偏低：见于各种贫血或血液稀释。

4）白细胞总数（WBC）：正常值为（14.59±1.15）×10^9/升。

增高：常见于感染、尿毒症、白血病、组织损伤、急性出血等。

减少：常见于再生障碍性贫血、传染病、肝硬化、脾功能亢进、化学药物治疗等。

5）中性粒细胞：分叶型（NEUTROi）正常值为（27.3±2.5）％；杆状型（NEUTROr）正常值为（2.1±1.0）％；幼稚型（NEUTROy）正常值为（1.0±1.0）％。

增高：常见于细菌感染、炎症、骨髓增殖症、出血、损伤等。

降低：常见于伤寒、再生障碍性贫血、急性粒细胞缺乏症、脾功能亢进等。

核左移：不分叶核粒细胞超过5％，常见于感染等。

核右移：出现5叶以上的分叶核粒细胞＞3％，常见于贫血等。

6）淋巴细胞（LYM）：正常值为（65.6±4.1）％。

增高：常见于滤过性病毒感染、结核、淋巴瘤等。

降低：常见于急性感染症的初期，细胞免疫缺陷病、放射病等。

7）嗜酸性粒细胞（EO）：正常值为（2.5±1.1）%。

增多：常见于过敏、寄生虫感染、各种皮肤病、肿瘤或白血病等。

降低：常见于伤寒、副伤寒等。

8）嗜碱性粒细胞（BASO）：正常值为（0.3±0.5）%。

增多：常见于慢性粒细胞性白血病、骨髓增殖疾病、白血病等。

9）单核细胞（MONO）：正常值为（1.3±0.8）%。

增多：常见于急性细菌感染的恢复期、寄生虫病、结核病活动期、单核细胞白血病、疟疾、伤寒等。

10）血小板（PLT）：正常值为（419.5±14.46）×10^9/升。

增多：常见于原发性血小板增多症、慢性粒细胞白血病、真性细胞增多症等。

减少：常见于急性白血病、再生障碍性贫血、脾功能亢进、DIC等。

（4）兽医检测血液其他生化检查指标正常值

1）血液酸碱度（pH）：7.39±0.04。

增高：提示碱中毒，常见于呼吸中枢兴奋性增高、呕吐；减低：提示酸中毒，常见于肺水肿、阻塞性肺病、哮喘、饥饿、肾脏排泄障碍、腹泻等。

2）红细胞沉降率（FSR）：30分钟2.68±0.21；60分钟7.03±0.46。

增快：常见于急性感染、组织坏死、恶性肿瘤、严重贫血、血液病、慢性肝炎、重金属中毒等；减慢：常见于低纤维蛋白原血症、过敏等。

3）血红蛋白（Hgb）：（135.8±3.85）克/升。

增多：常见于脱水、先天性心脏病、肺心病等；减少：常见于各种贫血等。

4）血清总蛋白（TPROT）：（71.50±2.37）克/升。

增高：常见于脱水等；降低：常见于饥饿，营养不良，严重甲状腺功能亢进，重症糖尿病，烧伤，蛋白质吸收功能障碍的胃肠道疾患，出血等。

5）血清白蛋白（ALB）：（30.30±1.53）克/升。

增高：常见于脱水等；降低：常见于营养摄入不足，肝硬化，烧伤，低蛋白血症，肾病综合征等。

6）血清球蛋白（CLob）：（41.20±2.33）克/升。

增高：常见于感染性疾病，多发性骨髓瘤，结缔组织病，肝硬化，疟疾，丝虫病等；降低：常见于肾上腺皮质功能亢进，营养不良等。

2. 尿液检查

（1）尿沉渣检查：包括细胞、管型、结晶（尿酸盐、磷酸盐、草酸盐等）、细菌等有形成分。

1）尿白细胞：正常值为<5 个/高倍视野（400 倍）。

增多：提示泌尿系感染，如肾盂肾炎、膀胱炎、尿道炎等。

2）尿红细胞：<3 个/高倍视野，5 个以上称为镜下血尿。

多形性红细胞>80%，为肾小球源性血尿，常见于急、慢性肾炎等；多形性红细胞<50%，为非肾小球源性血尿，常见于肾结石（尿透明度差、大量结晶）、肾结核（尿色乳糜状）、肿瘤等。

3）上皮细胞：正常值为 0.7±0.8。

少量意义不大，大量时提示炎症，可确定炎症来源。

4）管型尿：提示肾实质损害。

红细胞管型：表明血尿的来源在肾小管或肾小球，常见于急性肾小球肾炎、急性肾盂肾炎或急性肾衰竭等。

白细胞管型：可区分肾盂肾炎与间质性肾炎或下尿路感染。

上皮细胞管型：常见于肾小球肾炎，常与其他管型并存。

（2）检测尿液其他生化检查指标

1）尿酸碱度（pH）：正常值为 7.57±0.62。

增高：常见于碱中毒（代谢性疾病）、泌尿系统感染等。

降低：常见于酸中毒、糖尿病、痛风等。

2）尿比重（SG，相对密度）：正常值为 1.016±0.002。

增高：常见于脱水、糖尿病等。

降低：常见于慢性肾炎、尿崩症、大量饮水等。

3）尿蛋白（PRO）：超过 0.3 克/升为偏高。

提示肾小球或肾小管疾病，或发热、剧烈运动、妊娠期等。

4）尿糖（GLU）：提示糖尿病，检查前 24 小时禁服维生素 C 和阿司匹林。

5）尿胆原（UBG）：1∶20 以下（定性）；<8 毫克（定量）。

提示肝脏损害及溶血等。

6）尿酮（KET）：提示酮体中毒和各种原因造成的呕吐等。

3. 粪便检查

（1）便色观察

1）柏油样便：常见于消化道出血等。

2）白陶土样便：常见于胆管梗阻等。

3）淘米水样便：常见于霍乱、副霍乱等。

（2）生化检查

1）原理：血红蛋白中的铁，具有过氧化物酶的作用，可分解过氧化氢放出氧，使联苯胺氧化而呈绿色或蓝色。

2）方法：取洁净棉签两根，滴以生理盐水，一支棉签上涂粪，另一支作对照，均置酒精灯上加温片刻，以破坏可能存在的几种过氧化物酶；待冷，各加 1% 联苯胺冰醋酸溶液及 3% 过氧化氢液各 2 滴，观察颜色出现的快慢及深浅。

3）结果判定：如果涂粪棉签呈蓝色，而对照棉签颜色不变，为阳性反应；假若两支棉签均呈蓝色，为假阳性反应；若两支棉签均不变色，为阴性反应。

粪便潜血阳性：常见于胃溃疡、胃穿孔及胃肠道的出血性疾病。

（3）显微镜检查

1）直接涂片法：用镊子取少许新鲜粪便，置载玻片上，滴加清洁常水数滴，混匀，除去粗渣，厚度以通过粪便液膜能模糊识别片下字迹为宜，加盖玻片后，置显微镜下检查。适用于消化道线虫虫卵和球虫卵囊的检查，但检出率较低。

2）饱和盐水漂浮法：取 5～10 克粪便置于 100 毫升烧杯中，加入少量饱和盐水搅拌混匀，继续加 10～20 倍的饱和盐水，用玻棒搅匀，经40～60 目的铜筛或两层纱布过滤，将滤液置于另一烧杯内，静置 30 分钟，用直径 0.5～1.0 厘米的金属圈平着接触滤液表面，提起后将粘于金属圈上的液膜抖落于载玻片上，如此多次蘸取后加盖玻片镜检。适用于检查粪便中的各种消化道线虫卵和球虫卵囊。

3）水洗沉淀法：取粪便 5～10 克置于烧杯中，加入少量水捣成泥状，再加入 10～20 倍的水充分搅和，用 40～60 目金属网筛或两层纱布滤入另一烧杯中，静置滤液 15～20 分钟后倾去上清液，保留沉渣，再加水与沉淀物重新搅和，静置，反复操作至上层液透明。最后倾去上清液，用吸管吸取沉淀物滴于载玻片上，加盖玻片后镜检。主要用于吸虫虫卵和棘头虫虫卵的检查。

（4）常见的寄生虫卵镜检特征

1）猪蛔虫卵：短椭圆形，棕黄色，大小（56～87）微米×（46～57）微米，壳厚，外表有凹凸不平的蛋白质膜，刚排出的虫卵含有一个未分裂的卵黄细胞，未受精卵呈长椭圆形，壳较薄。

2）结节线虫卵：椭圆形，淡灰色，卵壳薄而光滑，内含 8～16 个球形的胚细胞，大小为（45～55）微米×（26～36）微米。

3）猪鞭虫卵：呈淡褐色，具有厚而光滑的外膜，两极呈栓塞状，形如腰鼓，内有一胚细胞。虫卵大小为（52～61）微米×（27～30）微米。

4）兰氏类圆线虫卵：呈椭圆形，淡灰色，卵壳薄而光滑，卵内含有成形的幼虫，幼虫呈 U 字形，大小为（45～55）微米×（26～30）微米。

5）布氏姜片虫卵：呈淡黄色，卵壳薄，其一端有不明显的卵盖，卵黄均匀地散布于卵壳内，大小为（130～140）微米×（80～85）微米。

6）球虫卵囊：呈卵圆或椭圆形，淡灰色，壳薄而光滑，内有颗粒状的原生质团块；其大小因种类不同而不同，大的为（24.6～31.9）微米×（23.2～24.0）微米，小的为（11.2～16.0）微米×（9.6～12.8）微米。

（二）染色镜检法

1. 抹片制备

（1）清洁载玻片

载玻片应清晰透明、洁净而无油渍，滴上水后，能均匀展开，附着性好；若有污渍，滴 95％酒精 2～3 滴，用洁净纱布揩擦，然后在酒精灯火焰上轻轻拖过几次。若仍未能去除油渍，可再滴上 1～2 滴冰醋酸，用纱布擦净，再在酒精灯火焰上慢慢通过。

（2）抹片

1）液体材料：如液体培养物、血液、渗出液、乳汁等，直接用灭菌接种环取一环材料，于玻片的中央均匀地涂布成适当大小的薄层。

2）非液体材料：如菌落、脓、粪便等，先用灭菌接种环取少量生理盐水或蒸馏水，置于玻片中央，然后再用灭菌接种环取少量材料，在液滴中混合，均匀涂布成适当大小的薄层。

3）组织脏器材料：先用镊子夹持局部，然后以灭菌或洁净剪刀取一小块，夹出后将其新鲜切面，在玻片上压积或涂抹成一薄片。

（3）干燥后固定

1）火焰固定：将抹片的涂抹面向上，以其背面在酒精灯火焰上来回通过数次，略进行加热（但不能太热，以不烫手背为度）进行固定。

2）化学固定：血液、组织脏器等抹片要作吉姆萨染色，不用火焰固定，而应用甲醇固定。方法是在抹片上滴加数滴甲醇使其作用 2～3 分钟后，自然挥发干燥。

2. 常用的几种染色法

（1）革兰氏染色（兽医临床最常用的基本染色方法）

1）原理：结晶紫初染和碘液媒染后，形成不溶性的结晶紫与碘复合物。革兰氏阳性菌细胞壁厚，并且细胞壁内不含类脂，乙醇处理时不出现缝隙，就把复合物留在细胞壁内，使其仍呈紫色。而革兰氏阴性菌因其细胞壁薄、外膜层类脂含量高、遇脱色剂后，以类脂为主的外膜迅速溶解，薄而松散的肽聚糖网不能阻挡结晶紫与碘复合物的溶出，因此通过乙醇脱色后仍呈无色。再经复红等红色染料复染，细胞就呈红色。

2）方法：①在抹片上滴加草酸铵结晶紫染色液，经1～2分钟水洗；②再加革兰氏碘溶液媒染，作用1～2分钟水洗；③然后加95%酒精于抹片上脱色，作用0.5～1分钟水洗；④加石炭酸复红复染10～30秒水洗，自然干燥后镜检。

3）结果：革兰氏阳性菌呈蓝紫色，革兰氏阴性菌呈红色。

4）相关染色液的配制

①革兰氏碘液：帮助染料固定在细胞核上，使之不易脱落。碘1克、碘化钾2克，二者先行混合后加入蒸馏水少许充分振摇，待完全溶解后，再加蒸馏水至300毫升即可。

②草酸铵结晶紫染液：可把细胞核染成深紫色。先把结晶紫2克溶于20毫升95%酒精中，再将草酸铵0.8克溶于80毫升蒸馏水中，二者混合，再用滤纸过滤即可。

③石炭酸复红溶液：常用于复染与初染不同的颜色。将0.6克碱性复红溶于20毫升95%酒精中，再将10克石炭酸溶于95毫升蒸馏水中，二者混合摇匀即可。

革兰氏染色在猪病诊断方面临床应用：用于鉴别细菌、选择药物、了解细菌的致病性（阳性菌产生外毒素、阴性菌产生内毒素）。

（2）吉姆萨染色（与瑞氏染色原理、方法相同，兽医临床常用于附红细胞体等病原体的检测）

1）原理：①嗜酸性颗粒为碱性蛋白质，与酸性染料伊红结合呈粉红色；②细胞核和淋巴细胞胞质为酸性，与碱性美蓝结合呈紫蓝色；③嗜中性颗粒呈等电状态，与伊红、美蓝均可结合呈淡紫色。

2）方法：抹片经甲醇固定干燥后，滴加足量吉姆萨（瑞氏）染色液，为避免很快变干，可多加染色液或看情况补加，经1～3分钟，再加与染液等量的中性蒸馏水或缓冲液，晃动玻片与染液混匀，经5分钟左右，用水冲洗（不可先将染液倾去），吸干或烘干，镜检。

3）结果：附红体细菌呈蓝青色，组织细胞呈其他颜色，视野呈红色。

4）相关染色液的配制

①吉姆萨染色液：将吉姆萨粉末 1 克，先溶于少量甘油，在研钵内研磨 30 分钟以上，至看不见颗粒为止，再将全部（66 毫升）剩余甘油倒入，于 56℃温箱内保温 2 小时；然后再加入甲醇（66 毫升）搅匀即为母液，置棕色瓶与冰箱中长期保存，时间越长越好。临用时用 pH6.8 的磷酸盐缓冲液稀释 10 倍。

②瑞氏染色液：称取瑞氏染料粉末 0.1 克于研钵内研细后，加入少量甲醇再反复研磨，最后将全部甲醇（总共 60 毫升）加入研匀，染料全部溶解后，将染液保存于棕色瓶内备用。

③磷酸缓冲液（PB）：A 液：一水磷酸二氢钠 27.6 克，溶于 1000 毫升蒸馏水中；B 液：七水磷酸氢二钠 53.6 克，溶于 1000 毫升蒸馏水中。

pH 6.8 磷酸缓冲液配制：A 液 51 毫升、B 液 49 毫升混合即可。

两种染色法在猪病诊断方面的临床应用：

①吉姆萨染色：最适于血液涂抹标本，血球、疟原虫、立克次体及骨髓、脊髓细胞等染色，临床常用于附红体的诊断。

②瑞氏染色：常用于猪肺疫的诊断（两极着色）。

（3）抗酸染色（兽医临床常用于结核病检测）

1）原理：分枝杆菌细胞壁含脂质较多，其中主要成分为分枝菌酸，此物具有抗酸性，染色时与石炭酸复红染色液结合牢固，能抵抗酸性乙醇的脱色作用，因此抗酸菌能保持复红的颜色，达到染色目的。

2）方法：在已干燥、固定好的抹片上，滴加较多量的石炭酸复红染色液，在玻片下以酒精灯火焰微微加热至发生蒸汽为度（不要煮沸），维持微微发生蒸汽，经 3～5 分钟，水洗。然后用 3％盐酸酒精脱色，至标本红色脱出为止，充分水洗。再用碱性美蓝染色液复染约 1 分钟，水洗，最后吸干，镜检。

3）结果：抗酸性细菌呈红色，非抗酸细菌呈蓝色。

4）相关染色液的配制

①3％盐酸酒精：浓盐酸 3 毫升与 95％酒精 97 毫升混合。

②碱性美蓝染色液：美蓝 0.6 克溶于 95％酒精 30 毫升；再把氢氧化钾 0.01 克溶于蒸馏水 100 毫升，二者混合即可。

抗酸染色在猪病诊断方面的临床应用：用于结核杆菌、奴卡菌、防线菌的鉴别。

（4）克利特氏荚膜染色法（兽医临床应用较少）

1）原理：荚膜是包围在细菌细胞外面的一层黏液性多糖，含水分90%，疏松且较薄，受热易失水变形；不易被染色，故常用衬托染色法，即将菌体和背景着色，而把不着色且透明的荚膜衬托出来。

2）方法：在涂片上滴加美蓝溶液，在火焰上加热至发生蒸汽为止，水洗，再用碱性复红溶液复染 15～30 秒，水洗后吸干镜检。

3）结果：染色后，菌体呈蓝色，荚膜呈红色。

荚膜染色在猪病诊断方面的临床应用：用于炭疽等荚膜杆菌的鉴定。

四、细菌分离培养检查

细菌分离培养是一种体外人工繁殖病原体的技术，选取病料接种在培养基上、37℃生长 12～24 小时、通过菌落形态及生化反应来判断结果。常用于细菌病原检测和药敏实验。

（一）制备培养基常用的原材料

制备培养基的原材料有碳源、氮源、无机盐、微量元素、水、生长因子、前体、诱导物等。

（1）碳源包括糖类、脂肪、有机酸和醇类等。

（2）氮源包括铵盐（如硫酸铵、氯化铵）、硝酸盐（如硝酸钠），合成产物（如尿素），天然原料（如植物蛋白黄豆饼粉、花生饼粉等，动物蛋白鱼粉、牛肉膏、蛋白胨等，微生物蛋白酵母膏、干酵母等，植物浆水如玉米浆等）。

（3）生长因子包括维生素、碱基、嘌呤、嘧啶、生物素等。

（4）前体包括苯乙胺、苯乙酸等，能直接被微生物在生物合成过程中结合到产物分子中，而自身的结构没有多大变化。

（5）诱导物分为代谢性诱导物和非代谢性诱导物，如在 β-半乳糖苷酶的催化下由乳糖形成的异构乳糖等。

（二）常用培养基的制备方法

1. 普通肉汤培养基（液体培养基）

牛肉浸膏 3 克，蛋白胨 10 克，氯化钠 5 克，蒸馏水 1000 毫升，放在三角烧瓶中，微温溶解后，用 NaOH 或 HCl 调节 pH 值至 7.4～7.6，煮沸 10 分钟，冷却后的 pH 值为 7.2±0.2，15 磅压力下灭菌 15 分钟

（115℃灭菌30分钟）即得。

普通肉汤培养基的用途：普通肉汤无选择性，适合各种营养要求不高的细菌生长，一般用于细菌培养、复壮和增菌，也可用于消毒剂定性消毒测定。

2. 营养琼脂培养基

普通肉汤加15～20克琼脂（做成半固体），加热溶解后，调节pH值使灭菌后为7.2±0.2，分装，115℃灭菌30分钟即得。半固体加琼脂0.3%～0.5%；固体加琼脂2%～3%。

营养琼脂培养基的用途：可供一般细菌培养之用，可倾注平板或制成斜面；如用于菌落计数，琼脂量为1.5%；如做成平板或斜面，则应为2%。若做平板则倒于培养皿15毫升左右，刚好覆盖平皿底；若做斜面培养基则倒入试管中，量为试管的1/3。

3. 血液琼脂培养基

将灭菌的营养琼脂冷至45℃～50℃，以无菌操作加入10%的无菌血液（或脱纤维兔血或羊血50毫升），立即摇荡，充分混匀，并迅速倒入无菌平皿中即成血液琼脂平板，注意不得有气泡。

脱纤维羊血（兔血）的制备：用18号针头抽取静脉全血，立即注入装有无菌玻璃珠（直径3毫米）的三角烧瓶中，摇动1分钟左右，形成的纤维肌块会沉淀在玻璃珠上，把含血细胞和血清的上清液倒入无菌容器即可。

血液琼脂培养基的用途：常用于培养、分离和保存对营养要求苛刻的链球菌、金黄色葡萄球菌、病原性真菌或放线菌等，还可用来测定细菌的溶血作用。

因采用的是脱纤维羊血，缺乏嘧啶核苷酸，所以不支持流感嗜血杆菌及某些奈瑟菌的生长。

4. 0.5%葡萄糖肉汤培养基

普通肉汤培养基微温溶解后，调节pH值至弱碱性，煮沸后加5克葡萄糖溶解，摇匀，滤清，调节pH值使灭菌后为7.2±0.2，分装，115℃灭菌30分钟，即得。

0.5%葡萄糖肉汤培养基的用途：用于初次分离细菌的增菌培养及链霉素等抗生素的无菌检查。

5. 马丁氏肉汤培养基

蛋白胨液500毫升，肉浸液500毫升，冰醋酸1毫升，醋酸钠6克，葡萄糖 10 克。将蛋白胨与肉浸液混合，加热至 80℃，加冰醋酸 1 毫升，搅拌均匀，再煮沸 5 分钟，加 15%氢氧化钠 20 毫升，调整 pH 至 7.2。加醋酸钠 6 克，再调整 pH 至 7.2，继续煮沸 10 分钟，用滤纸过滤，每 1000 毫升滤液加葡萄糖 10 克，分装于 500 毫升三角烧瓶，高压蒸汽灭菌（15 磅）15 分钟。

马丁氏肉汤培养基的用途：可用作传染性胸膜肺炎病原体等的分离与培养。

（三）细菌接种操作方法

1. 平板画线法

适用于细菌的分离培养，也就是通过画线，将很多种细菌分离开来而得到单个菌落。操作前要先将被检材料稀释，防止发育成菌苔而不易鉴别。

（1）左手持皿，用左手拇指、食指及中指将皿盖揭开成 20°的角度（角度越小越好，以免空气中细菌进入污染培养基）。

（2）右手持接种环，将被检材料少许涂布于培养基边缘，然后将接种环上多余的材料在火焰中烧毁，待接种环冷却后，再与涂材料之处轻轻接触，开始画线。

（3）画线时先将接种环稍稍弯曲，这易和平皿内琼脂平行，不致画破培养基。

（4）画线中不宜过多地重复画线，以免形成菌苔。

（5）平皿盖向下，在培养皿上标注样品名称、编号、接种日期后，置温箱中培养。

2. 斜面接种法

适用于纯培养和保存菌种，也可用于尿素和克氏双糖培养基的鉴别试验。

（1）用于纯培养的斜面接种法：将接种环（针）灭菌，挑取单个菌落从培养基底向上画一道直线，然后以蛇形画线接种在琼脂斜面上即可。

（2）鉴别培养基斜面接种：接种针挑取待鉴定菌落的细菌，一般取菌落顶端，先用接种针插入斜面正中，后垂直刺入底部。

3. 液体培养基接种法

适用于细菌的增菌。由斜面菌种接种到液体培养基中的方法：将带有菌种的接种针送入液体培养基时，可使针头部分在液体表面与管壁接触的部位轻轻摩擦；接种后塞上棉塞，烧灼接种针；最后将试管在手掌上轻轻敲动，使菌体在培养基中均匀散开。

（四）细菌培养性状观察

1. 细菌在液体培养基中生长性状观察

（1）浑浊度：透明、轻度、中度或极度浑浊，颗粒状、絮状等。

（2）沉淀：有无沉淀，沉淀物呈颗粒状，黏稠状或絮状等。

（3）表面：有无菌膜及附着于管壁的菌环等。

（4）色素及气味：黑色、灰色，臭味等。

2. 细菌在固体培养基上菌落生长性状观察

（1）大小及颜色：直径 1 毫米以下为露滴状菌落，1～2 毫米为小菌落，2～4 毫米为中等大菌落，4～6 毫米或更大为大菌落。

（2）形状及透明度：有圆形、规则形、根足形、菌丝状等。

（3）边缘：有整齐锯齿状、纤毛状、卷发状等。

（4）表面：光滑、粗糙、颗粒状、皱丝状、同心状、放射状等。

（5）隆起状态：无隆起、脐状隆起、纽扣状等。

3. 四大类别微生物的菌落特征（表 6 - 2）

表 6 - 2　　　　　　　　四大类别微生物的菌落特征

类别	细菌	酵母菌	放线菌	霉菌
大小颜色	小而凸、无核，颜色白黄	大而凸起、有核，乳白、红或黑色	小菌落、有色素	菌落可铺满培养皿，棕色或青色
表面及边缘	湿润、黏稠、易挑取，边缘看不到细胞	光滑、湿润、黏稠、易挑起，边缘球状丝状细胞	干燥坚实多皱难挑起绒状粉末状	干燥、蛛网状、绒毛状、棉絮状有粗丝状细胞
整体颜色	正反面边缘与中央一致	菌落正反面边缘与中央颜色一致	正反面呈现不同的色泽	正反面边缘与中心不一致
透明	透明、稍透明	半透明	不透明	不透明
排列方式	单个分散或规则排列	菌落背面有同心圆形纹路	菌丝相互交错缠绕	丝状交织
形态质地	小而均匀、培养基不结合	均匀，与培养基不结合	与培养基紧密结合	粗而分化，结合较放线菌疏松
生长	一般很快	增殖很快	生长速度慢	一般生长较快
气味	一般有臭味	多带酒香味	常有泥腥味	特殊霉味

4. 不同细菌的菌落特征（表 6 - 3）

279

表 6 - 3　　　　　　　　　　不同细菌的菌落特征

名称	形态与染色	菌落特点	培养基	生化反应
金黄色葡萄球菌（G+）	葡萄状，无鞭毛菌毛芽孢荚膜	圆形光滑凸起、湿润边缘整齐有光泽	琼脂、血平板	β溶血，产酸不产气
链球菌（G+）	链状，有荚膜菌毛，无鞭毛芽孢	灰白色圆形凸起、有乳光的细小菌落	要求高、血平板	β溶血，产酸不产气
大肠杆菌（G-）	短杆状，周身鞭毛菌毛，无芽孢	灰白色圆形、湿润、中等大小 S 型菌落	琼脂、血平板	β溶血，产酸产气
沙门氏菌（G-）	两端钝圆无芽孢荚膜，除鸡外有鞭毛菌毛	中等大小、圆形、表面光滑、无色、半透明、边缘整齐	要求不高，普通琼脂	产酸产气，不发酵乳糖不产吲哚
破伤风（G+）	细长，散在排列，有芽孢鞭毛	圆形扁平中心结实，周边疏松似羽毛	专性厌氧血琼脂	α溶血，不发酵糖类
产气荚膜（G+）	粗大钝圆，有芽孢荚膜无鞭毛	灰白光滑圆形扁平、半透明边缘整齐	厌氧血平板	产酸产气溶血汹涌发酵
分枝杆菌（G+）	微弯曲细长、无鞭毛芽孢	干燥粗糙，乳白色或米黄色，菜花样	罗氏培养基	不发酵糖类无内外毒素
布氏杆菌（G-）	短杆菌，无芽孢鞭毛，有微荚膜	微小、透明、凸起的光滑	双相肝浸液	血琼脂培养基上不溶血
炭疽杆菌（G+）	自然界最大菌，似竹节，有芽孢荚膜	粗糙菌落，边缘不整齐，卷发状	普通琼脂	溶解明胶，如倒松树状
支原体（G-）	无细胞壁，多形性，分枝丝状	能固体培养的最小生物，煎蛋状菌落	20%动物血清	分解尿素释放大量的氨
立克次体（G-）	有细胞壁无鞭毛，多形性	专性胞内寄生，只能活体培养	鸡胚卵黄囊	只利用谷氨酸，不利用糖
衣原体（G-）	有细胞壁，分原体和始体	吉姆萨染色原体红色，紫色，始体深蓝色	鸡胚卵黄囊	专性胞内寄生
螺旋体（G-）	细长弯曲的杆菌运动活泼	钩端螺旋体唯一可人工培养，半透明云雾状	柯氏液培养基	不分解糖类和蛋白质

（五）药敏实验（AST）

1. 实验前准备

（1）药敏纸片的制备（也可购买成品）

1）纸片预处理：取定性滤纸，用打孔机打成 6 毫米直径的圆形小纸片，取圆纸片 50 片放入清洁干燥的青霉素空瓶中，瓶口以单层牛皮纸包扎；经 15 磅 15～20 分钟高压消毒后，放在 37℃温箱或烘箱中数天，使之完全干燥。

2）制作抗菌药敏纸片（常用于扩散法，做临床选药）：在上述含有 50 片纸片的青霉素瓶内加入药液 0.25 毫升，并翻动纸片，使各纸片充分浸透药液，翻动纸片时不能将纸片捣烂。同时在瓶口上记录药物名称，放 37℃温箱内过夜，干燥后即密盖，切勿受潮，置阴暗干燥处存放，有效期 3～6 个月。

（2）药液的制备（常用于打孔法，做商品药的效果试验）：按商品药治疗量的比例配制药液，如说明书治疗量是 0.01%饮水，可按这个比例配制药液，取 10 毫克加入 10 毫升的水中混匀，即为药敏试验的药液。

2. 实验操作步骤

（1）涂菌：用经火焰灭菌的接种环，挑取适量分离后的细菌培养物（属间接法）或采集的新鲜病料（属直接法），以画线方式在平皿培养基的平皿边缘相对四点涂菌，以每点开始画线涂菌至平皿的 1/2，依次画线，直至细菌均匀密布于平皿。

（2）加样

1）扩散法

①贴纸片法：将镊子于酒精灯火焰灭菌后略停，取药敏片有规律地贴到平皿培养基表面，并用镊子轻按几下药敏片使其接触紧密。一般可在平皿中央贴一片，外周等距离贴 7 片，记好每个药敏片名称。

②打孔法：将灭菌的牛津杯（不锈钢小管，外径 4 毫米，孔径与孔距均为 3 毫米）在培养基上打孔，将孔中的培养基用针头挑出，并以火焰封底，使培养基充分与平皿融合（以防药液渗漏，影响结果）；然后在孔内添加不同种类或不同比例的药液，加满而不溢为止。

2）稀释法：取无菌试管 26 支，排成 2 排，每管加入 MH 肉汤（水解酪蛋白肉汤培养基）2 毫升。在第一管加经 MH 肉汤稀释的药物原液（256 毫克/升）2 毫升混匀，然后吸取 2 毫升至第 2 管，混匀后再吸取 2 毫升至第 3 管，如此连续对倍稀释至第 13 管，并从第 13 管中吸取 2 毫升弃去。此时各管含药浓度依次为 128 毫克/升、64 毫克/升、32 毫克/升、16 毫克/升、8 毫克/升、4 毫克/升、2 毫克/升、1 毫克/升、0.5 毫克/升、0.25 毫克/升、0.125 毫克/升、0.0625 毫克/升、0.03125 毫克/升。第 1 排试管每管加入待检菌菌液 0.1 毫升，第 2 排试管每管加入质控菌菌液

0.1 毫升。

MH 肉汤：水解酪蛋白培养基（配方：牛肉粉 2 克/升，可溶性淀粉 1.5 克/升，酸水解酪蛋白 17.5 克/升），是 NCCLS（美国国家临床实验室标准委员会）采用的需氧菌及兼性厌氧菌药敏试验标准培养基，pH 7.2～7.4。不含琼脂，用于稀释法药敏试验。MH 培养基含琼脂（厚度 4 毫米），可凝固成平板，用于扩散法药敏试验。

质控菌：即用于检测培养基是否合格的标准菌株（具有典型、稳定的生理生化特性，被国际社会认可的菌株，有编号、可追溯）。

（3）培养：将平皿培养基置于 37℃温箱中培养 24 小时后，观察结果。

3. 结果判定

（1）纸片法：根据抑菌圈大小和 CLSI（美国临床实验室标准化协会）标准判定为敏感、中敏、耐药（分别为 S/I/R）。一般抑菌圈直径 20 毫米以上为极敏，15～20 毫米为高敏，10～14 毫米为中敏，10 毫米以下为低敏，无抑菌圈为耐药。

（2）稀释法：药物最低浓度管无细菌生长者（对照管细菌生长良好），即为待检菌的最低抑菌浓度（MIC）。

五、免疫血清学检测

血清学实验是抗原抗体在体外出现可见反应的总称，又称抗原抗体反应。可以用已知抗体（细菌抗血清）检测未知抗原（待检病菌）；也可用已知抗原（已知病原菌）检测血清中的相应抗体及其效价，是临床诊断、实验室研究和细菌学鉴定的重要手段之一。

常见血清学检测分为免疫非标记技术和免疫标记技术两类。免疫非标记技术常见的有凝集性反应（凝集试验、沉淀试验）、补体结合试验、中和试验 3 种；免疫标记技术常见的有免疫荧光技术、放射免疫检测、酶联免疫吸附试验（ELISA）3 类。

（一）免疫非标记技术

1. 凝集性反应

（1）凝集试验：细菌、红细胞等颗粒性抗原，或吸附在红细胞、乳胶颗粒等载体表面的可溶性抗原，与相应抗体结合，在有适当电解质存在下，经过一定时间形成肉眼可见的凝集团块，称为凝集试验。参与凝集试验的抗体主要为 IgG 和 IgM。根据抗原性质可分为直接凝集反应和间接凝集反应两类。

1) 直接凝集反应：颗粒状抗原（如细菌、红细胞等）与相应抗体直接结合所出现的凝集现象，主要用于细菌性疾病的抗体检测和抗原（经分离培养后）的鉴定；按操作方法分为玻片法和试管法。

①玻片法（属定性试验）：将含已知抗体的诊断血清与待检菌悬液，各滴 1 滴在玻片上混合，数分钟后，如出现肉眼可见的颗粒状或絮状凝集即为阳性。本法简便快速，适于新分离细菌的鉴定或分型，常用于沙门氏菌、猪丹毒的鉴定、人类血型鉴定等。

②试管法（属定量试验）：将待检血清用生理盐水连续成倍稀释，然后加入等量抗原，置 37℃ 水浴数小时观察，视不同凝集程度记录为："一"液体均匀混浊，管底无凝集物，为不凝集；"＋"液体透明度较差，管底有少量凝集物，为 25% 凝集；"＋＋"液体中等混浊，管底有中等量伞状沉淀，为 50% 菌体凝集；"＋＋＋"液体几乎透明，管底有明显伞状沉淀，为 75% 菌体凝集；"＋＋＋＋"液体完全透明，管底出现大片伞状沉淀，为 100% 凝集。以出现＋＋（50% 凝集）的血清最大稀释度作为该血清的滴度，本法常用于布氏杆菌病的诊断。

2) 间接凝集反应：将可溶性抗原（或抗体）先吸附于一种与免疫无关的、一定大小的不溶性颗粒载体的表面（称为致敏），然后与相应抗体（或抗原）作用，在有电解质存在的适宜条件下发生凝集。常用的载体有 O 型人红细胞、绵羊红细胞聚苯乙烯乳胶颗粒；其次为活性炭颗粒、白陶土、离子交换树脂、硅酸铝颗粒等。常用于猪口蹄疫、猪瘟、传染性胸膜肺炎等抗原的鉴定或抗体检测。

3) 举例：猪口蹄疫的抗体检测（正向间接血凝试验）。将待检血清置 60℃ 水浴锅中灭活 30 分钟，用微量移液器对血凝板上的每孔加入 25 微升稀释液（生理盐水）；取 25 微升待检血清加到第一孔混合 3～4 次，取出 25 微升放入第二孔混匀，依次到第九孔，取出 25 微升弃掉。血清稀释度从第一至第九孔分别为 1:2，1:4，1:8，1:16，1:32，1:64，1:128，1:256，1:512。第一排 10～12 孔设阳性血清对照、阴性血清对照和抗原对照。每孔加入 25 微升猪口蹄疫（O 型）正向间接血凝标准致敏红细胞（由兰州兽医研究所提供），振荡 1～2 分钟，置 37℃ 温箱或室温下反应 1～2 小时或更长时间，然后判定检测结果。

结果判定：以出现 50% 凝集（＋＋）的血清最高稀释度为该血清的抗体滴度。

(2) 沉淀试验：可溶性抗原（如细菌的外毒素、内毒素、菌体裂解液，病毒的可溶性抗原、血清、组织浸出液等）与相应抗体结合，在适量电解质存在下，形成肉眼可见的白色沉淀，称为沉淀试验。

分为液相沉淀试验（包括环状沉淀试验和絮状沉淀试验）和固相沉淀试验（包括琼脂凝胶扩散试验和免疫电泳技术）等。在猪病的诊断中，目前最常用的是琼脂扩散试验。

1）环状沉淀试验（用于抗原的定性试验）：在小口径试管内先加入已知抗血清，然后小心沿管壁加入待检抗原于血清表面，使之成为分界清晰的两层，数分钟后，两层液面交界处出现白色环状沉淀，即为阳性反应。

2）琼脂凝胶扩散试验：用可溶性抗原（抗体）在半固体凝胶中反应，当抗原抗体分子相遇并达到适当比例时，就会互相结合凝集，出现白色沉淀线，从而判定相应的抗体（抗原）；本法常用于伪狂犬的抗体检测。包括单向单扩散、单向双扩散、双向单扩散、双向双扩散等。

3）免疫电泳技术

免疫电泳是把蛋白质电泳分离技术（琼脂电泳）和免疫学检测技术（双向扩散）结合起来的检测方法，检测标本可以是血清、尿液、脑脊液或其他体液，由格拉巴尔与威廉姆斯于1953年创立，是用于分析抗原组成的一种定性方法。优点是快速、灵敏、分辨率高，缺点是所分析的物质必须有抗原性，而且抗血清必须含所有的抗体组分。

类型：对流免疫电泳、火箭免疫电离、免疫电泳、双向免疫电泳（交叉免疫电泳）等。

基本原理：抗原在含有定量抗体的琼脂糖中泳动，两者比例适宜时，在较短时间内生成锥形的沉淀峰。在一定浓度范围内，沉淀峰的高度与抗原含量成正比。

免疫电泳操作方法：先将抗原加到琼脂板的小孔内进行电泳，各蛋白抗原组分因电泳迁移率的不同而被分离成肉眼不可见的区带。停止电泳后，在琼脂板中央与电泳方向平行挖一横槽，加入已知相应的抗血清，已分离的各抗原与相应抗体在琼脂中经一定时间相互扩散后相遇，在两者比例最合适处形成肉眼可见的沉淀弧，然后根据沉淀弧的数量、位置和外形，参照已知抗原、抗体形成的电泳图，即可分析样品中所含成分。

常见的沉淀弧：①交叉弧表示两个抗原成分的迁移率相近，但抗原性不同；②平行弧表示两个不同的抗原成分，它们的迁移率相同，但扩散率不同；③加宽弧一般是由于抗原过量所致；④分枝弧一般是由于抗体过量；⑤沉淀线中间逐渐加宽并接近抗体槽，一般由于抗原过量，在白蛋白位置处形成。

4）举例：猪伪狂犬抗体检测琼扩试验。

①打孔：把含 0.1% 石炭酸的磷酸缓冲盐水加入 1% 的优质琼脂，在沸水中融化，趁热倒入平皿（7.5 厘米的平皿，加 15 毫升琼脂液），制成 3 毫米厚的琼脂板，待凝固后进行打孔，中间 1 孔，周围 6 孔，剔出孔内的琼脂，然后将琼脂板在酒精灯上来回过 2～3 次，使琼脂与玻板之间的空隙封闭。

②加样：中央孔加伪狂犬病毒标准琼扩抗原；外周孔第 1、5 孔加阳性和阴性血清作对照；第 2、3、4、6 孔加 56℃灭菌 30 分钟的待检血清。

③培养：置 37℃恒温箱扩散 24～36 小时，然后判定结果。

结果判定：首先检查标准阳性血清孔和抗原孔之间是否出现明显的致密的白色沉淀线，而阴性孔则不出现，只有在对照组出现正确结果的前提下，被检孔才可参照标准判定。

2. 补体结合试验（CFT）

可溶性抗原（如蛋白质、多糖、类脂、病毒等）与相应抗体结合，其抗原-抗体复合物结合补体（肉眼不能察觉），再加入致敏红细胞，根据是否出现溶血而判定是否存在相应的抗原和抗体。

若不溶血说明补体已与抗原-抗体复合物结合，被检物中有已知抗原（抗体）相对应的抗体（抗原）；若溶血，说明补体游离，被检物中没有相应抗体（抗原）。

该试验包括两个反应系统：①检测系统（溶菌系统），即已知的抗原（抗体）、被检的抗体（抗原）和补体；②指示系统（溶血系统），包括绵羊红细胞、溶血素和补体。

本法特异性强，但操作烦琐，要求精确，猪病诊断使用不多。

3. 中和试验

依据病毒的特性选择合适的细胞培养物、鸡胚或实验动物，然后测定病毒毒价，再比较用被检血清和正常血清中和后的毒价，最后根据产生的保护效果差异，判定被检血清中抗体中和病毒的能力。本法具有严格的种、型特异性，还有量的特性。

有终点法中和试验（又分为固定病毒稀释血清法和固定血清稀释病毒法两种操作方法）和空斑减少法中和试验两种。

病毒滴度即病毒的毒力，也称毒价，是病毒悬液稀释度的倒数（如 1 毫升血清加 179 毫升生理盐水，则稀释度为 180，滴度就是 1∶180），衡量病毒毒价（毒力）的单位有以下几种：

MLD：最小致死量，因剂量递增与死亡率呈 S 形，现在少用；LD_{50}：半数致死量，接近 50%死亡率时与剂量呈直线，更准确；ID_{50}：半数感染量，是以感染发病作为指标时应用；RD_{50}：半数反应量，是以体温反应作为指标时应用；ELD_{50}：鸡胚半数致死量，是用鸡胚测定时应用；$TCID_{50}$：组织培养半数感染量，以细胞培养测定时应用；IMD_{50}：半数免疫量，测定疫苗的免疫性能时应用；PD_{50}：半数保护量，测定疫苗保护率时应用。

（二）免疫标记技术

抗原与抗体能特异性结合，但二者分子小，在含量低时形成的抗原抗体复合物肉眼看不到。但荧光素、酶、放射性同位素等高敏性物质，在超微量时也能通过特殊的方法将其检测出来。

把这些物质标记在抗体分子上，通过检测标记分子来显示抗原抗体复合物的存在，这种利用抗原抗体结合的特异性和标记分子的敏感性，建立的检测技术称为免疫标记技术。

1. 免疫荧光技术（IF，1941 年孔斯建立）

免疫荧光技术是用荧光素对抗体或抗原进行标记，然后用荧光显微镜观察荧光，以分析示踪相应的抗原或抗体的方法，分为直接法和间接法。

荧光素：是能够产生明显荧光，并能作为染料使用的有机化合物，主要是一些具有共轭键（单键和双键交替的分子）的、以苯环为基础的芳香族化合物，主要标记 IgG 抗体；可用于标记的荧光素有硫氰酸荧光素（FITC）、罗丹明等。

（1）直接法：直接滴加 2～4 个单位的标记抗体（可从生物制品公司购买）于标本区，置湿盒（放置湿海绵的铝饭盒，一为保湿，二为避光）中于 37℃染色 30 分钟，然后用大量 pH7～7.2 PBS（磷酸盐缓冲液）漂洗 15 分钟，干燥后镜检。

优点：方法简便，非特异荧光染色因素少。

缺点：不够敏感，且一种标记抗体只能检测一种抗原。

（2）间接法：在抗原标本先滴加已知抗体（一抗），置湿盒中于 37℃作用 30 分钟，漂洗未反应抗体后，再用标记的第 2 抗体（二抗，抗抗体），形成抗原-抗体-抗抗体复合物，染色、漂洗、干燥、镜检。

免疫荧光技术的优点：敏感性高，且标记一种抗体后，可用于多种抗原、抗体系统的检查，既可检测抗原，也可检测抗体。

免疫荧光技术的缺点：特异性较差，可能是间接法的中间层可结合更多的标记抗体所致。

2. 放射免疫分析（RIA，1959 年耶洛和贝尔森建立）

放射免疫分析是利用同位素标记的与未标记的抗原，同抗体发生竞争性抑制反应的放射性同位素体外微量分析法，又称竞争性饱和分析法。分为液相法和固相法两种。

（1）放射性同位素：指质子数相同而中子数不同的一类放射性元素（原子由原子核和电子组成，原子核又由质子和中子组成）。

（2）用于标记的放射性同位素

^{3}H（发射 β 射线）：半衰期长，能量低，便于防护，常用的标记化合物有 ^{3}H 环磷酸鸟苷、^{3}H 环磷酸腺苷、^{3}H 睾酮等。

^{125}I（发射 γ 射线）：化学性质比较活泼，标记方法简便，不论多肽、蛋白质或小分子半抗原均可进行碘标记；有些半抗原不能直接用碘标记，常接上一个酪氨酸再以碘标记，以减少标记抗原化学活性的损失。

其他标记物还有 ^{32}P（发射 β 射线）、^{35}S（发射 β 射线）等。

（3）常用的偶联试剂：碳化二亚胺类、烷基氯甲酸酯类、二异氰酸盐及亚氨酸酯等。

放射免疫分析的优点：该法有灵敏度高、特异性强、精确度佳及样品用量少。不仅普遍用于测定具有抗原性的蛋白质、酶和多肽激素，而且越来越广泛地用于测定许多本身无抗原性的药物。

放射免疫分析的缺点：①试剂半衰期短，费用高，需要用闪烁计数仪等专门设备；②放射性核素对人体存在着一定潜在的危害性；③试验废物处理困难；④放射性核素标记有时会改变某些生物物质的生理活性；⑤有时会出现交叉反应、假阳性反应，组织样品处理不够迅速，不能灭活降解酶和盐，pH 有时会影响结果等。

3. 免疫酶标记技术（1966 年纳坎报道）

将酶分子与抗体（或抗原）分子共价结合（称为酶标抗体或酶标抗原）；再与固相载体上抗原（或抗体）特异性结合，洗去未结合的物质后滴加底物（过氧化氢、硝基苯磷酸盐、葡萄糖等与用于标记的酶相对应）溶液，底物在酶的作用下水解，由供氢体从还原型变为氧化型而呈现颜色反应来判定有无相应的抗原（或抗体）。常见的有 ELISA 试验（酶联免疫吸附实验，测定可溶性抗原或抗体）和酶免疫组化技术（测定组织或细胞表面的抗原）等。

（1）常用于标记的酶

1）辣根过氧化物酶（HRP）：从辣根中提取，是一种无色酶蛋白和深棕色铁卟啉构成的糖蛋白。常用底物：邻苯二胺（OPD），产物为橙红色（492 纳米检测）；四甲基联苯胺（TMB），产物蓝色，酸性条件下变为黄色（450 纳米检测）。反应终止液：HCl 或 H_2SO_4 溶液。

2）碱性磷酸酶（AKP）：从肠系膜和大肠杆菌中提取，酶解产物黄色，最大吸收值 400 纳米。常用底物：对硝基苯磷酸酯（p-NPP），产物为黄色的对硝基酚（405 纳米检测）；发荧光底物（磷酸 4 -甲基伞酮），可用于荧光测定，灵敏度高于显色底物的方法。反应终止液：NaOH 溶液。

3）葡萄糖氧化酶：从曲霉中提取，对底物葡萄糖的作用常借过氧化物酶及显色底物显现，若显色底物为邻苯二胺，则反应后呈棕色，阴性呈淡黄色。

（2）常用于催化反应的供氢体

1）邻苯二胺（OPD）：可溶，产物橙色，最大吸收值 490 纳米。

2）3，3'，5，5' 四甲基联苯胺（TMB）：可溶，蓝色，若采用氢氟酸终止则用 650 纳米波长测定，若采用硫酸终止（变黄色），则用 450 纳米波长测定。

3）邻联茴香胺（OD）：可溶，产物橘黄色，最大吸收值 400 纳米。

4）3，3' 二氨基联苯胺（DAB）：不溶，棕色，用于斑点酶免。

5）4 -氯-1 -萘酚：不溶，产物为灰蓝色。

6）饱和联苯胺溶液：不溶，产物为黄褐色。

（3）常用的试剂及配制

1）包被液：0.05 摩尔/升碳酸盐缓冲液（pH 9.6）配制，即 0.75 克碳酸钠，1.46 克碳酸氢钠，加去离子水定容至 500 毫升。

2）缓冲液：0.02 摩尔/升磷酸盐缓冲液（pH 7.4）配制，即 0.2 克磷酸二氢钾，2.90 克磷酸氢二钠，8 克氯化钠，加去离子水定容到 1000 毫升。

3）抗体稀释液：0.02 摩尔/升 PBS（磷酸缓冲液，pH 7.4）＋0.2％ BSA（牛血清白蛋白），即 0.2gBSA 加配好的 0.02 摩尔/升磷酸盐缓冲液溶解定量至 100 克。

4）封闭液：0.05 摩尔/升碳酸盐缓冲液（pH 9.6）＋2.0％ BSA（牛血清白蛋白），即 2.0 克 BSA 加配好的 0.05 摩尔/升碳酸盐缓冲液溶解定量至 100 克。

5）洗涤液：0.02 摩尔/升 PBS（磷酸缓冲液，pH 7.4）＋0.05％吐温-20（山梨醇单月桂酸酯），即 50 微升吐温-20 溶入 100 毫升 0.02 摩尔/升磷酸盐缓冲液震荡混匀。

6）显色液：常用 TMB-过氧化氢尿素溶液。

A 液（四甲基联苯胺溶液）：称取 TMB（四甲基联苯胺）20 毫克溶于 10 毫升无水乙醇中，完全溶解后，加双蒸水至 100 毫升；

B 液（0.1 摩尔/升柠檬酸-0.2 摩尔/升磷酸氢二钠缓冲液）：称取 $Na_2HPO_4 \cdot 12H_2O$ 14.34 克，柠檬酸 1.87 克溶于 180 毫升双蒸水，加 0.75％过氧化氢尿素 1.28 毫升，定容至 200 毫升，调 pH 至 5.0～5.4。

将 A 液和 B 液按 1∶1 混合，即成 TMB-过氧化氢尿素应用液。

7）终止液：常用 2 摩尔/升 H_2SO_4 溶液，即 10 毫升 98％浓硫酸加入 60 毫升双蒸水中，定容至 100 毫升，室温保存。

8）酶标二抗：常用 HRP（辣根过氧化物酶）标记的羊抗兔 IgG，应用时用抗体稀释液稀释 3000 倍。

六、其他免疫检测新技术

（一）胶体金检测技术（GICT）

1971 年由福克纳和泰托尔建立，是以胶体金颗粒为示踪标记物或显色剂进行，抗原抗体反应的一种新型免疫标记技术，已广泛用于光镜、电镜、流式细胞仪、免疫转印、体外诊断试剂制造等领域。

胶体金：是一种带负电荷的疏水胶体溶液，由氯金酸（$HAuCl_4$）在还原剂如白磷、维生素 C、枸橼酸钠、鞣酸等作用下，聚合成为特定大小的金颗粒，并由于静电作用，成为一种稳定的胶体状态胶体金本身为红色，不需要加入发色试剂，省却了酶标的致癌性底物及终止液的步骤，对人体无毒害。

胶体金颗粒在弱碱环境下带负电荷，可与抗体、SPA（葡萄球菌细胞壁的一种单链多肽表面蛋白，能与 IgG 分子 Fc 片段结合）等蛋白质分子的正电荷基团牢固结合，形成蛋白质-金颗粒复合物，即胶体金探针。因是静电结合，不影响蛋白质的生物学特性。

举例：猪瘟抗体快速检测卡。

采用胶体金免疫层析技术生产，整个试验仅需 20 分钟。当血清滴入加样孔后，溶液开始向显示窗口方向泳动，将遇到的干燥金标抗原溶解。

如果样品中有猪瘟病毒抗体时，将会和胶体金标记的抗原形成结合复合体，随溶液一起层析移动，在显示窗口的检测线位置，复合体中的抗体被预先包被的纯化抗原捕获截留，复合体中的胶体金颗粒形成一条紫红色线，如此则判定为阳性，线的颜色深浅直接与抗体量的多少成正比。

如果样品中没有猪瘟病毒抗体，则胶体金标记的抗原直接层析流过检测线（T）位置，不会停留，检测线（T）位置也就与其他位置一样保持白色，如此则判定为阴性。

溶解在样品溶液中的胶体金标记抗原被携带继续往前至质控线（C）时，被预先包被的兔抗猪瘟病毒抗体结合，形成一条紫红色线，证明本试纸有效。

（二）生物素-亲和素免疫检测技术

存在于鸡蛋清中的碱性糖蛋白亲和素，是由 4 个相同的亚单位组成的四聚体，富含色氨酸，通过色氨酸与生物素（又称辅酶 R、维生素 H，在蛋黄、肝、肾组织中含量高）的咪唑环专一性的结合，二者即可标记抗原或抗体，又可被标记物标记，从而建立生物素-亲和素系统来显示抗原抗体反应的免疫检测技术。生物素-亲和素免疫检测技术分为亲和素-生物素-过氧化物酶技术（ABC 法）、桥亲和素-生物素技术（BRAB 法）、标记生物素-亲和素技术（LAB 法）等

（三）免疫转印技术

免疫转印技术又称蛋白质印迹，1967 年由夏皮罗建立。是一种将蛋白质凝胶电泳、膜转移电泳与抗原抗体反应相结合的新型免疫分析技术。主要用于蛋白质分离和纯化。

蛋白质经"SDS（十二烷基硫酸钠）-聚丙烯酰胺凝胶"电泳（SDS-PAGE），根据相对分子质量大小分成区带，然后通过转移电泳将 SDS-PAGE 上的蛋白质，转印到硝酸纤维素滤膜上，在转印膜上加上相应的标记抗体，通过对结合抗体的标记物检测，以分析特异性抗原蛋白区带。

（四）免疫传感器

传统免疫测试法只能定性或半定量的判断，且不能对整个免疫反应过程的动态变化进行实时检测。而免疫传感器能将输出结果数字化，转换到精密转换器，不但能达到定量检测的效果，而且由于传感与换能同步进行，能实时检测到传感器表面的抗原抗体反应，有利于对免疫反应进行动力学分析。免疫传感器的种类分为电化学免疫传感器、质量检测免疫传感

器、热量检测免疫传感器和光学免疫传感器等。

（五）生物芯片

通过微加工技术和微电子技术，将成千上万与生命相关的信息，集成在 1 平方厘米的硅、玻璃、塑料等材料制成的芯片上，以达到对基因、细胞、蛋白质、抗原以及其他生物组分，准确、快速、大信息量地分析和检测。依据固定物的不同分为 DNA 芯片、RNA 芯片、蛋白质芯片等。

七、养猪生产中应用最多的两种实验室检测方法

（一）ELISA 试验

ELISA 试验又称酶联免疫吸附试验，1971 年由瑞典恩瓦尔和荷兰赫尔曼等报道。将已知的抗原（抗体）吸附在固相载体表面，然后加入待测抗体（抗原）和酶标抗原（抗体），反应后用洗涤的方法使结合在固相上的抗原抗体复合物与未结合的物质分离，最后加入底物。根据酶对底物催化的显色反应程度，通过颜色变化或酶标仪来读取结果，对被测样本中的抗原（抗体）进行定性或定量分析。

1. 根据 ELISA 所用的固相载体分为三大类

（1）用聚苯乙烯载体，称微量板 ELISA（常见有间接法、夹心法、双夹心法、阻断法、竞争法、PAP 法、SPA-ELISA 等）。

（2）用硝酸纤维膜载体，称为斑点 ELISA（Dot-ELISA）。

（3）用疏水性聚酯布载体，称为布 ELISA（C-ELISA）。

2. 关于 ELISA 检测的相关名词解释

（1）OD 值：即光密度，也叫"吸光度"，光通过被检测物前后的能量差异，是被检测物吸收掉的能量；特定波长下，同一种被检测物的浓度与被吸收的能量有定量关系，一般由酶标仪测定。OD 值＝lg（1/trans），trans 为检测物的透光率。即 OD 值是入射光强度与透射光强度之比值的常用对数值。同一被检样品检测值差异在 5% 之内为正常误差。

举例 1：圆环病毒 2 型抗体检测，采用武汉科前试剂盒。试验成立条件：阳性对照 OD630 均值≥0.7，阴性对照≤0.3。判定：样品 OD＞0.42 为阳性，＜0.38 为阴性，中间可疑。解读：未做疫苗时，被检样品均值高于 0.7，说明野毒感染，即猪群发生了圆环病毒病。

举例 2：蓝耳抗原检测，采用华中农大试剂盒。试验成立条件：阳性对照 OD630≥0.5，阴性对照 OD630≤0.15。被检样品：OD630＞0.2 为

阳性，OD630≤0.2 为阴性。解读：未做疫苗情况下，被检样品阳性，即表示群体带毒。

（2）S/P 值：S 是指被检样品，P 是指阳性对照。S/P 值＝（被检样品 OD 值－阴性对照 OD 均值）/（阳性对照 OD 均值－阴性对照 OD 均值）。

举例：圆环病毒抗体检测，采用瑞普试剂盒。试验成立条件：阴性对照 OD450 平均值≤0.25，阳性对照 OD450 平均值≥0.8。判定：S/P 值≥0.25 为阳性，S/P≤0.16 为阴性，中间为可疑，复检后仍为可疑区间，则判定为阴性。解读：未做疫苗时，S/P 值阳性，说明猪群野毒感染；若做过疫苗，说明抗体合格。

（3）IRPC 值：IRPC＝（被检样品 OD 值－阴性对照 OD 平均值）/（阳性对照 OD 平均值－阴性对照 OD 平均值）×100。即 S/P 值×100。

举例：蓝耳病抗体检测，采用法国 LSI 试剂盒。试验成立条件：阳性对照 OD450 平均值＞0.6，阳性对照平均值/阴性对照平均值＞4.0。判定：被检样品 IRPC 值＞20 为阳性，IRPC 值≤20 为阴性。解读：IRPC 阳性，说明达到了疫苗免疫的效果；IRPC 阴性，说明猪群蓝耳抗体保护率不够，应及时进行补免蓝耳疫苗。

（4）KQ 值：KQ 值＝被检样品 OD 值/阳性对照 OD 均值×100%。

举例：蓝耳病抗体检测，采用武汉科前试剂盒。试验成立条件：阳性对照孔平均值 OD630≥0.7，阴性对照 OD630 平均值＜0.3。判定：被检样品 KQ≥20 为阳性，KQ＜20 为抗体阴性。解读：KQ 值阳性，表示抗体合格。

（5）S/N 值：S 是指样品，N 是指阴性对照。S/N＝被检样品 OD 值/阴性对照 OD 均值。

举例：伪狂犬抗体检测，采用爱德士试剂盒。试验成立条件：阴性对照 OD650 平均值－阳性对照 OD650 平均值≥0.30。被检样品：S/N 值≤0.60 判为阳性，S/N＞0.70 判为阴性，中间为可疑，应重测。同一样品检测值差异在 5% 内为正常误差。

1）gE 阳性表示野毒感染，但需要注意的是：母猪感染野毒后产生的 gE 抗体可通过母乳传递给哺乳仔猪，母源抗体能延续到 10～14 周龄，所以 15 周龄前 gE 抗体阳性，不一定是野毒感染。一般情况下，gE 全阴性可认为是阴性场；gE 阳性但 15 周龄猪 gE 转阴，可认为是阳性稳定场；15 周龄阳性率达 20%，为不稳定场。种猪 gE 阳性率 10% 以上 30% 以下可做净化，高于 30% 要通过疫苗控制来稳定猪群。净化措施：若 S/N≤

0.6，怀孕母猪先隔离，产后 2 周淘汰；0.6＜S/N≤0.7，隔离 2 周后重复检测，若仍是阳性则淘汰。

2）gB 阳性表示疫苗抗体合格，但需要注意的是接种伪狂犬疫苗可以产生 gB 抗体，但野毒感染也可以产生 gB 抗体。所以，只有在排除野毒感染的情况下（即 gE 抗体阴性），gB 抗体才是疫苗免疫产生的抗体。

另外，gB 抗体不是猪的免疫保护的唯一抗体，gC 抗体具有抑制病毒在靶细胞上黏附的作用，而 gD 抗体具有抑制病毒穿入的作用，从而阻断了感染的第一阶段。在恢复期，抑制病毒复制的主要抗体是 gC 抗体。

（6）阻断率（INH％）：阻断率＝（阴性对照 OD 平均值－被检样品 OD 值）/阴性对照 OD 平均值）×100％。

举例：猪瘟抗体，采用爱德士试剂盒。试验成立条件：阴性对照 OD450 平均值＞0.5，阳性对照的阻断率＞50％。判定：被检样品阻断率 ≥40％，判为阳性，说明有抗体存在；阻断率≤30％判为阴性，说明无抗体；阻断率在 30％～40％为可疑，需数日后重测。解读：猪瘟阻断率≥ 50％，即为免疫合格；断奶仔猪猪瘟第一次免疫受母源抗体干扰，阻断率 ≥30％可视为合格。免疫合格猪所占的比例，称为免疫合格率。

猪瘟稳定场的标准：猪瘟二免后 4～6 周检测抗体，种猪免疫合格率 ≥90％、商品猪免疫合格率≥80％，二者离散度（CV）≤40％。

（7）离散度（CV）：也称变异系数，指所测的样品值与所有样品平均值的距离，距离越大，离散度越大，一般用标准差来衡量。标准差＝（每个被检样品数值－所有样品平均数）^{2} 的和除以样品总数，所得数值的平方根。若用 EXCEL 计算，引入函数 STDEV 求标准差；用函数 AVEDEV 求平均值；如果总共 10 个样本，那么标准差＝STDEV（A1：A10）、平均值＝AVEDEV（A1：A10）。离散度（CV）＝（标准差/平均阻断率）× 100％。

注意：样本数量低于 8 头时，离散度无意义。CV≤40％，表示猪群内只有一个均衡的相似反应，即猪群免疫效果较好，不同个体之间抗体水平稳定；CV≥60％，表示猪群内滴度反应变化高于正常，说明猪群不稳定，会偶发典型病例。

3. 常用的 ELISA 试验检测方法

（1）间接法——用于测定特异性抗体。用抗原包被固相载体，然后加入待检血清样品，孵育，若待检血清含有特异性的抗体，即与固相载体表面的抗原结合形成复合物，洗涤除去其他成分，再加上酶标抗抗体，反应后洗涤，加入底物，在酶的作用下，底物反应产生有色物质。

以韩国金诺猪圆环病毒 2 型（PCV-2）抗体检测试剂盒为例：

1）试剂盒内容

①PCV-2NC 包被板 5 块；②10 倍洗液 200 毫升；③血清稀释液 200 毫升；④酶结合抗体 50 毫升；⑤阳性血清对照 2 毫升；⑥阴性血清对照 2 毫升；⑦TMB（四甲基联苯胺）底物液 60 毫升；⑧终止液 30 毫升。

2）试验前准备

①10 倍洗液稀释：20 毫升洗液加 180 毫升蒸馏水混匀备用。

②样品稀释：待检血清按 100 倍分步稀释，即先加入 90 微升样品稀释液，再加入 10 微升的样品血清，混合均匀，再取 90 微升样品稀释液，加入 10 微升经过第一步稀释的血清混匀。

注意：阳性对照和阴性对照不要稀释。

3）操作步骤

①加样：PCV-2NC 包被板每孔加稀释后待检血清 100 微升。

②加入阳性对照、阴性对照各 100 微升。

③室温孵育 30 分钟。

④洗板：每孔加洗涤液 300 微升洗涤 3 次，吸水纸上拍干。

⑤每孔加 100 微升酶标抗体，室温孵育 30 分钟，洗涤 5 次。

⑥每孔加入 TMB 底物反应液 100 微升，室温暗处放置 15 分钟。

读数：每孔加 50 微升终止液，在酶标仪 450 纳米波长处读数。

4）结果判定

试验成立条件：阳性对照 OD 值≥0.5，阴性对照 OD 值≤0.3。

判定：S/P 值≥0.4 为阳性；SP 值<0.3 为阴性；中间为可疑。

（2）双抗体夹心法（直接夹心法）：用于测定大分子抗原。将纯化的特异性抗体包被于固相载体，加入待检抗原样品孵育后，洗涤，再加入酶标特异性抗体，洗涤除去未结合的酶标抗体结合物，再加入底物，显色。

以上海雅吉猪蓝耳病（PRRS）ELISA 试剂盒为例：

1）试剂盒内容

①30 倍浓缩洗涤液 20 毫升×1 瓶；②酶标试剂 6 毫升×1 瓶；③酶标包被板 12 孔×8 条；④样品稀释液 6 毫升×1 瓶；⑤显色剂 A 液 6 毫升×1 瓶；⑥显色剂 B 液 6 毫升×1 瓶；⑦终止液 6 毫升×1 瓶；⑧标准品（48 单位/升）0.5 毫升×1 瓶；⑨标准品稀释液 1.5 毫升×1 瓶；⑩封板膜 2 张。

2）试验前准备

①标准品稀释：取 5 个小试管依次排列，用 150 微升的标准品，加入 150 微升标准品稀释液依次稀释，稀释后标准品浓度依次为 24 单位/升、12 单位/升、6 单位/升、3 单位/升、1.5 单位/升。

②洗涤液稀释：将 30 倍浓缩洗涤液用蒸馏水 30 倍稀释。

3）操作步骤

①加样：空白孔（不加样品及酶标试剂）、标准孔（各浓度标准品每孔各加 50 微升）、待测样品孔（先加样品稀释液 40 微升，再加待测样品 10 微升，样品最终稀释度为 5 倍）。

②温育：用封板膜封板后置 37℃温育 30 分钟。

③洗涤：小心撕去封板膜，弃去液体，甩干，每孔加满洗涤液，静置 30 秒后弃去，如此重复 5 次，拍干。

④加酶：每孔加酶标试剂 50 微升后，同上温育、洗涤。

⑤显色：每孔先加入显色剂 A 50 微升，再加入显色剂 B 50 微升，轻轻振荡混匀，37℃避光显色 15 分钟。

⑥终止：每孔加终止液 50 微升终止反应（蓝色立变黄色）。

测定：以空白孔调零，450 纳米波长依序测量各孔的吸光度（OD 值），测定应在加终止液后 15 分钟以内进行。

（3）阻断法——用于测定特异性抗体。用抗原包被固相载体，加入待检血清，然后加入酶标单克隆抗体，最后加底物显色。

以江苏同昕猪伪狂犬病病毒 ELISA 抗体检测试剂盒为例：

1）试剂盒内容

①抗原包被板 2 块（96 孔）；②阴性对照 2 管（1.5 毫升/管）；③阳性对照 2 管（1.5 毫升/管）；④酶标记物 1 瓶（20 毫升/瓶）；⑤样品稀释液 1 瓶（50 毫升/瓶）；⑥20 倍浓缩洗涤液 1 瓶（30 毫升/管）；⑦底物液 A 1 瓶（10 毫升/瓶）；⑧底物液 B 1 瓶（10 毫升/瓶）；⑨终止液 1 瓶（10 毫升/瓶）；⑩血清稀释板 2 块（96 孔/块）。

2）试验前准备

样品稀释：在血清稀释板中按 1：1 的体积稀释待检血清（100 微升样品稀释液中加 100 微升待检血清）。

注意：阳性对照和阴性对照 1：1 稀释（120 微升样品稀释液中加 120 微升阳性或阴性对照）。

3）操作步骤

①取稀释好的待检血清 100 微升加入抗原包被板中，同时设阴、阳性对照孔（1∶1 稀释），各设 2 孔，每孔 100 微升。轻轻振匀孔中样品（勿溢出），置 37℃温育 30 分钟。

②甩掉板孔中的溶液，用洗涤液洗板 5 次，200 微升/孔，每次静置 3 分钟倒掉，最后一次在吸水纸上拍干。

③每孔加酶标记物 100 微升，37℃温育 30 分钟，洗涤 5 次。

④每孔加底物液 A、底物液 B 各 1 滴（50 微升），混匀，室温（18℃～25℃）避光显色 10 分钟。

⑤每孔加终止液一滴（50 微升），15 分钟内测定结果。

判定：在酶标仪上测各孔 OD630 纳米值。试验成立条件是阴性对照孔平均 OD630 纳米值与阳性对照孔平均 OD630 纳米值之差≥0.4。若 S/N≤0.6 为伪狂犬阳性，S/N＞0.7 为阴性，中间为可疑，需重测。

（4）双夹心法（间接夹心法）——用于大分子抗原检测。将未标记的抗体包被在酶标板上，用于捕获抗原，然后用未标记的抗体与抗原反应形成抗体-抗原-未标记抗体复合物。再应用酶标二抗和抗体-抗原-未标记抗体复合物结合，形成抗体-抗原-未标记抗体-酶标二抗复合物。

1）与双抗体夹心法的区别

双夹心法采用酶标"抗抗体"，检查多种大分子抗原，不必标记每一种抗体，还提高试验的敏感性。双抗体夹心法采用纯化的"特异性抗体"包被于固相载体。

2）双夹心法基本操作程序

①加抗体（Ab－1）包被：4℃过夜，洗涤 3 次，抛干。

②加待检抗原（Ag）：37℃温育 60 分钟，洗涤 3 次，抛干。

③加用非同种动物生产的特异性抗体（Ab-2）：37℃温育 60 分钟，洗涤 3 次，抛干。

④加酶标抗 Ab-2 抗体（AB-3）：37℃温育 60 分钟，洗涤 3 次，抛干。

⑤加底物液：37℃温育 20 分钟，加终止液。

⑥用 ELISA 检测仪测定 OD 值。

（5）竞争法——用于测定小分子抗原及半抗原。将合适浓度的包被抗体包被于微孔板中，加入无关蛋白载体封闭未结合位点，加入标准品（样本）和生物素标记的抗原物质进行竞争结合，经合适的温度和一定时间的孵育，洗涤后，加入 HRP（辣根过氧化物酶）标记的链霉亲和素进行反应，TMB（四甲基联苯胺）显色，微孔板中颜色的深浅与待测物的浓度呈负相关。

竞争法基本操作程序：

1）抗体包被：4℃过夜，洗涤 3 次，抛干。

2）加入待检抗原及一定量的酶标抗原（对照孔仅加酶标抗原）：37℃温育 60 分钟，洗涤 3 次，抛干。

3）加底物液：37℃温育 20 分钟，加终止液。

4）用 ELISA 检测仪测定 OD 值。

被结合的酶标抗原的量，由酶催化底物反应产生有色产物的量来确定；如果待检溶液中抗原越多，被结合的标记抗原的量就越少，有色产物就减少，这样根据有色产物的变化，就可求出未知抗原的量。

优点：快速、特异性高、可用于小分子抗原及半抗原检测。

缺点：每种抗原都要进行酶标记，而且因为抗原的结构不同，还需应用不同的结合方法，此外试验中应用酶标抗原的量较多。

（6）捕获法——主要用于检测 IgM 抗体。由于 IgM 抗体出现于感染早期，所以检测出 IgM，则可作为某种疾病的早期诊断。

根据所用标记方式不同可分为标记抗原、标记抗体、标记抗抗体等几种，其中以标记抗原捕捉 ELISA 比较有代表性。

捕获法主要操作程序：

1）用抗 u 链（抗 IgM 重链）抗体包被：37℃温育 60 分钟后置 4℃过夜，洗涤 3 次，抛干。

2）加待检血清：37℃温育 2 小时，洗涤 3 次，抛干。

3）加酶标抗原：37℃温育 60 分钟，洗涤 3 次，抛干。

4）加底物液：37℃温育 20 分钟，加终止液。

5）用 ELISA 检测仪测定 OD 值。

（7）斑点 ELISA（Dot-ELISA）

优点：与常规的微量板 ELISA 比较，Dot-ELISA 具有简便、节省抗原，且结果可长期保存。

缺点：主要是在结果判定上比较主观，特异性不够高等。

斑点 ELISA 的主要操作程序：

1）载体膜的预处理及抗原包被：取硝酸纤维素膜（吸附蛋白质能力很强）用蒸馏水浸泡后，稍加干燥进行压圈，将阴性、阳性抗原及被检测抗原适度稀释后加入圈中，置 37℃使硝酸纤维素膜彻底干燥。每张 7 厘米×2.3 厘米的膜，一般可加 40～53 个样品，每个压圈可加抗原液 1～20 微升。

2）封闭：将硝酸纤维素膜置于封闭液中，37℃反应 15～30 分钟；封闭液多采用含有正常动物血清、pH7.2 或 pH7.4 的 PBS（磷酸缓冲液）。

3）加被检血清：可直接在抗原圈上加，也可剪下抗原圈置于微量板孔中，再加入一定量适度稀释的待检血清，37℃反应一定时间，用洗涤液洗 3 次，每次 1～3 分钟。洗涤液一般为一定浓度的 PBS-吐温溶液。

4）加酶标抗体：37℃反应一定时间后，用洗涤液洗 3 次。

5）显色：加入新鲜配制的底物液，37℃反应一定时间后，去掉底物液，加蒸馏水洗涤终止反应。

6）结果判定：以阳性、阴性血清作为对照，膜片中央出现深棕红色斑点者为阳性反应，否则为阴性反应。

（8）布 ELISA（C-ELISA）。加拿大学者布莱斯于 1989 年建立的一种新型免疫检测技术。该方法是以疏水性聚酯布，即涤纶布为固相载体，这种大孔径的疏水布具有吸附样品量大，可为免疫反应提供较大的表面积，提高反应的敏感性，且容易洗涤，不需特殊仪器等优点。其基本原理与 Dot-ELISA 类似，只是载体不同。

以对布氏杆菌抗原的检测为例，C-ELISA 的主要操作程序：①首先把抗布氏杆菌的血清包被（吸附）在聚酯布上，并经洗涤及封闭；②加被检样品并于室温下反应 30 分钟，然后洗 5 次；③加酶标记的抗布氏杆菌抗体，于室温下反应 30 分钟，然后洗涤 5 次；④加入底物液显色；⑤测定 OD 值。

4. ELISA 试验操作注意事项

（1）试验人员方面：实验室人员的素质主要包括 5 个方面，即思想素质、文化素质、技术素质、心理素质和身体素质。人员素质问题是影响检验结果的首要因素。

（2）采集样品方面：①采集的血清样品要新鲜，并且最好不要溶血（否则易出现跳孔现象），血清样品在 2℃～8℃放置不要超过 2 天，室温不超过 8 小时，如需长时间放置，应储存于-20℃冷冻保存；②待检血清样品数量多时，先用血清稀释板稀释完所有要检测血清，再将稀释好的血清转移到检测板，使反应时间一致。

（3）试剂与仪器方面：①微孔板拆封后避免受潮或沾水；②TMB（四甲基联苯胺，底物液 B）不要暴露于强光，避免接触氧化剂；③浓缩洗涤液用蒸馏水或去离子水稀释，如果发现有结晶 80℃水浴 30 分钟使其溶解后再使用；④所有试剂使用前应置室温 30 分钟，让其恢复至室温（18℃～26℃），以免温度过低影响抗原抗体反应而不显色；⑤不同试剂盒或不同批号的试剂不能混用；⑥试验所用移液器及设备应定期校准。

（4）试验操作方面：①试验前检查温箱温度，温度过高或过低影响 OD 值的高低；②加样的工作环境不能处于阳光直射的环境下，加显色系统后要避光反应，显色液量不能过多，以免显色过强；③加样时将样品加于酶标板孔底部，不触及孔壁，混匀；④包被板反应时严禁堆叠放置，应该平铺且板间有空隙，不要离温箱壁太近；⑤使用完毕后，将所有样品、洗涤液和各种废弃物等都要进行彻底灭活处理。

5. 常见 ELISA 试验失败的原因剖析

（1）白板

现象：显色步骤结束，酶标板所有孔均无颜色，阳性对照不显色。

可能原因：①试剂已过有效期，或不同试剂盒组分混用；②错加、漏加试剂底物、显色剂 A 或 B；③洗板及加样过程中，酶标受污染失活失去催化显色剂显色的能力；④终止液误作洗涤液稀释或当底物缓冲液配制；⑤蒸馏水水质有问题。

（2）显色弱、灵敏度低

现象一：试验结束，包括阳性对照、质控在内所有板孔颜色较淡。

可能原因：①试剂盒过期，失效的产品可能会产生很弱的信号；②试剂盒没有按规定进行保存，受高温影响；③试剂、样品用前未平衡至室温；④加入试剂的体积和时间有误，移液器计量不准，吸嘴内水分太多或不清洁；⑤洗板及加样过程中，酶标受污染失活而失去催化显色剂显色的能力；⑥孵育时间及孵育温度未达到要求，反应板放入培养箱时要注意温度并及时调整；⑦洗板次数过多或浓缩洗液稀释倍数不符合要求，洗涤冲击力太大，浸泡时间太长；⑧显色剂加量不足或顺序颠倒，或混合后加入；⑨底物作用时间不够；⑩蒸馏水水质有问题。

现象二：试验结束后，阴阳性对照正常，质控正常，但待测标本感觉显色较弱。可能原因：①待测标本中可能不含强阳性标本，故结果可能是正常的；②标本加入叠氮钠（NaN_3，酶抑制剂）作为防腐剂，酶免试验中的标本禁用叠氮钠作为防腐剂，可选用普鲁克林（proclin）、硫柳汞等其他防腐剂。

现象三：阴阳性对照正常，但质控、参考品或个别弱阳性标本未能检出。

可能原因：①未达要求的孵育温度及孵育时间可检出强阳性标本，但质控或弱阳性标本受温度变化影响较大而被未检出；②质控品或标本高温放置过久，或被反复冻融致待测物滴度下降而未能检出；③仪器设定不正确，滤光片不匹配。

现象四：终止后目测结果正常，但酶标仪读值结果偏低。

可能原因：酶标仪参数设定不正确。

（3）灵敏度过高、板底高、高背景

现象一：终止后整板结果显现均一的黄色或淡黄色，或阴性、阳性对照正确，质控正常，标本阴性 OD 值过高。

可能原因：①整板的黄板现象可能是由于错加其他试剂造成，如同时操作乙肝两对半试剂时，测 HBsAB（乙肝表面抗体）板用于测 HBsAg（乙肝表面抗原）等；②酶标对吸头的污染以及对盛放显色剂容器的污染都易造成黄板现象；③显色剂在光照条件下放置过久，试验前已变蓝；④孵育温度过高或孵育时间过长；⑤未按要求洗板，特别是洗涤时每孔未注满洗液，易造成花板、黄板现象；⑥花板是临床标本的收集、处理和保存方法不当造成。

现象二：出现随机性的花板、跳孔现象。可能原因：①样品离心不完全，反应孔内发生凝血或残留细胞成分；②加样时交叉污染；③手工洗板造成的交叉污染；④洗板机加液头堵塞导致加液不满或吸液残留量较大；⑤拍板时交叉污染。

（4）假阳性可能原因：①计算被检样品各种数值时使用的公式不正确，导致计算得出的数值过低，从而导致出现假阳性；②洗板时未能注满洗液或洗板次数、浸泡时间不够，洗涤不充分，样品中有其他成分残留导致花板、跳孔，假阳性增多；③血清标本处理不当，如未除去细胞成分、纤维蛋白原及其他干扰物可出现孔底变蓝的跳孔现象，此标本重复实验结果往往是阴性；④厂家试剂质量的变化造成；⑤水质问题；⑥加酶量过多（如 50 微升误认为 100 微升）；⑦培养箱温度超过 37℃或酶结合物反应时间或底物显色时间超过标准；⑧底物配制时间过长或底物污染；⑨该批样品放置时间过长，样品污染；⑩移液嘴重复使用，或未洗净及消毒不完全而加酶和底物。

（5）重复性差可能原因：①样品数量不一，加样时间长短不一；②样品加入后未混匀；③酶标仪滤光片不对或输入波长不对；④酶标仪测定重复性差；⑤洗涤不正确；⑥温育条件不一致（一次用水育，一次用恒温箱）；⑦不慎多加或少加酶或显色剂；⑧阈值附近时阴时阳；⑨加样量不足，保温时间、洗涤条件一致。

6. 看懂 ELISA 试验要注意的事项

解读 ELISA 检测报告，要做到"四看清、二清楚"。

（1）看清标题是抗原检测还是抗体检测。如：蓝耳病抗体检测 S/P 阳性，表示抗体合格；而抗原检测 S/P 阳性，则表示群体带毒。

（2）看清检测报告所分析的是哪一个项目指标。如：猪瘟抗体检测阻断率阳性，说明疫苗免疫合格；而 OD 值阳性，除可能疫苗免疫合格外，也有可能是已经感染了猪瘟野毒。

（3）看清是针对哪一个毒株（毒力基因）的检测。如：伪狂犬 gB 抗体检测 S/N 阳性，表示抗体合格；而 gE 抗体检测 S/N 阳性，则表示野毒感染。

（4）清楚采样猪群是否免疫过该种疫苗。如：采用瑞普试剂盒做圆环病毒 2 型抗体检测，结果成立条件是：阴性对照 OD450 平均值≤0.25，阳性对照 OD450 平均值≥0.8；若被检样品 OD450 平均值高于 0.8，做过圆环疫苗的猪场，表示抗体合格；而未做疫苗猪场，则说明野毒感染。

（5）清楚采样猪群年龄、胎次等因素。如：猪瘟抗体检测，阻断率≥50%，即为免疫合格，而断奶仔猪猪瘟第一次免疫受母源抗体干扰，阻断率≥30%，即可视为合格。

（二）PCR 试验

PCR 试验又称聚合酶链反应，1985 年马里斯等根据核酸自然扩增原理而建立的一种人工体外扩增 DNA 技术，用于病毒性疾病的检测。

1. 基本原理

DNA 在体外 95℃高温时变性变成单链；低温（60℃）时引物与单链按碱基互补配对的原则结合；再调温度至 DNA 聚合酶最适反应温度（72℃），由 DNA 聚合酶催化引物，由 $5'—3'$ 扩增延长。

每经过变性、复性、延伸一个循环，模板 DNA 增加 1 倍，新合成的 DNA 链又可作为下一循环的模板，经过 30～50 个循环，可使原 DNA 量增加 10^6～10^9 倍。

基于聚合酶制造的 PCR 仪，实际就是一个温控设备，能在变性温度、复性温度、延伸温度之间很好地进行控制。

2. 主要步骤

（1）变性：95℃时，双链 DNA 模板氢键断裂，解离成单链。

（2）复性（退火）：降至 55℃，引物与模板 DNA 单链的互补序列配对结合，引物与其互补的模板在局部形成杂交 DNA 双链。

（3）延伸：DNA 模板——引物结合物在 72℃和 DNA 聚合酶（如 TaqD-NA 聚合酶）的作用下，以 dNTP（4 种脱氧核糖核苷酸底物）为反应原料，靶序列为模板，在 Mg^+ 离子存在的条件下，按碱基互补配对与半保留复制原理，合成一条新的与模板 DNA 链互补的半保留复制链。一个循环需 2～4 分钟，2～3 小时就能待扩增放大几百万倍。

PCR 反应五要素：包括引物（天然复制为一段 RNA 链，而 PCR 体外扩张为 DDNA 片段，即双脱氧核糖核酸）、酶（Taq 和 Pfu 均来自噬热菌，Taq（水生嗜热菌中分离的具有热稳定性的 DNA 聚合酶）扩增效率高但易发生错配；Pfu（是在嗜热的古核生物火球菌属内发现的一类能在活体内进行 DNA 复制的 DNA 聚合酶）扩增效率弱但有纠错功能）、dNTP（三磷酸脱氧核苷）、模板、缓冲液（需要 Mg^{2+}）等。

PCR 反应的关键环节：①模板核酸的制备；②引物的质量与特异性；③酶的质量及活性；④PCR 循环条件。

3. 扩增后检测

荧光素（溴化乙锭，EB）染色凝胶电泳是最常用的检测手段，虽特异性差但操作简便，近年来荧光探针法有取代电泳法趋势。

4. 关于引物

引物是 PCR 特异性反应的关键，PCR 产物的特异性取决于引物与模板 DNA 互补的程度。理论上只要知道任何一段模板 DNA 序列，就能按其设计互补的寡核苷酸链做引物，利用 PCR 就可将模板 DNA 在体外扩增。

（1）设计引物应遵循以下原则

1）引物长度：15～30bp（碱基对，生物学单位 1bp＝1 碱基对），常用为 20bp 左右。

2）引物扩增跨度：以 200～500bp 为宜，特定条件下可扩增长至 10kb（千碱基对）的片段。

3）引物碱基：G＋C 含量以 40%～60%为宜，G＋C 太少扩增效果不佳，G＋C 过多易出现非特异条带。A（腺嘌呤）T（胸腺嘧啶）G（鸟嘌呤）C（胞嘧啶）最好随机分布，避免 5 个以上的嘌呤或嘧啶核苷酸的成串排列。

4）避免引物内部出现二级结构，避免两条引物间互补，特别是 3′端的互补，否则形成引物二聚体，产生非特异的扩增条带。

5）引物 3′端的碱基，特别是最末及倒数第二个碱基应严格配对，以避免因末端碱基不配对而导致 PCR 失败。

6）引物中有或能加上合适的酶切位点，被扩增的靶序列最好有适宜的酶切位点，这对酶切分析或分子克隆很有好处。

7）引物的特异性：引物应与核酸序列数据库的其他序列无明显同源性。

（2）引物量：每条引物的浓度 0.1～1 微摩尔或 10～100 皮摩尔，以最低引物量产生所需要的结果为好。引物浓度偏高会引起错配和非特异性扩增，且可增加引物之间形成二聚体的机会。

5. PCR 检测试剂盒反应需注意事项

①基础程序正确；②扩增温度和延伸温度准确；③反应时间精确；④划分专区处理标本、配制反应液、扩增和电泳；⑤操作严格，避免交叉污染；⑥PCR 扩增产物及时电泳。

6. PCR 结果异常分析

PCR 产物的电泳检测时间一般为 48 小时以内，48 小时后带型不规则甚至消失。

（1）假阴性，不出现扩增条带

1）模板：模板中含有杂蛋白质；模板中含有 Taq 酶抑制剂；模板中蛋白质没有消化除净，特别是染色体中的组蛋白；在提取制备模板时丢失过多，或吸入酚；模板核酸变性不彻底，在酶和引物质量好时不出现扩增带，可能是标本的消化处理，模板核酸提取过程出了毛病，因而要配制有效而稳定的消化处理液，其程序应固定而不宜随意更改。

2）酶失活：需更换新酶或新旧两种酶同时使用，以分析是否因酶的活性丧失或不够而导致假阴性。要注意不能忘加 Taq 酶或溴乙啶（一种荧光染料，可嵌入 DNA 双链内邻近的碱基对之间，在紫外下呈红色荧光）。

3）引物：引物质量、引物的浓度、两条引物的浓度是否对称，是 PCR 失败或扩增条带不理想、容易弥散的常见原因。有些批号的引物合成质量有问题，两条引物一条浓度高，一条浓度低，造成低效率的不对称扩增。引物的浓度不仅要看 OD 值，更要用引物原液做琼脂凝胶电泳，一定要有引物条带出现，且两引物带的亮度应大体一致，若一条引物有条带，一条引物无条带，此时做 PCR 会失败；若一条引物亮度高，一条引物亮度低，稀释引物时要平衡其浓度。引物应高浓度小量分装保存，防止多次冻融或长期放冰箱冷藏部分，导致引物变质降解失效。引物设计不合理，如长度不够，引物之间形成二聚体等。

4）Mg^{2+} 浓度：浓度过高可降低 PCR 扩增的特异性；浓度过低则影响 PCR 扩增产量，甚至使 PCR 扩增失败而不出扩增条带。

5）反应体积的改变：进行 PCR 扩增采用的体积为 20 微升、30 微升、50 微升或 100 微升，用多大体积进行 PCR 扩增，应根据检测目的不同而设定。在做小体积（如 20 微升）反应后再做大体积反应时，要摸索条件，否则很容易导致反应失败。

6）物理原因：变性对 PCR 扩增来说相当重要，如变性温度低，变性时间短，极有可能出现假阴性。退火温度过低可致非特异性扩增而降低特异性扩增效率；退火温度过高影响引物与模板的结合而降低 PCR 扩增效率。有时还有必要用标准的温度计，检测一下扩增仪或水溶锅内的变性、退火和延伸温度，这也是 PCR 失败的原因之一。

7）靶序列变异：如靶序列发生突变或缺失，影响引物与模板特异性结合，或因靶序列某段缺失，使引物与模板失去互补序列。

（2）假阳性：出现的 PCR 扩增条带与目的靶序列条带一致，有时其条带更整齐，亮度更高。

1）引物设计不合适：选择的扩增序列与非目的扩增序列有同源性，因而在进行 PCR 扩增时，扩增出的 PCR 产物为非目的性的序列。靶序列太短或引物太短容易出现假阳性，需重新设计引物。

2）靶序列或扩增产物的交叉污染：整个基因组或大片段的交叉污染，导致假阳性。其解决办法是：操作轻柔，防止将靶序列吸入加样枪内或溅出离心管外。除酶及不能耐高温的物质外，所有试剂或器材均应高压消毒，所用离心管及加样枪头等均应一次性使用。必要时在加标本前，反应管和试剂用紫外线照射，以破坏存在的核酸；有时是空气中的小片段核酸污染，这些小片段比靶序列短，但有一定的同源性，可互相拼接，与引物互补后，可扩增出 PCR 产物，而导致假阳性，可用巢式 PCR 法（一种特异的聚合酶链反应，使用两对（而非一对）PCR 引物扩增完整的片段，好处是第一次扩增产生了错误片段，则第二次能在错误片段上进行引物配对并扩增的概率极低）来减轻或消除污染。

（3）出现非特异性扩增带：PCR 扩增后出现的条带与预计的大小不一致，或大或小，或者同时出现特异性扩增带与非特异性扩增带，可能是引物与靶序列不完全互补，或引物聚合形成二聚体；Mg^{2+} 浓度过高，退火温度过低，PCR 循环次数过多；酶的质和量，有些厂家的酶易出现非特异条带而另一来源的酶则不出现，酶量过多有时也会出现非特异性扩增。其解决办法是：①必要时重新设计引物；②减低酶量或调换另一来源的酶；③降低引物量，适当增加模板量，减少循环次数；④适当提高退火温度或采用二温度点法（93℃变性，65℃左右退火与延伸）。

（4）出现片状拖带或涂抹带：PCR 扩增有时出现涂抹带或片状带或地毯样带，可能是酶量过多或酶的质量差，dNTP（三磷酸脱氧核苷）浓度过高，Mg^{2+}浓度过高，退火温度过低，循环次数过多引起。其解决办法是：①减少酶量，或调换另一来源的酶；②减少 dNTP（三磷酸脱氧核苷）的浓度；③适当降低 Mg^{2+}浓度；④增加模板量，减少循环次数。

第七章　关于现代养猪的思考

第一节　为什么现在的猪这么难养

经常听到有多年养殖经历的养猪人说：以前喂猪，猪整天在泥坑里打滚也没病，个别有发热不吃食的，用青霉素、链霉素打一针就好。现在喂猪，条件比人住的都好，吃的比人吃的都贵，怎么这么多病？据统计，当前我国猪群因为各种疾病导致的死亡率为 15%，直接经济损失每年上百亿元。因饲养管理不当引起的死亡率虽低，但严重影响生产性能的疾病，所引起的经济效益损失更是直接经济损失的数倍甚至数十倍。

网上有调侃养猪难的顺口溜：肉价虽高不挣钱，起早贪黑整半年，猪价峰谷无定数，往往育成肉价贱，生猪若是涨一分，饲料跟着涨一元，若是中途遇疫情，血本无归全赔完……

顺口溜中，把当前养猪难的原因，多归咎于行情不定和饲养成本增加等客观因素方面。而作者根据十几年基层诊疗的经验认为，目前猪难养与养猪人自身主观上的"不注意"和"不在乎"关系更大。

养猪挣的是科学管理、规范操作和精心喂养的钱，而当前普遍存在的疫苗污染、消毒意识淡薄、应激、毒素、营养不良等因素是造成当前养猪难的最主要原因。

一、疫苗污染是当前猪病混合感染的首要因素

（一）疫苗污染主要来源于四个方面

1. 疫苗厂家的本位主义指导

近 10 年来，疫苗生产厂家几近泛滥、疫苗种类五花八门，每一个疫苗厂家的销售人员，都在不遗余力地给养殖户灌输自己产品的优势和卖点。而专业知识匮乏的养猪户，纵向不考虑猪场发病历史情况和种猪来源，横向不

考虑本村或养殖小区疾病流行情况。就凭感觉和推销人员的口才决定选择接种哪种疫苗和接种哪种毒株的疫苗，接种多大剂量及什么时间接种也是不考虑自己猪群的实际情况，而是"听人家说"。

在猪群免疫的整个过程没有抗体检测，没有专业兽医评估，更不存在免疫跟踪，致使各种疫苗毒的病原在猪场普遍潜伏存在，一旦应激发病就是混合感染。

2. 免疫环境混乱不堪

每个养猪场之间各自为政，互不沟通，一个村子或一个小区的养猪户，你打你的蓝耳，我打我的副猪；你有你的朋友，我有我的伙计，你的朋友说猪瘟超前免疫好，我的伙计说猪瘟大剂量注射好。结果造成一个村庄或一个小区内的各个猪场，免疫程序五花八门，甚至就没有免疫程序，随意接种。

我们知道，疫苗本身就是细菌（菌苗）或病毒（疫苗），甲猪场接种了某种使用较少的活疫苗，而乙猪场没有接种，那么一定时间内，甲猪场接种的这种疫苗的弱毒株，势必会被风吹到乙猪场或被粪便、灰尘带过去，活疫苗有毒力返强的特性，这样就对乙猪场造成潜在威胁。

3. 不遵守兽医卫生防疫制度

养猪场使用过的疫苗瓶及废弃物不按规定焚烧或深埋。很多猪场把空疫苗瓶等废弃物随手扔到圈舍角落或垃圾堆；接种疫苗使用的针头不处理或草率用开水一烫就完事，下次注射药物或疫苗照样使用；更常见的是一个针头不消毒就接种多头猪，直到这个针头折断才舍得扔掉的现象普遍存在，如此一来就造成疫苗交叉混合污染，对养猪场造成巨大的潜在威胁。

4. 不了解免疫的本质

很多养殖户认为疫苗打的种类越多越安全；疫苗接种剂量越大，效果越好；一种疫苗在一头猪身上，接种次数越多，效果越好；甚至不少人认为病毒苗和细菌苗可以同时接种。这些因素造成猪场本来没有某种传染病，结果打了疫苗之后反而得了这种病，或因为疫苗间的相互干扰而造成某种疫苗虽用心接种了，但根本就不起保护作用，并且疫苗毒还在猪体内存活下来。

（二）从根本上解决疫苗污染问题

1. 加强疫苗经营市场管理，从源头杜绝假劣疫苗流放市场

遍布乡村的无疫苗经营资质的大小兽药店因利益驱动，很多都在违法经销疫苗。这些疫苗多为地下渠道流通，疫苗质量不确定，冷链条件不达标，用法指导不规范，很容易发生刚接种过某种疫苗就大批伤亡的事故。

2. 完善行业协会职能

提倡养殖协会内配备专业技术人才，负责区域内制定统一的、科学的、规范的免疫程序，并负责免疫跟踪。

3. 加强基层防疫员管理

当前某些地方基层防疫员形同虚设，耳标随意发放，职能部门应建立健全防疫员监督考核机制。

4. 加强公共卫生安全执法监督

随意抛弃疫苗瓶等废弃物的现象严重威胁人畜公共卫生安全，应由基层防疫员统一回收登记，并集中销毁。

5. 加大养猪技术科普宣传

让大小养猪户切实认识到疫苗污染的危害，只有从根本上提高人们的认识，养猪户才能自发、自动、自觉地杜绝疫苗污染。其实，很多时候疫苗种类打得越全猪群发病越严重，还真不是疫苗销售人员的技术指导错误，更不是疫苗本身有问题，而是很多猪场条件简陋，大小混群，根本不具备接种像链球菌、支原体等污染严重的疫苗的条件。

为什么规模化猪场可以接种蓝耳病、圆环病毒、喘气病，甚至胸膜肺炎和副猪等很多种类疫苗，而散养户和部分家庭农场疫苗接种种类越复杂，发病越严重？

原因就在于规模化猪场每一栋舍相对独立，舍内猪群同一批次，料车、粪车、铁锨、扫帚都是专用，并且还有定期消毒，平时有抗体检测，可随时调整免疫程序。而散养户一栋舍内大小混群、人员乱窜、工具只有一套，发病了才想起消毒，势必会造成严重疫苗污染。

二、消毒意识淡薄是当前养猪难的重要因素

（一）消毒是一种亟待强化的意识

某些养猪户被近年来日益复杂的猪病吓怕了，害怕死猪，于是就更关注有症状病猪的诊疗。而对于防患于未然的消毒工作，认为看不见、摸不着，不一定有作用。想起来做一次消毒，想不起来就不消毒了，甚至有的小型猪场一年到头竟从来没消过毒，出现本末倒置的现象。

（二）消毒观念正在日益倒退

作者从业十几年有一个深切的感受，就是今天的养殖人相比于10年前的养殖户，有两个方面非但没有进步，反而出现了倒退。一是品种改良意

识，人们不像以前那么重视了；第二就是消毒意识越来越淡薄。

10年前，作者进养猪专业户的猪场，一般都要求紫外线灯照射并换胶鞋，规模化猪场不消毒是不能进猪舍的。而今天，到养殖专业户的猪场，主动要求消毒时，往往会得到一句："我们不讲究这些，都没有消毒药。"的回答，很多规模化猪场的消毒设施，虽比以前高档，但基本形同虚设。基层走村串户的兽医、饲料兽药厂家的技术员，甚至生猪调运的人员，都是不经任何消毒，出了这家猪场，就进另一家猪场。

（三）不会消毒

目前，对养猪知识科普宣传起主要作用的饲料厂、兽药厂举办的养猪技术推广会，大都在讲艰涩难懂的疾病诊疗或营养知识，而对于消毒等生物安全知识，基本不讲或一语带过，因为您就是讲老百姓也不愿意听，还耽搁自己卖产品的时间。

非洲猪瘟后，人们有了消毒意识，但很多养猪户竟然不知道消毒也有程序，更不知道什么情况下该选择什么类型的消毒药？该采取哪种方式消毒？

（四）不愿消毒

有些猪场知道消毒的重要性，但就是嫌麻烦，或者认为反正猪已经生病了，消不消毒无所谓。

三、应激是猪病多发的诱发因素

（一）饲养管理中常见的应激有三个等级

强应激包括运输、混群、断奶、抓捕、保定、惊吓、免疫注射、去势等；中度应激包括拥挤、过热、过冷、天气突变、饲料更换、驱赶、撕咬等；弱应激包括隔离、陌生和昆虫骚扰等。

（二）应激导致猪群发病的机制

疾病的发生一般与氧产生的自由基密切相关，正常生理条件下，自由基在体内不断产生，也被SOD（超氧化物歧化酶）等不断清除。但应激条件下，自由基代谢发生紊乱，要么自由基产生过多，要么清除能力减弱，结果导致自由基过剩，活性氧增多，因而引起脂质过氧化，生成丙二醛和乙烷等。丙二醛是极活泼的交联剂，可使细胞发生交联而失去活性，机体抵抗力明显下降，严重时导致细胞变性、坏死。

能够提供SOD活性中心的铜、锌、锰等微量元素和维生素E、维生素C等维生素能提高机体抗应激能力。

（三）各类应激引起疾病的临床表现

1. 强应激不但导致条件致病菌引起发病，还因为应激过于持久或强烈及多重应激联合作用，而发生典型的应激综合征：临床表现尾部、背部肌肉快速而纤细地颤抖，严重时发展成肌肉僵硬，使猪不能移动或小便失禁，俗称"吓瘫了"或"吓尿了"。此时往往张口呼吸，高热或高碳酸血症，最后因呼吸性酸中毒而死亡，死后几分钟肌肉温度升高，剖检肌肉苍白、柔软、渗水。

2. 中度应激会导致附红体、大肠杆菌等条件致病菌发病，临床表现相关疾病的病理变化，而不表现应激本身的临床反应。

3. 弱应激平时不对猪群引起不良作用，但当猪群发病时则起加重病情的帮凶作用。

解决办法：预计不可避免要出现中度及中度以上应激因素的前 3 天，对相应猪群使用维生素 C 拌料，尽最大可能增加机体对应激的承受力，相应减少应激的不良反应。

四、营养不良是养猪难的潜在因素

（一）当前采用较多的饲喂模式

哺乳仔猪 28 日龄断奶，断奶后在产床留 7 天到 35 日龄进保育舍，在保育舍饲喂 1 个月，到 65 日龄进入育肥舍，到育肥舍后再喂 1 周的乳猪料（一般编号为 551），到 72 日龄左右就更换为中猪料（一般编号为 552）或预混料、浓缩料配制的中猪料。

（二）常规饲喂模式存在两个被忽视的漏洞

551 乳猪料与 552 或自配的中猪料营养落差太大（每千克价格相差 1 倍以上），造成 70 日龄左右仔猪出现严重的阶段性营养不良。

1. 阶段性营养不良使仔猪体弱多病

从 3 周龄到 16 周龄，仔猪的蛋白质沉积量几乎是直线上升。但常规饲喂模式，商品猪自 10 周龄左右更换为中猪料，因饲料营养提供的巨大落差，造成商品猪很长一段时间内，营养不能满足生长需要，外观表现被毛粗长、皮肤苍白、体质虚弱。再加上这一阶段刚好是母源抗体消耗殆尽，而自身免疫抗体尚不能达到有效保护的青黄不接期，双重因素导致此阶段仔猪体弱多病，特别难喂养。

2. 阶段性营养不良造成育肥后期生长抑制

猪的营养需要分为"维持需要"和"生长需要"。常规饲喂模式因中猪料与 551 乳猪料巨大的营养落差，实质造成 75 千克体重前的商品猪，因营养提供不足不能完全满足其生长需要，而为育肥后期的日增重高峰埋下隐患。

如果仔猪 8 周龄体重达到 20 千克，那么 12 周龄就能达到最大日增重，一天能长肉 1 千克。而如果 8 周龄时体重只有 15 千克，那么即使喂同样的饲料、吃同样的量，15 周龄才能达到最大日增重，一天只能长肉 700 克。

（三）生产上对"阶段性营养不良"的错误认识和做法

很多饲料厂家和养猪专业户，意识到 551 与 552 或用预混料、浓缩料自配的中猪料之间的营养落差，以及这种营养落差所造成的猪群健康问题和生长期延长问题，于是生产上就出现了很多缓解这种阶段性营养落差的做法。

1. 让一头仔猪平均吃一袋（40 千克）551 仔猪前期料

众所周知，所有饲料厂家的 551 仔猪前期料的使用阶段都是"7 日龄～15 千克"，一头保育猪喂一袋 551（40 千克包装），猪的体重要长到 35～40 千克，严重超出了 551 仔猪前期料的使用阶段。

此种饲喂模式，相当于用第一阶段婴儿奶粉，让 2 岁以上的孩子天天喝，看似营养价值高，但孩子睡一觉醒来，眼都睁不开而让眼屎给糊上了。

养猪人都明白，一群猪眼眶下干干净净，这群猪抗病力就强。反之，一群猪看似大吃大喝，但眼眶下面都有眼屎，这群猪不是这头发热就是那头不食，天天打针、不胜其烦。

因此，一头仔猪喂一袋 551 仔猪前料的做法，是对解决保育前后期饲料营养落差过大的错误变通。

2. 用 551 掺 552 来缓解阶段性营养不良

两种饲料掺和，相对于 552 来说，能量、蛋白确实能够提高，但猪长肉靠的是氨基酸平衡，而不仅仅是粗蛋白质含量的提高（比如添加羽毛粉，粗蛋白含量很高，但饲料品质实质下降了），氨基酸不平衡，钱花了，但生长速度仍然慢。

同时，两种饲料掺和，还打破了 551 和 552 原有的维生素和微量元素的平衡，长期采食还有可能发生咬耳、咬尾等异食癖。

相对而言：（实际情况是综合影响）生长速度慢，与能量低有关；体形差，与粗蛋白质不足有关；异食癖、易生病，与微量元素和维生素缺乏或不平衡有关。

3. 用价格贵的 552 来解决阶段性营养不良

饲料价格贵不等于就是满足营养需求的饲料。料贵的常规原因可能是品牌效应、人员工资、宣传及促销费用等原因，而不一定就是饲料品质好。总之，即使饲料再贵，标签上的营养值是固定的。再者，好料也不单是指营养指标高的饲料，而是指常年品质稳定的饲料。

（四）解决常规饲喂模式造成"阶段性营养不良"的建议

1. 健康来源于适宜的阶段性营养提供

如前所述，25～50 千克体重阶段的猪，若继续用 551 仔猪前期饲料提供营养，会因营养超标而加重肝肾代谢负担，造成"内热"而尿黄和泪斑。若用 552 或预混料、浓缩料配制的中猪料提供营养，因与 551 营养落差过大而出现阶段性营养不良。所以，适宜在现有产品结构中，增加一个实实在在的大保育产品（有些厂家大保育产品是炒作概念），专门满足此阶段的营养需求。

2. 生产潜能最大化，来源于营养提供的细化

为了满足猪的"生长需要"，针对 50～75 千克体重的猪，使用 552 依然显得营养不足，适宜再增加一种育肥前期饲料。总之，把目前的"教槽料、551、552"三阶段饲喂法，调整为"教槽料、551、大保育、育肥前期料、育肥后期料"五阶段饲喂法，就相对更适宜于猪的生长需求。

（五）综上所述，解决当前养猪难问题，要做到以下五点

1. 依据自己猪场实际情况，制定科学规范的免疫程序，做好防重于治的"防"字，杜绝猪瘟、伪狂犬等多发的病毒性疾病。

2. 加强消毒意识，减少链球菌、葡萄球菌、大肠杆菌等条件致病菌或外界普遍存在的细菌性病原造成的损失。

3. 减少猪群应激，增强猪群体质，减少附红细胞体、副猪嗜血杆菌等应激诱发类疾病的发生。

4. 选择优质饲料原料，不胡乱用药，保持环境卫生干净、空气洁净，减少毒素损害，防止猪群亚健康状态而大幅增加猪群疾病防控成本。

5. 依据猪的生理特性，合理安排营养提供，做好养重于防的"养"字，顺利度过断奶期（断奶腹泻多发）、保育后期（呼吸道综合征多发）等两个疾病高发期。

猪喂好、疫苗打好、环境舒适，猪的体质好、抗病力强、少生病，猪就没那么难养了。

第二节 规模化进程下，家庭农场路在何方

2006 年高热病以后，关于养猪业何去何从的帖子就充斥网络，转眼 10 多年过去了，这 10 多年来养猪人已经经历几番沉浮，但关于何去何从的讨论还是没个尽头。

这几年，突然间的环保评估，使养猪这个原本被政府鼓励的香饽饽，一下子变成了烫手山芋，中国的养猪业似乎走进了死胡同，原本就干得战战兢兢的行业，今又平添几分迷茫和惶恐。

日益响亮的规模化进程、越勒越紧的环保勒脖绳、过山车般的行情、如影随形的疫病，桩桩件件，无时无刻不在刺痛着养猪人原本就千疮百孔的心。阴霾之下，以家庭农场为主导的中国养猪业，到底路在何方？

主流看法不用讨论，统一答案都是规模化，因为规模化进程是近几十年来，世界养猪业发展的大趋势。但这几年关于集团规模化养猪场和家庭农场谁会笑到最后的争论其实一直不断，本文就两者的优劣势谈谈自己的看法。

一、规模化猪场的发展现状与优劣势

（一）发展现状

公司	2016 年出栏	远期目标	发展模式
温氏集团	1713 万头	2025 年 5000 万头	公司＋农户
正大集团	350 万头	2024 年 2000 万头	自营、放养
牧原股份	311 万头	2020 年 1000 万头	自营一体化
雏鹰农牧	247 万头	2020 年 1000 万头	公司基地农户
正邦科技	226 万头	2020 年 1000 万头	自营一体化
中粮肉食	200 万头	未来 1000 万头	自营一体化
新希望六和	150 万头	2020 年 2000 万头	自营、放养、托管
天津宝迪	150 万头	2018 年 1000 万头	自营一体化
广西杨翔	130 万头	2024 年 1375 万头	自营、放养
合计	3477 万头	15375 万头	

1. 生猪产量要疯狂扩张

在以后的几年，仅仅这几个集团的生猪产量就要暴涨 5 倍，但从近 10 年的消费来看，菜篮子里猪肉的缺口并不大。最近几年，虽然进口猪肉连年增加，但其中大多是政治考量，还有就是屠宰企业的企业利益，以及绿色肉、品牌肉的炒作。

那么，大集团的产量要翻 5 番，这些翻出来的产量只有去抢占散养户挤压出来的空间，但这一点点空间能否装下这些大集团膨胀的野心？这一问题值得商榷。

2. 发展模式是五花八门

自 20 世纪 90 年代，关于中国养猪业发展模式的探索就没有停止过，但实践证明，各种各样的模式大多是无疾而终。因为中国 9 亿农民的现实和两千年农耕文明的积淀，一些理论上优秀的模式下水则搁浅，也是情理之中的事情。

（二）集团化规模猪场的四大优势

1. 有钱

现代养猪业发展的近 30 年，农村养猪人除 2000—2003 年养猪不如去打工，因劳动力缺乏个别猪场不再养猪；和 2006—2008 年疫病导致猪大批死亡而不敢养猪外，其他时间段农村猪场倒闭基本都是因为同一个原因：资金链断裂！

而养猪的大集团不愁钱，某种意义上说，他们养的不是猪而是资本；他们担心的不是没钱花，而是钱不知道怎么花（投资方向）。非瘟期间，某个养猪的上市公司在全国存栏量成倍下降的大环境下，股票在三四个月内竟能从 47 元/股涨到最高 102 元/股，这明显不符合市场规律。

2. 有势

养猪的大集团不缺资金物料就可以批量采购，比一般养殖户要低 20％左右。资金充裕也能网络各路人才，各方面管理就都优于散养户。

3. 有能力

（1）单人产出：人均 1000 头肉猪。而夫妻二人猪场辛辛苦苦一年，又能出栏多少肉猪？累死累活也只能出栏几百头而已。

（2）生产性能：养猪大集团因母猪群高强度更新，无论是 PSY、母猪非生产天数等整体指标，还是配种率、死淘率等技术指标都远优于散养户。

4. 精细管理成本低

集团化规模猪场设备先进化、原料国标化、饲养标准化、管理程序化，猪群健康度自然好，健康度好生产性能发挥自然提高。

据了解，2017 年造肉成本：牧原集团 10.2 元/千克，温氏集团 10.6 元/千克，其他集团大致都在 11.0 元/千克左右，而散养户能够做到 12 元/千克的已经寥寥无几。

（三）集团化规模场的四大劣势

1. 盲目发展为融资

某某养猪企业家是某年度某省首富、某某养猪集团在哪一年排名占第几位？年出栏多少生猪？又在某某地方投资多大规模的生产基地等。这些对普通老百姓来说，仅仅是一个谈资而已，而对于一个上市公司来说，则是吸引资本流入的活广告。

2. 消费习惯难改变

当前，虽然人均年消费猪肉大致是 45 千克，可是前半年消费量和后半年消费量差距太大。如果说每月出栏的猪刚好能够满足全年"菜篮子"的需求，那么春节后就势必会产能过剩。

散养户尚且可以压栏，一定程度上减缓了集中抛售的压力，但规模场到出栏体重就必须出栏，春节后消费淡季，规模场生猪集中出栏会使生猪价格下滑更快，从而使原本四年一周期变成一年一小周期。

2015 年，我国规模化猪场生猪出栏占比 44%，集团化规模场生猪出栏占比越高，每一年的春节前后价格落差就会越大。

3. 商人本质为利益

一个三鹿奶粉毁了中国乳业十几年，至今都没彻底翻身。当生猪也被几个大集团控制之后，一旦哪个集团出现闪失，那么肉品业也会出现断崖式供应紧张。相对而言，乳品毕竟面对的还是一个小众群体，而肉品出现问题副作用会更大。

再者，企业的本质是为利益，如果价格低谷持续太久，一些企业肯定顶不住而大幅缩减母猪群，最近雏鹰农牧倒闭了；牧原集团前几年对散养户是卖 5 胎以上老母猪，而这两年一胎、二胎的母猪都开始抛售了。

散养户一般不到万不得已不会去淘汰母猪，即使准备淘汰，往往也会犹豫两三个月，这一定程度上保证了基础母猪群的总体恒定，而大集团则不然，猪价低谷马上会大幅度淘汰。而猪的生产周期相对较长，势必加剧短时间内价格波动。

4. 品牌效益不明显

整体上看，中国现在的规模化进程还是处于刚刚起步的快速扩张期，各大集团基本还是靠数量取胜，但随着集团化规模猪场出栏生猪所占的比例越来越大，各个集团逐渐形成自己的品牌特色是必然之路。

（四）集团化规模化猪场未来方向

1. 国际化

养猪业形成以集团化规模猪场为主导的格局之后，这些大企业真正该思考的是怎么能让中国的猪走出国门，而不是一味地盯着国内市场这块蛋糕，因为国内市场在一定年限内，散养户和家庭农场暂时还是打不死的小强。据中国新闻网报道，2017年8月，湖南出口冻乳猪占据新加坡80%的市场，并数次实现肉类产品出口塔吉克斯坦。

2. 自动化

随着人口红利的快速消失，人力资源成本越来越大，在未来10年，哪一个集团化规模猪场自动化程度越高，哪个企业的养猪成本就会越低。做手机都可以用机器人了，养猪过程中单调的工作也很多，完全可以由机器人来完成部分单调重复的工作。

3. 节能减排强制化

宏观调控分规模大小，环境保护措施都一样，大集团也逃脱不了环保的约束。南猪北移也好，分散养殖也罢，猪群越集中，局域污染越严重这是不争的事实。随着环保压力的不断增加，集团化规模猪场用于节能减排的投入也会越来越大。因为集团化规模猪场大多享受国家各项补贴，所以强制性节能减排也更易实施。

二、家庭农场的发展现状与优劣势

（一）发展现状

1. 如影随形的疫病

规模场怕的是钱，散养户怕的是病。因为防疫相对混乱，不懂或不遵守基本的兽医卫生制度，圈舍基础条件差等因素，导致散养户的猪病确实太多。

尽管除高热病和非洲猪瘟造成个别猪场清场而倒闭外，30年来其实很少有猪场因顶不住多发的疫病而倒闭，但对散养户来说，每年的药物控制费用却是一笔不小的开支。

2. 捉摸不定的行情

打开网络，到处都是行情预测，但当前的猪市不亚于发展中的中国股市，公说公有理，婆说婆有理，最终赚钱还得靠运气。

3. 怒其不争的母猪

恶劣的环境条件、几乎不存在的更新率，使散养户的母猪生产率极其低下。显性损失方面：据统计，一年因子宫炎、屡配不孕等繁殖障碍性疾病，使能繁母猪淘汰率高达 39%。隐性损失方面，早几年平均 PSY（断场成活数）也就是十四五头，这几年因散养户大幅缩减，平均 PSY 也不会超过 18 头，宣称某某猪场 PSY 达到二十几头，大多是饲料厂家的宣传。至于非生产天数没法计算，有购买大猪场淘汰母猪的、有用自己饲养的育肥母猪留作种用的，还有用二元母猪回交的。散养户的母猪群来源五花八门，造成的后果是培育成后不发情屡配不孕的、第一胎就难产的情况普遍存在。

4. 饲料价格在攀升

现代养猪业经历了 30 多年的快速发展，确实附带了相关行业的严重产能过剩。仅 2014 年生产全价料、浓缩料的获证企业减少了 4582 家，生产预混料和单一饲料的获证厂家分别减少了 339 家和 411 家，总量从 1 万多家下降到 2000 家，但生产规模平均增长 5 倍，产能几乎没有缩减，不论厂规模大小，大家都要生存，所以乱象必存。

5. 受环境保护措施约束

绿水青山就是金山银山，这是全国人民都知道的道理，但是普通散养户缺乏改造的技术和资金。没有资金扶持、没有统一的规范，很多养殖户只能关门不干。

6. 食品安全警钟鸣

从 2009 年"瘦肉精"事件以后，"3.15"晚会就是普通养猪人仅次于春节联欢晚会的必看节目。然而，大多是农民的散养户并不十分清楚每一种药物的休药期，食品安全管控应从兽药生产者和经营者着手。现在任何地方都买不到瘦肉精了，瘦肉精问题就自然彻底解决了。

（二）家庭农场的四大优势

1. 人得有活干

曾经的 9 亿农民慢慢地变老了，有一部分农民进城投靠子女成为城市居民，更多的农村老人还是不能丢掉手里的农具，他们更愿意留在农村种点地、喂点猪、养点鸡。不求给子女的发展添砖加瓦，只求能够养活自己给子女少添麻烦。

2. 适度规模发展不差钱

经历了养猪不如去打工的第三周期，和完成原始积累的第四周期的养猪人，经过多次大浪淘沙式筛选，能剩到现在的都不是一般的农民，大部分猪场都完全是个人的资产，基本都能做到不贷银行款、不欠别人钱而滚动发展。这一点是规模猪场所无法比拟的，很多规模猪场说到底还不一定是银行的还是股民的，有资本就有泡沫，有泡沫就有破裂的风险。而靠几十年摸爬滚打，慢慢发展起来的家庭农场是实实在在的"实体经济"。

3. 基建投入小

土地成本基本为零，设备投入能凑合就行，自己的力气随便用，避免了资源浪费、节约了生产成本。

4. 成活率高

尽管猪舍简陋、设备简单，但中国人固有的艰苦奋斗、勤俭持家的传统，使他们能把属于胎僵的"垫窝猪"都能喂活养好。

（三）家庭农场的六大劣势

1. 不懂技术

现在占主流的散养户大多是 50 后、60 后，普遍文化程度较低，一方面接受新事物相对较慢，另一方面也容易上当受骗，也正是这一片"沃土"，加剧了当前饲料、兽药行业营销的混乱。

2. 硬件差

有优势就有弱点，虽然圈舍简陋、设备简单，节约了资源，但是猪毕竟是一个活体动物，它需要相对舒适的环境。

未来 5～8 年，散养户的生产水平的提高，已经不再是拼经验和细心的个人能力时代，而是拼硬件和流程的工厂化时代。谁的设施设备改造得越早，谁就越有利可图；谁的设施设备改造得越趋向于智能化，谁的生产水平就越高。

3. 弱势群体

当今从事养猪的散养户原本基本上是年纪偏大的农民，他们对上游饲料、兽药行业信息不了解，对下游屠宰行业没有发言权，使散养户面对的生存环境远不止于集团化规模猪场的单项打压那么简单。

其他行业基本都是上游吃下游的利润，而养猪行业从做饲料添加剂和做兽药原粉的行业源头开始，整个产业链的利润来源全部指向养猪场这一个环节。

4. 风险大

因为不懂技术，疫病多；因为不会分析行情，只能跟风。尽管每隔几年猪肉价格就要暴涨一次，甚至会绑架 CPI，但是部分养殖户却因为疫病影响和养殖成本提高，还在叫苦连天，甚至理论利润在接近每头上千元的暴利行情下，纷纷逃离养猪行业。

而一旦遭遇猪价大跌，养猪人在猪不生病的情况下，喂成一头商品猪，也要净亏几百元。一线奔波的养猪人都知道，猪肉价格的暴涨与暴跌，养猪人其实都只是"无辜"的帮凶而已。

5. 难以管理

我行我素、不愿改变是农村散养户致命的缺陷。有一部分农村散养户面对职能部门的监管，能拖则拖软抵抗，比如对养殖户自身有利的无害化处理措施，推进就异常艰难。

面对饲料厂、兽药厂技术人员的技术指导，基本上是一棒子打死，崇尚经验主义，不发病就自以为是，一发病就病急乱投医。这些心理、行为的弊端，一定程度上阻碍了行业的整体发展。

6. 边缘化

（1）地域边缘化：猪场大多在边缘沟壑角落地带，路好、环境美的地方不让养猪。

（2）被政府边缘化：因难以管理又无税收，既影响环境又欠债难还。某些地方政府大多是盼望其自生自灭，所以环保一严，很快就有了无猪县。

（3）年龄结构边缘化：经过20世纪八九十年代的计划生育，大多家庭都是独生子女，养猪属于脏乱差的低端工作，哪一个父母但凡有一点点机会和希望，都不愿意让自己的孩子再从事自己干了一辈子的养猪工作，所以当前农村养殖户大多是老龄化农民。

（四）家庭农场未来方向

1. 生态化

规模化和家庭农场究竟谁会笑到最后之争历时弥久，就当前的环保形势和行情波动的状况看，生态化养殖可能是家庭农场的最好出路。现在网上有很多销售土鸡、土鸡蛋、土猪肉的商家，生意就很火爆。超市内卖土猪肉的柜台，价格也很惹眼。

2. 附庸化

如果确实建不起生态农场，不得不继续生产一般的商品猪，那么最好还是依附于集团化规模场谋得一席生存之地。不管是公司＋农户模式，还是放养模式，或者是托管模式，大树底下好乘凉，尽管没有了自己的猪自己养那么随意和相对较大的利润空间，但最起码能够保证暂时还能养猪。

3. 合作社或协会化

人多力量大，中国基层社会尽管大多是农民，但历来不确乏能人。走合作社或协会化之路，让有能力的人带领大家一块儿干，既有利于防疫，也有利于先进技术的推广，能推动行业整体进步。

第三节 家庭农场对饲料、兽药的认识误区

一、养猪生产中常见的对饲料的错误认识

（一）加上料就吃的饲料才是好料

很多养猪户认为，教槽料就是教会猪吃料，所以加上饲料就吃，不用诱食的教槽料才是好料，于是很多饲料厂家就抓住养殖户的这种心理，创造了很多推广自己教槽料的销售手段。

1. 当前业务员推广教槽料的常见方法有 3 种

（1）看适口性。常见操作方法是为避免用户提出"是猪饿了才抢食"的异议，先让实验猪吃竞争对手的饲料，吃到五六成时，再撒下饲料，因为猪的好奇心和抢食行为，自然会围拢到新撒下的饲料旁边，然后录制视频，试验成功。

（2）融水实验。常见操作方法是先在展示试验效果的水杯中加入温水，然后加入待试饲料，添加时轻微晃动，然后水很快浑浊，看不到饲料颗粒，试验者即讲解转移视线，讲解完后饲料已溶解，其实溶解时间已远超试验者宣称的 3～5 秒，饲料溶解不溶解并不重要，重要的是试验者转移视线的技巧。

（3）对比称重。常见操作方法是初重在喂料前称重，而末重在吃完料以后再去称重，吃进去的饲料自然也计算在日增重之内。

2. 当前市面上的教槽料有三种

第一种是粉状的人工乳，第二种是颗粒状的教槽料，第三种是粉加粒料型。第一种以乳制品为主，以促进仔猪日增重为目标；第二种以原料膨化或原料微粉和二次熟化为主，以增强仔猪消化力为目标；第三种是为了好在饲料里面添加药物。

其实，从"代乳"的角度出发，教槽料必须添加大量的乳清粉，但乳清粉加热会成为糊状，无法制粒，所以只能是粉状。

就当前市场上的饲料种类而言，以乳清粉为主要原料的人工乳才是真正的教槽料，而市面上流行的各种"教槽料"，充其量只能称为断奶过

渡料。

（二）撑吃不拉稀的仔猪前期料才是好料

当前很多养猪专业户对仔猪前期料（常见产品代号为 551）的关注点出现了偏差。

仔猪在 8 周龄时体重若达到 20 千克，12 周龄时就能达到最大日增重，日增重量可达 1 千克。若 8 周龄时体重只能达到 15 千克，15 周龄才能达到最大日增重，日增重只能达到 0.7 千克，同样 100 千克体重上市，时间会相差 6 周。

所以，551 仔猪前期料的关注点应该放在日增重上，日增重大的饲料才是好饲料，而不是"撑吃不拉稀"的料是好料。但实际生产中，很多养猪户把 551 仔猪前期料的关注点都放到了"不拉稀"上。于是，为了达到撑吃不拉稀的目的，某些饲料厂家就顺应市场需求，采用既危害人类健康，又使商品猪育肥后期生长受抑制的药物型饲料。饲喂这些饲料之后，剖检时仔猪的肠道都是黑色的。

其实，半岁左右的婴儿，大多是拉糊糊状粪便，仔猪断奶后有不超过 5% 的腹泻率都属正常。

（三）只要吃得多，就一定长得快

有些养殖户认为，不管什么饲料，只要猪能够吃进去，就一定会长肉，吃得越多长肉就越多。其实，猪长肉多少是看饲料的能量、蛋白质、维生素、微量元素等营养物质是否平衡，而不是看吃进去的量。

就好像一个人天天只吃红薯，他的饭量会很大，但营养不一定充足；而一个经常吃肉的人，饭量虽很小，但他摄取的营养可满足需要。营养物质的吸收，遵从于"木桶定律"，如果只追求好的适口性，比如添加大量苹果渣，营养不平衡，猪吃得虽多，但不见得长肉多。

（四）使用预混料比使用全价料配合饲料省钱

预混料和浓缩料是中国独有的料型，20 世纪 80 年代后期，正大集团把"集约化"饲喂模式带入中国的时候，他们配套的营养模式是全价饲料，所以目前大部分厂家的全价配合饲料使用的 551、552 编号都来自正大系统。

预混料是只含维生素和微量元素的一种料型，我们不否认预混料出厂的时候有其价格所对应的价值，但四方面因素会使您购买的预混料一文不值。

1. 维生素太难保存

夏季高温条件下，假定您购买的预混料是 140 元/袋，您放置 1 个月后，最多值 100 元/袋。如果您再放置 1 个月使用，那么这袋料几乎一文不值，因为维生素已损失殆尽，剩下的只是一些不值钱的微量元素和载体而已。

2. 搅拌不均匀

每一种搅拌机都有特定的搅拌系数，常见的几千元的绞龙式搅拌机，很难把 20 千克预混料与近 500 千克其他原料均匀混合。

3. 原料质量无法保证

因为没有基本的化验设备，假豆粕都卖给了散养户，再加上玉米、麸皮等大宗原料的霉变率不能保证，猪吃后毛粗乱、体发白、体弱多病就是正常的事情了。

4. 配成全价料后仓储条件达不到

很多养殖户没喂多少猪，但喜欢用预混料，认为豆粕、玉米是自己亲自加进去的，加多少自己不会造假、心里踏实。但搅拌一次饲料十天半个月用不完，配成的全价料就胡乱堆放在猪场角落，老鼠偷吃不说，梅雨季节很快变质。

另外，全价配合饲料好歹是熟化料，而预混料是生料，一般情况下，熟化颗粒料与预混料配置成全价料相比，每千克成本贵两角钱，二者的经济效益基本相当（与当时的豆粕玉米价格相关），因为同样喂成 120 千克的商品猪，一头猪会多吃几十斤预混料配制的全价料。

再加上预混料自己粉碎搅拌，很多养殖户不按处方随意添加抗生素，也影响人的食品安全，所以从长远来讲，预混料是一个淘汰的料型。至于市场上流通的 6％、8％、10％、12％等料型，大部分厂家确实增加了某些营养物，但也不排除个别厂家钻政策空子和利用养殖户不懂相关知识的现状，打差异化牌，属于营销行为，对营养没有任何实质变革，这些料型也是昙花一现。

（五）猪价亏本，母猪将就着喂饱就行

有的专业户认为，以前喂母猪吃糠咽菜照样产仔，母猪抵抗力强不需要过多营养，于是行情低迷时，干脆只喂玉米和麸皮，有时候再掺和点当地的花生饼、豆腐渣、酒糟等糟糠类原料。对母猪饲喂产生这种认识，是忽视了 3 个方面的问题。

1. 当前母猪的饲喂方式是集约化饲喂

这种饲喂模式使商品猪的生产率提升了 1 倍，在没有集约化饲喂模式之前，喂成一头商品猪基本需要一年时间，而有了这种模式，生产一头商品猪只需要半年。

但集约化饲喂模式所衍生的母猪运动不足、趾蹄病增加和产后炎症增多问题，使很多养猪户把钱全赔在母猪身上。集约化饲喂模式要求猪群饲喂全价营养饲料，如果营养单一，生产性能将会一落千丈。

2. 母猪的品种发生了变化

我国本地品种大多耐粗饲，繁殖力也旺盛，但伴随着集约化饲喂模式的普及，品种已经改良。良种猪相对抗病力弱，不耐粗饲，如果随意喂饱就行，母猪营养不良，不发情、无乳等繁殖障碍性疾病随之而来。

生产三胎以上的母猪已经全体成熟，相对不需要太多的蛋白质和能量，但繁殖性能对维生素和微量元素的需求很高。关在单体栏里的母猪每天只面对水泥地面，如果不喂全价营养饲料，繁殖性能必将紊乱，不发情和屡配不孕等发生率就高。

3. 母猪是猪场的生产资料

一个猪场病多病少在"母猪"，长快长慢在"教槽"。母猪喂不好，所生仔猪体质差、生长缓慢；母猪防疫不好，仔猪今天这病明天那病，会让你焦头烂额忙于治疗。一个猪场只有把母猪喂好，才能有健壮的仔猪用来育肥，整个猪场也才能安生。所以，一个赚钱的猪场，不但要喂母猪料，并且要花大价钱喂好母猪料，整个猪场才能有钱可赚。

二、常见的对兽药的错误认识

（一）好兽药得一针见效

一针见效成就了早期发展的兽药厂，也毁掉了一批老养猪人。20 世纪 90 年代一直到高热病暴发之前，某某精华、某某一针灵、某某神针，因其快速的退热作用给人一针见效的感觉，但单纯以退热为目的，实际上掩盖了患猪的病情，反而加重病情。

（二）好兽药成分得新、含量得高

随着抗生素的滥用，药物的耐药性和机体对药物的耐受性，是一个越来越严重、越来越无法回避的问题。一定程度上，药物越新越能规避耐药性问题、用量越大越能克服机体耐受性问题。但这是一个无底洞，人类研发药物的速度远跟不上病菌耐药的速度。如果任其抗生素滥用，最终的结局是猪病无药可治，人病无药可医。

（三）好兽药价格不会便宜

研发成本是现在制药企业最不愿意承担的投入大、收益不确定的成本，就像盗版最终普及了音像事业但也毁掉了音像行业一样，仿制促进了新药的普及，但最终毁掉了新药研发的动力。

好兽药贵是有它的合理性，然而充斥今天养猪行业的高价位药物市场，不一定是药好，而仅仅是一种营销行为。其实，药物效果不仅仅在于药物本身，而在于以下四个方面：

（1）诊断正确：如把弓形体引起的发热诊断为感冒，用解表类中药、安乃近类退热药、头孢类消炎药等都无效，宜首选磺胺药。

（2）权衡选药：如便秘是灌油还是用芒硝或大黄？孕畜宜选用油类泻药，而不宜使用芒硝等，而中毒则不宜使用油类泻药。

（3）适时用药：如确诊为附红体，到底该选用磺胺间甲氧、多西环素，还是血虫净？要依病程而定，一般发病早期首选磺胺、发病中期首选多西环素、发病后期才用血虫净，不能有什么用什么。

（4）药物组合：如抗拉稀，用抗菌药＋口服补液盐＋鞣酸蛋白，要比单一使用抗生素效果好。

第四节　非洲猪瘟之后，家庭农场该做些什么

一、非洲猪瘟基础知识知多少

1. 哪些地方发生过非洲猪瘟？

非洲猪瘟自 1921 年在非洲东部肯尼亚发现以来，一直存在于撒哈拉以南的非洲国家；1957 年首次冲出非洲，从安哥拉传到西班牙，波及西欧；1971 年从西班牙传到古巴，波及拉丁美洲和南美洲，多数被及时扑灭，但在葡萄牙、西班牙西南部和意大利的撒丁岛仍有流行；2007 年相继传入格鲁吉亚、亚美尼亚、阿塞拜疆等高加索地区和俄罗斯，并在俄罗斯南部和东欧持续扩散；2012 年乌克兰首发，2013 年白俄罗斯首发，2014 年传入立陶宛、波兰和拉脱维亚；2017 年俄罗斯远东地区发生数起非洲猪瘟疫情；2018 年 8 月 3 日经中国动物卫生与流行病学中心确诊，沈阳市沈北新区沈北街道（新城子）五五社区发生非洲猪瘟疫情。

2. 非洲猪瘟是怎么感染猪的？

①感染的软蜱（已确定）或其他吸血昆虫（尚未确定）通过叮咬传播；②感染的猪（包括野猪）通过直接接触传播；③污染的饲料、泔水、

猪肉制品等通过采食途径传播；④污染的设施、工具（包括车辆、衣服和器械）等间接接触传播

3. 非洲猪瘟到底是个什么东西？

非洲猪瘟属双股线状 DNA 非洲猪瘟科非洲猪瘟病毒属，兼具虹彩病毒科和痘病毒科特性，有囊膜，因不产生中和抗体，故无血清型概念，但目前已证实有 24 个基因型。

非洲猪瘟病毒在猪体内可在网状内皮细胞和单核巨噬细胞中复制，可在钝缘软蜱中增殖而世代传播，在疣猪、丛林猪和非洲野猪体内可隐性带毒而成为病毒储存器。

4. 非洲猪瘟会不会传染人？

不同品种和年龄的猪和野猪均易感，伟力合曾于 1956 年通过兔子盲传 26 代后攻毒猪照样致死。但是，梦特哥马利氏等在 1921 年曾试验白鼠、天竺鼠、兔、猫、犬、山羊、绵羊、牛、马、鸽等动物都未被感染。其实，病毒感染动物就像钥匙（病毒表面蛋白，如流感的 H 蛋白）和锁（细胞上的病毒受体，如唾液酸）的关系，什么钥匙开什么锁，人没有非洲猪瘟的病毒受体，所以不会被感染。

5. 非洲猪瘟疫情暴发期，猪肉还能吃吗？

一般情况下，您在市场上买不到非洲猪瘟患猪的猪肉，非洲猪瘟感染后死亡率几乎 100%，属一类动物疫病，一经发现全群扑杀并无害化处理（用密闭容器运送尸体到专门处理厂，湿法化制或焚毁），流入肉品市场的可能性不大。另一方面，非洲猪瘟病毒对热的抵抗力不强，病毒虽存在于猪的血液、组织液、内脏及其他排泄物中，但被病毒感染的血液加热至 $55\,^{\circ}\mathrm{C}$ 经 30 分钟或 $60\,^{\circ}\mathrm{C}$ 经 10 分钟病毒就会被破坏，脂溶剂和消毒剂也可轻易破坏病毒；最关键的一点是人体细胞没有非洲猪瘟病毒的受体，即便吃了非洲猪瘟病死猪的肉也不会感染，普通民众尽管放心吃猪肉。

6. 非洲猪瘟会自然消失吗？

非洲猪瘟病毒生命力顽强，病毒的感染性在污染的环境中（如发病场的猪圈）可保持 3 天，在粪便中可持续数周，在腌制或高温烟熏的火腿中可存活 3~6 个月，在 $4\,^{\circ}\mathrm{C}$ 冷藏带骨肉中可存活 5 个月，在死亡野猪尸体中可存活 1 年，冷冻肉中可存活数年。非洲猪瘟对于我国现有的猪群来说是一种新病，所有猪群对其没有免疫力，均为易感动物。所以，未来一二十年内，在没有人工干预的条件下，非洲猪瘟不会从我国自然消失。

7. 非洲猪瘟常态化，我们该怎么办？

（1）政府层面：严禁从发病或风险国引进活猪及其产品，从未发病国

引进活猪时，要严格产地预检和入关前后的隔离检疫；在国际机场和港口，从飞机和船舶上带来的食物废料均应彻底焚毁，并严禁旅客夹带肉品入境；对无暴发非洲猪瘟疫情的地区应事先建立快速诊断方法和制定疾病发生时行之有效的扑灭计划。

（2）个人层面：目前世界范围内没有可有效预防非洲猪瘟的疫苗，但高温、消毒剂可杀灭病毒，做好养殖场生物安全防护是防控的关键。①严格控制人员、车辆和易感动物进入养殖场；进出养殖场及其生产区的人员、车辆、物品要严格落实消毒措施；②尽可能封闭饲养生猪，采取隔离防护措施，尽量避免与野猪、钝缘软蜱接触；③严禁使用泔水或餐余垃圾饲喂生猪；④发生不明原因死亡等疑似非洲猪瘟感染时应及时上报当地兽医部门。

二、未发生过非洲猪瘟疫情的家庭农场该做些什么

2018 年下半年非洲猪瘟疫情以前所未有的摧毁力横扫了中国养猪业。截止到 2019 年底，全国共报告发生 162 起非洲猪瘟疫情，累计扑杀 120 万头染病生猪（数据来源于 2020 年 1 月 8 日农业农村部副部长于康震在北京举行的新闻发布会）。尽管全国所有的省份都发生过非洲猪瘟疫情，但并不是所有的猪场都感染了非洲猪瘟，至今未发生过非洲猪瘟的家庭农场该做些什么？

1. 紧抓船小好调头的优势，抢占市场空白期

鉴于非洲猪瘟疫情的复杂性，我个人认为温氏、牧原等养猪业巨头近几年内疯狂扩张的可能性不大，他们可能会在加强屠宰能力和肉品深加工上下功夫，也不会盲目在出栏生猪数量上做更大的投入。如此一来，小规模养猪户前两年被这些集团企业挤压的市场空间将被释放出来，毫无疑问，至少未来两年是小规模养猪户翻身捞本的机遇之年。

2. 紧绷"生物安全"之弦，确保猪能活着

非洲猪瘟是接触性传播，传播的媒介可能包括饲养员的衣服、落在头发上的灰尘等。为了养猪安全一方面要少接触外人，没事儿就宅在猪场，不到万不得已不轻易踏出猪场半步；另一方面要尽可能缩窄交际面，在非洲猪瘟疫区，凡是以往饲料厂、兽药厂、疫苗厂搞促销活动就去吃喝、旅游的养猪户往往最先中招，而一些老实巴交、不善交际，只知道埋头干活的夫妻档猪场往往比较安全；最后要牢记的就是坚决不吃外来猪肉及猪肉制品。

3. 积极改造猪舍结构，增加相应设施设备

（1）发生非洲猪瘟疫情后，哪些猪场的猪死亡率最高？

发生非洲猪瘟疫情的猪场有很多，但每一个发病的猪场死亡率完全不一样，有的短时间内清场，有的却能活下来一半以上。究其原因，除了疾病本身高死亡率的特点以外，与人的因素、猪的因素和圈舍因素都有密切的关系。

1）靠近大路边、人员出入频繁的猪场最先发病。疫情在某地流行后，以往喂猪较多，社交面较广，今天参加这个疫苗厂订货宴会、明天参加那个兽药厂旅游观光的老板们的猪场最先中招。

2）大圈舍的猪场发病后最终以清场而告终。河北某地有一个800头育肥猪的新建猪舍，猪发病后听当地兽医的建议按蓝耳病治疗，结果几天后进入死亡高峰，一天死亡147头，直接把老板吓傻，整个猪场连母猪带小猪一两千头，三天内处理干净，赔得小老板至今提起非洲猪瘟都浑身发抖。

3）大小混群的猪场，疫情持续时间最长，最终剩下寥寥几头耐过猪。非洲猪瘟发生后，一般先从母猪开始，有一个猪场四十几头母猪在老猪场喂养，而育肥猪在新建的新猪场喂养，年后发生非洲猪瘟疫情后，母猪几乎清空，但育肥猪至今平安无事。而几乎所有大小混群的养猪场，母猪和大育肥猪先后清空后，保育猪也陆续发病，疫情可持续两三个月，最终只活下来几头自然耐过猪。

4）通槽饲喂的猪场大幅度降低耐过率。有研究表明，非洲猪瘟最早在唾液里面含毒量最高，所以有非洲猪瘟唾液检测法。通槽饲喂为非洲猪瘟早期的接触传播提供了便利，发病率明显提高，一旦发病则九死一生。

（2）为防非洲猪瘟，猪场场区和圈舍应做哪些改造？

1）设置交通路障：非洲猪瘟虽然凶猛，但不会从天而降。从以往的流行轨迹来看，所谓的蜱虫、泔水、血浆蛋白、玉米、苍蝇等传播媒介都不是造成区域大面积流行的主要元凶。对养猪场危害最大的就是拉猪车和无害化处理车，要想防住非洲猪瘟，就要有路障把这些车辆远远地挡在猪场门外。

2）把大圈舍改造成独立的小圈舍并安装窗纱：小圈舍喂养时，即便在圈舍内发现非洲猪瘟病例，发病一圈清除一圈，能最大限度地降低损失，不至于出现大面积死亡而恐慌性抛售的惨痛局面。

有的圈舍野猫乱窜、麻雀乱飞，更别说黑压压扑面而来的苍蝇，这些动物即便不携带非洲猪瘟病毒，也会传播弓形体、流感和其他传染病，所以，圈舍安装窗纱看似事儿小，实则能够阻断很多疾病的传播。

3）提前设置病猪隔离圈：非洲猪瘟是一圈一圈发病，发病一头死亡一头；从猪群发病到疾病确诊的这段空档期，正是造成大面积传染的关键节点。如果第一时间把第一头发病猪隔离到病猪舍再进行治疗，即便这头猪最终死亡，也不至于污染整栋猪舍，非洲猪瘟的潜伏期是5～19天，如果20天后猪群不出现新发病例则安全渡过一次非洲猪瘟感染期。

4）每一个小圈舍设置一套独立的饮水投药系统：不是每一个人都了解非洲猪瘟，非洲猪瘟流行区域，很多猪场并不是暴发了非洲猪瘟疫情而清场，而是因为恐慌而抛售。非洲猪瘟没有特效药物治疗，如果有独立的饮水投药系统，猪群发病后在一个小圈舍先试探性投几天药，如果效果好就不是非洲猪瘟，起到治疗性诊断的作用，不至于因恐慌而抛售。

设置饮水投药系统是因为养猪场习惯采用拌料给药，猪群发病后越是病猪食欲越差，它不吃料或吃料很少，所以，即便不是非洲猪瘟治疗效果也不明显，但发热猪却因为口渴而喜欢饮水。饮水投药系统其实很简单，用三通管件把一个水桶安装到水路上，再安装一个阀门，平时按正常水路供水，投药时打开阀门让水通过投药桶就行了，改造成本非常低。

4. 改变以往不良的养猪习惯

（1）不在原圈打针治疗：20世纪80年代，一家只喂一两头猪，猪有病了就地打针治疗；后来是规模化、集约化饲喂，人们怕隔离麻烦也是就地打针治疗，这是本次非洲猪瘟疫情造成重大损失的一个重要因素。一头猪如果感染非洲猪瘟，兽医一时半会儿拿不准就在原圈按其他常见病治疗三五天，而这三五天工具互用、灰尘乱飘、粪尿流经全舍，很可能会导致全圈感染非洲猪瘟。

（2）不消毒不互窜圈舍、工具不互用：有些小猪场全场就一个料车、一张铁锨、一把扫帚，清完育肥圈接着清理母猪圈，一年也不会把这些工具消一次毒；非洲猪瘟常态化后，各圈舍要有各圈舍的专用工具，确保一个生产批次内所有工具不出圈舍。

（3）严格按程序清理圈舍、免疫、消毒和消杀：非洲猪瘟发生后交际面广的猪场最先发病，免疫程序混乱的猪场死猪最多，卫生条件差、大小混群的猪场发病后疫情延续时间最长，严格按程序免疫和消毒，不偷懒、不侥幸，用心养猪才有可能安安稳稳地把猪养好。

5. 重视场内猪群布局及小环境建设

（1）合理安排圈舍结构，大小分群。非洲猪瘟一般先从母猪开始发病，至少 60% 的发病猪场在母猪死淘殆尽后，四五十斤体重以下的小猪才能存活。然而，大小混群的猪场往往会每隔三五天死亡几头，最终在两三个月全部死完；而大小分群的猪场，在严格的生物安全保证下，一般能保住数量相对较多的存活小猪。

（2）提高保育圈舍温度

发生非洲猪瘟疫情母猪淘汰完毕后，一般有几天至十几天的平稳期，随后育肥猪开始发病，陆续出现耳朵、臀部发红，体温有的升高有的下降，发病后 2～3 天开始死亡，第 11 天左右进入死亡高峰。生产实践证明，圈舍铺设有地暖或其他供暖设施的猪场，保育猪存活率较高，这个现象可能与传染性胸膜肺炎、猪副嗜血杆菌病等其他呼吸系统疾病发生率降低有一定的相关性。

6. 重视猪的体质，杜绝亚健康

疾病和健康是一个此消彼长的过程，从当前发病形势来看，各地均有慢性病例出现，发生非洲猪瘟后的耐过率也大幅提升。这个现象提示我们非洲猪瘟病毒有可能已经弱化，或者猪对非洲猪瘟的抵抗力有所提高，不管是哪一个因素，都表明非洲猪瘟病毒也是动态演变的，并不是一直都像刚暴发时的那样猛烈。改善猪场饲养环境、不喂劣质原料、尊重动物福利、增强猪群体质，猪的抵抗力增强了，感染非洲猪瘟的概率就会小一些，或者即便感染了伤亡率也会小一些。

7. 严把饲料及原料采购关，防止病从口入

从以往通报的非洲猪瘟疫情传播途径来看，官方通报数据为生猪及其产品异地调运占比 16.3%，餐厨剩余物喂猪占比 42.9%，人员车辆携带病毒传播占比 40.8%。中国有句俗话"病从口入"，即便是异地调运和车辆携带，最终还是这些媒介直接或间接污染了猪的饲料或水源。

以前饲料行业相对比较混乱，有些小饲料厂家考虑成本问题会使用一些非常规原料；某些猪场为了追求更好的性价比也经常变换饲料品牌，无形中就增加了猪群感染的几率。非洲猪瘟洗劫过后，最好还是稳定使用一个相对规范厂家的饲料，可以减少猪群被污染的机会。

三、已经感染过非洲猪瘟的家庭农场，该怎么做好复养工作

1. 发生过非洲猪瘟的猪场多长时间才能重新补栏？

（1）从动物防疫法规方面考虑，2017 年 9 月 20 日印发的《非洲猪瘟

疫情应急预案》第5.5条规定：疫点和疫区应扑杀范围内所有猪死亡或扑杀完毕，并按规定进行消毒和无害化处理6周后，经疫情发生所在地的上一级兽医主管部门组织验收合格后，由所在地县级以上兽医主管部门向原发布封锁令的人民政府申请解除封锁，由该人民政府发布解除封锁令，并通报毗邻地区和有关部门。解除封锁后，疫点和疫区应扑杀范围内应至少空栏6个月。

2019版《非洲猪瘟疫情应急实施方案》又规定在解除封锁过程中引入哨兵猪，通过采取哨兵猪检测措施，解除封锁时间可缩短为30天；解除封锁后，在疫点和疫区应扑杀范围内，对需继续饲养生猪的养殖场（户），应引入哨兵猪并进行临床观察，饲养45天后（期间猪只不得调出），对哨兵猪进行血清学和病原学检测，均为阴性且观察期内无临床异常的，相关养殖场（户）方可补栏，即引入哨兵猪监测无疫情的话，最短75天即可重新补栏。

（2）从病原在环境中的存活时间考虑：非洲猪瘟病毒可以在水中存活70天，粪便中存活160天，木料中存活190天，泥土中存活205天。按在泥土中的最长存活时间推断，可以在6～7个月以后复养。网络上有一种说法，发生非洲猪瘟的猪场2～3年不能养猪，我个人认为这种说法没有依据。

（3）有养殖户说没有疫苗不敢再养猪，这种说法是个人对非洲猪瘟的恐惧。

诚然，防重于治的思想非常正确，但且不说任何疫苗的保护率都有一个限度，非洲猪瘟病毒分子非常复杂，容易发生免疫逃逸，疫苗制作难度非常大，短时间内难有疫苗，就当前的形势而言，等待疫苗无异于主动放弃捞金的市场空白期。

俄罗斯也流行了十年的非洲猪瘟，他们也没有疫苗和特效药物治疗，但俄罗斯的猪并没有灭绝。所以，作为一种新的疫病，暂时没有办法治疗，但猪自身会慢慢产生抵抗力，能把非洲猪瘟临床表现抵抗成慢性型就是中国养猪业的胜利。资料记载非洲猪瘟慢性型的死亡率是10％～30％，这个死亡率远远低于传染性胃肠炎、猪副嗜血杆菌病及我们以往常见的混合感染的死亡率。

2. 已被非洲猪瘟病毒污染的场区和圈舍怎么消毒才能放心？

（1）猪场场区及隔离舍处理

1）以往喂猪只重视圈舍内的清理消毒，但非洲猪瘟最早爆出的传播媒介是蜱虫。所以，发生过非洲猪瘟的场区外围的灌木丛和杂草一定要清理干净，污水坑一定要填平，粪便要堆积发酵或及时无害化处理；每隔一段时间，一定要用农药喷洒猪场周边，杀灭一切有可能窜入圈舍的昆虫。

2）非洲猪瘟病毒生命力顽强，在泥土、木头、水源中都能存活，复养前必须用火烧圈舍周围的泥土地。需要注意的是，仅用火碱喷洒不行，火碱的渗透性不强，喷洒之后老鼠从上面路过，把小土块翻了个儿，消毒就前功尽弃；唯有烧成焦土才能彻底杀灭潜伏的病毒。火烧一次之后每半个月可用火碱喷洒一次或撒布生石灰。特别强调的是每次大雨、大雪之后必须重新消毒。

（2）正常装猪的圈舍处理

1）蜘蛛网是养猪场最容易忽略的清理死角，蜘蛛网有黏性，很容易黏附携带病菌或寄生虫卵的灰尘。非洲猪瘟病毒生命力顽强，在有机质中能长时间存活，所以清理圈舍时清除蜘蛛网是至关重要的工作。蜘蛛的繁殖速度极快，今天清扫完毕明天又会出现，因此在清理蜘蛛网时要手持一瓶喷雾式杀虫剂，清扫完毕后就用杀虫剂喷洒地面和周边，要把看不见的小蜘蛛赶尽杀绝。

2）非洲猪瘟病毒在泥土里205天还具有感染力，所以猪圈清理时墙壁上的黑痂、砖缝和房梁上的灰尘是清理的重点，够不到的地方要用吹风机吹，洗不干净的地方要用火烧，然后按程序消毒。

3）圈内外的粪道用火碱水冲刷，沿途要寸草不生，更不能有残粪渣或砖头、料袋等垃圾。

（3）引种要知根知底

非洲猪瘟潜伏期5～19天，疫情发生后，这一圈的猪快死完了，临圈的猪可能还在大吃大喝，所以，有些信息灵通的不良猪贩就会把一些潜伏期的猪以极低价格买走，再以正常猪的价格卖给急于复养的养猪人，笔者身边几个复养不成功的猪场全是中了这招。

目前，非洲猪瘟在南方某些区域多有发生，黄河两岸流行过的区域也有零星发生，所以，引种尽可能要亲自到对方猪场考察几天，做到不从疫区引种，不从陌生猪贩手里引种。

（4）复养后要全员牢记紧急止损预案

1）单元清除：发生非洲猪瘟疫情后，以往提出的"拔牙式清除"在临床实践中具有很大的局限性，一方面养猪的人大多是农民，"拔牙式清除"时不彻底，实际上是延长了非洲猪瘟在猪场内的流行时间；另一方面按樊福好老师的建议，只有在早期通过唾液检测，"拔牙式清除"才能有效，这在广大农村的小规模猪场难以实现。

贾志伟老师提出"单元清除"就有可操作性，简单地说就是本圈舍有一头确认发病，那么整栋猪舍里的猪全部清理，在实践中有保全其他圈舍内未发病猪群的可能性。

2）严防其他动物入舍：对发病猪舍实施"单元清除"之后，要在发病猪舍外围铺设 1.5 米宽度的生石灰带，防止老鼠或其他昆虫在发病舍内逗留以后又爬进未发病圈舍，造成病毒跨舍传播。

3）日常工作以圈为单位隔离截断：发生非洲猪瘟疫情后，未发病圈舍门口要多准备几套工作服，一天不管进出几次圈舍，进去一次必须更换一次工作服；清圈时随身携带一个装消毒药水的桶，每清理一圈，要把工具在消毒桶内清洗消毒一次，坚持 20 天无新发病例即可解除警报。

4）保护耐过猪群

俄罗斯发生非洲猪瘟十年，照样是在没有疫苗、没有特效药物治疗的情况下，猪种没有灭绝，猪肉产量还翻了一番，一方面可能与当地猪场不密集有关，另一方面可能猪群对非洲猪瘟病毒已经有了耐受性。

就中国非洲猪瘟疫情暴发后的这一年来看，耐过猪的确能够抵御同源强毒株的攻击，因为有养猪户反映自己的猪场在疫情发生的后期已无心再每天往猪舍外拉死猪，但个别猪在死猪堆里照吃不误，疫情过去很久，仍活得好好的。

尽管有人证实耐过猪的血清对其他未感染猪群没有保护作用，但耐过猪体内一定具有某种对抗非洲猪瘟病毒的机制。可以大胆猜测，俄罗斯的猪肉产量能够翻一番，很可能一方面与近年来的规模化进程有关，另一方面，散养户现在饲养的猪很可能就是当年的耐过猪重新构建的母猪群体。

第八章　猪价背后的秘密

第一节　把握生猪行情脉搏，做个明白养猪人

近几年，生猪行情如过山车般起伏不定，养猪人忽而心花怒放，忽而捶胸顿足。纵观改革开放以来，尽管生猪价格跌宕起伏，但价格波动整体上也是有规律可循。

把握猪价"行情"脉搏，需要从三个角度着手：①认识猪价历史规律——解读"猪周期"；②评估当前实际形势——"现象"分析；③分析国家政策动向——政策导向。

一、认识猪价历史规律——解读"猪周期"

猪周期是一种经济现象，指"价高伤民，价贱伤农"的周期性猪肉价格变化怪圈。猪周期的循环轨迹一般是：猪肉价格上涨—母猪存栏量大增—生猪供应增加—猪肉价格下跌—大量淘汰能繁母猪—生猪供应减少—猪肉价格上涨。

（一）规模化发展趋势下，以后还有猪周期吗

1. 美国生猪养殖规模化进程大致可分为 3 个阶段

（1）养殖场数量的急剧减少阶段：美国生猪养殖规模化正式始于 20 世纪 80 年代初期，在此后 20 年左右的时间里快速推进。在此期间，生猪养殖场数量锐减近 90％，由 70 年代末的 65 万家，减少到现阶段的 7 万家左右。

（2）养殖场规模的迅速扩张阶段：场均存栏量增长近 10 倍，由 20 世纪 70 年代末的场均 95 头左右上升到 2009 年的场均 900 多头。

（3）规模化进程相对减速阶段：场均存栏量趋于稳定，但大规模养殖场数量和存栏比重仍在稳步上升，规模化后的美国生猪存栏总量维持在

6000 万头左右，整体波动幅度不超过 10％。

2. 美国生猪价格从规模化进程伊始至今，经历了五个较为完整的周期性变动

年份	周期长/年	上坡/年	下坡/年
1950—1953	3	1	2
1953—1957	4	2	2
1957—1960	3	2	1
1960—1965	5	3	2
1950—1965 平均	3.75	2	1.75
1965—1969	4	3	1
1969—1975	6	2	4
1975—1982	7	5	2
1982—1986	4	1	3
1965—1986 平均	5.25	2.75	2.5
1950—1986 平均	4.5	2.4	2.1

（1）美国经历的 5 个猪周期的整体特征：周期长度先拉长后缩短，进而逐渐模糊化，价格波动幅度也经历了波动加剧到逐步弱化的过程。

（2）美国生猪养殖规模化进程中猪价呈现 3 个阶段的特点：第一阶段，规模化进程初期，生猪价格存在清晰的周期性波动，波峰波谷交替出现；第二阶段，规模化进程进入加速期，猪周期愈加明显，猪价波动幅度加大；第三阶段，规模化进程进入深水区，周期性现象日渐模糊，但并非完全消除波动，生猪价格仍存在小幅度但较为频繁的上下跳动，包括季节性波动。

结论：猪周期是供求关系经济规律，是由人性决定的，今后将依然存在，但猪价波动形态和影响力会有所变化。

（二）认识猪周期

我国养猪历史上（改革开放后）先后在：1985 年、1988 年、1994 年、1997 年、2000 年、2004 年、2007 年、2012 年、2016 年、2019 年等年份，经历了 10 次明显的价格上涨。

1. 猪周期的主要标志

年环比增长超过 10％，其中 1988 年、1994 年、2007 年、2019 年为 4

次大波动，价格的年环比增长超过 50%。

2. 猪周期的习惯性划分

以两谷夹一峰为一个"猪周期"。两个顶峰日之间的最低猪价日为谷底日，也是"猪周期"与"猪周期"之间的分界线。

3. 我国猪周期的起点

1992 年以前，我国以计划经济为主，猪价平均在 3 元/千克，没有明显的差异（不计入猪周期之内）；从 1993 年 4 月，生猪价下降到 2.8 元/千克，开始出现真正的"猪周期"。因此，所谓的猪周期，不包含 1985 年和 1988 年的两次价格上涨。

4. 猪周期对我们以后的养猪生产影响有多大

我国非瘟当前能繁母猪存栏 3800 万头（推演数据：2012 年 4 月农业部已停止公布能繁母猪具体数量，只公布 4000 个监测点数据变化，即同比或环比上涨或下跌百分比）。农业部预警线是能繁母猪不超过 4800 万头。

单从两个数据表面看：非瘟当前能繁母猪缺口 1000 万头，但随着养猪户数的大幅度减少，单个养猪户规模越来越大，养殖设备越来越先进等因素使 PSY 的上涨；加上人们需求肉食结构的变化（牛、羊肉占比加大），生猪供应有缺口但后劲不足，猪价再次暴涨概率越来越小。

有专家预测：中国以后只需要 2500 万头能繁母猪即可满足全国人民的猪肉需要（前提是 PSY 达到美国水平平均 24 头）。

5. 八次猪周期概况

1993—2020 年，历时 27 年，共计 8 次明显的猪周期。

（1）高峰年分别出现在：1994 年、1997 年、2000 年、2004 年、2008 年、2012 年、2016 年和 2019 年等年份。

（2）低谷年分别出现在：1993 年、1996 年、1999 年、2002 年、2006 年、2010 年、2014 年、2018 年等年份。

1993—2020 年生猪价格 8 次猪周期记录表：

周期	年份	周期长	初谷底日	顶峰日	末谷底日
第一周期	1993—1996	1089 天	1993 年 4 月 30 日	1994 年 12 月 30 日	1996 年 4 月 24 日
第二周期	1996—1999	1113 天	1996 年 4 月 25 日	1997 年 9 月 26 日	1999 年 5 月 11 日

续表

周期	年份	周期长	初谷底日	顶峰日	末谷底日
第三周期	1999—2002	1097 天	1999 年 5 月 12 日	2000 年 11 月 4 日	2002 年 5 月 12 日
第四周期	2002—2006	1434 天	2002 年 5 月 13 日	2004 年 9 月 5 日	2006 年 4 月 15 日
第五周期	2006—2010	1466 天	2006 年 4 月 16 日	2008 年 2 月 3 日	2010 年 4 月 20 日
第六周期	2010—2014	1462 天	2010 年 4 月 21 日	2012 年 9 月 10 日	2014 年 4 月 21 日
第七周期	2014—2018	1484 天	2014 年 4 月 22 日	2016 年 5 月 4 日	2018 年 5 月 13 日
第八周期	2018—2022	预计 5～7 年	2018 年 5 月 14 日	暂无法预计	因非瘟疫情影响暂无法预计

（三）7 次猪周期解析

1. 第一周期

1993 年 4 月 30 日至 1996 年 4 月 25 日，共计 1089 天，亏本 402 天，盈利 687 天。

起点：2.8 元/千克，谷底：2.8 元/千克，高峰：9.2 元/千克，谷峰差：6.4 元/千克；波动率：328.6%。

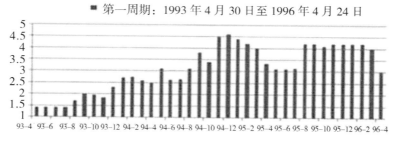

第一周期：1993 年 4 月 30 日至 1996 年 4 月 24 日

（1）上图可以看出：第一周期猪价以持续上涨为特征。

（2）第一周期猪价持续上涨的原因分析。20 世纪六七十年代，农村以生产队为集体核算单位，个别社员都养猪，一般家庭每年养一两头猪，每年养猪五六头的大户比较少见。当时是计划经济时代，生猪养成后不允许私自出售，必须统一交给国家，再由国家来进行分配。进入 20 世纪 80 年代中后期，人们物质生活水平逐渐提高，生猪可以自由交易，激发人们极大生产热情，养猪成为最主要的家庭副业。另一方面，各行各业蓬勃发展，货币政策宽松，人民的购买力相对增强，人们都吃得起猪肉，两种因素叠加，使猪价持续上涨。

（3）第一周期的历史意义：全国养猪业蓬勃发展，养猪人大量出现。

2. 第二周期

1996 年 4 月 25 日—1999 年 5 月 11 日，共计 1113 天，亏本 333 天，盈利 780 天。

起点：6 元/千克，谷底：4.2 元/千克，高峰：9.0 元/千克，谷峰差：4.8 元/千克，波动率：214%。

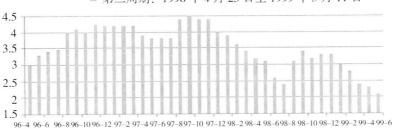

第二周期：1996 年 4 月 25 日至 1999 年 5 月 11 日

（1）上图可以看出：1997 年全年都在高价位上运行，是现代养猪业历史以来第一个全年盈利年，到 1998 年 4 月，进入亏本期，直到 1999 年 5 月 11 日谷底价格每千克 4.2 元，也是市场经济以来的第一次猪价大滑坡，养猪业第一次出现全国范围的大面积亏本。第二周期猪价以波动大跌为特征。

（2）第二周期猪价大跌的原因分析：根本原因在于能繁母猪存栏量激增。①1997 年养猪效益太好，全国能繁母猪存栏量快速增加，造成 1998 年下半年和 1999 年生猪供大于求（当时能够经常吃猪肉的群体，还只是上班有工资的家庭）；②东南亚金融危机，国家采取经济宏观调控，银根紧缩，消费者购买力下降；③体制改革，下岗工人增加，工人干部们（当时猪肉消费的主要群体）开始节衣缩食，有钱也不敢天天买肉吃，为了养老，钱都往银行里面存，银行存款暴涨。

（3）第二周期的历史意义：一些搞投机的养猪人梦想破灭，养猪业第一轮洗牌（没钱养猪的退出）。

3. 第三周期

1999 年 5 月 12 日至 2002 年 5 月 12 日，共计 1097 天，亏本 285 天，盈利 812 天。

起点：4.2 元/千克，谷底：4.2 元/千克，高峰：6.6 元/千克，谷峰差：2.4 元/千克，波动率：157%。

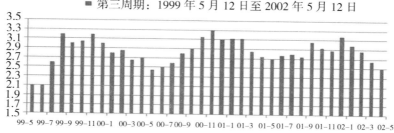

（1）上图可以看出：①第三周期猪价始终在 2.5～3.2 元/斤之内上下波动，年度间小周期明显；②尽管整体猪价不高，但当时粮食价格非常便宜，2000 年由于饲料价格较低，虽然猪价不高，但猪粮比价年均 6.8∶1，形成第二个全年盈利年；当时，专门做育肥的散户和投机型专业户还是挣了不少钱；③第三周期猪价以低价走平、不死不活为特征。

（2）造成第三周期猪价不死不活的原因分析：21 世纪初期，南方经济飞速发展，养猪不如去打工，各地年轻人如潮水般涌向南方。在家养猪的大多是老人和妇女，他们没能力扩展规模，但为了增加家庭收入，也不轻易放弃养猪，所以生猪供应整体平稳，猪价不死不活。

（3）第三周期的历史意义：第三周期是养猪人的"炼丹炉"，熬出来的基本都炼成了"百劫不死"之身，是后来家庭农场的主力军；第三周期也是科学养猪技术普及的关键时期，就是在这个时期，普通养猪人知道了仔猪 7 天就要补料，并且还要打补铁针等基本知识。

4. 第四周期

2002 年 5 月 13 日至 2006 年 4 月 15 日，共计 1434 天，亏本 390 天，盈利 1044 天。

起点：5.2 元/千克，谷底：5.2 元/千克，高峰：11.0 元/千克，谷峰差：5.8 元/千克，波动率：212%。

■ 第四周期：2002 年 5 月 13 日至 2006 年 4 月 15 日

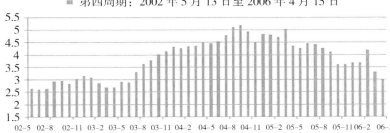

（1）上图可以看出：①2003 年下半年，猪价回升后一直上升，2004 年猪价创历史新高，每千克 11.0 元，盈利时间长达 24 个月，是现代养猪历史上第三次全年盈利年；②2006 春节后猪价开始快速下滑，到 4 月中旬即达谷底；③第四周期猪价以持续上涨、快速下降为特征。

（2）第四周期猪价持续上涨、快速下降的原因分析：①国家开始对三农重视，农民工工资清欠，2006 年 1 月 1 日又全面减免农业税及种粮直补等政策的实施，使农民购买力提高，猪肉主要消费群体从干部、工人阶层转移为农民，因为 9 亿农民基数大，所以强大的需求量持续拉升猪价；②2004 年 H_5N_1 禽流感的暴发，人们不敢吃鸡肉也相对拉升了猪价；③2005 年四川链球菌事件，媒体连续报道，使很多非本行业人不敢吃猪肉，成为猪价快速下滑的导火索；④2006 年上半年高热病暴发，人们因恐慌而将好猪、病猪、未长成的架子猪一齐塌方式出栏，导致猪价出现一日三跌的失控局面；⑤全面定点屠宰的政策实施使屠宰场垄断了肉源，开始掌控定价权。

（3）第四周期的历史意义：经历本周期的大多数养猪人完成了真正意义的"原始积累"，有了持续发展的第一桶金。

5. 第五周期

2006 年 4 月 16 日至 2010 年 4 月 20 日，共计 1466 天，亏本 127 天，盈利 1339 天。

起点：6 元/千克，谷底：6 元/千克，高峰：18 元/千克，谷峰差：12 元/千克；波动率：300%。

（1）下图可以看出：猪价从 2006 年 7 月开始快速上升，到 2008 年 3 月达顶峰，少数地区出现 10 元的高价，每头利润达千元。自 2008 年 3 月始，在长达 12 个月的下行期里价格仍在高位。盈利的时段从 2006 年 8 月至 2009 年 2 月，共计 31 个月，是现代养猪以来历史上盈利期最长、猪价

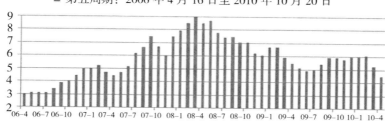

■ 第五周期：2006 年 4 月 16 日至 2010 年 10 月 20 日

最高的阶段，是第四次出现全年盈利，并且是第一次出现连续两年以上盈利。第五周期猪价以尖峰式涨跌为特征。

（2）导致第五周期尖峰式涨跌的原因分析：①2006 年，因高热病使某些地区生猪死亡率超过 50%。惨重死亡一方面使很多人心有余悸、不敢再养猪；另一方面因生猪大量死亡，猪肉供应几乎出现空白，生猪价格垂直式上升；②2007 年养猪太赚钱，出现是母猪就留种的极端现象（人们不再追求种猪品种）。如此一来，一方面相对减少了肥猪的上市量，另一方面为后期巨亏埋下伏笔。

（3）第五周期的历史意义：诞生了一大批暴发户，行业第二轮洗牌（没技术的退出）。

6. 第六周期

2010 年 4 月 21 日至 2014 年 4 月 21 日，共计 1462 天，亏本 307 天，盈利 1155 天。

起点：9.0 元/千克，谷底：9.0 元/千克，高峰：19.0 元/斤，谷峰差：10 元/千克，波动率：211%。

第六周期：2010 年 4 月 21 日至 2014 年 4 月

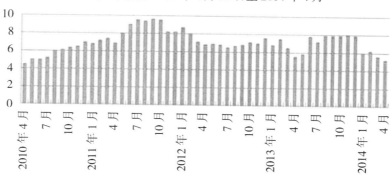

（1）上图可以看出：①猪价超历史连续上升 17 个月，特别是 2011 年

6月、7月、8月、9月等月份，全国平均价都在每千克9元，实现第二次连续2年盈利；②2013年1～4月和2014年1～4月，出现2次急剧下跌，坑苦了很多老养猪人和二次育肥的投机养猪人；③第六周期猪价以持续上涨、跳跃式下跌为特征。

（2）第六周期猪价持续上涨、跳跃式下跌的原因分析：①经济的强劲复苏，沿海城市出现用工荒，就业门路增多，很多不愿再承受养猪风险的散养户退出，造成生猪供不应求；②2010年7月、8月、9月高温季节母猪配种有效率低，加上2010年冬季口蹄疫和病毒性腹泻暴发，大量仔猪死亡和母猪流产，导致2011年上半年15千克体重仔猪价格每头达六七百元甚至千元/头；③为抵御2008年世界性金融危机，人民币的超发导致10元钱当6元钱用，钱不值钱了自然而然猪价也水涨船高；④2013年出现亏本，2014年4月到达谷底，周期下行期间，曲线2次急剧下跌，不符合市场规律，应为不适当调控所致；⑤第六周期出现了历史上第一次全行业深度亏损。

（3）第六周期深度亏损的原因分析

1）表层原因——能繁母猪较多：2012年9月以来，能繁母猪长时间维持在5000万头以上，2013年下半年，部分规模猪场开始结构性调整母猪群，虽淘汰部分生产性能低下的母猪，但新后备猪补充量大于母猪淘汰量。2014年4月以后，能繁母猪数量才出现实质性下降，截至2015年1月，母猪存栏4463万头。第六周期能繁母猪主要掌握在家庭农场和散养户手中，因"舍不得"而造成淘汰缓慢。2013年亏本以后，养猪人几乎都进入到看谁能熬死谁的胶着状态，导致亏本期明显延长。

2）深层原因——政府干预及资本涌入：第五周期高峰段已埋下了第六周期深度亏损的伏笔，2008年春天生猪价格狂涨（达到20元/千克），夏秋狂跌，政府开始价格干预，6月份零税率大量引进冻猪肉，12月1日解除猪肉价格上调申报政策。母猪补贴从50元上调到100元，盲目补贴，造成能繁母猪严重过剩；外资投行（高盛、德意志银行、美国艾格菲投资银行）进军中国养猪业；新希望、正邦、正大、中粮集团等饲料及饲料原料企业加入养猪产业链；原本就养猪的牧原、雏鹰等集团企业也快速扩张，为第七周期养猪群体结构改变打下了基础。

（4）第六周期的历史意义：①养猪人实现了职业化，职业化的特征就是到某一个村庄随便问一个人谁家养猪，基本家喻户晓；并且都有固定的、相对规模的猪场和一定的养猪经验；②行业第三轮洗牌，盲目扩张、资金链断裂的猪场倒闭退出。

7. 第七周期

2014 年 4 月 21 日至 2018 年 5 月 13 日，共计 1484 天。

起点：10.4 元/千克，谷底：9.6 元/千克，高峰：20.46 元/千克，谷峰差：10.86 元/千克，波动率：213%。

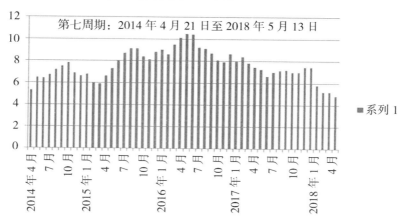

（1）上图可以看出：①从 2014 年 4 月到 2016 年 6 月，实现 3 次波浪式上涨，第一次高峰 2014 年 10 月 7.8 元/斤，第二次高峰 2015 年 9 月 9.1 元/斤，第三次高峰 2016 年 5 月 10.45 元/斤；②2018 年 2 月，猪价出现断崖式下跌，本月内猪价从 7.46 元/斤急剧下跌到 5.8 元/斤，4 月中旬即跌破 5 元大关，出现了 8 年来最低价格，养猪人再次出现深度亏损；③第七周期猪价以波浪式上涨和断崖式下跌为特征。

（2）第七周期猪价以波浪式上涨和断崖式下跌的原因分析：①环保成了勒脖绳，散养户成了过街老鼠，很多地方出现无猪县，而集团化规模场刚开始扩张，产能尚未发挥，猪肉供不应求；②因 2014 年母猪实质性淘汰，形势好转之后，快速补充的新母猪产仔相对集中，造成上涨阶段呈波浪形；③因猪肉消费习惯，年前年后差距巨大，产能释放的大集团年后生猪供应严重供大于求，造成断崖式下跌，再次深度亏损；④第二次出现谷底低于周期起点的现象（第一次出现在第二周期），提示 30 年来猪价整体持续上涨的态势被打破。

（3）第七周期的历史意义：①要求完成了职业化的养猪人要懂得经营；②行业第四次洗牌，不符合环保者退出集团化规模场首次成为主力军。

8. 第八周期

2018 年 5 月 14 日至今，因非洲猪瘟疫情造成能繁母猪惨重损失，预计周期 5～7 年。

起点：9.6 元/千克，谷底：估计不会低于起点 9.6 元/千克，高峰：因非瘟后生猪禁运及疫情影响，不同区域生猪价格落差巨大，数据采用每月 15 日全国均价。目前，有些区域已出现 44 元/千克的生猪价格，但猪肉缺口巨大，不敢确定目前数据就是本周期最高峰值，目前数据为 2019 年 10 月 15 日全国均价 35.5 元/千克；谷峰差：按目前数据为 25.9 元/千克，波动率：目前数据为 370%。

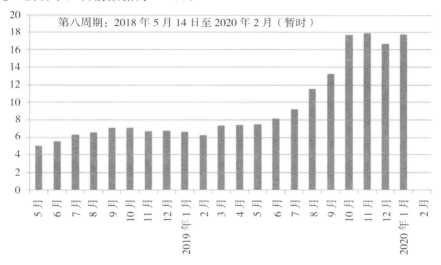

（1）从上图可以看出：①从 2018 年 5 月到 2019 年 6 月，猪价一直在盈亏平衡点以下挣扎，2019 年 7 月以后突然一飞冲天式暴涨。②第八周期猪价以一飞冲天的模式暴发性上涨为特征。

（2）第八周期前期猪价冲天式上涨的原因分析：2018 年上半年因集团化规模猪场产能释放，第二季度又处于猪肉消费淡季，生猪供大于求，猪价一度处于盈亏平衡点以下；雪上加霜的是 2018 年 8 月又遭遇了有史以来最惨烈的非洲猪瘟疫情，使中国养猪业一下子乱成了一锅粥。①跨区禁运导致猪价南北冰火两重天，浙江 5 元/千克时，河南 2.2 元/千克，全国均价失去参考意义；②疫情所到之处死伤惨重，全国范围内迅速去 1/2 以上的产能，造成 2019 年下半年生猪价格冲天式报复性上涨；③因非瘟威胁想养不敢再养，再加上仔猪和种猪价格暴涨（2019 年 3 月份 15 千克仔猪 350 元/头，60 千克二元母猪 1600 元/头，到 8 月份 15 千克仔猪已暴涨到 1500 元/头，二元母猪暴涨到 5000 元/头），养猪的门槛已高不可攀，很多人想养也养不起。产能严重下降加补栏举步维艰，预计第八周期可能会比以往猪周期延长 2 年以上，甚至可达 6 年之久。

（3）第八周期前期的历史意义：养猪人以顽强不屈的意志拯救了中国养猪业。

（四）8 次猪周期数据分析

1. 纵向看养猪业 8 个周期的发展变化

起止时间	时代因素	历史意义	思想意识
1993 年 4 月 30 日至 1996 年 4 月 25 日	生猪市场放开，经济必须搞活	养猪人大量涌现	超前意识
1996 年 4 月 26 日至 1999 年 5 月 11 日	东南亚经济危机，工人下岗	乱军混战，部分人梦想破灭	扩张意识，没钱养猪者退出
1999 年 5 月 12 日至 2002 年 5 月 12 日	养猪不如去打工	炼丹炉，积累科学养猪技术	科学意识
2002 年 5 月 13 日至 2006 年 4 月 15 日	庭院养殖到养殖小区建猪场	完成滚动发展原始积累	敬业意识
2006 年 4 月 16 日至 2010 年 4 月 20 日	时势造英雄，不怕猪死完	诞生一批暴发户	拼搏意识，无技术者退出
2010 年 4 月 21 日至 2014 年 4 月 21 日	能繁母猪过剩，政府干预	完成职业化	职业意识，资金链断裂退出
2014 年 4 月 22 日至 2018 年 5 月 13 日	集团化规模猪场逐渐占主导	不但要会养猪，更要会经营	经营意识，不符合环保者退出
2018 年 5 月 14 日至今	非洲猪瘟血洗行猪业	改变固有的养殖陋习和改造成防非圈舍	顽强意志绝地求生

2. 8 个猪周期数据汇总

周期	起点/（元/千克）	谷底/（元/千克）	顶峰/（元/千克）	谷差/（元/千克）	波动率/%
第一周期	2.8	2.8	9.2	6.4	328.6
第二周期	6	4.2	9	4.8	214
第三周期	4.2	4.2	6.2	2.4	156
第四周期	5.2	5.2	11	5.8	212

续表

周期	起点/ （元/千克）	谷底/ （元/千克）	顶峰/ （元/千克）	谷差/ （元/千克）	波动率/%
第五周期	6	6	18	12	300
第六周期	9	9	19	10	211
第七周期	10.4	9.6	20.46	10.86	213
第八周期	9.6	预计9.6	17.75元 （均价）	26	271

（1）猪价在波动中增长的态势：从1993年4月每千克2.8元的起点，上涨到2016年5月非瘟前最后一次高峰每千克20.90元，23年上涨7.46倍，平均每年每千克上涨0.78元。

（2）周期由3年升为4年，有延长现象：与相对成熟的美国生猪市场"猪周期"延长现象相似。

（3）猪周期的上坡和下坡：上坡的时间由于政府调控大大缩短：第一至第四周期平均上坡时间603天（占51%），下坡时间580天（占49%）。第五周期（2007年、2008年）全期1466天，由于政府的补贴、猪肉进口、放储等打压，上坡时间缩短到658天（占44.9%），下坡时间808天（占55.1%），被打压掉1/4的高价期。美国8个猪周期平均4.5年一个周期，上坡时间平均2.4年（占53.3%），下坡时间平均2.1年（占46.6%）。由此可以看出政府的过度干预反而加大了生猪价格波动幅度。

（4）猪周期的谷底：猪周期的谷底基本上都出现在第二季度，非瘟前4月份出现4次，5月份出现2次。

（5）猪周期的顶峰年：近几个"猪周期"的顶峰年大多都是闰年，如2000年、2004年、2008年、2012年、2016年等。

（6）盈亏时间比——盈亏平衡点（猪粮比价）：非瘟前的六个周期亏本时间：$402+333+285+390+127+307=1844$天，占比24%；盈利时间：$687+780+812+1044+1339+1155=5817$天，占比76%，符合经济学神奇的二八定律。

（7）谷峰波动率：$328.6\%+214\%+157\%+212\%+300\%+211\%+$

213%，平均225%，即理论高峰价位＝起点价位×2.25。第八周期理论高峰价位：9.6元/千克×2.25＝21.6元/千克，但因非瘟疫情影响，实际猪价已严重偏离以往的猪周期规律，2020年2月13日生猪价格达到全国平均37.84元/千克的高价。

（五）现代养猪业未来发展趋势

1. 集团化规模猪场，开始大鱼吃大鱼的进程

第七周期在环境保护和非瘟疫情的助推下，集团化规模场秋风扫落叶一般完成了大鱼吃小鱼的进程。但终究生存空间有限，第八周期大鱼吃大鱼的序幕将很快拉开（2019年末，温氏已扩张到牧原家门口），当前十几家年出栏百万头规模的猪场，最终会被两三家超大型集团化生猪养殖企业压制，这两三家猪企将控制全国一半的生猪供应量，养殖格局向二八定律靠近。

2. 打不死的小强，散养户将向生态化养殖演变

最终速长型猪肉的生产，要被工厂化生产模式的巨型猪场所占领，那么为了生存的小散户将被挤压到生态养殖的这座独木桥上，土猪品种的培育将迎来下一个春天。

3. 规模化养殖趋势下，短期内猪价震荡会更剧烈

随着养猪人的职业化和养殖规模的逐渐扩大，需要更大的价格波动才能引发规模调整，从而形成阶段性周期波动变大的现象。2018年2月初猪价还维持在15元/千克左右的中等价位，但是很快跌破10元/千克大关，2019年下半年又飞速拉升到40元/千克以上，即是典型的例子。

4. 定点屠宰，会被集团化屠宰企业垄断

随着集团化养猪格局的发展，以收购散养户生猪为主的市县一级屠宰企业收猪会越来越困难，最终会像80年代初的面粉厂、90年代的各个县级酒厂和油脂厂一样，在悄无声息中消失。

5. 进口猪肉会常态化

中美贸易战把猪肉推到了风口浪尖，21世纪20年代将是贸易冲突最剧烈的年代，从权衡利弊的角度讲，猪肉最终会成为能源及芯片的牺牲品，进口猪肉会逐年大幅度上升。

6. 生猪期货第八周期难以上市

据传，2018年2月5日中国证监会已正式批复大连商品交易所（大商所）的生猪期货立项申请。但在原本就不成熟、不健康的期货市场去上市一个难以标准化、难以交割的生猪产品，无疑是在原本烧不开水的高原，

去煮一锅十几年的老牛肉，肉生且塞牙。

二、评估当前实际形势——"现象"分析

（一）环保禁养

长三角、珠三角、鄱阳湖、洞庭湖等地区启动了史上最严格的拆迁猪场政策。但是，据传全国拆迁的猪场存栏规模与上市公司扩张规模不相上下。

结论：环保禁养和规模厂扩张的产能相互抵消，对猪周期影响有限。

（二）跟风心态

跟风是中国养猪人的痼疾，尤其是散养户。在 2007 年和 2011 年猪价上涨时，IT、煤炭、房地产商等主体都跃跃欲试进入养猪行业。

结论：跟风心态使第六周期养猪生产进入失控、无序、快速发展的状态，导致能繁母猪在 2012 年 10 月达历史最高峰 5078 万头。而经过连续两个周期的深度亏损，行业发展逐渐进入"理性"状态，有利于集团化规模场的良性扩张，推动了规模化进程。

（三）WTO 解禁和走私猪肉

2015 年中国加入 WTO 入市贸易保护期结束，农产品贸易关税正在全面降低。

结论：政治很复杂，影响不确定，无论中美贸易战怎么打，进口肉只会逐年大幅增加。而走私肉就像无孔不入的老鼠，灭鼠药（稽查）灭不完，挡鼠板（海关）挡不住，但随着规模化进程的发展，涉及某些大企业利益的时候，走私肉就会越来越少。

（四）猪肉需求的变化

新成长的一代基本都是独生子女，削弱了对猪肉需求的人口红利，更严重的是，新成长的一代似乎更喜欢牛羊肉，造成猪肉需求逐年降低是大势所趋。

另一方面，中国的年度猪肉消费呈现典型的前半年少、后半年多的特殊现象，造成生猪生产企业短时间内难以有效安排既能满足菜篮子，又不至于春节后生猪过剩的生产计划。

三、分析国家政策动向——政策导向

查阅相关资料，2006 年高热病暴发以前，鲜有专门针对养猪生产的政策文件，但 2007 年以后各类政策文件密集出台。

（一）以河南省为例，盘点历年针对养猪生产的政策重点

1. 关于"规模化"发展的文件出现 6 次

从建立标准化示范场，鼓励成立养猪协会、农业合作社，到鼓励生态养殖，鼓励适度规模家庭农场等。说明规模化进程真难，既想甩开膀子发展集团化规模场，又不能扔掉生猪供应曾占大多数的散养户，而始终在摸索探路。

2. 关于"环保"的文件出现 5 次

从鼓励建沼气池到建立环评制度，环保法实施及生态修复再到划定禁养、限养区。说明养殖已无可否认是污染环境的元凶之一，从想办法解决到狠抓猛治，再到分类管理。

3. 关于"收费补贴"的文件出现 4 次

从降低检疫费到母猪补贴再到补贴转为环保、保险投入。说明 2015 年之前，政府真的想"管好猪""发展猪"；2015 年之后，在不断探索有效管理散养户养猪的科学方式。

（二）总体来看

2015 年以前，政府讲究"动态平衡"，注重"在发展中规范"；2015 年以后，政府讲究"服从规范"，注重"在规范中发展"；非瘟以后，多在做救火工作。

四、干了一辈子的养猪人该活明白了

规模化发展、环境保护、食品安全、降低收费、加大扶持、控制疫情、价格调控是近 10 年来国家政策的关键词，出路在于：①向规模化、集约化、科技化发展或走合作社形式的联合体；②加强环境保护意识，粪便无害化处理势在必行；③重视食品安全，杜绝滥用抗生素；④关注行情，适度调控猪场规模，既要紧抓机遇又不盲目贪大；⑤科学养猪，喂好猪才是正经事。

第二节　影响猪价的八大因素

一、"需求"是猪价背后最有力量的"神秘大手"

（一）猪肉是刚需

1. 猪肉吃货排名（备注：2005 年德国数据）

（1）奥地利：人均年吃 109.09 千克肉类，其中猪肉 71.06 千克。

（2）西班牙：人均年吃 107.24 千克肉类，其中猪肉 57.04 千克。

（3）塞尔维亚：人均年吃 81.96 千克肉类，其中猪肉 55.54 千克。

（4）德国：人均年吃 83.32 千克肉类，其中猪肉 53.84 千克。

（5）丹麦：人均年吃 100.75 千克肉类，其中猪肉 52.25 千克。

我国排第 15 位，人均年吃 53.14 千克肉类，其中猪肉 35.36 千克。

2. 关于我国人均猪肉年消费量

1985 年为 16.6 千克，进入 20 世纪 90 年代，猪肉消费一直保持在人均 20 千克左右，1998 年达到人均 20.4 千克，2000 年和 2001 年略有下降，2002—2005 年恢复到人均 32 千克。到 2012 年年产猪肉达到 5464.28 万吨，全年人均消费猪肉 40.36 千克，整体呈稳定增长态势。

据 USDA（美国农业部公告）统计数据，2000—2011 年间，我国猪肉消费保持年均 1.95％ 的增率。据资料，2003 年我国香港居民共消费猪肉 30 万吨，人均消费猪肉达 45 千克，基本达到饱和状态。

3. 我国吃肉相对少，不代表我国猪肉产量少

2014 年全年我国猪肉产量 5671 万吨，全球猪肉产量 11047.6 万吨，我国占全球的 51.33％；我国猪肉消费量 5716.9 万吨，全球猪肉消费量 10995.4 万吨，我国占全球的 52％。

2017 年 7 月 18 日国家统计局发布：2017 年上半年，全国生猪存栏 40350 万头，同比增长 0.4％；生猪出栏 32183 万头，同比增长 0.7％；猪肉产量 2493 万吨，同比增长 0.8％。

2017 年 1～5 月，全国累计进口生猪产品 111.21 万吨。

（二）常见影响猪肉消费需求的 7 个因素

1. 替代品牛、羊、禽肉、水产类价格

以前是"羊肉膻、牛肉顽，想吃猪肉没得钱"，现在轻松逆天。我国肉类消费中猪肉占据主体地位，牛肉人均消费量仅为世界平均消费量的 20％，禽肉也远低于世界平均水平。

2. 收入水平

（1）据畜牧业司副司长王宗礼介绍，历史上每次猪价大幅上涨，都处于国民经济快速发展的阶段：2006—2008 年、2009—2011 年我国 GDP 平均增速分别为 12.2％ 和 9.6％，而 2012 年增速为 7.8％，2013 年后，宏观经济增长减速，猪肉消费需求有所下降。但是，2005 年数据显示，饮食结构相似的香港人均肉类消费量达到 124 千克，猪肉 45 千克，台湾的人均肉类消费量达到 82 千克，这说明我国城乡居民肉类消费量仍存在人均 5 千克增长空间。

（2）人均 GDP 在 5000 美元左右可作为肉类消费的临界点：当人均 GDP 低于 5000 美元时，肉类消费增速最快；我国 2011 年人均 GDP 为 7400 美元，已经超过了快速增长的时期。猪肉人均消费量 40.36 千克已经达高位水平，猪肉消费进入结构性增速放缓阶段。

（3）高收入家庭对猪肉消费程度最弱，中等收入家庭次之，低收入家庭对猪肉消费增加程度最大。

3. 媒体

2005 年四川链球菌事件，使很多没有基本微生物学知识的消费者对猪肉望而却步；2011 年 3 月，双汇"3·15 瘦肉精"事件暴发，河南猪价受影响应声下跌，猪肉消费一度冷却；2012 年六和速生鸡事件，使不明就里的消费者对速生忌惮；2017 年"3·15"二氢吡啶"禁药"事件，虽说内行人都知道是央视闹了乌龙，但还是严重影响了人们对猪肉的消费需求。

4. 食品安全

实际上，食品安全的含义有 3 个层次：包括食品数量安全、食品质量安全和食品可持续安全等。而国人对食品安全的理解只局限到了抗生素。诚然，在养猪业快速发展的第四、第五、第六周期，抗生素滥用的确触目惊心。但第七周期，随着对兽药生产和经营企业的强化管理，抗生素滥用现象确实已得到了极大的改观。

5. 消费特点

我国居民以消费热鲜肉为主，据《2012 年福建省居民肉品安全知识和消费习惯调研报告》显示：94.9％的居民最常买热鲜肉，仅 14.9％受访民众知道冷鲜肉，未形成消费冷鲜肉的习惯。

6. 节日影响

12 月份平均生猪屠宰量较月均屠宰量高出 20.5％，最高接近 40％，次年 1 月份平均生猪屠宰量较月均屠宰量高出 15.2％。月生猪屠宰量最低谷出现在每年春节后的 2 月份，低于月均屠宰量最高值 22.4％；另一个低谷出现在 7～8 月份，屠宰量比月均屠宰量下降 3％～5％，主要是学生放假和天热所致。中秋节后猪供应量只会小幅增加，而需求却短期大幅增加 20％～30％，所以节日性特点非常明显。

7. 季节、天气影响

（1）极端天气能在短时间内对局部猪价产生影响：如天气炎热导致养

殖（热应激）及长途调运（失重较大）风险增加；而雨雪天气，车辆出行困难，生猪调运受阻，也会短时影响生猪价格。

（2）正常季节性的气温变化也会刺激猪价变化：如传统室外腊肉制作的温度要求 15℃以下，目前北方集中在 10 月底或 11 月初，而南方一般在中秋节后。

二、猪价是屠企手中随意揉捏的"小面人儿"

猪价一会儿 12 元/千克，一会儿 16 元/千克，都是"需求"变化了吗？肯定不是，那么到底是谁决定了今日猪价应该是 12 元/千克还是16 元/千克？

生猪供应过多或过少时，当然是市场需求说了算，谁也左右不了，但是要关注猪周期中占 2/3 以上时间的"弱平衡"期。若生猪的供需处于弱平衡，那么猪价就是屠宰企业说了算。

——屠企，一把悬在养猪人头上的杀猪刀！

中国的养猪人，只是生产者，不是经营者；相当于只是饭店做饭的大厨，不是卖饭的老板。

猪价是屠宰企业定价的，屠宰企业没有理由不为自己的利益，压价或者暂时性抬高猪价。

三、上市猪企——挤死散养户、搅动猪价的推手

集团化上市猪企在养猪群体中适当的占比是有益的，当前规模化进程尚处于单纯扩张期，对部分生产效能低的散养户残酷清场不可避免。

据国家统计局国民经济核算司司长董礼华介绍：以温氏股份、牧原股份、雏鹰农牧（已退市）、正邦科技、天邦股份 5 家养猪上市企业公布的数据来看，2017 年上半年，这 5 家企业生猪出栏量达到 1455.11 万头，较去年同期增加 282.93 万头，而净利润则由去年的 95.66 亿元大幅下降至36.38 亿～41 亿元，大幅缩水 54.66 亿～59.28 亿元；5 家企业多养了近300 万头猪，却少赚了 60 亿元。

2017 年上半年全国生猪出栏量比去年上半年增加了 224 万头，而上述 5 家企业的生猪出栏量就增加了近 300 万头，可以看出规模企业扩张之猛。

据统计，截至 2017 年 3 月，养殖上市企业新建的养猪项目已超过 900万头，产能在下半年可能会有更密集的释放，市场供应将会较为宽松，猪

价整体将呈下降趋势；猪价下滑，散户的日子当然更不好过，而这些前期巨资扩张的企业也极可能被套牢，当然部分企业实力惊人可以无惧猪价涨跌，但不排除有个别企业盲目扩张，将会导致未见成果、先尝苦果的尴尬局面，雏鹰农牧即为现实例子。

四、相关部门的影响

（一）功过参半的禁养风波

2016 年下半年和 2017 年上半年，过激的禁养风波客观上加速了规模化进程，但个别区域也出现了"伤农"的现实，不良影响显而易见。

（二）广受诟病的收储、放储举措

1996 年 12 月 9 日，国家贸易部制定了《国家储备肉操作管理办法》，该办法在猪肉短缺的 20 世纪 90 年代，人们几乎没有感觉到它的存在。但随着后来生猪供应的充足，很多人对该政策就始终持反对态度，认为它实质上干扰了生猪供求的自然平衡规律。

最新关于收储的政策：2015 年 10 月，发改委、财政部、农业部、商务部联合发布《缓解生猪市场价格周期性波动调控预案》，确定全国平均生猪盈亏平衡点对应的猪粮比价合理区间为：(5.5∶1)～(5.8∶1)。绿色区域：猪粮比价在 (5.5∶1)～(8.5∶1)；蓝色区域：猪粮比价在 (8.5∶1)～(9∶1) 或 (5.5∶1)～(5∶1)；黄色区域：猪粮比价在 (9∶1)～(9.5∶1) 或 (5∶1)～(4.5∶1) 之间。

红色区域：猪粮比价高于 (9.5∶1) 或低于 (4.5∶1)。进入蓝色预警区域时，不启动中央冻猪肉储备投放或收储措施，当进入黄色预警区域（价格中度上涨或中度下跌）一段时间后，才启动中央储备冻猪肉投放或收储措施。

（三）一直以来，嫌贫爱富的各种补贴

数据显示，2013 年 9 月末，华英农业、新五丰、圣农发展、民和股份等养殖企业，分别收到超过 2000 万元的政府补助，而罗牛山和益生股份补助金额为 3869 万元和 3704 万元。

最常见的是能繁母猪补贴：2007 年每头能繁母猪补贴 50 元；2008 年，补贴标准增加到 100 元，共补贴资金 20.02 亿元；2012 年，补贴标准仍为 100 元/头，发放补贴资金 28.92 亿元。

2013 年，年出栏量 500 头以上规模养殖场，可作为育肥猪保险的承

保对象。

（四）城镇化进程

1996—2005 年，每年新增的城镇人口数量超过 2000 万；2006—2009 年，每年新增的城镇人口数量大约为 1500 万。

据国家统计局数据，2012 年末全国内地总人口为 135404 万人，其中城镇人口为 71182 万人，占总人口比重为 52.6%，首次超过农业人口数量。

全国城镇人口比重提高 1 个百分点，全社会消费品零售总额将相应上升 1.4 个百分点，猪肉消费相应增加。

五、互联网——推手们浓妆表演的大舞台

（一）互联网放大了某些个人对猪价的影响

具有典型代表的冯永辉老师预测猪价很用心、很辛苦，但要做到相对准确的预测，需要累积上百年的大数据，而中国现代养猪业总共才发展 30 多年，还没形成能支撑准确预测的大数据库。当前的猪价预测就像 20 世纪 80 年代的人，预测我们今天拿 3000 元/月的工资，是富豪还是穷屌丝的问题一样。

（二）互联网造成更大范围的跟风

有意或无意投放的各类消息一定程度加速了猪价的波动。"双汇明日报价"在微信圈里是一个响当当的词汇，很多养猪人以能够在朋友圈里发送此类即时信息而引以为傲。殊不知，当你得意自己能得到内部消息的时候，双汇也在为投了一块石头就知道了水有多深、路该怎么走而窃喜。

（三）互联网放大了某些不良事件的负面影响

普遍文化程度不高的散养户，本身就是易信谣、传谣的主要群体，网络上充斥的关于走私肉的新闻、关于某地禁养强拆酿成血案的小视频、关于猪价低把仔猪摔死的假新闻等在养猪人朋友圈内广泛转发，往往会把人弄得人心惶惶，一定程度上干扰了养猪业的健康发展。

六、被人利用的国际肉价，加剧价格波动

（一）穿着绿衣服的进口肉

2017 年 1~5 月，全国累计进口生猪产品 111.21 万吨，同比减少

0.3％，其中鲜冷冻猪肉 57.23 万吨，猪杂碎 53.96 万吨。世界是一个养猪村，进口猪肉逐年增多会成为养猪业发展趋势之一。

（二）走私猪肉、僵尸肉

2015 年 6 月 20 日，央视曝光 6100 吨走私冻肉入华，市价达 3.45 亿元，相当于 6 万多头出栏猪。进口肉在明处，走私肉在暗处，查出来的就有这么多，暗处的更不知道有多少。2015 年 7 月 2 日，新华网《揭开冻品走私利益链：竟有冻品封存于 1967 年》的报道，坐实了僵尸肉最老出生年份为 1967 年。

七、养猪人自身总想投机取巧捡便宜，助推价格波动

（一）跟风导致存栏量没个准头

据中国畜牧业协会数据，2012 年年底，全国生猪存栏 47492 万头，同比 2011 年增长 1.55％，达到近 10 年来最高水平。猪价稍有好转，全民喂猪，结果很快供大于求。据统计，当猪粮比低于 6∶1 时，生猪存栏量大幅回落，而当猪粮比大于 6∶1 时，生猪存栏量大幅回升。

（二）贪心

每头能挣八百了就盼着挣一千，盲目压栏惜售；或轻易听信一些专家、媒体的宣传而惜售或抛售，使生猪供应忽多忽少，价格很快背离价值规律，最后受伤的还是散养户。

（三）不懂抱团取暖

各自为政，涨了不卖，跌时怕再跌赶快卖，原本不会跌的行情也弄成真跌了，散养户成了屠宰企业待宰的羔羊。

（四）投机、捡便宜心理

猪价高时，购买 100 千克左右体重的猪二次育肥；买规模场淘汰母猪，构建低生产力母猪群；或因某头母猪产仔数少，收购其他猪场刚出生的胎猪寄养造成疫病传播。

八、忽隐忽现的"行业因素"是价格波动的导火索

（一）猪周期

因规模化进程导致猪价短期波动更剧烈，加上互联网的影响，信息传播越来越快，最终使猪周期只会越来越无序，试图通过分析历史数据来预

测猪价只会越来越不科学。

（二）原料价

短期看，不会因为原料价格涨高而短期内提高生猪价格，但从长期看，占比最大的玉米（一般占到60%～80%），价格变动时，会滞后性地影响生猪价格。芝华商业数据市场分析师袁松认为，玉米、豆粕价格引起猪价变化的传导时间为14～18个月。

（三）疫情

据资料显示，疫情是影响生猪价格的重要因素，自2001年至今，给养猪业造成严重影响的疫病有5次：2003年，人的非典疫情导致猪肉需求量急剧下降，生猪购销市场的封闭也造成流通受阻；2005年，四川链球菌病使养殖户认识到生猪难养，开始大量缩减生产、淘汰母猪；2006年夏季，在我国南方一些省市相继暴发高热病，导致全国范围内的存栏量减少；2010年冬季到2011年春季，一些省区发生仔猪流行性腹泻，个别养殖场仔猪死亡率高达50%；2018年非瘟猪瘟血洗了中国养猪业。2020年武汉新型冠状病毒疫情对猪价的影响，也很快会体现出来。

小结：养猪业发展的变革期固有的不确定性，使胆大又守法者有利可图。

（1）现在养猪就像搞赌博，有本钱能玩得起的下注，玩不起的最好赶快抽身离场，第六周期倒闭的猪场主要就是因为资金链断裂；第七周期退出的主要是被非瘟血洗而清场。

（2）未来10年，养猪行业进入大规模淘汰期，规模化进程中，微利会加速淘汰低产、低效、不环保养殖户。

（3）养猪不能过分依赖行情，如果仅凭市场需求决定养猪利润，就只能在傻子喂猪都会赚钱的周期高峰年份投机养猪。

附　规模化猪场基本技术数据

一、饮水量

万头猪场日用水量为 100～150 吨。

二、圈舍数量

以饲养 500 头基础母猪、年出栏约 1 万头商品猪的生产线为例，按每头母猪平均年产 2.2 窝计算，则每年可繁殖 1100 窝，一年按 52 周计算：①每周平均分娩 20 窝，即每周应配种 24 头（按配种分娩率 85％计算）；②产房 6 个单元（按哺乳期 3 周、仔猪断奶后原栏饲养 1 周、临产母猪提前进产床 1 周、再空栏消毒 1 周），每个单元 20 个产床；③保育 5 个单元（按保育期 4 周、空栏消毒 1 周），每个单元 10 个保育床；④生长育肥 16 个单元（按生长育肥期 15 周、机动 1 周），每个单元 10 个育肥栏；⑤肉猪全期饲养 23 周。

三、生产性能参数

平均每头母猪年生产 2.2 窝，提供 20.0 头以上肉猪，母猪利用期平均为 3 年，年淘汰更新率 30％左右。肉猪达 90～100 千克体重的日龄为 161 天左右（23 周）。肉猪屠宰率 75％，胴体瘦肉率 65％。

配种分娩率	85％	24 周龄个体重	93.0 千克
胎均活产仔数	10 头	哺乳期成活率	95％
出生重	1.2～1.4 千克	保育期成活率	97％
胎均断奶活仔数	9.5 头	育成期成活率	99％
21 日龄个体重	6.0 千克	全期成活率	91％
8 周龄个体重	18.0 千克	全期全场料肉比	3.1

四、各生产阶段技术指标

(1) 种猪舍：后备母猪使用前合格率在 90％以上，后备公猪使用前合格率在 80％以上。后备公猪一般在 8 月龄开始采精调教。

(2) 妊娠舍：配种分娩率在 85％以上，窝平均产活仔数在 10 头以上。

(3) 分娩舍：哺乳期成活率 95％以上；仔猪 3 周龄断奶平均体重 6.0 千克以上，4 周龄断奶平均体重 7.5 千克以上。

(4) 保育舍：保育期成活率 97％以上，7 周龄转出体重 14 千克以上，9 周龄转出体重 20 千克以上。

(5) 育肥舍：育成阶段成活率≥99％，饲料转化率（15～90 千克阶段）≤2.7∶1，日增重（15～90 千克阶段）≥650 千克，生长育肥阶段饲养时间≤112 天（15～95 千克），全期饲养时间≤168 天。

五、生产流程

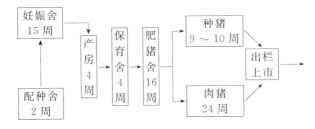

六、存栏猪结构计算方法

(1) 妊娠母猪数＝周配母猪数×15 周

(2) 临产母猪数＝周分娩母猪数＝单元产栏数

(3) 哺乳母猪数＝周分娩母猪数×4 周

(4) 空怀断奶母猪数＝周断奶母猪数＋超期未配及妊检空怀母猪数（一般为周断奶母猪数的 1/2）

(5) 后备母猪数＝（成年母猪数×30％÷12 个月）×4 个月

(6) 成年公猪数＝周配母猪数×2÷2.5（公猪周使用次数）＋1～2 头（注：母猪每个发情期按 2 次本交配种计算）

(7) 仔猪数＝周分娩胎数×4 周×10 头/胎

(8) 保育猪数＝周断奶数×4 周

(9) 中大猪数＝周保育成活数×16 周

（10）年上市肉猪数＝周分娩胎数×52周×9.1头/胎

（11）年出栏万头规模场标准存栏

妊娠母猪数＝360头；临产母猪数＝20头；哺乳母猪数＝60头；空怀断奶母猪数＝30头；后备母猪数＝48头；成年公猪数＝20头（人工授精猪场另计）；后备公猪数＝6头；仔猪数＝800头；保育猪＝760头；中大猪＝2949头。合计：5053头（其中基础母猪为470头）；年上市肉猪数＝9464～10000头。

七、各类猪喂料标准

阶　段	饲喂时间	饲料类型	喂料量/[千克/（头·日）]
后备	90千克至配种	后备料	2.3～2.5
妊娠前期	0～28天	妊前料	1.8～2.2
妊娠中期	29～85天	妊中料	2.0～2.5
妊娠后期	86～107天	妊后料	2.8～3.5
产前7天	107～114天	哺乳料	3.0
哺乳期	0～21天	哺乳料	4.5以上（依活产仔数变动）
空怀期	断奶至配种	哺乳料	2.5～3.0（依膘情状况适当调整）
种公猪	配种期	公猪料	2.5～3.0
乳猪	出生至28天	乳猪料	0.18
小猪	29～60天	乳猪料	0.50
小猪	60～77天	保育料	1.10
中猪	78～119天	中猪料	1.90
大猪	120～168天	大猪料	2.25

八、肉猪各阶段最理想日增重、采食量、料肉比

阶段/日龄	体重/千克	日增重/克	日采食量/克	料肉比
24～36	6.5～10	267	334	1.25
37～56	10～20	468	766	1.64
57～88	20～40	655	1386	2.11

续表

阶段/日龄	体重/千克	日增重/克	日采食量/克	料肉比
89～124	40～70	741	1911	2.58
125～158	70～90	765	2555	2.53
24～158	6.5～90	653	2800	2.39

九、肉猪耗料表

阶段	日龄	饲养天数/天	体重/千克	料型	每天耗料/千克	阶段耗料/千克	所占比例/%
哺乳期	1～28	28	7	乳猪料	0.1	2	1
保育期	29～49	21	14	仔猪料	0.6	12	5
小猪期	50～79	30	30	小猪料	1.1	33	14
中猪期	80～119	40	60	中猪料	2.0	80	33
大猪期	120～160	41	90	大猪料	2.8	115	47
合计		160				242	100

十、500头母猪规模猪场年饲料用量表

猪别	每头耗料量/千克	头数	饲料量/千克	所占比例/%
哺乳母猪	250	500	125000	4.3
空怀母猪	80	500	40000	1.4
妊娠母猪	620	500	310000	10.6
哺乳仔猪	2	10700	21400	0.7
保育仔猪	12	10300	123600	4.2
小猪	33	10100	333300	11.4
中猪	80	10100	808000	27.5
大猪	115	10000	1150000	39.2
公猪	900	20	18000	0.5
后备	240	160	4800	0.2
合计			2934000	100

十一、猪的饲养密度

猪别	体重/千克	每猪所占面积/平方米	
		非漏缝地板	漏缝地板
哺乳仔猪	4～8	0.37	0.26
小保育期	8～25	0.74	0.37
大保育期	25～55	0.90	0.50
育肥期	56～105	1.20	0.80
后备母猪	113～136	1.39	1.11
成年母猪	136～227	1.67	1.39

十二、各类型猪的最佳温度与推荐的适宜温度

猪类别	年龄	最佳温度/℃	推荐的适宜温度/℃
	初生几小时	34～35	32
仔猪	1周内	32～35	1～3日龄　30～32 4～7日龄　28～30
	2周	27～29	25～28
	3～4周	25～27	24～26
小保育猪	4～8周	22～24	20～21
大保育猪	8～14周	20～24	17～20
育肥猪	14周后	17～22	15～23
公猪	成年公猪	23	18～20
	后备及妊娠猪	18～21	18～21
母猪	分娩后1～3天	24～25	24～25
	分娩后4～10天	21～22	24～25
	分娩10天后	20	21～23